三维打印设计与制造

杨继全　戴　宁　侯丽雅　著

科学出版社
北　京

内 容 简 介

三维打印是基于数字化的先进设计与制造技术，广泛应用于工业产品开发、教育与科研、医疗卫生、建筑、军事、艺术等领域。三维打印也是一门涉及机械、电子、计算机、化学、物理、材料等多学科交叉技术，且其内容随着相关学科与专业的发展而不断丰富。

本书结合作者在三维打印领域从事多年科研、教育与产业转化等方面的成果，围绕三维打印技术各关键技术进行阐述，共分9章，分别为绪论、三维打印基础理论、三维打印材料技术、三维打印能源技术、三维打印数据反求技术、三维打印软件技术、异质材料三维打印技术、三维实体微打印技术及三维打印技术在快速模具制造、医疗工程等方面的应用。

本书可供机械工程、仪器科学与技术、电气工程、电子科学与技术、自动化、计算机、化学工程等各专业的本科生、研究生作为专业教学用书，也可供其他涉及三维打印技术的教学与科研人员及工程技术人员等参考用。

图书在版编目（CIP）数据

三维打印设计与制造/杨继全，戴宁，侯丽雅著. —北京：科学出版社，2013. 11

ISBN 978-7-03-038957-2

Ⅰ. ①三…　Ⅱ. ①杨…②戴…③侯…　Ⅲ. ①三维-快速成型技术　Ⅳ. ①TB4

中国版本图书馆 CIP 数据核字（2013）第 250518 号

责任编辑：于盼盼　惠　雪/责任校对：桂伟利
责任印制：赵　博/封面设计：许　瑞

科学出版社出版
北京东黄城根北街 16 号
邮政编码：100717
http://www.sciencep.com

北京市金木堂数码科技有限公司印刷
科学出版社发行　各地新华书店经销

*

2013 年 11 月第　一　版　　开本：B5（720×1000）
2025 年 1 月第十六次印刷　　印张：18 1/4　插页：6
字数：355 000

定价：98.00 元

（如有印装质量问题，我社负责调换）

前　　言

随着科学技术的发展和社会需求的多样化，全球统一市场和经济全球化的逐步形成，产品市场的竞争更加激烈。产品上市时间的迟与早是制造业市场竞争的焦点，落伍者将丧失市场现有份额，甚至被挤出市场，因此，要求设计者不但能根据市场的需求尽快设计出新产品，而且能在尽可能短的时间内制造出产品的原型，从而进行必要的测试。于是，产品快速开发的技术和手段便成为制造企业的核心竞争力。

三维打印技术就是顺应这一潮流而出现的先进制造技术。该技术能自动、直接、快速、精确地将设计思想物化为具有一定功能的原型或直接制造零件，它集成了机械科学、计算机科学、材料科学、物理科学等相关学科与技术。该制造技术既是综合性和交叉性的前沿制造技术，是先进制造技术的重要组成部分，也是制造技术在制造理念上的一次革命性的飞跃。三维打印技术目前在美国、欧洲、日本等地已被广泛应用于汽车制造、航空航天、建筑、教育科研、卫生医疗以及娱乐等领域，并受到制造业界及各类用户的普遍重视。

本书内容共分 9 章。第 1 章绪论，简要介绍三维打印技术的基本知识，包括三维打印成型原理、定义、特点、主要成型工艺及国内外发展现状等；第 2 章介绍三维打印技术的基础理论，主要介绍现代成型理论、三维打印零件的变形理论、零件的精度问题等；第 3 章介绍三维打印中的材料技术，包括各成型工艺材料的性能、供料系统、材料的后处理等；第 4 章介绍三维打印中的能源技术，包括各成型的光学技术、加热系统及喷墨系统；第 5 章介绍三维打印中的数据反求技术，包括其发展历史、原理、数据采集技术等；第 6 章介绍三维打印中的软件技术，包括三维设计技术、模型处理技术、三维打印成型工艺数据处理技术等；第 7 章介绍异质材料三维打印技术，包括其建模的理论基础、建模方法、成型方法等；第 8 章介绍三维实体微打印技术，包括微打印基础理论、微打印成型设备、各种微打印应用及发展趋势等；第 9 章介绍三维打印技术的应用，包括在模具制造方面的快速模具制造技术、在医疗工程方面的应用及新产品设计、建筑、艺术等方面的应用。

由于三维打印技术涉及的学科和知识面广泛，远非作者的知识、能力和经验所能完全覆盖，因而结合作者自身的科研经历，在书中引用了经过作者消化的、许多专家学者的创新思想、精辟理论和出色应用。本书在编写的过程中查阅了大量的文献，在此向原作者表示感谢！部分文献由于牵涉内容不多，有些文献由于作者疏忽，没有列举的，也向原作者表示歉意和敬意！

鉴于作者的学识有限，某些问题阐述和理解可能存在不足，敬请读者和专家批评指正。

本书由南京师范大学的杨继全负责总体规划并编写第 1、2、3、4、9 章，南京航天航空大学的戴宁、崔海华负责编写第 5、6 章，南京师范大学的杨继全和朱玉芳负责编写第 7 章，南京理工大学的侯丽雅、王洪成负责编写第 8 章。南京理工大学的侯丽雅教授和章维一教授、南京航空航天大学的程筱胜教授、南京师范大学的彭晨教授等对本书进行了认真细致地审阅，并提出了许多宝贵建议。

本书得到国家自然科学基金（61273243、51175268、11102090）、国家 863 计划（2005AA420240 ）、江苏省重大科技支撑与自主创新基金（BE2012201）、江苏省科技支撑计划（工业）重点项目（BE2013012）、江苏省科技成果转化专项资金重大项目（BA20130518）等项目的支持。

在编写本书的过程中，南京师范大学和江苏省三维打印装备与制造重点实验室的莫志勇、冯春梅、郭爱琴、程继红、朱莉娅、王琼等老师给予了许多无私帮助与支持，尹亚楠、王璟璇、姜杰、吴静雯、李成、徐路钊、陆子渊、李永超等研究生做了大量的资料查阅和汇总等工作，作者的家人也付出了艰辛劳动，并给予了巨大支持，在此向以上单位和个人致以诚挚的谢意。最后衷心感谢科学出版社在本书出版过程中给予的大力支持。

著　者

2013 年于南京

目　　录

第1章　绪　　论

在制造业日趋国际化的21世纪，缩短产品开发周期和减少开发新产品投资风险，已成为企业赖以生存的关键，因而也相继涌现出大量的先进制造理念及制造技术，其中典型的是20世纪80年代末、90年代初发展起来的三维打印(three dimensional printing，也称3D打印、快速成型、增材制造等）技术，它突破了传统的加工模式，不需机械加工设备即可快速地制造形状极为复杂的工件，被认为是近20年制造技术领域的一次重大突破，众多国内外媒体称其为"第三次工业革命"的代表性技术。作为与科学计算可视化和虚拟现实相匹配的新兴技术，三维打印技术提供了一种可测量、可触摸的手段，是设计者、制造者与用户之间的新媒体。三维打印技术综合了机械、电子、光学、材料等学科，可以自动、直接、快速、精确地将设计思想转化为具有一定功能的原型或直接制造零件/模具，从而有效地缩短了产品的研究开发周期。三维打印是当前世界上先进的产品开发与快速工具制造技术，其核心是基于数字化的新型成型技术。它对于制造企业的模型、原型及成型件的制造方式正产生深远的影响[1,2]。

1.1　三维打印技术概述

1.1.1　三维打印成型原理

三维打印技术经过20年左右的发展，其工艺已经逐步完善，发展了许多成熟的加工工艺及成型系统。

三维打印各成型工艺都是基于离散-叠加原理而实现快速加工原型①或零件②的，见图1-1。首先建立三维CAD（computer aided design，计算机辅助设计）模型，然后对其切片分层（一般为 Z 向)，得到许多离散的平面，再把这些平面的数据信息传给成型系统的工作部件，控制成型材料有规律地、精确地、迅速地层层堆积起来而形成三维的原型，经后处理便成零件。从成型的角度，零件可视为一个空间实体，它是点、线、面的集合。三维打印的成型过程是体-面-线的离散与点-线-面的叠加的过程，即三维CAD模型—二维平面（实体）—三维原型的过程[3]。

① 原型：是指能基本代表一切性质和功能的试验件，一般数量较少，常作评价之用。

② 零件：是指最终产品，具有最佳特性、功能和成本。

(a) 零件设计　(b) CAD模型　(c) 网络化模拟

(d) 数据处理　(e) 零件制造

图 1-1　三维打印运行流程

1.1.2　三维打印定义

随着各种新型三维打印技术的出现，“three dimension printing”一词已无法充分表达出各种成型系统、成型材料及成型工艺等所包含的内容。因此，关于什么是“three dimension printing”，目前有多种定义。

Terry Wohlers 和美国制造工程师协会（SME）对三维打印技术进行如下定义：三维打印系统依据三维 CAD 模型数据、CT① 与 MRI② 扫描数据以及由三维实物数字化系统创建的数据，把所得数据分成一系列二维平面，又按相同序列沉积或固化出物理实体[4,5]。

颜永年等[6]对三维打印的描述为：三维打印技术是基于离散/堆积成形原理的新型数字化成形技术，是在计算机的控制下，根据零件的 CAD 模型，通过材料的精确堆积，制造原形或零件。

三维打印是一种以数字模型文件为基础，运用粉末状金属或塑料等可黏合材料，通过逐层打印的方式来构造物体的技术[7]。

因此，该词已变得较为模糊和不明确，于是，有些文献用其他词语来表示其原来的含义，如：free form fabrication，solid freeform fabrication，automated fabrication，solid imaging，additive manufacturing，layered manufacturing，direct CAD manufacturing，material increase manufacturing，instant manufacturing 等，但都因未得到像三维打印这样被广泛认可而较少有人采用。

本书对该词分别从广义角度及狭义角度作如下定义。

（1）针对工程领域而言，其广义上的定义为：通过概念性的具备基本功能的

---

① CT：computerized tomography，计算机断层扫描。

② MRI：magnetic resonance imaging，核磁共振成像。

模型快速表达出设计者意图的工程用方法；

(2) 针对制造技术而言，其狭义上的定义为：一种根据CAD信息数据把成型材料层层叠加而制造零件的工艺过程。

其具体成型过程是：首先用CAD软件设计出零件的CAD模型，然后根据具体工艺要求，将其按一定厚度分层，即将其离散为一系列二维层面，将这些离散信息同加工参数相结合，驱动成型机顺序加工各单元层面并彼此黏合，从而得到与CAD模型对应的三维实体，即物理模型或原型，原型再经过打磨等处理后即成零件。该成型过程可用图1-2表示。

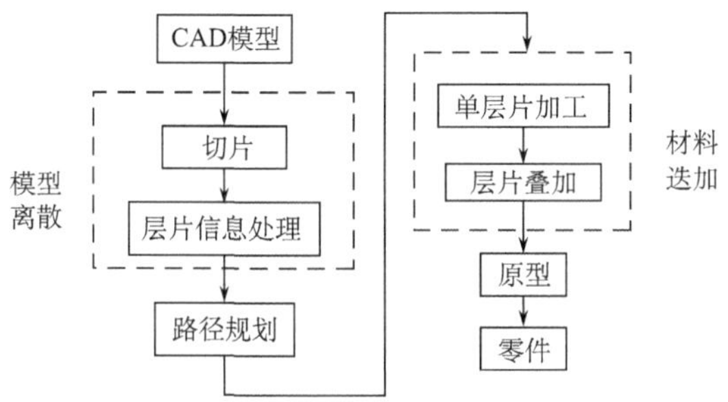

图1-2　三维打印的离散-叠加过程

1.1.3　三维打印起源

分层制造三维物体的思想雏形，作者认为可追溯到4000年前，中国出土的漆器用黏结剂把丝、麻黏结起来铺敷在底胎（类似三维打印的基板）上，待漆干后挖去底胎成型。世界上也发现古埃及人在公元前就已将木材切成板后重新铺叠制成像现代胶合板似的叠合材料[8]。

1892年，Blanther[9]主张用分层方法制作三维地图模型。1979年东京大学的中川威雄教授，利用分层技术制造了金属冲裁模、成形模和注塑模[10]。20世纪70年代末到80年代初，美国3M公司的Alan J. Hebert（1978年）、日本的小玉秀男（1980年）、美国UVP公司的Charles（1982年）和日本的丸谷洋二（1983年）[11]，各自独立地首次提出了三维打印的概念，即利用连续层的选区固化制作三维实体的新思想。Charles在UVP的资助下，完成了第一个三维打印系统——stereolithography apparatus（SLA）[12]，并于1986年该系统获得专利，这是三维打印发展的一个里程碑。随后许多三维打印的概念、技术及相应的成型机也相继出现。

1.1.4　三维打印技术分类

三维打印工艺有多种，有按材料分类的，有按成型方法分类的。图1-3是文献[13]按材料分类的示意图。

这里按成型方法对三维打印工艺分类，可分为两大类：基于激光或其他光源的成型技术，如立体光造型（stereolithography，SL，从该技术成型过程角度而言，应称之为光固化成型）[14-17]、迭层实体制造（laminated object manufacturing，LOM）[18-22]、选择性激光烧结（selected laser sintering，SLS）[23-26]、形状沉积制造（shape deposition manufacturing，SDM）[27-29]等；基于喷射的成型技术，如熔融沉积制造（fused deposition modeling，FDM）[30,31]、三维印刷成型（three dimensional printing，3DP）[32,33]等。

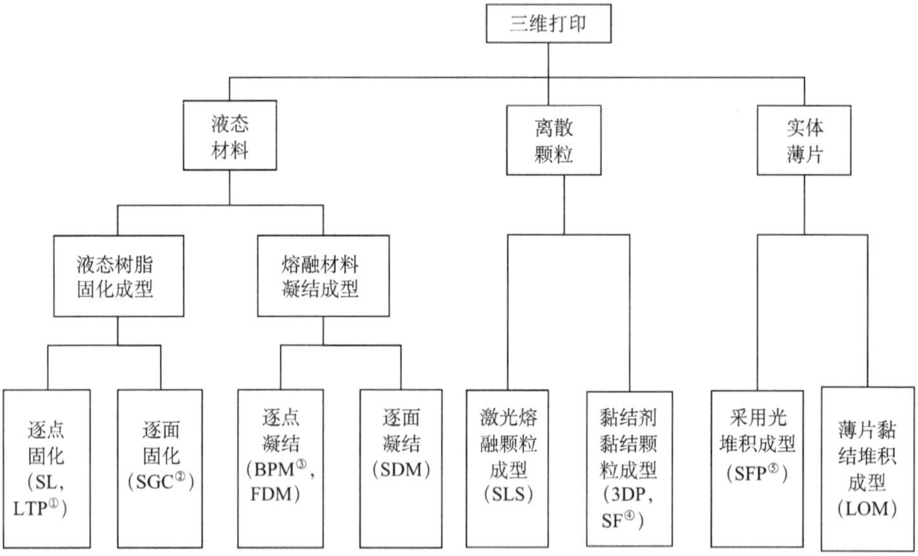

图 1-3　三维打印技术按材料分类

① LTP：liquid thermal polymerization，树脂热固化成型。它是一种用红外激光器固化热性光敏树脂的成型工艺，成型过程与 SL 相同。

② SGC：solid ground curing，实体掩模成型。该技术与 SL 工艺一样，也采用光敏树脂和紫外光，但其成型时，把每层的 CAD 数据制成一掩模，覆盖在树脂的上方，通过在掩模上方的 UV 光源发出的平行光束，把该层的图形迅速固化，未固化的树脂被清洗掉，接着用蜡填充该层未被固化的区域，随后蜡在成型室内较低的温度下凝固，再铣平该层蜡。如此层层叠加成型。

③ BPM：ballistic particle manufacturing，弹射颗粒成型。融化的成型材料由喷嘴喷射到冰冷的平台上被迅速凝固成型。

④ SF：spatial forming，空间成型。该技术一开始主要用于制作金属医疗器械的原型，用来加工尺寸在 2mm×2mm×30mm 范围的精密零部件。每层切片的负型用有颜色的有机墨打印到陶瓷基体上，随后被紫外光固化。约 30 层后，用含有金属颗粒的另一种墨填充未被有机墨喷射的区域，随后该种墨被固化，并铣平。反复以上过程，直至零件制造完成。

⑤ SFP：solid foil polymerisation，实体薄片成型。该技术用半固化的薄片叠加成型，先用某种光源固化树脂形成一半固化薄层，再用 UV 光源在该半固化层上固化出该层的形状，未被 UV 固化的区域可以作为支撑，并且能够去除。如此层层叠加成型。

1.1.5 三维打印特点

三维打印技术较之传统的诸多加工方法展示了以下的优越性：

（1）可以制成几何形状任意复杂的零件，而不受传统机械加工方法中刀具无法达到某些型面的限制；

（2）曲面制造过程中，CAD数据的转化（分层）可百分之百地全自动完成，而不是依靠数控切削加工中需要高级工程人员数天复杂的人工辅助劳动才能转化为完全的工艺数控代码；

（3）不需要传统的刀具或工装等生产准备工作，任意复杂零件的加工只需在一台设备上完成，因而降低了新产品的开发成本，大大缩短开发周期，其加工效率亦远胜于数控加工；

（4）属于非接触式加工，没有刀具、夹具的磨损和切削力所产生的影响；

（5）加工过程中无振动、噪声和切削废料；

（6）设备购置投资低于数控机床。

1.1.6 三维打印技术应用

目前，三维打印技术在国外已取得较广泛应用，主要用于政府军事、建筑、汽车、教育科研、医疗、航空、消费品、工业等行业，并取得巨大的经济效益。如美国PRATT5C WHITNCY公司采用三维打印技术快速制造了2000个铸件，如按常规方法每个铸件约需要700美元，而用此技术每个铸件只需300美元，同时，生产时间节约70%～90%。

又如美国Ready Com公司在推出其新产品ReadTalk传呼机时，先用HP公司的Solid Designer软件设计了全套传呼机机械零件，用三维打印技术加工出母模，制得硅胶模，然后用快速固化氨基甲酸乙酯注入硅胶膜制得60个传呼机外壳，共用了7天时间。外壳实测满意后，又采用Pro-Engineer、Pro-Mold、Pro-Manufacturing等软件将外壳的IGES文件转换成数控代码生产注塑模，加工了1450套实用传呼机机械零件。从设计到产品投放市场共用了7周时间。有关专家认为，如果用传统的二维制图、机械加工，即使不出现差错返工，至少也要半年时间才可能完成[34]。

截止到2013年5月，三维打印在各主要应用领域的分布主要为消费品、医疗、工业航空、汽车等5大领域，约占80%，如图1-4所示[35]。从每个国家和地区在三维打印全球市场所占份额来看（图1-5），美国占据绝对的优势，占38%的市场，其次是日本占9.7%，德国占9.4%，中国大陆占8.7%，而中国大陆和中国台湾地区的市场共占10.2%，仅次于美国。可以肯定地说，未来几年中国将稳居全球第二的位置，但是从绝对数量来看，中国与美国仍然有非常大的差距[35,36]。

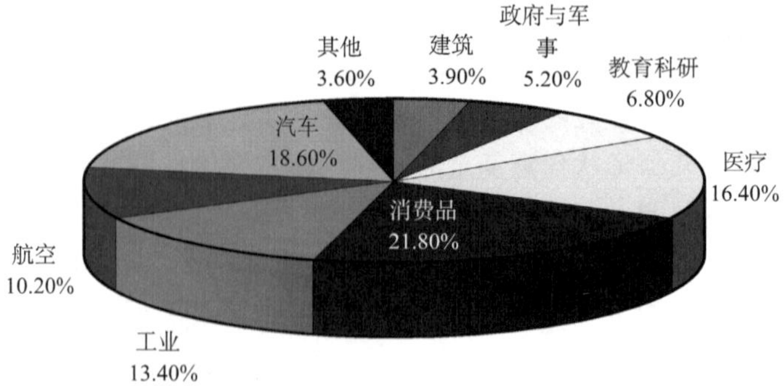

图 1-4　三维打印在各领域的分布情况

数据来源：Wohlers Associates，Inc.

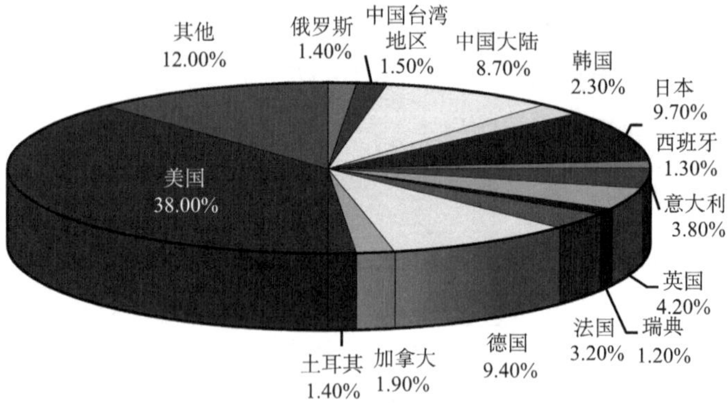

图 1-5　各国和地区在全球三维打印产业中所占的份额

数据来源：Wohlers Associates，Inc.

从亚洲地区来看（图 1-6），中国大陆占 33.3%的市场，与日本有一定的差距，其次是韩国、中国台湾地区和澳大利亚等国家和地区。

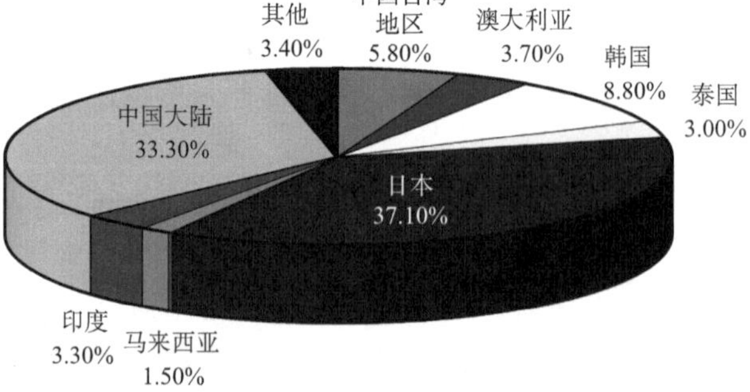

图 1-6　亚洲国家和地区在亚洲三维打印产业中所占的份额

数据来源：Wohlers Associates，Inc.

1.2　三维打印成型工艺

三维打印目前较为常用的成型工艺有如下几种。

1.2.1　光固化成型

1987 年，美国 3D Systems 公司推出了名为 stereolithography apparatus（SLA）的快速成型装置，中文直译为立体印刷装置，有人称之为激光立体造型、激光立体光刻、光造型等。因为目前 SL 中的光源不再是单一的激光器，还有其他新的光源，如紫外灯等[37]，但是各种 SL 使用的成型材料均是对某特种光束敏感的树脂，因此，以下称 SL 工艺为光固化成型。光固化成型具有的加工方式有：自由液面式和约束液面式。

1. 自由液面式

自由液面式 SL 的成型过程是：液槽中盛满液态光固化树脂（即光敏树脂），一定波长的激光光束按计算机的控制指令在液面上有选择地逐点扫描固化（或整层固化），每层扫描固化后的树脂便形成一个二维图形。一层扫描结束后，升降台下降一层厚度，然后进行第二层扫描，同时新固化的一层牢固地黏在前一层上，如此重复直至整个成型过程结束[38]，如图 1-7 所示。

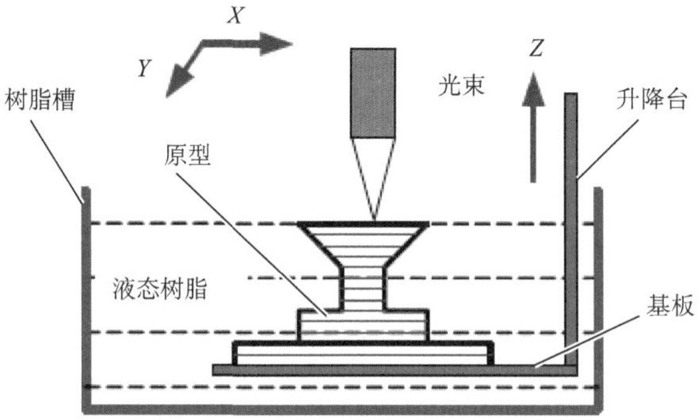

图 1-7　光固化成型过程

2. 约束液面式

约束液面式与自由液面式的方法正好相反：光从下面往上照射，成型件倒置于基板上，即最先成型的层片位于最上方，每层加工完之后，Z 轴向上移动一层距离，液态树脂充盈于刚加工的层片与底板之间，光继续从下方照射，最后完成加工过程，如图 1-8 所示。

约束液面式可提高零件制作精度，无需使用刮平树脂液面的机构，较大缩短制作时间，其流程如图 1-9 所示。图 1-9 中，①为加工前的状态，此时，基板（上方深灰色部分）与玻璃窗（树脂槽底部）间充满液态光敏树脂，两者的距离为第一层固化厚度，激光头位于玻璃窗的下方；②为激光固化第一层的情形；③为第一层加工完毕，激光束关闭，此时，刚固化的一层牢牢地黏在基板上；④为基板上升，上升的距离为第二层的固化厚度，液态树脂又迅速填充入第一固化层与玻璃窗间的间隙，等待下一次固化；如此反复，直至原型件加工完毕。

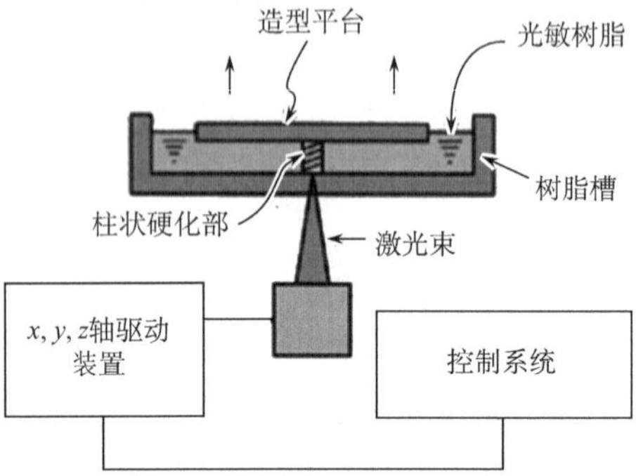

图 1-8 工艺约束液面式工作原理

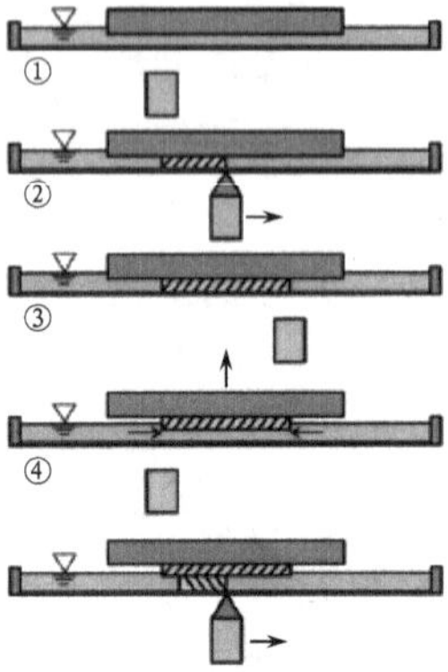

图 1-9 工艺约束液面式工作流程

1.2.2 叠层实体制造

1984 年 Michael Feygin 提出了叠层实体制造（laminated object manufacturing，LOM）方法，并于 1985 年组建 Helisys 公司，1992 年推出第一台商业机型 LOM-1015。

叠层实体制造其成型过程是：根据 CAD 模型各层切片的平面几何信息驱动激光头，对底部涂覆有热敏胶的纤维纸（厚度 0.1～0.2mm）进行分层实体切割（图 1-10）。随后工作台下降一层高度，送进机构又将新的一层材料铺上并用热压辊碾压使其紧黏在已经成型的基体上，激光头再次进行切割运动切出第二层平面轮廓，如此重复直至整个三维零件制作完成。其原型件的强度相当于优质木材的强度。

图 1-11 为 LOM 工艺加工零件的过程。加工完成后，需用人工方法将原型件从工作台上取下。去掉边框后，仔细将废料剥离就得到所需的原型。然后抛光、涂漆，以防零件吸潮变形，同时也得到了一个美观的外表。LOM 工艺多余材料的剥落是一项较为复杂而细致的工作，图 1-12 展示了该项工作的主要流程。

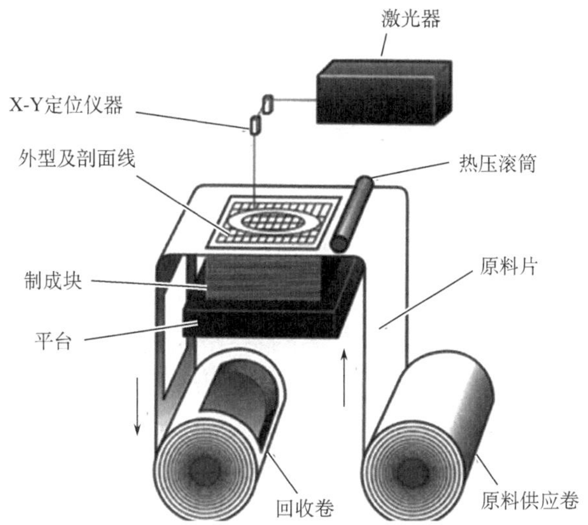

图 1-10　LOM 工艺的成型原理

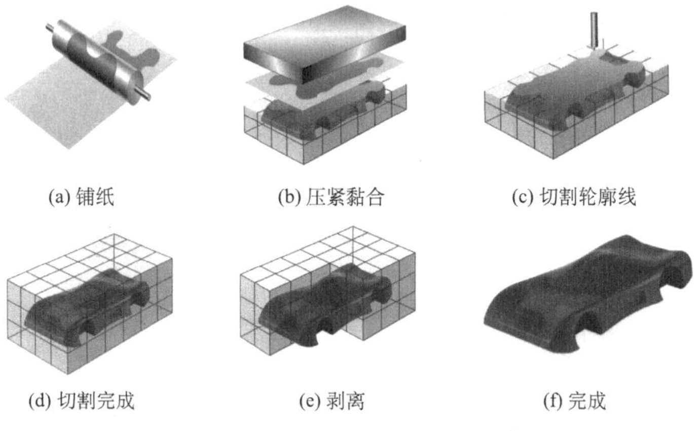

图 1-11　LOM 工艺成型过程（见彩图）

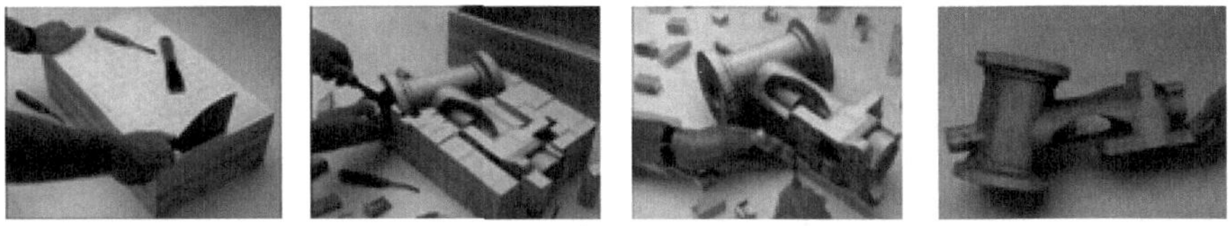

图 1-12　LOM 工艺成型的原型取出过程

1.2.3 选择性激光烧结

1986 年，美国 Texas 大学的研究生 Deckard 提出了选择性激光烧结（selected laser sintering，SLS）的思想，并于 1989 年获得第一个 SCS 技术专利，之后组建了 DTM 公司，于 1992 年推出 Sinters talion 2000 系列 SLS 成型机。

选择性激光烧结的成型过程是：由 CAD 模型各层切片的平面几何信息生成 X-Y 激光扫描器在每层粉末上的数控运动指令，铺粉器将粉末一层一层地撒在工作台上，再用滚筒将粉末滚平、压实，每层粉末的厚度均对应于 CAD 模型的切片厚度。各层铺粉被二氧化碳激光器选择性烧结到基体上，而未被激光扫描、烧结的粉末仍留在原处起支撑作用，直至烧结出整个零件，如图 1-13 所示。其工艺流程如图 1-14 所示。

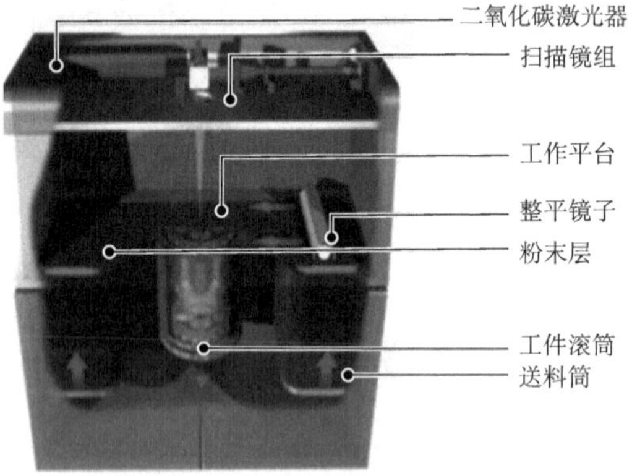

图 1-13　SLS 成型原理

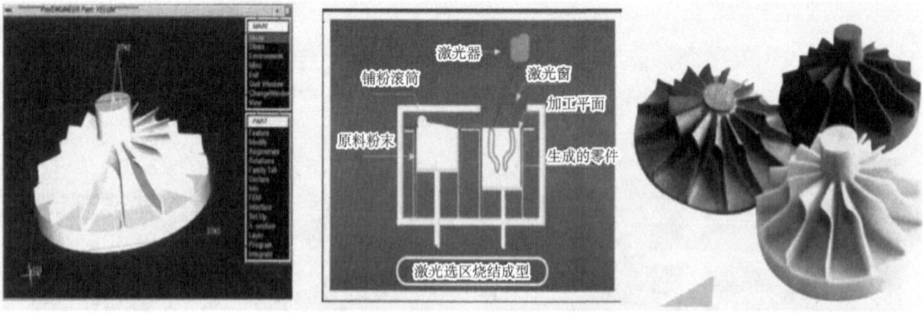

(a) CAD建模　　(b) 加工　　(c) 成型件

图 1-14　SLS 工艺成型过程

1.2.4 熔融沉积制造

Scott Crump 在 1988 年提出了熔融沉积制造（fused deposition modeling，FDM）的思想，1991 年开发了第一台商业机型。熔融沉积制造是一种制作速度较快的快速成型工艺。FDM 的成型材料可用铸造石蜡、尼龙（聚酯塑料）、ABS 塑料，可实现塑料零件无注塑成型制造。

FDM 工艺的成型过程是：直接由计算机控制的喷头挤出熔融状态的热塑材料沉积成原型的每一薄层。整个模型从基座开始，由下而上逐层生成。FDM 成型原理如图 1-15 所示，图 1-16 为 FDM 成型件。

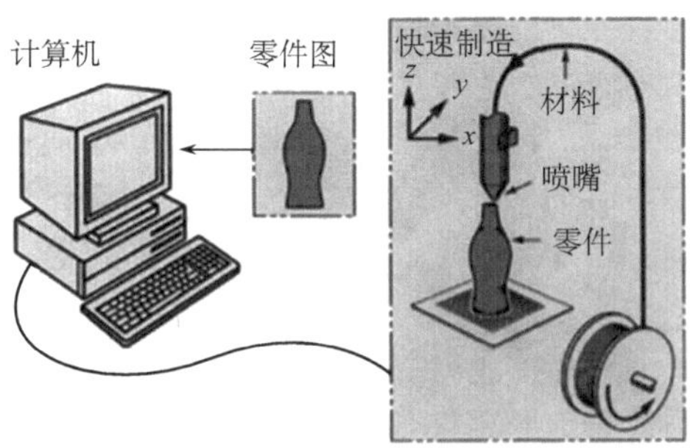

图 1-15 FDM 工艺成型原理

图 1-16 FDM 工艺成型件

FDM 工艺的关键是保持半流动成型材料刚好在凝固温度点上，通常控制在比凝固温度高几摄氏度，以保证半流动熔丝材料从 FDM 喷嘴中挤压出来，很快凝固，形成精确的薄层。每层厚度一般为 0.127～0.25mm，层层叠加，最后形成原型。

1.2.5 三维印刷成型

三维印刷（three dimension printing，3DP）成型工艺是麻省理工学院（MIT）Emanual Sachs 等人研制的，后被美国的 Soligen 公司以 DSPC（direct shell production casting）名义商品化，用以制造铸造用的陶瓷壳体和芯子。3DP 工艺与 SLS 工艺类似，采用粉末材料成型，如陶瓷粉末、金属粉末。所不同的是材料粉末不是通过烧结连接起来的，而是通过喷头用黏结剂（如硅胶）将零件的截面“印刷”在材料粉末上面，如图 1-17 所示。

3DP 工艺的成型原理是将粉末由储料桶送出，再用滚筒将送出的粉末在加工平台上铺上一层很薄的原料，喷嘴依照 3D 计算机模型切片后定义出来的轮廓喷出黏结剂，黏着粉末。做完一层，加工平台自动下降一点，储料桶上升一点，刮刀由升高了的储料桶上方把粉末推至工作平台并把粉末推平，再喷黏结剂，如此循环便可得到所要加工的形状。图 1-18 所示是三维印刷成型技术制作的连环链，如此无缝的环环相扣是传统加工方法无法制作的，但采用三维印刷成型技术却很容易，且能一次成型，不需装配，真正做到“天衣无缝”。

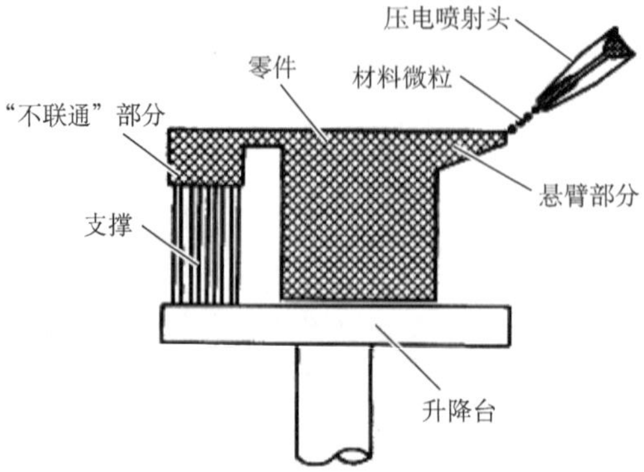

图 1-17　3DP 工艺成型原理

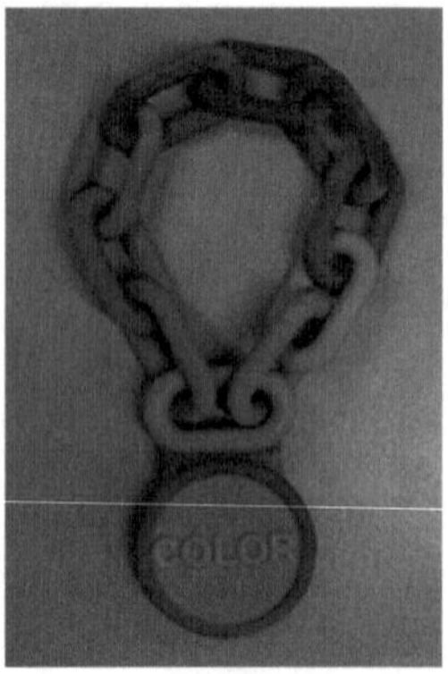

图 1-18　3DP 工艺制作的连环链

由于完成原型制作后，原型件是完全被埋没于工作台的粉末中，操作员小心地把工件从工作台中挖出，再用气枪等工具吹走原型件表面的粉末。一般刚成型的原型件本身很脆弱，在压力下会粉碎，所以原型件完成后需涂上一层蜡、乳胶或环氧树脂等渗透剂以提高其强度。

1.2.6　形状沉积制造

形状沉积制造（SDM）是 Carnegie Mellon 大学的专利，该工艺的成型过程是：把熔融的金属（即基体材料）层层喷涂到基底上，用数控（NC）方式铣去多余的材料，每层的支撑材料喷涂到其他区域，再进行铣削，支撑材料可视零件的特征是在基体材料之前或之后喷涂，如图 1-19 所示[39]。

SDM 中的多余材料的铣削是由一个机械手完成的，其工作方式如图 1-20 所示[40]。

1.2.7　三维打印各成型工艺比较

SL 工艺使用的是遇到光照射便固化的液体材料（也称光敏树脂），当扫描器在计算机的控制下扫描光敏树脂液面时，扫描到的区域就发生聚合反应和固化，这样层层加工即完成了原型的制造。SL 工艺所用激光器的激光波长有限制，一般采用 UV He-Cd 激光器（325nm）和 UV Ar^+ 激光器（351nm，364nm）。采用这种工艺成型的零件有较高的精度且表面光洁，但其缺点是可用材料的范围较窄，材料成本较高，激光器价格昂贵，从而导致零件制作成本较高。

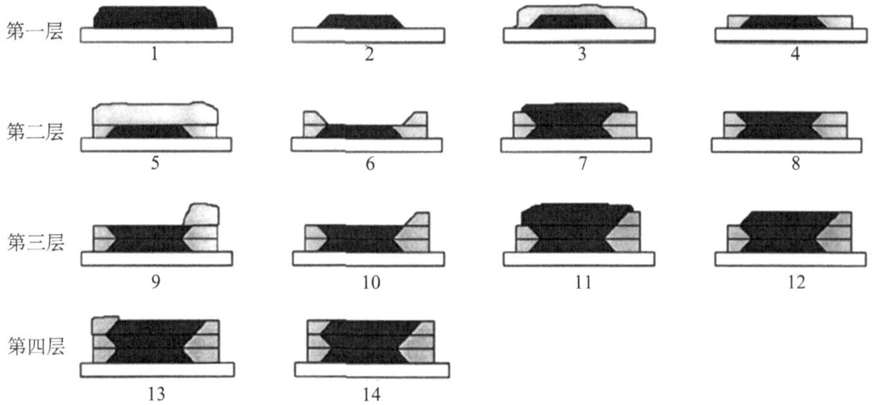

图 1-19　形状沉积制造过程

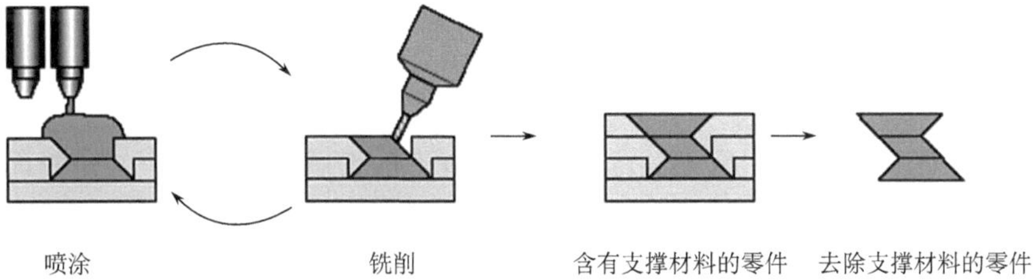

图 1-20　SDM 的铣削

LOM 工艺的层面信息通过每一层的轮廓表示，激光扫描器动作由这些轮廓信息控制，所采用的材料是具有厚度信息的片材。这种加工方法只需要加工轮廓信息，所以可以达到很高的加工速度，但其缺点是材料范围很窄，每层厚度不可调整，以纸质的片材为例每层轮廓被激光切割后会留下燃烧的灰烬，且燃烧时有较大的烟雾，而采用 PVC 薄膜作为原料的工艺。由于材料较贵，利用率较低，导致模型成本较高。

SLS 工艺使用固体粉末材料，该材料在激光的照射下，吸收能量，发生熔融固化，从而完成每层信息的成型。这种工艺的材料适用范围很广，特别是在金属和陶瓷材料的成型方面有独特的优点。其缺点是所成型的零件精度和表面粗糙度较差。

FDM 工艺不采用激光作能源，而是用电能加热塑料丝，使其在挤出喷头前达到熔融状态，喷头在计算机的控制下将熔融的塑料丝喷涂到工作平台上，从而完成整个零件的加工过程。这种方法的能量传输和材料传输均不同于前面的 3 种工艺，系统成本较低。其缺点是：由于喷头的运动是机械运动，速度有一定限制，所以加工时间稍长；成型材料适用范围不广；喷头孔径不可能很小。因此，原型的成型精度较低。

3DP 工艺是一种简单的三维印刷成型技术，可配合 PC 使用，操作简单，速度高，适合办公室环境使用，其缺点是对于采用石膏粉末等作为成型材料的工艺，其工件表面顺滑度受制于粉末的大小，所以工件表面粗糙，需用后处理加以改善，并且原型件结构较松散，强度较低；对于采用可喷射树脂等作为成型材料的工艺，由于其喷墨量很小，每层的固化层片一般为 10～30μm，加工时间较长，制作成本较高。

1.3 三维打印技术的发展现状

美国是世界上最重要的三维打印设备生产国。1999 年，美国生产的三维打印设备占全世界的 81.5%[41]，2013 年则占 38%的市场[35]，仍占据绝对优势。美国的三维打印发展水平及其趋势可以说代表了世界的三维打印发展水平及趋势。

1.3.1 国外三维打印发展水平

国外，尤其是欧美国家在三维打印技术方面的发展非常迅速。三维打印技术正逐渐改变美国制造业的格局，以至于 2012 年美国《时代》周刊已将三维打印产业列为“美国十大增长最快的工业”；英国《经济学人》杂志则认为三维打印将“与其他数字化生产模式一起推动实现第三次工业革命”。为重振美国的制造业，2011 年 6 月份，美国出台了扶持三维打印产业的诸多政策，数亿美元资金开始涌入这个新兴的行业。

从国际市场来看，三维打印成型市场本身已进入商业化阶段，出现了多种成型工艺及相应的软件及设备，如美国的 3D Systems、Stratasys、Z Corp 公司（已与 3D Systems 公司合并）、德国的 EOS 公司、以色列的 Objet 公司（已与 Stratasys 公司合并）、瑞典的 Arcam 公司、比利时的 Materialise 公司等。

由三维打印领域的年度权威报告 *Wohlers Report* 2013 可看出，当前三维打印的全球发展概况如下：

从全球销售额来看，2012 年三维打印市场总共有 22 亿美元左右的销售收入，相较于 2011 年增长了 29.4%（图 1-21），包括 2 个部分：一是三维打印设备的销售收入；二是三维打印设计与制造服务方面的销售收入（该数据统计是上千家三维打印设备销售、生产、材料、服务有关的公司所得到的数据）。

三维打印市场也经历了一段低谷，从 2004～2012 年全球三维打印增长情况（图 1-22）可以看出，自 2006 年以来一直处于低速增长状态，行业收入在 2009 年已下降到负值，至 2010 年恢复增长并在 2012 年基本平稳增长 21.9%。

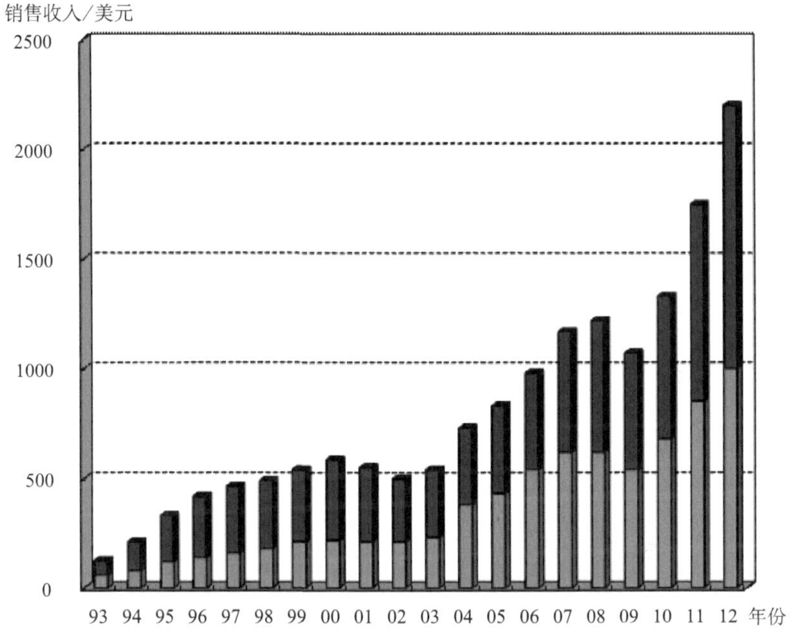

图 1-21 三维打印全球市场销售收入

数据来源：Wohlers Associates，Inc.

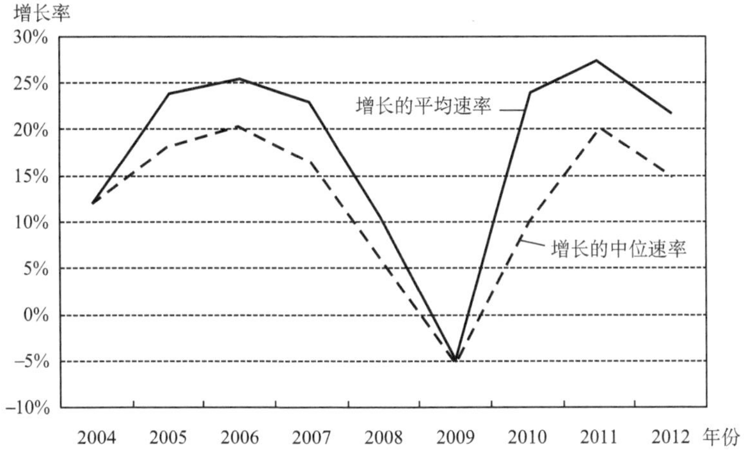

图 1-22 全球三维打印产业增长情况（工业型三维打印领域）

数据来源：Wohlers Associates，Inc.

据 *Wohlers Report* 2013 预测，在工业型三维打印市场，未来几年的增长仍将保持稳步增长（图 1-23），到 2021 年三维打印工业化设备的销售收入会达到 108 亿美元[35]。

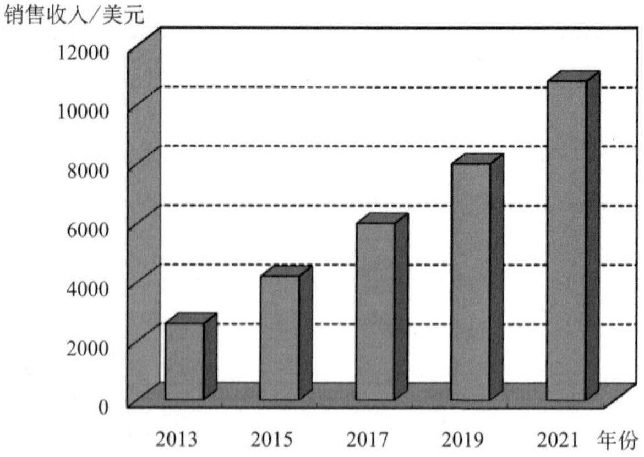

图 1-23　未来数年工业型三维打印市场增长情况预测
数据来源：Wohlers Associates，Inc.

除了工业化三维打印设备是一个稳定增长的区域外，最近几年，备受市场所热捧的应属个人化的三维打印市场。由于该类三维打印的市场发展时间较短，因此，其销量统计数据尚无法准确统计。据几家销量较大的公司销售数据来计算，2012 年总共销售 35 508 台三维打印设备，从 2008～2011 年，年平均增长率为 346%[35]，远高于工业化三维打印设备的市场增长量。

美国是三维打印领域的领头羊，奥巴马在最近几次的国情咨文中均提到，美国政府要投资建造包括三维打印的多个创新研究机构，希望能够把三维打印作为下一个振兴美国制造业的关键产业之一。如 2012 年 8 月投资 3000 万美元在俄亥俄州 Youngstown 建立制造创新研究所，主要研发三维打印技术，以带动制造业创新和增长，重新占据世界工业的领导地位。杜克大学企业家精神与商业化研究中心主任 Vivek Wadhwa 提出一个观点：三维打印技术的进步将使中国的制造业像美国制造业在过去 20 年内那样迅速衰落。他认为未来三维打印的发展将使现在的规模化生产被个性化生产所取代，同时个性化的生产利用三维打印可以与现在的网络相结合，实现网络化的设计及定制，这样会对中国传统的制造带来巨大冲击。

1.3.2　国内三维打印技术的发展现状

我国三维打印技术研究工作起步于 20 世纪 90 年代初。我国最早在三维打印技术方面开展研究的科研机构主要有清华大学、西安交通大学、华中科技大学、南京理工大学、南京航空航天大学等。这些科研机构早期在各成型工艺、成型设备的研究和开发方面各有侧重。目前仍从事三维打印技术研究的高校与科研机构有数十家，他们各自在所涉及的基础理论和关键技术的研究方面均积累有较为丰富的成果[42]。

当前，部分国产三维打印设备已接近或达到美国公司同类产品的水平，价格却便宜甚多，而且自主研发应用于三维打印的材料也逐步趋于完善，材料价格更具竞争优势。总体而言，我国已初步形成了三维打印设备和材料的生产与销售体系。

近年来，在国家科学技术部的支持下，我国已经在深圳、天津、上海、西安、南京、重庆等地建立一批向企业提供三维打印技术的服务机构，并开始起到积极作用，推动了三维打印技术在我国的广泛应用，使我国三维打印技术的发展走上了专业化、市场化的轨道，为我国制造型企业的发展起到了支撑作用，提升了企业对市场的快速响应能力，提高了企业的竞争力，同时也为国民经济增长做出了重大贡献。

目前，三维打印市场已经度过了启蒙期，正处于快速发展的阶段。但相比发达国家，我国的三维打印技术及设备普及程度较差，一方面原因在于政府及相关机构对该领域的相关研究投入不够，仅由国家自然科学基金、“863”计划等部分项目给予资助，而资助力度仅够完成一些原理性的研究，无法向产品化、产业化的方向发展；另一方面原因在于国外三维打印设备非常昂贵，这类设备动辄几十万，甚至数百万元，这是广大的中小企业或者高校无法承担的，广大的普通民众更无法承受。目前国内的三维打印处于零星研究，尚未形成气候的阶段，这对于三维打印发展形成新产业是十分不利的，并且很有可能阻碍我国在向制造强国和创新驱动等战略方向发展的步伐。

1.3.3 我国三维打印技术研究的不足及发展对策

阻碍三维打印发展的因素有多种，有些是技术方面的，有些是环境、组织、文化或经济方面的因素，但每个因素都会影响其发展。

与国外，尤其是与美国相比，国内三维打印技术发展的不足主要表现在以下3个方面：

1. 三维打印技术本身发展不够成熟

该领域研究队伍比较薄弱，资金投入有限，设备尚未完全达到商品化，成型材料亟需国产化，与三维打印技术配套的后续技术尚不完备。

2. 未能有效地在企业中得到应用

企业对三维打印技术重要性认识不足，缺乏有力支持。目前投入的研发资金几乎都是由国家承担，企业没有发挥其主导作用。对于已引进三维打印设备的企业，也未能充分发挥其作用。由于目前的三维打印设备价格都太昂贵，因此广大中小型企业也未得到三维打印技术的服务。

3. 没有建立发展三维打印技术的统一协调管理体系

目前存在相当多的“低水平重复”现象，使得有限的投入未能发挥更好的作用。尤其是在政、产、学、研结合方面力度不够，影响科研成果的商品化，直至产业化。

为尽快发展我国的三维打印技术，应从以下方面着手：

(1) 改变过分地研制设备的现状。我国三维打印技术的发展有个鲜明的特征，即是开始进行三维打印技术研究的单位一般都要从研制设备开始，许多是同一水平甚至是低水平的重复。应改变过分地研制设备的现状，把注意力放到关键技术的创新上，坚持“有所为，有所不为”的指导方针。

(2) 注重系统技术集成与资源共享[43]。三维打印系统涉及计算机软硬件、材料及光学等多个领域，属于比较复杂的系统。对三维打印的研究必须注重系统技术集成，对其应用则必须注重资源共享。

(3) 做好三维打印产品的标准化、规范化工作[44]。随着我国自行制造的三维打印设备种类的增加和数量的增多，三维打印产品的标准化、规范化工作显得越来越重要。

1.4 三维打印发展的趋势

三维打印的发展正日新月异，以下仅概述几个主要发展方向。

(1) 直接金属打印是未来的发展方向之一，从图 1-24 可以看出，直接金属打印占全球三维打印市场的份额从 2003 年的 3.9% 快速增加到 2012 年的 28.3%[35]，增长量一直在飞速地扩张，说明三维打印市场的对该类技术的需求远

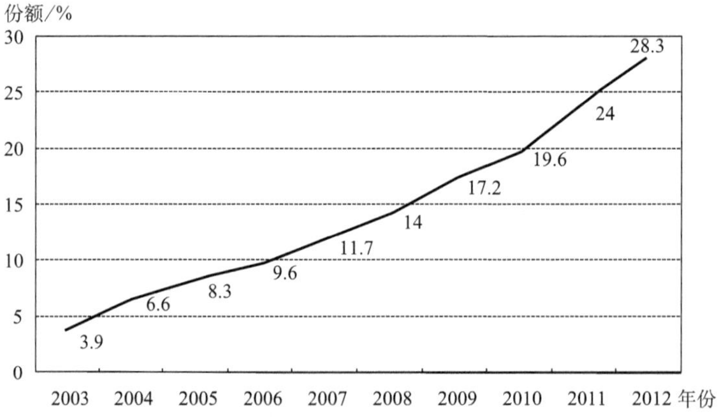

图 1-24 直接金属打印所占市场份额（2003～2011 年）

数据来源：Wohlers Associates，Inc.

远高于市场平均发展速度。图 1-25 为直接金属打印的成型件。

图 1-25 直接金属打印的零件

(2) 个人化的三维打印将迅速得以普及，逐渐得到业界的认可与推广，2012 年个人化的三维打印市场增长量为 46.3%，目前普遍的价格为 5000～20 000 元，其对象主要为教育机构、DIY 爱好者、设计师和中小企业。图 1-26 为南京师范大学三维打印团队开发的针对个人和办公等场合使用的小型三维打印机。

(3) 生物三维打印将取代传统的医疗模型，美国和欧洲在生物打印方面做了很多研究工作，有的已经进入临床试验[45]，如图 1-27 所示。

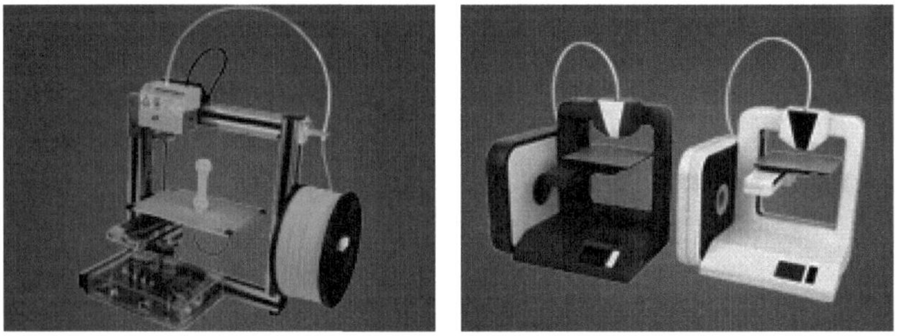

图 1-26 个人化三维打印机

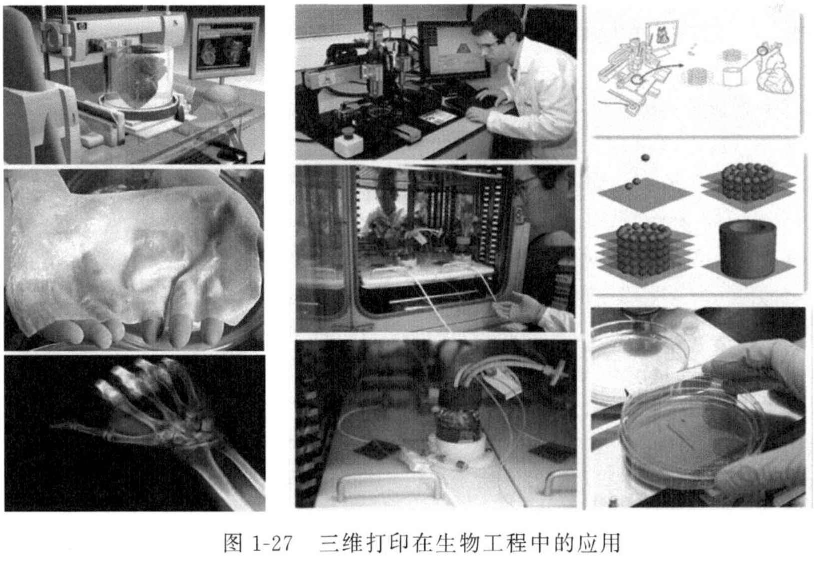

图 1-27 三维打印在生物工程中的应用

三维打印研究方向范围极广，如在混凝土打印和房屋快速建造[46]、制药工程和微型机电制造[47]等领域也有着广阔的发展前景。

参考文献

[1] Terry W. RP/RT state of the industry：2001 Executive Summary. Time-Compression Technologies. 2001. http://www. timecompress. com.

[2] 杨继全，朱玉芳. 先进制造技术. 北京：化学工业出版社，2004.

[3] 杨继全. 光固化快速成型的理论、技术与应用研究. 南京：南京理工大学，2002.

[4] Terry W. Worldwide developments & trends in rapid prototyping &tooling，progress in rapid prototyping manufacturing and rapid tooling. Proceedings of the First International Conference on Rapid Prototyping & Manufacturing'98，Beijing，1998.

[5] Defining rapid prototyping. Rapid Prototyping Report. CAD/CAM Publishing Inc.，2001.

[6] 颜永年，张人佶，郭海滨，等. 快速成形技术的功能集成研究. 中国机械工程，1997，(5)：13-31.

[7] 杨小玲，周天瑞. 三维打印快速成形技术及其应用. 浙江科技学院学报，2009，21 (3)：181-183.

[8] 沃丁柱. 复合材料大全. 北京：化学工业出版社，2000.

[9] Blanther J F. Manufacture of Contour Relief Maps. US，473901，1892.

[10] Beaman J J. Solid Freeform Fabrication：A New Direction in Manufacturing. USA：Kluwer Academic Publishers. 1997. 1-20.

[11] 丸谷洋二. 光硬化による立体モデルの创成. 光技术コンタクト，1989，(10)：12-19.

[12] Jacobs F B. Rapid prototyping & manufacturing：A Fundamental of stereolithography. Dearborn USA. CAD/CAM Publishing Inc.，1992.

[13] Kruth J P. Material incress manufacturing by rapid prototyping technologies. CIRP Annals，1991，40 (2)：603-614.

[14] 杨继全，侯丽雅，章维一，等. 光造型技术在微机电系统中的应用研究. 中国机械工程，2002，13 (1)：32-35.

[15] Johnson D L. A Review of Stereolithography. Radtech Report. 2000，9/10：11-14.

[16] Hemrick J G，Starr T L，Rosen D W. Release behavior for powder injection molding in stereolithography molds. Rapid Prototyping Journal，2001，7 (2)：115-121.

[17] Dawson E K，Muzzy J D. The effect of rapid tooling on final product properties. Proceedings of 1998 3D North American Stereolithography User's Group Meeting，San Antonio，TX，1998.

[18] Klosterman D，Chartoff R，Agarwala M，et al. Direct Fabrication of Polymer Composite Structures with Curved LOM. Solid Freeform Fabrication Symposium，University of Texas，August，1999.

[19] 刘斌，阮锋，黄树槐. 分层实体制造技术中激光切割路径的优化. 华南理工大学学报. 2001，29 (1)：31-33

[20] 王运赣. 快速成形技术. 武汉：华中理工大学出版社，1999.

[21] 袁祁刚，杨继全. 快速成形技术的新进展. http://www. mw35. com/article/apply/4356. html. [2005-1-4].

[22] 周爱新，肖跃加，韩明，等. 物体分层制造中的网格划分研究. 华中理工大学学报，2000，(1)：35-37.

[23] Dalgarno K W，Stewart T D，Childs T H C，et al. Cost benefit analysis of production injection mould tools manufactured through indirect SLS. Proceedings of the Time-Compression Technologies 2000 Conference，Cardiff .

[24] Shi D，Gibson I. Improving surface quality of selective laser sintered rapid prototype parts using robotic finishing. Proc. IMechE Part B. 2000，214：197-203.

[25] Gibson I，Ling W M. Colour RP. Rapid Prototyping Journal，2001，7 (4)：212-216.

[26] 樊自田，黄乃瑜. 选择性激光烧结覆膜砂铸型（芯）的固化机理. 华中科技大学学报，2001，29 (4)：60-62.

[27] Kietzman J，Park B H，Prinz F. Part strength improvement in polymer shape deposition manufacturing. Rapid Prototyping Journal，2001，7 (3) 130-137.

[28] Cooper A G，Kang S，Stampfl J，et al. Fabrication of ceramic parts for a miniature jet engine application using mold SDM. Ceramic Transactions，2000，108：389-398.

[29] Nickel A H，Barnett D M，Prinz F B. Thermal stresses and deposition patterns in layered manufacturing. Materials Science and Engineering A317，2001，59-64.

[30] 余东满，李晓静，王笛. 熔融沉积快速成型工艺过程分析及应用. 机械设计与制造，2011，8 (8)：65-66.

[31] 张永，周天瑞，徐春晖. 熔融沉积快速成型工艺成型精度的影响因素及对策. 南昌大学学报：工科版，2007，29 (3)：252-253.

[32] Sachs E，Wylonis E，Allen S，et al. Production of injection molding tooling with conformal cooling channels using the three dimensional printing process. Polymer Engineering and Science. 2000，40：1232-1247.

[33] Todd G，Terry W. 3D printers for the home：Are They in Our Future? http://www. timecompress. com，[2001-06].

[34] 宗贵升，冯涛. 集成快速制造技术. 中国机械工程，1997，8 (5)：16-17.

[35] Terry W. Wohlers Report 2013. Additive Manufacturing and 3D Printing State of the Industry Annual Worldwide Progress Report Annual worldwide progress report. Wohlers Associates，Inc.，2013.

[36] Terry W. Wohlers Report 2012. Additive Manufacturing and 3D Printing State of the Industry Annual Worldwide Progress Report. Wohlers Associates，Inc. 2012.

[37] 杨继全，侯丽雅，章维一，等. 基于变芯径光纤的光学系统在光造型中的应用研究. 光学学报，2002，22 (4)：470-475.

[38] Jacobs P F. Stereolithography and Other RP&M Technologies：From Rapid Prototyping to Rapid Tooling. SME Publishing，Dearborn，Michigan，1996.

[39] Merz R，Prinz F B，Ramaswami K，et al. Shape deposition manufacturing. Proceedings of

the 5th Symposium on Solid Freeform Fabrication, Austin, Texas, 8-10 August 1994.
[40] Kietzman J. Rapid prototyping polymer parts via shape deposition manufacturing. Dissertation for the degree of Doctor of Philosophy. Stanford University, 1999.
[41] Terry W. Wohlers Report 2000-Rapid Prototyping & Tooling State of the Industry Annual Worldwide Progress Report. Colorado USA, 2000.
[42] 杨继全，徐国财. 快速成形技术. 北京：化学工业出版社，2006.
[43] Terry W, Todd G. Obstacles to RP's Growth. Time-Compression Technologies. http://www. timecompress. com [2001-10].
[44] 颜永年，张人佶. 快速成形技术国内外发展趋势. 电加工与模具，2001，(1)：5-9.
[45] Pasko A, Adzhiev V, Comninos P. Heterogeneous Objects Modeling and Applications. Springer-Verlag Berlin Heidelberg, 2008.
[46] 张曙，金天拾，黄仲明. 三维打印的现状与发展前景. 机械设计与制造工程，2013，(2)：1-5.
[47] 刘厚才，莫健华，刘海涛. 三维打印快速成形技术及其应用. 机械科学与技术，2008，27 (9)：1184-1190.

第 2 章　三维打印基础理论

三维打印技术经过 20 余年的发展已涌现出一批较为成熟的成型设备和工艺，但由于三维打印涉及诸如机械技术、控制技术、计算机技术、光学、材料等学科和多领域的多种技术，因此，到目前为止仍有不少基础理论和关键技术尚待解决和完善。这些基础理论主要有：

(1) 现代成型理论。研究所有产品制造的成型方式，建立起产品制造的理论模型，其中，三维打印成型仅是其中的一种成型方式。

(2) 三维打印的离散-叠加模型研究。即用一种模型来统一描述所有三维打印的本质——模型离散与层片叠加过程的统一。

(3) 三维打印零件的变形机理。零件的变形一直是阻碍三维打印技术迅速发展的障碍之一，用某种理论或方法揭示成型材料变形本质将为后续的三维打印过程控制提供理论基础。

(4) 三维打印零件的精度研究。研究影响三维打印零件精度的因素，建立描述三维打印零件精度因素的模型。

此外还将介绍异质材料三维打印的理论基础，以便读者在阅读第 7 章之前能够基本了解异质材料三维打印。

2.1　现代成型理论

现代成型理论是研究将成型材料有序地组织成具有确定外形和特定功能的三维实体的科学，它是站在成型方法论的高度对成形的基本理论、原理和方法进行研究。可把产品成型的过程分为如下 4 种：受迫成型、去除成型、离散/堆积成型、生长成型。

1. 受迫成型

受迫成型是成型材料受到压力的作用而成型的方法。现在出现了各种受迫成型方法。例如：金属材料成型的冷冲压成型、锻压成型、拉伸成型、挤压成型以及铸造成型等；非金属材料成型有塑料注射成型、塑料挤压成型、塑料吹塑成型和压制成型等都是靠模具成型的，所以这些都属于受迫成型。

2. 去除成型

去除成型是人类从开始制作工具到现代化生产一直沿用的主要成型方法。现代人类发明了各种先进机械设备，不管是刀具切削加工、磨削加工，还是电火花加工都属于传统的去除成型。不管机床发展有多先进，自动化程度和精度有多高，凡是使用普通机床、数控机床、加工中心等类的机床加工都属于去除成型的范畴。

3. 离散/堆积成型

与传统制造方法不同，离散/堆积成型是从零件的 CAD 实体模型出发，通过软件分层离散和数控成型系统，用层层加工的方法将成型材料堆积而形成实体零件。由于它把复杂的三维制造转化为一系列的二维制造，甚至是单维制造，因而可以在不用任何夹具和工具的条件下可制造形状任意的零部件，极大地提高了生产效率和制造柔性。

离散/堆积成型不局限于现有的成型工艺，没有对制造单元的形状做任何限制。制造单元可以是二维层片，也可以是线单元、点单元或者是三维实体。

4. 生长成型

生长成型或仿生成型是指模仿自然界中生物生长方式而成型的方法。它是一项生物科学与制造科学相结合的产物，将生长和成型融为一体。根据生物体的生长信息、细胞分化并复制自身形成一个具有特定形状和功能的三维体。在此过程中，基因控制了生长顺序和所得功能，细胞具有自组织、自复制、自装配、自修复功能。如昆虫的角质表皮是由蛋白质、类脂类与多糖类几丁质组成的弹性薄壳，在由下层的上皮细胞生成弹性表皮的过程中，由基因控制的生长机制在空间上精确地规定各组成成分的比例与密度，在时间上精确调节各成分的生成次序与沉积时间，从而形成具有不同分层性质的结构，表现出良好的复合材料的韧性[1]。显然这样的成型方法是节能和低消耗的。

2.2　三维打印的统一描述模型

三维打印目前存在多种成型制造方法，且各有其特色，但几乎所有的三维打印成型都是基于离散-叠加的成型原理成型的，只不过有的稍微改变而已。下面将用离散-叠加过程的 3 个层次及其序函数统一描述所有基于三维打印的成型制造方法。

2.2.1　三维打印零件的固化单元及 CAD 模型的实体点

三维打印制造的核心问题是将成型材料叠加、黏结成具有一定形状、尺寸和功能的三维实体。其中有 2 个关键参数：添加材料时的最少重量和最小几何分辨率，前者是后者累加的结果。因此，控制成型时的最小几何分辨率将是三维打印成型过程的关键问题之一。这里把组成三维打印零件的最小单位实体称为固化单元。而与三维打印零件相对应的三维 CAD 实体也有其最小的组成单元，定义其最小单位实体为 CAD 实体点。

设三维 CAD 实体为 V，其全表面为 S（S 为连续、封闭、不自交的空间表面），三维 CAD 实体转换成 STL 格式时，形成的 STL 模型为 V_{STL}，其全表面为 S_{STL}，因 STL 面化时的网格精度是可以调节的，数据精度可保证在 1×10^{-6} 以内，此精度完全能满足加工需要，因此有

$$V \approx V_{STL},\ S = S_{STL}(\text{以下用 } S \text{ 代替 } S_{STL},\ V \text{ 代替 } V_{STL}) \tag{2-1}$$

STL 面化后形成的各三角形面片的面积设为 S_i，则有

$$S = \sum_{i=1}^{m} S_i \tag{2-2}$$

式中，m 为 STL 面化模型的三角形面片数。

CAD 实体点根据其在 CAD 实体及其 STL 面化模型中的位置可分为两类：一类是位于面的轮廓表面上；另一类位于模型内部。位于 S 上的点为 P_0，位于其内的点为 P_1，则有

$$V = P_0 \cup P_1 \tag{2-3}$$

2.2.2　离散-叠加过程的 3 个层次

三维 CAD 实体沿笛卡儿坐标系的某一轴被离散成一系列的非连续的实体——面、线、点。离散后的 CAD 实体的最终数据单元——CAD 实体点所对应的物理性的固化单元又叠加形成固化线、固化层片，直至原型，从而完成原型的加工。该离散-叠加过程可分为 3 个层次：

(1) 体离散。体离散是把三维 CAD 实体离散为一系列有序的面，这是所有三维打印技术的基础和特点。

(2) 面离散。面离散是把切片离散为一系列有序的线段，以便加工时路径规划。

(3) 线离散。线离散是把面离散过的线段再离散为一系列有序的 CAD 实体点，即对应物理加工的固化单元。

因此，从离散-叠加过程的 3 个层次上看，数据处理同物理加工的 3 个层次是一一对应的。离散-叠加过程如图 2-1 所示，该过程中的 3 个层次如表 2-1 所示。

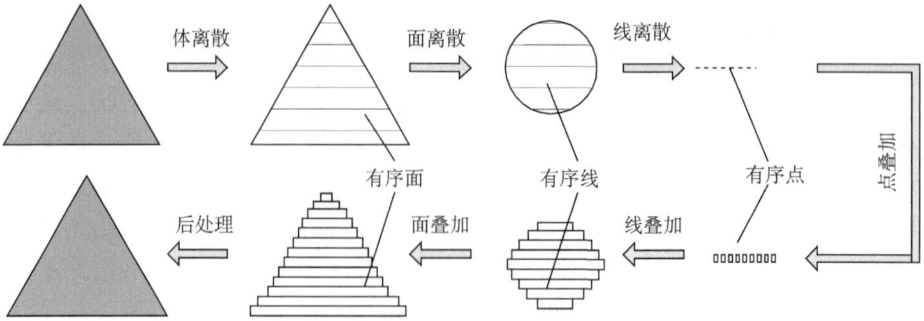

图 2-1　三维打印的离散-叠加过程

表 2-1　三维打印离散-叠加的 3 个层次

离散层次	产生的元素及其函数表示	离散精度	对应的叠加层次及其函数表示
体离散	有序面 $\psi(x, y, z)$	4/mm～10/mm	面叠加，$\psi(i)$
面离散	有序线 $\zeta(x, y, z)$	100/mm	线叠加，$\zeta'(i, j)$
线离散	有序点 $\gamma(x, y, z)$	100/mm	点叠加，$\gamma'(i, j, k)$

离散-叠加过程的 3 个层次中，因 CAD 实体包含的信息最全面、最广泛，所以体离散产生的误差也就可能最大。通常三维打印成型系统在加工原型件时，层厚取为 0.10～0.25mm，即体离散的精度为 4/mm～10/mm；而面离散和线离散对应的两叠加过程的精度则与固化单元、成型材料及机械运动精度等因素有关。

2.3　三维打印零件的变形理论

2.3.1　三维打印零件的特点

三维打印零件同普通零件相比，因成型工艺的不同而表现出其独有的特性，三维打印零件具有以下特点：

（1）微观非均匀性及呈层性。三维打印零件是大量有序的固化单元的集合，固化单元在三维方向上的力学性能各不相同，固化单元的形成有先后之分且相互重叠，这就造成固化零件在微观构造上是不均匀的。三维打印零件除了层片内存在此种非均匀性外，由于扫描方式和成型材料的不同，叠加方向又呈现另一种非均匀性，定义该种在厚度方向上所表现出的非均匀现象为呈层性。

（2）各向异性。固化单元在扫描方向及进给方向上由于重叠程度、固化度不一致，且固化单元形成后其体积收缩要经历一相当长的过程，并伴有少量的热量散发，因此，固化物的化学和物理性质，如机械性能（包括强度、硬度、模量、应变及层间的黏合力等)、收缩程度、聚合速率、单体固化率、反应后的残余物组分的扩散性能等均呈现严重的非均匀性，表现出较为明显的微观及宏观各向异性性质。

(3) 性能蠕变性。对于高温加工的三维打印零件（如 FDM 工艺、SLS 工艺等），在温度较高时的黏弹性和室温时的黏弹性有较大的区别；对于加工前后温度变化不大的零件（如 SL 工艺、3DP 工艺），在加工后较长时间内会随着残余固化应力的不断释放而出现某些物理量的改变（如模量、泊松比、密度等）。零件在整体应变或局部应变较大时，在剪切模量和横向拉、压模量等的作用下也会出现明显的蠕变。

2.3.2　三维打印零件变形的宏观表现

三维打印零件的变形是绝对的，而变形的大小则是可以控制的，为使零件的变形做到最大程度的可控，应从本质上研究其变形机理。

零件变形的宏观表现主要有悬臂式结构的翘曲变形、闭环式零件的变形、开环式零件的变形及整体式结构变形等，如图 2-2 所示。

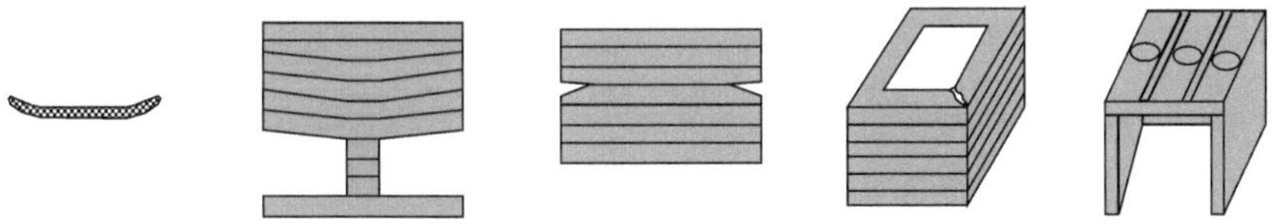

(a) 单层的翘曲变形　(b) 具有悬臂特征的多层翘曲变形　(c) 分层变形　(d) 尖角部位撕裂变形　(e) 区域收缩造成的裂纹

图 2-2　三维打印零件的各种变形

探讨零件变形的文献较多，Jayanthi 等[2]、Ullett 等[3]、李彦生[4]研究 SL 工艺中的扫描方式对零件变形的影响；Karapatis 等[5]研究 SLS 工艺中的环境温度对零件变形的影响；Dalgarno 等[6]采用有限元模型预测了零件加工过程中的残余应力；Nickel[7]研究金属零件的热应力；文献[8]用固态下的收缩来模拟液-固收缩，即用固态下温度的变化模拟树脂固化物的体积收缩。

很多的零件变形研究都仅把液-固体积收缩作为零件变形的唯一因素，没有考虑材料的其他特性（如固化层片的力学性能差异、树脂的反应特性等）及工艺参数对其变形的影响。而后两者往往是导致零件变形的主要因素，其表现形式是单固化层片的层内应力-应变分布及层间应力-应变分布，因此有必要分析这两种应力-应变分布对零件变形的影响。

2.3.3 三维打印零件的层内应力分析

1. 固化单元的应力-应变状态

复合材料理论研究认为：固化物可视为弹性体[9]。对于弹性体，当应力低于弹性极限时，其应力-应变关系符合广义虎克定律，即应变分量是应力分量的线性函数，有

$$\begin{bmatrix} \varepsilon_x \\ \varepsilon_y \\ \varepsilon_z \\ \gamma_{yz} \\ \gamma_{zx} \\ \gamma_{xy} \end{bmatrix} = \begin{bmatrix} S_{11} & S_{12} & S_{13} & S_{14} & S_{15} & S_{16} \\ S_{21} & S_{22} & S_{23} & S_{24} & S_{25} & S_{26} \\ S_{31} & S_{32} & S_{33} & S_{34} & S_{35} & S_{36} \\ S_{41} & S_{42} & S_{43} & S_{44} & S_{45} & S_{46} \\ S_{51} & S_{52} & S_{53} & S_{54} & S_{55} & S_{56} \\ S_{61} & S_{62} & S_{63} & S_{64} & S_{65} & S_{66} \end{bmatrix} \begin{bmatrix} \sigma_x \\ \sigma_y \\ \sigma_z \\ \tau_{yz} \\ \tau_{zx} \\ \tau_{xy} \end{bmatrix} \tag{2-4}$$

简写为

$$[\varepsilon_X] = [S]\ [\sigma_X]$$

式中，$[\varepsilon_X]$为应变矩阵；$[S]$为柔度矩阵，其逆矩阵为$[C]$，工程上也称之为刚度矩阵；S_{ij}（i，j=1，2，…，6）表示弹性体弹性系数，即单位力作用下产生的变形量；$[\sigma_X]$为应力列阵。

欲确定$[S]$中的各弹性系数，需研究固化物及组成固化物的固化单元的应力-应变情况。为此，做如下假设：

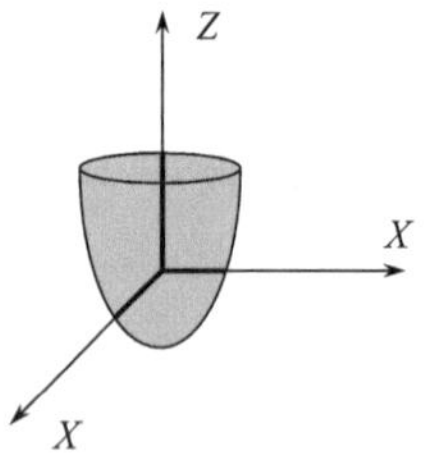

图 2-3　固化单元为对称弹性体

（1）每个固化单元具有 3 个相互垂直的弹性对称面

因组成原型的每个固化单元具有对称性，即如图 2-3 所示的固化单元相对于 Z 轴是对称的，且所有的固化单元在 X 方向的弹性特性是相同的，Y 方向也是如此。

（2）零件固化物为横观均质弹性体

由固化单元堆积而成的单片固化层在扫描方向上可认为是均质的；零件在加工时一般相邻两层的扫描方向是垂直的或不尽相同的，也即各层片的各向异性性不同，因此，由多个这样具有横观均质且各向异性的单片固化层叠加构成的零件可视为横观均质弹性体。

具有以上两个特征的固化物称为正交异性弹性固化物。为简便起见，以下在讨论原型或固化物时，都是基于讨论对象为正交异性弹性固化物，所以都称之为原型或固化物。

直接引用材料力学关于正交异性弹性体的应力-应变关系[10]：

$$\begin{bmatrix} \varepsilon_x \\ \varepsilon_y \\ \varepsilon_z \\ \gamma_{yz} \\ \gamma_{zx} \\ \gamma_{xy} \end{bmatrix} = \begin{bmatrix} \frac{1}{E_x} & -\frac{\nu_{yx}}{E_y} & -\frac{\nu_{zx}}{E_z} & 0 & 0 & 0 \\ -\frac{\nu_{xy}}{E_x} & \frac{1}{E_y} & -\frac{\nu_{zy}}{E_z} & 0 & 0 & 0 \\ -\frac{\nu_{xz}}{E_x} & -\frac{\nu_{yz}}{E_y} & \frac{1}{E_z} & 0 & 0 & 0 \\ 0 & 0 & 0 & \frac{1}{G_{yz}} & 0 & 0 \\ 0 & 0 & 0 & 0 & \frac{1}{G_{zx}} & 0 \\ 0 & 0 & 0 & 0 & 0 & \frac{1}{G_{xy}} \end{bmatrix} \begin{bmatrix} \sigma_x \\ \sigma_y \\ \sigma_z \\ \tau_{yz} \\ \tau_{zx} \\ \tau_{xy} \end{bmatrix} \tag{2-5}$$

式中，E_x、E_y、E_z 是沿弹性主方向 x、y、z 的弹性模量；E_x 为纵向弹性模量；E_y 为横向弹性模量；E_z 为法向弹性模量；ν_{xy} 是 x 方向伸、缩时导致 y 方向的缩、伸的泊松比；ν_{yx} 是 y 方向伸、缩时导致 x 方向的缩、伸的泊松比，其余类推；G_{xy}、G_{yz}、G_{zx} 是决定 x 和 y 方向、y 和 z 方向、z 和 x 方向间夹角变化的剪切模量。

弹性模量与泊松比的关系遵循麦克斯韦（Maxwell）定理，即

$$E_x\nu_{yx} = E_y\nu_{xy}, \quad E_y\nu_{zy} = E_z\nu_{yz}, \quad E_z\nu_{xz} = E_x\nu_{zx} \tag{2-6}$$

2. 单片固化层的弹性特性及其强度理论

在研究固化零件变形前，需先了解组成固化零件的单个固化层的性能，包括弹性特性及其强度。为此，给以下定义：

单片固化层的扫描方向为 x 向，即纵向；垂直于扫描方向为 y 向，即横向，也为进给方向。把层片的扫描方向和进给方向称为层片的弹性主方向。

在研究单片固化层面内应力分量时，取原型中除最上和最下层之外的任意一层作为研究对象。

考虑到在实际的原型中，每一固化层都要受与其相邻的其他层的约束，即存在法向应力分量。对于三维打印，零件叠加过程所设的层厚较零件其他平面尺寸小很多，为便于研究单层的应力-应变关系，对零件各分层间存在法向应力分量的情况做如下假设：

（1）单片固化层的法向（即 z 向）应力分量分布均匀。

（2）该应力分量较层内应力甚小。

基于以上假设，在分析单片固化层的应力-应变关系时，暂时忽略了单层的法向应力分量，因此，单片固化层的应力-应变分析可简化为二维广义平面应力-应变问题。

从式（2-5）可得出单片固化层的应力-应变关系式：

$$\begin{bmatrix}\varepsilon_x\\ \varepsilon_y\\ \gamma_{xy}\end{bmatrix}=\begin{bmatrix}\dfrac{1}{E_x} & -\dfrac{\nu_{yx}}{E_y} & 0\\ -\dfrac{\nu_{xy}}{E_x} & \dfrac{1}{E_y} & 0\\ 0 & 0 & \dfrac{1}{G_{xy}}\end{bmatrix}\begin{bmatrix}\sigma_x\\ \sigma_y\\ \tau_{xy}\end{bmatrix}\tag{2-7}$$

式中，下标 x 定义为层片的扫描方向；y 定义为层片的进给方向，且有

$$\varepsilon_z=-\frac{\nu_{xz}}{E_x}\sigma_x-\frac{\nu_{yz}}{E_y}\sigma_y,\quad \gamma_{yz}=\gamma_{zx}=0,\quad E_xE_{yx}=E_yE_{xy}\tag{2-8}$$

对式（2-7）求逆，得

$$\begin{bmatrix}\sigma_x\\ \sigma_y\\ \tau_{xy}\end{bmatrix}=\begin{bmatrix}C_{11} & C_{12} & 0\\ C_{12} & C_{22} & 0\\ 0 & 0 & C_{33}\end{bmatrix}\begin{bmatrix}\varepsilon_x\\ \varepsilon_y\\ \gamma_{xy}\end{bmatrix}\tag{2-9}$$

式中，$[C]$ 为单片固化层弹性主方向的二维刚度矩阵。其中，

$$C_{11}=\frac{E_x}{1-\nu_{xy}\nu_{yx}},\quad C_{12}=\frac{E_y\nu_{xy}}{1-\nu_{xy}\nu_{yx}},\quad C_{22}=\frac{E_y}{1-\nu_{xy}\nu_{yx}},\quad C_{33}=G_{xy}\tag{2-9$'$}$$

3. 整体零件的内力-应变关系

在研究由多个单片固化层组成的零件内的内力-应变分布时，做以下假设：

（1）固化层各层厚度一致（即采用等层厚加工方式），各层间黏结牢固，层间无相对位移，且限于线弹性和小变形范围内。

（2）单片固化层是各相异性的。光固化零件的单片固化层从微观上看，都是各相异性的，即沿着扫描固化的方向其拉伸强度、弹性模量等指标显然高于进给方向的各指标。

（3）固化层为平面应力状态。通常加工零件所设的层厚为 0.1～0.2mm，同零件的成型尺寸相比，该值较小，故可将固化层假设为平面应力状态，即 $\sigma_z=\tau_{yz}=\tau_{zx}=0$，只考虑 σ_x、σ_y、τ_{xy} 等层面内应力分量，不考虑各层间的层间应力。

(4) 直法线假设。即固化层中面法线变形后仍为直线，并垂直于变形后的中面，且中面法线的长度不变。

取坐标平面 xoy 与零件中面一致，位于$\frac{1}{2}l$（l 为零件高度）处，平行于基板（加工零件放置于基板上），如图 2-4 所示。

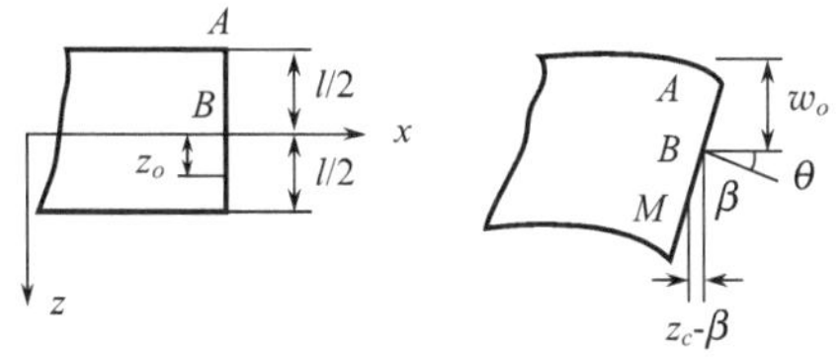

图 2-4　变形前后的固化单层

由图 2-4 所示的变形前后的固化单元层，假设层间无相对位移，则固化层的位移场为

$$\begin{aligned} u(x, y, z) &= u_0 - z\frac{\partial w_0}{\partial x} \\ v(x, y, z) &= v_0 - z\frac{\partial w_0}{\partial y} \end{aligned} \tag{2-10}$$

式中，u，v 分别为固化零件中的任意一点 M 在 x、y 方向上的位移；u_0、v_0、w_0 分别为中面上各点在 x、y、z 方向上的位移。

在直法线假设下，离中面任意距离 z 的单层应变：

$$\begin{bmatrix} \varepsilon_x \\ \varepsilon_y \\ \gamma_{xy} \end{bmatrix} = \begin{bmatrix} \varepsilon_x^0 \\ \varepsilon_y^0 \\ \gamma_{xy}^0 \end{bmatrix} + z\begin{bmatrix} k_x \\ k_y \\ k_{xy} \end{bmatrix} \tag{2-11}$$

式中，$[\varepsilon_x^0 \quad \varepsilon_y^0 \quad \gamma_{xy}^0]^T$ 和 $[k_x \quad k_y \quad k_{xy}]^T$ 分别是固化物中面的面内应变和弯曲应变。

由于固化物在堆积（叠加）方向上的非均质性，应力在固化层之间（黏结处）会发生突变，因此，表示固化物整体的内力时，应用先求单层内力，再求和的方式。

以固化物的第 i 层作为讨论对象，单独分析其内力情况，如图 2-5 所示。

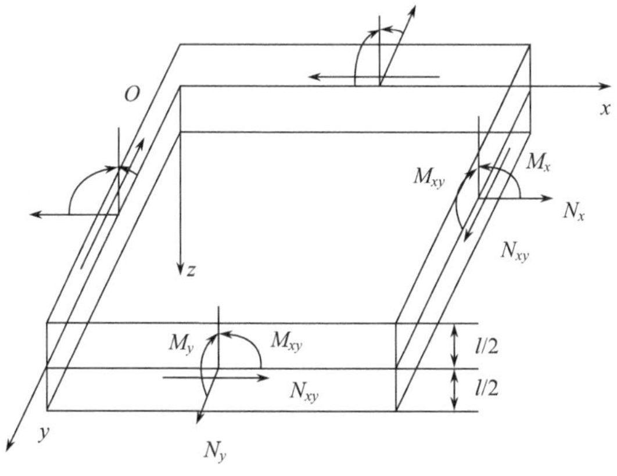

图 2-5　固化层面的内力 N 和内力矩 $\mathbf{M}$

单层内力为

$$\begin{bmatrix} N_x \\ N_y \\ N_{xy} \end{bmatrix}_{单} = \int_{z_{i-1}}^{z_i} \begin{bmatrix} \sigma_x \\ \sigma_y \\ \tau_{xy} \end{bmatrix} \mathrm{d}t, \quad \begin{bmatrix} M_x \\ M_y \\ M_{xy} \end{bmatrix}_{单} = \int_{z_{i-1}}^{z_i} \begin{bmatrix} \sigma_x \\ \sigma_y \\ \tau_{xy} \end{bmatrix} z\,\mathrm{d}z \tag{2-12}$$

式中，下标 x、y 表示的是单层的物理量。

固化零件的内力可表示为

$$\begin{bmatrix} N_X \\ N_Y \\ N_{XY} \end{bmatrix}_{总} = \sum_{i=1}^{n} \int_{z_{i-1}}^{z_i} \begin{bmatrix} \sigma_x \\ \sigma_y \\ \tau_{xy} \end{bmatrix} \mathrm{d}z, \quad \begin{bmatrix} M_X \\ M_Y \\ M_{XY} \end{bmatrix}_{总} = \sum_{i=1}^{n} \int_{z_{i-1}}^{z_i} \begin{bmatrix} \sigma_x \\ \sigma_y \\ \tau_{xy} \end{bmatrix} z\,\mathrm{d}z \tag{2-13}$$

式中，下标 X、Y 表示的是整个固化物的物理量；$[N]$ 表示内力；$[M]$ 表示内力矩；i 表示第 i 个单片固化层；n 表示加工零件共有 n 层。

$$z_i - z_{i-1} = h_i, \quad n \cdot h_i = l \tag{2-14}$$

把式（2-12）代入式（2-10），所得结果再代入式（2-14），展开合并，并注意到：

$[\varepsilon_x^0 \quad \varepsilon_y^0 \quad \gamma_{xy}^0]^{\mathrm{T}}$ 和 $[k_x \quad k_y \quad k_{xy}]^{\mathrm{T}}$ 仅是 x、y 的函数，可以从积分号中提取出来。

经过以上计算，可得到单片固化层的内力-应变关系及固化零件的内力-应变关系：

$$\begin{bmatrix} N_x \\ N_y \\ N_{xy} \\ M_x \\ M_y \\ M_{xy} \end{bmatrix}_{单} = \begin{bmatrix} A_{11} & A_{12} & 0 & 0 & 0 & 0 \\ A_{12} & A_{22} & 0 & 0 & 0 & 0 \\ 0 & 0 & A_{33} & 0 & 0 & 0 \\ 0 & 0 & 0 & B_{11} & B_{12} & 0 \\ 0 & 0 & 0 & B_{12} & B_{22} & 0 \\ 0 & 0 & 0 & 0 & 0 & B_{33} \end{bmatrix} \begin{bmatrix} \varepsilon_x^0 \\ \varepsilon_y^0 \\ \gamma_{xy}^0 \\ k_x \\ k_y \\ k_{xy} \end{bmatrix} \tag{2-15}$$

式中，

$$A_{11} = h_i \cdot C_{11}；\ A_{12} = h_i \cdot C_{12}；\ A_{22} = h_i \cdot C_{22}；\ A_{33} = h_i \cdot C_{33}；$$

$$B_{11} = \frac{1}{12} h_i^3 \cdot C_{11}；\ B_{12} = \frac{1}{12} h_i^3 \cdot C_{12}；\ B_{22} = \frac{1}{12} h_i^3 \cdot C_{22}；\ B_{66} = \frac{1}{12} h_i^3 \cdot C_{66} \tag{2-16}$$

固化零件的内力-应变关系式为

$$[N_X \quad N_Y \quad N_{XY} \quad M_X \quad M_Y \quad M_{XY}]_{总}^{\mathrm{T}} = \sum_{i=1}^{n} [N_x \quad N_y \quad N_{xy} \quad M_x \quad M_y \quad M_{xy}]_{单}^{\mathrm{T}} \tag{2-17}$$

对于扫描方向平行于 x 轴的固化层，其刚度系数按式（2-9′）求得；对于扫描方向平行于 y 轴的固化层，其刚度系数按下式求得

$$C_{11}=\frac{E_y}{1-\nu_{xy}\nu_{yx}},\quad C_{12}=\frac{E_y\nu_{xy}}{1-\nu_{xy}\nu_{yx}},\quad C_{22}=\frac{E_x}{1-\nu_{xy}\nu_{yx}},\quad C_{66}=G_{xy} \tag{2-18}$$

2.3.4　三维打印零件的层间应力分析

从单层片应力-应变关系可知，为减小零件变形，一般应减小固化层厚。层厚越小，层片内的应力越小，零件表面光洁度越高，零件变形越小，其精度就越高。但在层厚太小时，一方面原型加工时间也相应地延长；另一方面，为不致使零件强度降低，需增大相邻两层黏结重合度，这就使得层片之间的 Z 向作用力（即层间应力）逐渐成为不能忽视的因素。同时，三维打印零件的层间黏结重合度也不能过小，当小至一定程度时，层间应力就会克服层间的黏结力，就会导致零件的分层破坏。

据以上分析，给出三维打印零件分层破坏如下定义：

三维打印零件分层破坏是层间应力增大到极限状态时，克服了层间黏合力而导致层片分离，它是翘曲变形的一种特殊表现形态。

研究三维打印零件分层破坏问题应主要集中在分层机理、特征、各种损伤模型的建立及其力学分析和实验研究方面。

1. 三维打印零件分层破坏力学模型及其应力分析

以最为常见的 $X-Y$（或正交对称）扫描方式固化出的三维打印零件为例，单片固化层如图 2-6 所示（图中虚线部分表示的是相邻固化层，其底部虚线为固化线条黏结分界线）。

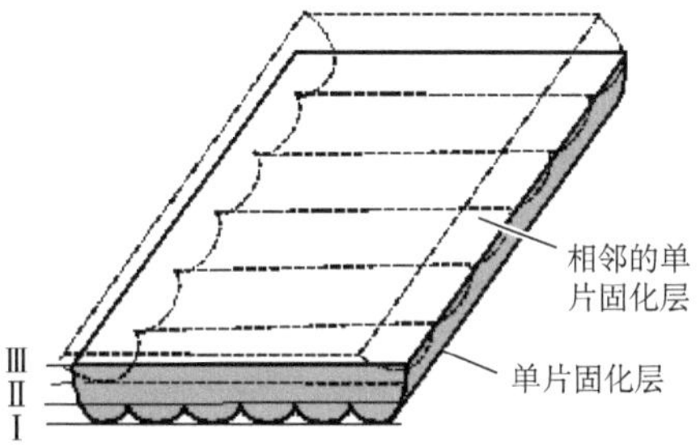

图 2-6　零件的单片固化区域

把每一单层以图中所示从上至下分为 3 部分，其中，部分Ⅰ和部分Ⅲ为相邻两固化层的黏结部分，因相邻层的扫描方向垂直，因而该两相邻层的黏结部分构成一相互垂直交叉的网络，故可假定为该黏结部分为均质的各向同性体。部分Ⅱ为单片固化层的中间部分，该部分沿扫描方向质地均匀，故可基本假定为横观各向同性体。

基于以上分析，三维打印零件分层破坏的力学模型可假设为：

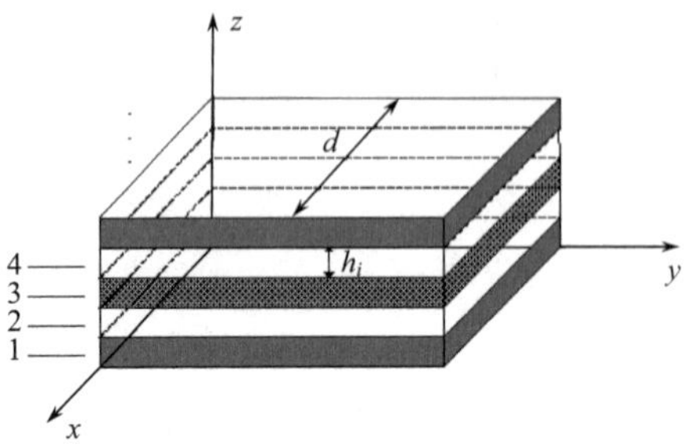

图 2-7　零件分层破坏的力学简化模型

(1) 每一单片固化层为横观各向同性体，相邻两单层间存在一个均质的各向同性胶接层。

(2) 三维打印零件承受等应变 ε_0 均匀拉伸。

根据该力学模型，可建立如图 2-7 所示的坐标系。图中坐标系取规则零件的中心质点为圆心，因是完全对称的，故只取 1/8 部分；依据加工参数的正常设定值，图中各层厚度取为相同；第 1、3 等奇数层为胶接层，第 2、4 等偶数层为横观各向同性体，其中，第 2 层与第 4 层扫描方向垂直，其余偶数层依次类推。

对图中每一单片固化层有

$$\begin{cases}\varepsilon_x=\varepsilon_0, \quad u^i=\varepsilon_0 x, \quad \gamma_{xy}^i=\gamma_{xz}^i=0 \\ \nu_0^i=v^i(y,\ z), \quad w^i=w^i(y,\ z) \quad (i=1,\ 2,\ 3,\ \cdots,\ n。n \text{ 为偶数})\end{cases} \tag{2-19}$$

即所有应力、应变分量都只是 y、z 的函数，则有平衡微分方程

$$\frac{\partial \sigma_y^i}{\partial y}+\frac{\partial \tau_{yz}^i}{\partial z_i}=0, \quad \frac{\partial \tau_{yz}^i}{\partial y}+\frac{\partial \sigma_z^i}{\partial z_i}=0 \tag{2-20}$$

应变几何方程为：

$$\varepsilon_y^i(y, z_i)=\frac{\partial v^i}{\partial y}, \quad \varepsilon_z^i(y, z_i)=\frac{\partial w^i}{\partial z_i}, \quad \gamma_{yz}^i(y, z_i)=\frac{\partial w^i}{\partial y}+\frac{\partial v^i}{\partial z_i} \tag{2-21}$$

对于胶接层，由广义虎克定律有

$$\begin{bmatrix}\sigma_x^i \\ \sigma_y^i \\ \sigma_z^i \\ \tau_{yz}^i\end{bmatrix}=\begin{bmatrix}C_{22} & C_{23} & C_{33} & 0 \\ C_{23} & C_{22} & C_{23} & 0 \\ C_{23} & C_{23} & C_{22} & 0 \\ 0 & 0 & 0 & \dfrac{C_{22}-C_{23}}{2}\end{bmatrix}\begin{bmatrix}\varepsilon_x^i \\ \varepsilon_y^i \\ \varepsilon_z^i \\ \tau_{yz}^i\end{bmatrix} \quad (i=1,\ 3,\ 5,\ \cdots,\ n-1) \tag{2-22}$$

对于横观各向同性体，则有

$$\begin{bmatrix}\sigma_x^i\\ \sigma_y^i\\ \sigma_z^i\\ \tau_{yz}^i\\ \tau_{yz}^n\end{bmatrix}=\begin{bmatrix}C_{11}^i & C_{12}^i & C_{12}^i & 0\\ C_{12}^i & C_{22}^i & C_{23}^i & 0\\ C_{12}^i & C_{23}^i & C_{22}^i & 0\\ 0 & 0 & 0 & C_{55}^i\\ 0 & 0 & 0 & C_{66}^n\end{bmatrix}\begin{bmatrix}\varepsilon_x^i\\ \varepsilon_y^i\\ \varepsilon_z^i\\ \tau_{yz}^i\end{bmatrix}\quad (i=2,4,6,\cdots,n-2) \tag{2-23}$$

由以上基本方程可得如下三维打印零件的位移微分方程：

$$\begin{cases}C_{22}^i\dfrac{\partial^2 v^i}{\partial y^2}+\dfrac{1}{2}(C_{22}^i+C_{23}^i)\dfrac{\partial^2 w^i}{\partial y\partial z}+\dfrac{1}{2}(C_{22}^i-C_{23}^i)\dfrac{\partial^2 v^i}{\partial z_i^2}=0\\ C_{22}^i\dfrac{\partial^2 w^i}{\partial z^2}+\dfrac{1}{2}(C_{22}^i+C_{23}^i)\dfrac{\partial^2 v^i}{\partial y\partial z}+\dfrac{1}{2}(C_{22}^i-C_{23}^i)\dfrac{\partial^2 w^i}{\partial y_i^2}=0\end{cases}$$

$$(i=1,3,5,\cdots,n-1,n) \tag{2-24}$$

$$\begin{cases}C_{22}^i\dfrac{\partial^2 v^i}{\partial y^2}+\dfrac{1}{2}(C_{22}^i+C_{23}^i)\dfrac{\partial^2 w^i}{\partial y\partial z}+\dfrac{1}{2}(C_{22}^i-C_{23}^i)\dfrac{\partial^2 v^i}{\partial z_i^2}=0\\ C_{22}^i\dfrac{\partial^2 w^i}{\partial z^2}+\dfrac{1}{2}(C_{22}^i+C_{23}^i)\dfrac{\partial^2 v^i}{\partial y\partial z}+\dfrac{1}{2}(C_{22}^i-C_{23}^i)\dfrac{\partial^2 w^i}{\partial y_i^2}=0\end{cases}$$

$$(i=2,4,6,\cdots,n-2) \tag{2-25}$$

以上偏微分方程的解及其应力分量应满足以下边界条件：

$$\begin{cases}\sigma_y^i(\pm d,z_i)=0,\quad \tau_{yz}^i(\pm d,z_i)=0\quad (y=\pm d,\ i=1,2,3,\cdots,n)\\ w^1(y,0)=0,\quad \tau_{yz}^1(y,0)=0\quad (z_1=0，\text{即第一层})\\ \sigma_z^n(y,h_n)=0,\quad \tau_{yz}^n(y,h_n)=0\quad (z_n=h_n，\text{即最后一层})\end{cases} \tag{2-26}$$

对于各相邻层表面，还需满足交界面处的连接条件：

$$\begin{cases}w^i(y,z_i)=w^{i+1}(y,z_{i+1}),\ v^i(y,z_i)=v^{i+1}(y,z_{i+1})\\ \sigma^i(y,z_i)=\sigma^{i+1}(y,z_{i+1}),\ \tau_{yz}^i(y,z_i)=\tau_{yz}^{i+1}(y,z_{i+1})\end{cases}$$

$$(z_i=h_i,\ i=1,2,3,\cdots,n-1) \tag{2-27}$$

2. 抑制三维打印零件分层破坏的措施

从上述分析可看出，导致三维打印零件分层破坏的主要因素是：因为在零件的边缘区域，层间应力过于集中，而层间应力同层内应力有着密不可分的联系。为此，如要抑制零件的分层破坏，需从 2 个方面着手：

（1）降低层内应力的集中程度。在零件加工过程中，采取分区扫描方式，可有效降低层内应力的集中程度，因该种扫描方式把整个层片划分为若干个独立加工的区域，各区域之内的应力集中并不影响其他区域，故可大大减小整个层片的变形程度。

（2）降低层间应力的集中程度。在零件加工过程中，采取重叠扫描固化方式，每一层片在收缩前是独立的，对上一层片的影响就可减小到最低程度。

2.4　三维打印零件的精度研究

三维打印自从其出现以来，精度一直是备受关注的重点。三维打印的精度是一个较为复杂而又模糊的概念，目前没有统一的定义，对其的分类及表示方法仍有待研究。

2.4.1　三维打印的精度分类

三维打印系统的精度包括系统的硬件精度和系统制作的零件精度。目前三维打印领域对于精度的表示都比较模糊，有的指系统的硬件精度，有的则指制作的零件精度。而对于同一三维打印系统而言，制作不同的零件，其精度也有所不同，甚至相差甚大，因此，三维打印系统精度的定义、评价指标及测量方法等仍有待标准化。

从成型的角度，根据精度的检测流程，这里把三维打印的精度进行以下分类，并分别给出如下定义：

（1）数据处理精度。指从 CAD 模型→切片分层→切片信息处理的过程中发生的有用信息丢失，主要包括 CAD 模型面化造成的数据误差和切片分层造成的数据误差。

（2）三维打印系统机器精度。该精度指三维打印系统无负载运行时，工作台（包括 x、y、z 三轴）的定位精度和重复精度。

（3）原型及时检测精度。该精度是指原型刚制作完毕时的精度。影响该项精度的因素有：系统机器精度、数据处理精度、成型工艺各参数、树脂在成型过程中的收缩变形。该收缩变形不可恢复，它同零件的形状、尺寸、树脂的种类、制造过程的各参数值有关。

（4）原型延迟检测精度。该精度是指原型经过较长时间的存放后的测量精度。由于受环境影响（如温度、湿度、光线等）、成型材料的特性，以及成型过程中残留在原型内的应力与应变分布的变化，成型后原型会继续发生变形，导致精度下降，因此，此项精度也是较为重要的一个指标。

（5）原型最终检测精度。该精度是指测量多次成型物的误差，并重新设置成型工艺参数及进行各种补偿后所制作的最终原型的及时检测精度。

（6）x、y、z 方向检测精度。由于在 x、y、z 等 3 个坐标轴方向上，三维打印系统的控制精度会有所不同，且其他一些影响因素也可能不尽相同，因此，原型沿 3 个坐标轴方向的精度值有可能不会完全一样，尤其是 z 方向的精度最不易保证，应该分别沿 3 个坐标轴方向来检测原型的精度。

结合以上对三维打印的精度分类及定义，制定的三维打印系统及其零件的精度检测流程如图 2-8 所示。

2.4.2　三维打印零件精度检测的测量次数的优化

由图 2-8 可知，三维打印系统在进行精度检测时，有时需多次反复加工零件，这样就存在一个加工零件次数的优化问题，研究该问题的必要性在于：

（1）减少检测时间。在按照以上精度检测流程加工实际零件时，由于加工对象的千差万别，相同的工艺参数不可能加工出精度相同的零件，而要准确检测出系统的精度，需加工出多个不同的零件，既费时又费力，效果未必理想。

（2）降低检测成本。对于某些精度要求高的零件，需对其进行个别的参数调整，这就需要对加工的样件不断地测试，以确定最佳的一套工艺参数。

对于某些三维打印工艺制作的零件，要多次测量其精度，可能会导致测量成本过高，如 SL 加工的零件制作成本一般相当高，不可能进行大量的实验测量。因此，有必要对光固体技术制作的零件的实验测量次数进行优化。以下将基于数学原理并结合经济性分析，提出三维打印零件精度测量次数的优化方法，并在加工过程中对该方法进行检验。

对于多个三维打印零件，造成零件变形的内、外部因素基本上是相同的，即 n 次实验测量结果都是独立同分布的，实验的最终结果因此可取 n 次实验测量的均值。

对于多次重复实验测量，理论上可使随机误差均值趋于 0，但对于一般的有限次重复实验测量只可能使随机误差尽量小。若只强调达到一定可靠性，重复测量次数 n 可由下式确定[15]：

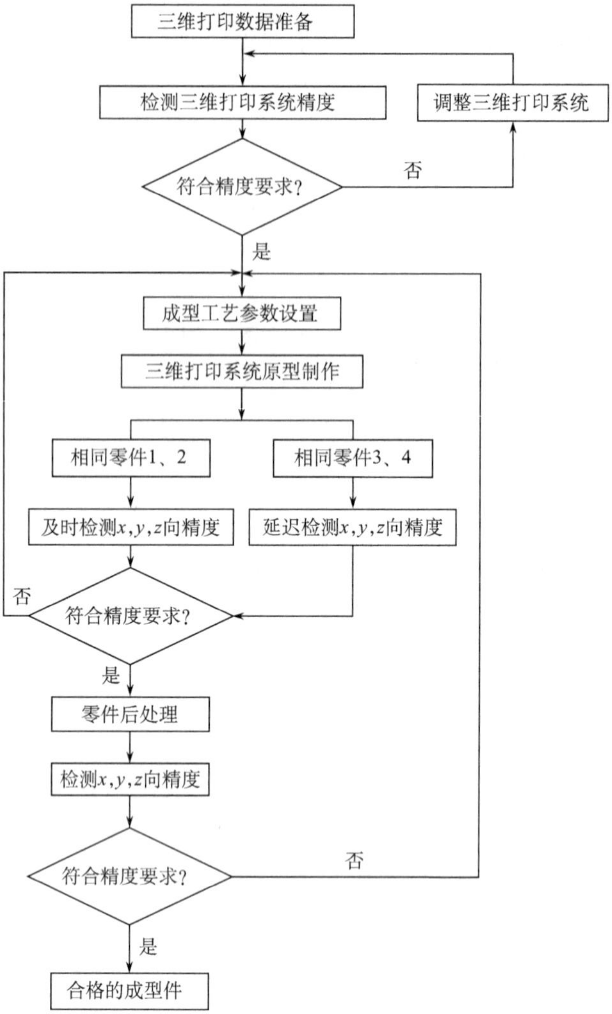

图 2-8　三维打印系统及其零件的精度检测流程

$$\frac{\mathrm{d}P(a\leqslant \bar{X}\leqslant b)}{\mathrm{d}n}=0$$

$$\frac{\mathrm{d}\left[\dfrac{1}{\sigma_X\sqrt{2\pi}}\displaystyle\int_a^b \exp\left(-\dfrac{\bar{X}^2}{2\sigma_X^2}\right)\mathrm{d}x\right]}{\mathrm{d}n}=0 \tag{2-28}$$

式中，$P(a\leqslant\bar{X}\leqslant b)$ 是保证一定测量精度的置信概率；$\bar{X}$ 为 n 次实验测量的均值；b 和 a 分别为精度的上下限；σ_X^2 为单次实验测量的方差。

式（2-28）在数理统计方面具有普遍意义，但对于光固化成型工艺，其零件收缩变形量的检测就不一定适用该公式，因为它没有考虑达到零件精度检测要求的经济性因素。因光固化零件的实验费用一般较高，少则数百元，多则数千元，因此，为既使检测结果有一定的精度，又使检测费用控制在合理的范围内，在式（2-28）中引入了 2 个与检测费用有关的系数：K_c 是每次实验测量的开销；K_e 是由于实验测量达不到精度要求而引起加工实际产品时出现误差所造成的经济损失。这样，n 次实验测量期望总开销 C 的表达式如下：

$$C = nK_c + K_e[1 - P(a \leqslant \bar{X} \leqslant b)] \tag{2-29}$$

式（2-29）的计算较为麻烦，因为测量次数 n 为自然数，因此，可采用以下较为简洁的计算方法。在计算 P 值时，依次取 $n=1, 2, 3, \cdots$，计算出相应的 P（$a \leqslant \bar{X} \leqslant b$），直至其值大于要求的置信概率为止，此时的 n 值即是达到一定置信概率的最小 n 值。对于呈正态分布的概率可通过查表获得。

2.4.3　影响三维打印零件精度的因素

三维打印的精度有数据处理精度、机器精度和不同时刻的零件精度。其中，数据处理精度是保证零件精度的前提；机器精度是保证零件精度的基础；而零件精度不仅取决于机器精度与数据处理精度，还与成型材料性能及成型工艺等有很大关系。

此处把最终制作的并处于室温状态下的零件与 CAD 模型或实物模型间的差异称为成型误差，它包括：数据处理误差、三维打印机器误差、成型材料及成型工艺造成的误差，如图 2-9 所示。

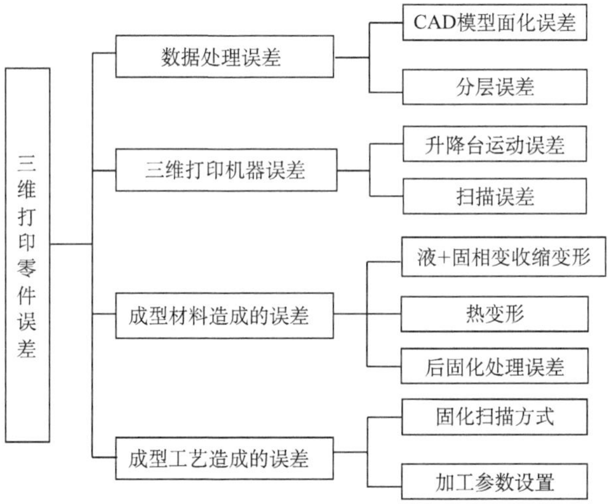

图 2-9　影响三维打印零件精度的因素

1. 数据处理误差

三维打印系统在进行分层处理前，需要对 CAD 模型进行面化处理，即用若干三角形逼近实际模型表面，转换为准标准文件格式——STL 文件，此过程导致 CAD 模型内外表面信息的丢失。

将 CAD 模型面化后，要对其进行分层，是用一簇平行平面沿某一设定方向与面化模型求截交面得到轮廓信息，这一处理往往造成分层方向的尺寸误差，如沿分层方向零件的尺寸不能被层片厚度整除时，必然引起尺寸误差。因此，分层也造成层面的内外表面信息丢失。

从上述两数据处理过程可看出，三维打印数据处理误差主要体现为 CAD 模型误差及分层产生的阶梯误差。因该两种误差皆由三维打印原理引入的，故称之为原理误差。

2. 机器误差

机器误差是导致原型精度的原始误差，升降台 z 向运动误差影响层片叠加过程中的层厚精度，从而导致 z 方向的尺寸误差；扫描机构在水平面内的运动宏观上表现为原型的形状、位置误差，微观上则由于层片的“滑移”导致粗糙度增大。

机器误差在成型系统的设计及制造过程中就应尽量减小，因为它是提高制件精度的硬件基础。

3. 成型材料导致的零件误差

成型材料的在成型过程中的收缩会导致三维打印零件有较大的制作误差。以 SL 工艺为例，在 SL 中的聚合反应过程中，大分子之间的缠绕结构会使材料内部存在“空隙”，而这种排列的分子结构处于亚稳态，随着时间的推移，最终将趋于无“空隙”排列的稳态结构。因此，分子之间距离的减小以及大分子结构间“空隙”的消除，都会使得树脂产生收缩的特征。树脂的收缩是产生内应力，导致变形的根本原因[12]。

因成型材料性能而导致的固化物变形称为固化变形。其主要表现为：树脂从液态到固态的相变而出现的体积收缩变形；反应释放的热量在已固化部分内部的不断积聚而使固化物产生的热变形。

4. 成型工艺导致的误差

三维打印成型工艺包括加工前的参数设置和扫描加工过程，而加工参数包括层厚、扫描速度、扫描间距、光能量、焦距等。三维打印工艺的扫描加工过程都是扫描机构与加工工具协同工作的过程，该协同过程包括以下 3 个基本问题[13]：

(1) 扫描机构的惯性问题。数控系统扫描机构本身的惯性结构、驱动电机的驱动能力的动态特性，对其运动速度、加速度、减速度有一定的限制，因此在满足这些限制的前提下，提高加工效率和加工质量成为首要问题。

(2) 扫描速度与激光功率的实时匹配。在扫描加工过程中，扫描速度在不断变化，为保证切割质量，激光功率也应随之变化，做到激光功率与扫描速度的实时匹配。要保证激光功率的实时匹配，首先需要具有可以控制激光功率输出的激光电源。

(3) 扫描机构与加工工具动作时刻一致性。扫描机构与加工工具具有不同的响应速度。交流伺服系统的延迟反映了伺服电机的随动特性，尽管可以采取措施减小该延迟时间，提高系统的随动精度，但在高速扫描的情况下无法彻底解决。

以上 3 个基本问题及加工参数的设置都可能形成一定的误差，把成型工艺导致的误差统一用 $\Delta V_{\text{工}}$ 表示。

2.5　异质材料三维打印的理论基础研究

近年来，随着科学技术的发展，对各类零件的性能要求越来越高，在这种情况下，传统制造中用单一的材料构成的零件已难以满足各类近乎苛刻的使用条件。由此人们提出异质零件（heterogeneous material parts，HMP）的概念。它是指一种零件内部由多种不同的材料连续或非连续分布构成，既有较高的单项指标又有良好的综合性能[14]。

自然界中的物体大多是由多种材料构成的非均质物体，即异质实体（heterogeneous objects，HEO），其材料组分在空间分布上相异。由于 HMP 和 HEO 目前尚无明确的界定，本书统一用 HEO 表示异质材料零件。为了满足不同三维模型文件之间的数据交换，这里将首先研究 HEO 常用的"准标准"文件 STL 格式，然后介绍 STL 的细化及在细化基础上的四面体的构建方法。

2.5.1　STL 文件格式

STL（stereo lithography）文件格式是由美国 3D Systems 公司 1988 年制定的接口标准。由于其数据格式简单，不需要复杂的 CAD 系统支持和良好的跨平台性，所以被广泛地应用于许多领域。目前，多数 CAD 软件系统都有产生 STL 文件格式的模块，可以将 CAD 系统构造的三维模型转换成 STL 格式，STL 文件已被视为"准"工业标准[15]。这里研究的 HEO 是采用 STL 文件格式来表达零件的几何信息，具体的表示详见第 6 章。

STL 格式类似于有限元的网格划分，它将物体表面划分成很多个小三角形，使用三角面片来近似表示三维实体模型的表面，并且通过对三角形顶点坐标和三

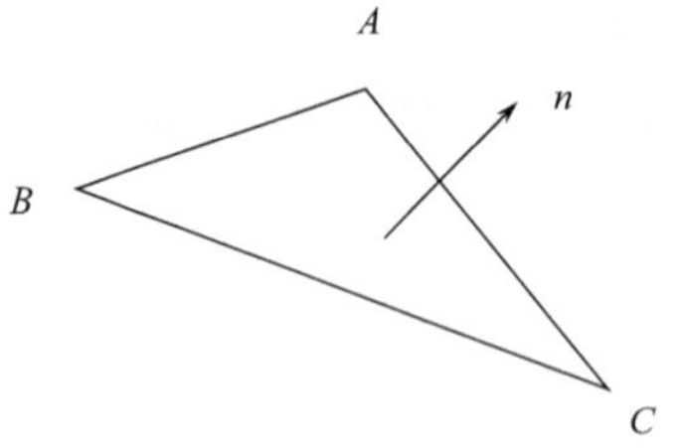

图 2-10　STL 模型中的三角面片

角形的法向量的描述来表示 3D 模型的几何特征。模型中的三角面片如图 2-10 所示。STL 文件有二进制形式和 ASCII 码形式 2 种[24,25]。

虽然 STL 文件的应用非常广泛，但由于文件格式的缺陷，使其存在着数据冗余过多、缺乏拓扑信息、数据量大、数据错误等问题。

2.5.2　STL 的细化[18]

经过 CAD 系统设计出来的 3D 模型，其表面三角剖分之后会呈现多面体状。尽管生成 STL 文件时可以根据精度要求选择三角面片的大小，但是传统的 STL 格式表面网格化往往较为粗略，不适合异质材料零件 CAD 模型的材料精细描述，为此需对其进行网格细化及均匀化。图 2-11 (a)为一单色实体模型，采用传统的 STL 格式将该模型面化成如图 2-11 (b)所示的含有 12 个面片和 8 个顶点的面化模型，为提高异质实体的结构和材料信息描述精度，对图 2-11 (b)的每个面片进行细化得到如图 2-11 (c)所示的细化 STL 面片。

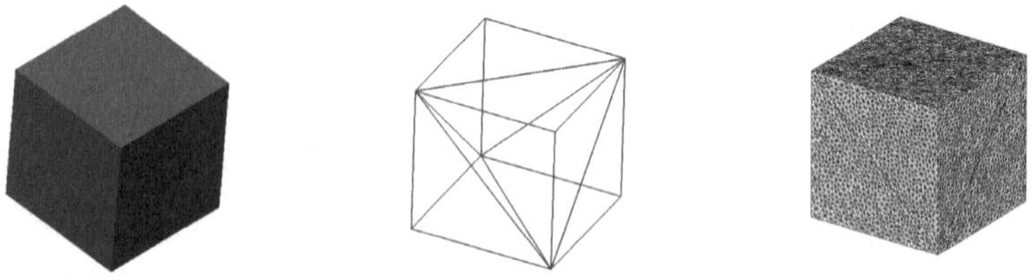

(a) 单色实体模型　(b) 传统的STL网格化模型（12个面，8个节点）　(c) 细化后的STL 网格化模型（11 962 个面，5983个节点）

图 2-11　STL 模型网格细化对比

通过对 STL 的细化，不仅可以提高模型外型结构的精度，而且使得以 STL 为基础的异质材料零件材料空间的描述成为可能。

2.5.3　基于 STL 文件的微四面体的创建

利用 STL 文件所产生的三角面片，可以获得 HEO 的表面信息，此时每个三角形顶点的特征已知。通过这些已知顶点向零件内部构建四面体。仍然以图 2-11 所示的正方体模型为例，定义图 2-11 (b) 所示的 STL 网格化模型的各顶点，并为其加上坐标系。如图 2-12 所示，取出△ADC、△ADE、△ACE 及△DCE 所构成的四面体 $ACDE$ 为研究对象，并假设原模型是一个边长为 10mm 的正方体，并分别将边 AD、DC、DE 5 等分，则图 2-13 中各点的坐标如表 2-2 所示。

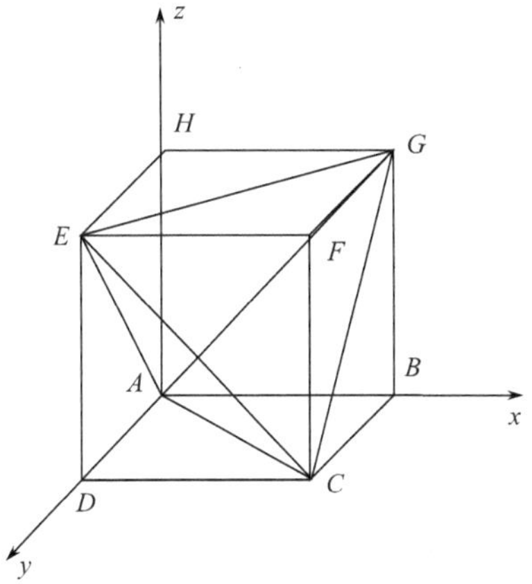

图 2-12　空间直角坐标系下的网格化模型

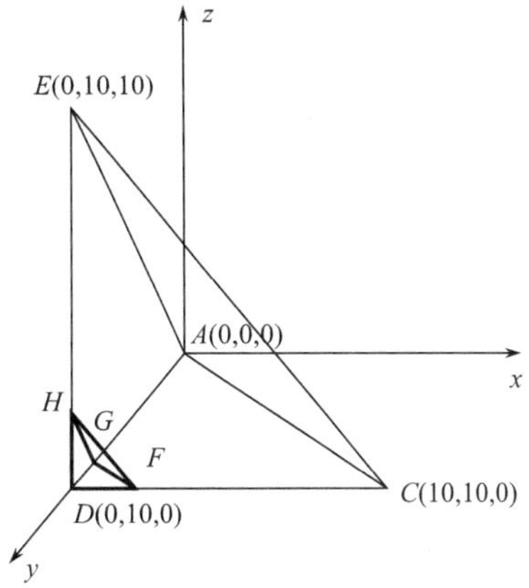

图 2-13　微四面体的构建

表 2-2　网格模型中各特征节点的参数

节点	A	C	D	E	F	G	H
坐标值	(0，0，0)	(10，10，0)	(0，10，0)	(0，10，10)	(2，10，0)	(0，8，0)	(0，10，2)

如果图 2-14 所示的特征节点分别为 $v_1(x_1, y_1, z_1)$、$v_2(x_2, y_2, z_2)$、$v_3(x_3, y_3, z_3)$、$v_4(x_4, y_4, z_4)$，四面体的边 v_1v_2 被 m 等分，边 v_2v_3 被 n 等分，边 v_2v_4 被 k 等分，就可以建立如图 2-15 所示的微四面体。

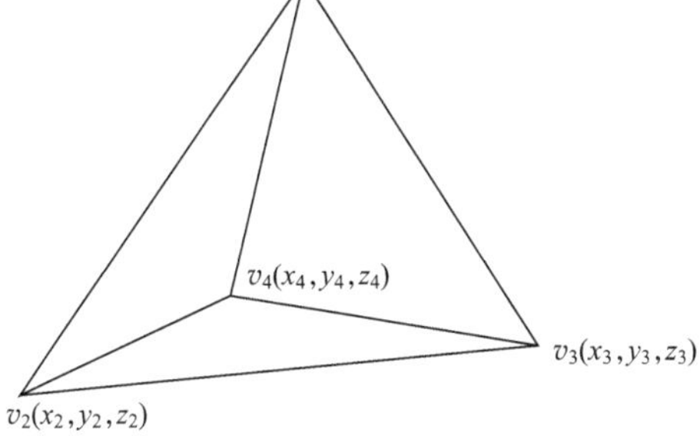

图 2-14　空间任意四面体

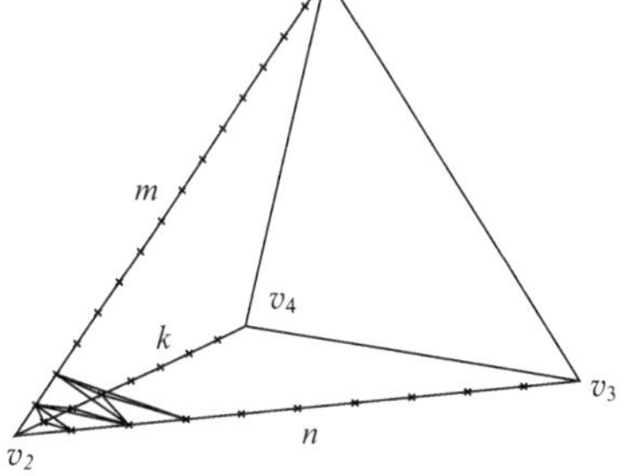

图 2-15　空间微四面体的构建

2.5.4 微四面体创建流程

通过上述方法，基于 STL 的微四面体创建流程如图 2-16 所示。从图 2-16 可以看出，针对 STL 数据格式，对其三角形各边进行细分，从而获得已知特征的网格节点，通过这些网格节点就可以依次构建出微四面体。图中，S_a、S_b 分别为实体被分解后的空间四面体，$f_a \sim f_g$ 分别为空间四面体的各三角面片，$v_1 \sim v_5$ 分别为被分解后的三角面片的各顶点。

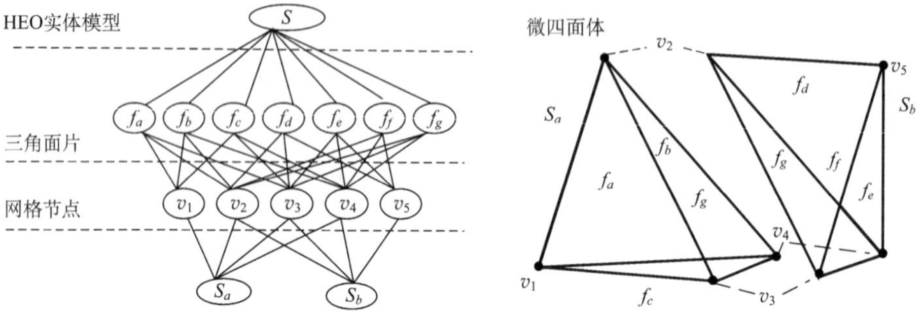

图 2-16　基于 STL 的微四面体构建流程

假设已知上述实体各顶点的坐标值，就可以得到如图 2-17 所示的各点、面、体的参数关系。

图 2-17 中，S_a、S_b 分别为实体被分解后的空间四面体，n_s 为空间四面体的个数，n_f 为四面体被分解为三角面片的个数，$v_1 \sim v_5$ 分别为被分解后的三角面片的各顶点。

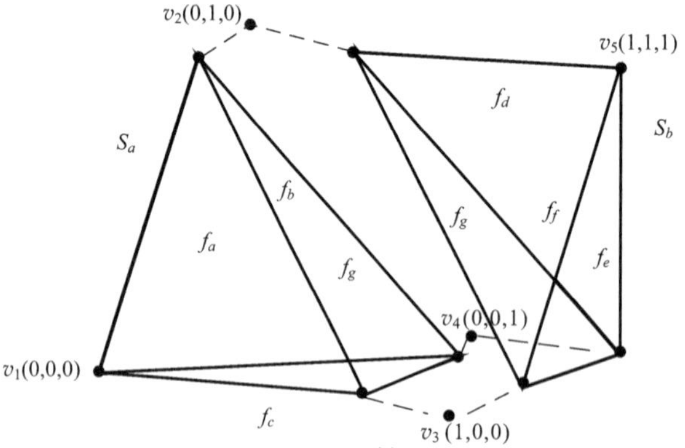

(a)

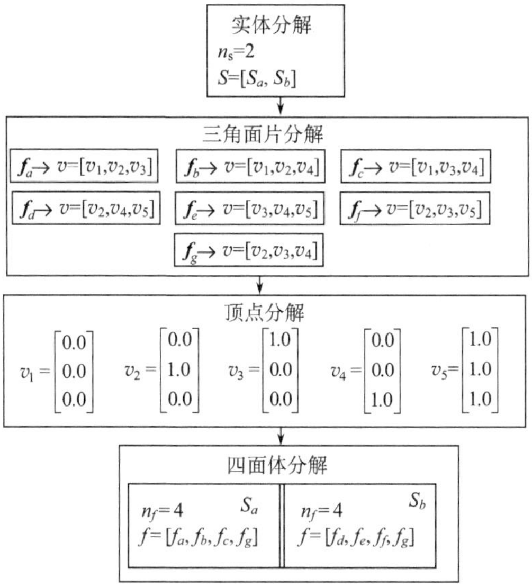

(b)

图 2-17　微四面体分解

利用上述方法构造微四面体，就可以得到基于微四面体空间单元的异质材料零件实体模型。其每个微四面体可视为相对独立的实体单元（图 2-18），每个四面体单元结构信息由 4 个顶点（A，B，C，D）、4 个面法向量（$\boldsymbol{u}$，$\boldsymbol{v}$，$\boldsymbol{s}$，$\boldsymbol{t}$）所表示。

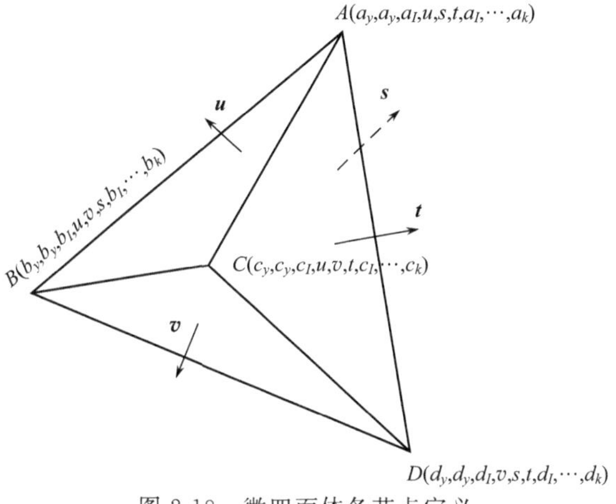

图 2-18　微四面体各节点定义

在使用上述方法构建的基于单色 STL 格式的微四面体异质材料零件 CAD 模型的基础上，建立微四面体各顶点的材料信息与色彩信息的映射函数，创建以彩色 STL 格式描述的异质材料零件 CAD 模型，就可以为后续的异质材料零件

CAD 模型可视化和成型制造奠定基础。

参考文献

[1] 邱支振. 机械工程的未来与仿生. 安徽工业大学学报，2002，19 (3)：230-232，236.

[2] Jayanthi S，Keefe M，Gargiulo E. Studies in stereolithography：Influence of process parameters on curl distortion in photopolymer models. Proceedings of the Solid Freeform Fabrication Symposium，Texas：University of Texas，Austin，Texas，1994：250-258.

[3] Ullett J，Chartoff R，Lightman A，et al. Reducing warpage in stereolithography through nove draw styles. Proceedings of the Solid Freeform Fabrication Symposium，Texas：University of Texas at Austin，1994：242-249.

[4] 李彦生. 快速成型制造中扫描方向的研究. 机械工艺师，2001，(3)：37，47.

[5] Karapatis N，Guidoux Y，Gygax P，et al. Thermal behavior of parts made by direct metal laser sintering. Proceedings of the Solid Freeform Fabrication Symposium，Texas：University of Texas at Austin，1998：79-87.

[6] Dalgarno K，Childs T，Rowntree I，et al. Finite element analysis of curl development in the selective laser sintering process. Proceedings of the Solid Freeform Fabrication Symposium. Texas：University of Texas at Austin，1996：559-566.

[7] Nickel A H. Analysis of thermal stresses in shape deposition manufacturing of metal parts. Ph. D. Stanford University，1999.

[8] 武殿梁，丁玉成，洪军. 光固化快速成型过程中零件变形的数值模拟. 西安交通大学学报，2001，35 (3)：307-311.

[9] 罗祖道，王震鸣. 复合材料力学进展. 北京：北京大学出版社，1992.

[10] 张锦，张乃恭. 新编复合材料力学机理及其应用. 北京：北京航空航天大学出版社，1993.

[11] 汪荣鑫. 数理统计. 西安：西安交通大学出版社，1989.

[12] 段玉岗，王素琴，卢秉恒. 用于立体光造型法的光固化树脂的收缩性研究. 西安交通大学学报，2000，34 (3)：45-48，59.

[13] 王峰，颜永年，王青岗. 快速成形系统扫描加工工艺过程分析. 中国机械工程，1999，10 (11)：1271-1273.

[14] 施建平，杨继全，李静波，等. 异质材料的建模与数字化微滴喷射研究. 南京师范大学学报：工程技术版，2012，12 (1)：10.

[15] 赵吉宾，刘伟军，王越超. 基于 STL 文件的实体分割算法研究. 机械科学与技术，2005 (2)：131-134.

[16] 王从军，张李超，黄树槐. 一种新的 STL 数据压缩存储格式. 中国机械工程，2001 (5)：558-560.

[17] 赵美利，杨晶，毛红奎，等. 基于 STL 文件格式的实体分割及缺陷修复方法研究. 系统仿真技术，2008，(1)：35-38.

[18] 朱玉芳，杨继全，王昌明. 基于空间微四面体的异质材料零件建模方法. 机械工程学报，2012，48 (1)：150-154.

第3章　三维打印材料技术

三维打印技术中的材料本身的性质对成型件的质量及成型工艺的实现有着决定性意义。本章主要介绍各成型工艺使用的各种成型材料、供料系统及材料的后处理等。

3.1　概　　述

在三维打印技术发展的早期阶段，汽车工业和航空工业在三维打印市场的占有量将近一半，虽然随着三维打印技术的发展，三维打印市场已向其他许多领域渗透，但材料的需求和更新使得汽车和航空这两大工业市场占有量仍然是不容忽视的。三维打印中的材料由于具有技术保密性好、垄断性强的特点，因此也成为三维打印技术竞争的焦点。

三维打印系统由于其成型工艺的特殊性决定了对其材料有特殊的要求，如SL工艺要求对某一波段的光比较敏感的光敏树脂，SLS要求颗粒度较小的粉末，LOM要求易切割的片材，FDM要求可熔融的线材，3DP则要求不但有颗粒度较小的粉末，同时还要求有黏度较好的黏结剂。

目前，国内外都加大了对三维打印材料研究的投入，目前在材料方面的工作主要是：

(1) 开发满足不同用途要求的多品种三维打印材料，如直接成型金属件的三维打印材料和医用的、具有生物活性的三维打印材料等；

(2) 建立材料的性能数据库，开发性能更加优越、无污染的三维打印材料；

(3) 利用计算机对材料的成型过程和成型性能进行模拟、分析。

各种三维打印工艺对其成型材料的要求一般是能够快速、精确地成型，原型件具有一定的机械性能。以下分别论述各三维打印工艺所需的成型材料。

3.2　SL工艺成型材料

3.2.1　概述

1. 光固化概念

SL工艺所用的材料一般为光固化材料所谓固化，就是指液态物质转化为固态材料的成型过程，一般可分为物理方法和化学方法 2 种。物理方法是使用加热或溶剂，使材料处于熔融或溶解状态，待成型以后冷却或蒸发溶剂，从而达到维持一定形状的目的；化学方法则是利用化学反应产生的键合力，使分子间不易产生相对运动，实现成型目的。

固化的方式主要有：光固化、电子束固化和 γ 射线固化。在辐射源的作用下，液态物质聚合为固化物。光固化就是在光源（紫外光、激光）作用下，实现固化过程，属于化学方法，是光引发化学反应的结果。

光固化的物质基础是以预聚物为主要组成物，辅以活性稀释剂或称之为活性单体的物质、光引发剂和添加剂（稳定剂、填料、颜料及改性剂等）等。固化的化学机理取决于光引发剂产生的是自由基还是阳离子，而且不论何种固化机理，整个聚合、交联过程都是通过不饱和双键进行的。高能辐射源特别是电子束固化和 γ 射线固化，由于能量很高，整个固化过程不需要引发剂，直接且随机地在反应介质中产生自由基，这样不仅导致不饱和双键的聚合，而且在分子链骨架上产生的自由基也可相互耦合或引发反应。

2. 光固化特点

光固化成型是利用一定波长和光强的紫外光或者激光照射可固化液态组分，使其中的光引发剂迅速分解形成活性中心诸如自由基、阳离子等，引发液态的光聚合物质发生交联反应，形成不溶的交联网状结构材料。自从 20 世纪 60 年代末德国拜耳公司成功开发光固化木器涂料至今，紫外光固化技术因其独特优势而倍受瞩目。相对于传统成型技术（如热固化）来说，光固化成型技术具有一些明显的优点，主要表现在以下几方面：

（1）光固化成型速度快（0.1～10s 内完成固化成型）对于薄膜成型材料而言，几乎是瞬间成膜，因而生产效率高，适合流水线生产，产品出来后，可立即码垛装载，节省场地与空间；

（2）节省能源耗能约为热固化薄膜成型的 1/5～1/10；对环境的温度没有特殊的要求，在室温下就可以完成固化过程；

（3）基本无污染基本无溶剂排放，既安全，又不污染环境，体系物质几乎是 100％转化成成型材料；

（4）可适用于热敏感的基材（如木材、塑料、纸制品、纺织品、皮革等）和热容量大的物体（如厚金属板、混凝土等）的薄膜成型；

（5）薄膜成型材料的性能优异，如高硬度、耐磨性、耐化学品性好等；

（6）光固化成型所涉及的设备体积小，占地面积少，投资少。

因此光固化成型技术在制备薄膜材料而言，是一种环境友好的绿色技术，符合当今社会的要求和需要。

3. 光固化树脂特性

用于 SL 的光固化树脂和下面介绍的普通的光固化预聚物基本相同，但由于 SL 所用的光源是单色光，不同于普通的紫外光。同时对固化速率又有更高的要求，因此用于 SL 的光固化树脂一般应具有以下特性：

（1）黏度低。光固化是根据 CAD 模型，树脂一层一层叠加成零件。当完成一层后，由于树脂表面张力大于固态树脂表面张力，液态树脂很难自动覆盖已固化的固态树脂的表面，必须借助自动刮板将树脂液面刮平涂覆一次，而且只有待液面流平后才能加工下一层。这就需要树脂有较低的黏度，以保证其较好的流平性，便于操作。现在树脂黏度一般要求在 600cp·s（30℃）以下。

（2）固化收缩小。液态树脂分子间的距离是范德华力作用距离，距离约为 0.3～0.5nm。固化后，分子发生了交联，形成网状结构分子间的距离转化为共价键距离，距离约为 0.154nm，显然固化前后分子间的距离减小。分子间发生一次加聚反应距离就要减小 0.125～0.325nm。虽然在化学变化过程中，C═C 键转变为 C—C 键，键长略有增加，但对分子间作用距离变化的贡献是很小的。因此，固化后必然出现体积收缩。同时，固化前后由无序变为较有序也会出现体积收缩。收缩对成型模型十分不利，会产生内应力，容易引起模型零件变形，产生翘曲、开裂等，严重影响零件的精度。因此，开发低收缩的树脂是目前 SL 树脂面临的主要问题，只有低收缩才有利于提高成型模型零件的精度。

（3）固化速率快。一般成型时以每层厚度 0.1～0.2mm 进行逐层固化，完成一个零件要固化百至数千层。因此，如果要在较短时间内制造出实体，固化速率是非常重要的。激光束对一个点进行曝光时间仅为微秒至毫秒的范围，几乎相当于所用光引发剂的激发态寿命。低固化速率不仅影响固化效果，同时也直接影响着成型机的工作效率，很难适用于商业生产。

（4）溶胀小。在模型成型过程中，液态树脂一直覆盖在已固化的部分工件上面，能够渗入到固化件内而使已经固化的树脂发生溶胀，造成零件尺寸发生增大。只有树脂溶胀小，才能保证模型的精度。

（5）高的光敏感性。由于 SL 所用的是单色光，这就要求感光树脂与激光的波长必须匹配，即激光的波长尽可能在感光树脂的最大吸收波长附近。同时感光树脂的吸收波长范围应窄，这样可以保证只在激光照射的点上发生固化，从而提高零件的制作精度。

（6）固化程度高。可以减少后固化成型模型的收缩，从而减少后固化变形。

（7）湿态强度高。较高的湿态强度可以保证后固化过程不产生变形、膨胀、及层间剥离。

4. 光固化体系的组成

光固化成型体系主要由预聚物、活性单体、光引发剂以及添加剂组成。

1）预聚物

预聚物又称低聚物或齐聚物。预聚物主要是不饱和树脂，一般含有 C═C 双键、环氧基团等，如环氧丙烯酸酯、聚氨酯丙烯酸酯、聚酯丙烯酸酯、环氧树脂等。

预聚物是光固化树脂的主体，它的性能基本上决定了固化后材料的主要性能，并且赋予固化物物理化学性能。一般来说，预聚物分子量大，固化时体积收缩小，但分子量大，黏度高，需要更多的活性单体稀释。因此，预聚物的合成或选择无疑是光固化成型模型配方设计中的重要一环。

（1）自由基光固化预聚物。自由基光固化预聚物主要是端基丙烯酸酯基团的预聚物，目前应用广泛且已商品化的预聚物主要有以下几种：①环氧丙烯酸酯(Epoxy Acrylate，EA)；②聚氨酯丙烯酸酯（Polyurethane Acrylates，PUA）；③聚酯丙烯酸酯（Polyester Acrylates，PA）；④聚醚丙烯酸酯（Polyether Acrylates，PA）；⑤特殊功能预聚物，如：杂环类预聚物、三聚氰胺或三羟乙基异氰酸酯及其衍生物、三聚异氰酸酯改性的丙烯酸酯预聚物等。

（2）阳离子光固化预聚物。在阳离子引发剂存下，光辐射后可发生聚合交联固化成型的树脂，称之为阳离子光固化预聚物。阳离子固化已经发展了 20 多年，最近尤为迅速。阳离子光固化虽然具有快速、无氧阻聚、与基材附着力好等优点，但由于可以使用的原材料较少，因此阳离子光固体系仅占整个光固体系的 6%左右。

（3）水性预聚物。适用于水性光固化成型体系的预聚物，这是为克服普通光固化成型体系而开发的一种新型固化成体系。水性光固化系统由于不含挥发性有机溶剂，对皮肤无刺激性、成本低、适合多种薄膜成型等优点，成为备受瞩目的新型光固体系。

（4）混杂预聚物。混杂预聚物是一端带有丙烯酸酯基团，另一端带有乙烯基或环氧基可以同时被自由基或阳离子引发聚合的预聚物，混杂体系结合了丙烯酸酯和乙烯基醚的优点，避免了丙烯酸酯体系对皮肤的刺激性强、聚合时被氧阻聚的缺点，并且固化程度高。此类预聚物能够形成 IPN 微观结构的模型，耐用性和光学性等特别优秀。

（5）超支化预聚物[1]。超支化聚合物作为树枝状大分子的同系物，由于其具有高度支化的分子结构和众多的端基官能团，从而与线性聚合物相比具有某些特殊性能，如低黏度、高活性以及较好相溶性等，从而成为目前高分子合成化学领域的“热门”研究课题，试图将其应用于农业、医药、化妆品、黏合剂和涂料等领域，而且由于超支化聚合物制备时不需要严格地保护与去保护、提纯等复杂过程，因此它易于实现批量生产和工业化。利用一般的缩合反应方法可简便地合成丙烯酸为末端的聚酯型和聚氨酯型超支化预聚物，以羟基为末端基的超支化预聚物改性阳离子光固化体系可以得到很好的固化成型效果。

2）活性单体

所谓活性单体就是一种本身分子量比较小，又可参与并促进固化交联反应形成模型材料的有机化合物。在辐射固化组成中，活性单体起着重要作用。在光固化树脂体系中由于预聚物黏度较大，不能满足成型的要求，必须加入活性单体来调节体系的黏度。活性单体一方面可以降低树脂体系的黏度，另一方面也参与光聚合，影响到固化动力学、聚合程度以及所生成的聚合物的物理、化学性质等等。因此，活性单体和传统的有机溶剂不同，在固化的过程中极少挥发，不会造成环境的污染。自由基固化工艺所使用的丙烯酸酯、甲基丙烯酸酯和苯乙烯，以及阳离子聚合所使用的环氧化合物和乙烯基醚等都是辐射固化配方中通常使用的单体。

（1）自由基固化活性单体。自由基固化活性单体的选择应从单体的稀释性和反应性两方面考虑。稀释性就是单体调整可固化体系黏度的能力，单体的主要功能之一是降低黏度，若单体有较强的降低黏度的能力，则可使其用量最低，使材料的主体-预聚物对固化后材料性能的影响得到最好的发挥。应指出的是，低黏度单体未必降低黏度的能力就强。从反应性方面讲，单体官能度越高，反应活性越大。但官能度高的单体对皮肤的刺激性强，且由于交联密度高，容易造成成型模型硬且脆，因此用途有限。

（2）阳离子型单体。阳离子型单体是指在阳离子引发剂存在的一种光固化活性单体，是随着自由基活性单体的发展而发展的高校活性单体。它主要有乙烯基类单体、环氧类单体等。乙烯基醚类单体具有低毒性、低气味、良好的反应活性及稀释能力强等优点，此外，它在乙烯基醚/丙烯酸，乙烯基醚/环氧和乙烯基醚/丙烯酸/环氧混杂体系中固化速率快，并可提高涂膜的性能，具有良好的应用前景。广泛用于阳离子固化单体的是脂肪族环氧化合物，与乙烯基醚单体相比，环氧单体的反应性较低，需要在光照中停留更长的时间。

（3）自引发固化单体。由于光引发剂会对固化物带来一些弊病并有一定的毒性，所以近年来无光引发剂的光固化体系的研究受到人们极大的关注，如：双环已基甲烷二异氰酸酯与含羟烷基乙烯基醚或含羟烷基的马来酸亚胺衍生物的反应物、用环已基异氰酸酯与含羟烷基的乙烯基苯醚或羟烷基马来亚胺衍生物的反应物。但这类自引发固化单体现在仍处于研究阶段。

3）光引发剂

光引发剂实质上是一种将光能转换为化学能的媒体，是光固化组分预聚物和单体吸收光能的一种桥梁。依据受光作用产生裂解的结果，光引发剂可以分为自由基型、阳离子型以及混杂性 3 种类型。

（1）自由基光引发剂。自由基类光引发剂可分为：分裂型和提氢型光引发剂 2 种。分裂型光引发剂共同特点是：大多按 Norrish Ⅰ 型机制，即吸收光后分子中与羰基相邻的碳-碳 σ 键处发生断裂。二苯甲酮及其衍生物，硫杂蒽酮等大多数含硫引发剂均属此类。在使用提氢型引发剂时，作为活化剂的供氢体是不可缺少的。可按下述规律选择供氢体：叔碳原子较易供氢，其次是仲碳，而伯碳供氢能力最差；与氧、氮或硫等杂原子相连的氢常比碳原子上的氢更易被提取。

（2）阳离子光引发剂。研究人员于 20 世纪 70 年代开发了阳离子光引发剂，这类光引发剂不受游离氧的干扰，在空气中即可快速而完全地引发聚合。它可以引发乙烯基醚类、环氧类预聚物和单体反应，具有引发速度快、固化模型的内应力小、适用于多层叠加固化成型等优点。

（3）混杂光引发剂。在紫外光照射下既可生成自由基，又可生成阳离子的光引发剂称为混杂光引发剂。它们以苯基膦二苯甲酮为代表，如：p、p^- 双［（三苯基膦）亚甲基］二苯甲酮盐（负离子可以是 Br^-、PF_6^-、BF_4^- 等）。二苯甲酮/二苯碘鎓盐混合体系具有更高的引发效率。由于该混杂体系同时可以克服氧气对自由基的阻聚作用及阳离子聚合对水的敏感性，提高涂膜的固化度和物化性能，因此，混杂引发体系的发展日益受到重视。

（4）复合光引发剂。这是常用的一种方法，即通过协同作用获得较高敏化效果，如米蚩酮（MK）与二苯甲酮（BP）体系具有十分明显的敏化促进作用，其引发效率大大超过任何一种体系单独使用的效率。马来酰亚胺与异丙基硫杂蒽酮、马来酰亚胺与二苯甲酮也有协同敏化作用，这些体系具有很好的应用前景。另外混合使用光引发剂，即使不表现出明显的敏化作用，也可以获得所需的物理性能，如降低熔点，获得常温下为液态的光引发剂等。通过不同光引发剂的混合，还能在不影响引发效果的情况下降低引发剂的成本。一般来说，复合光引发剂体系会使固化速率获得极大的提高[2]。

（5）水性光引发剂。水溶性光引发剂作为水性光固体系的主要成分，也受到重视。水性硫杂蒽酮类光引发剂是近年来光引发剂研究的热点，但该类引发剂并非水溶性越强光引发性能就越好。可共聚类型的水性光引发剂含有丙烯酸官能团，使其能够与配方中的树脂和反应性的单体共聚，显然，使用共聚光引发剂可降低涂料和油墨中可萃取物。单丙烯酸酯化光引发剂和具有多丙烯酸酯官能团的光引发剂，在水中易分散，可用作水性光引发剂，并且它引发固化时，涂膜的收缩率小，气味少。

（6）高分子光引发剂。在光固化体系中，光引发剂在光固化过程中往往不是完全耗尽的，未光解部分往往会迁移到模型材料的的表面，而使表层泛黄、老化，影响产品的质量；另一方面一些引发剂和体系不能相容或相容性不好，使其应用受到限制。为解决这些问题，光引发剂的高分子化引起人们的重视。相比于小分子量的引发剂，高分子化的光引发剂具有以下优点：高分子光引发剂具有更高的光活性；也可以获得具有不同反应活性的光引发剂；在同一高分子链引入不同的光活性基团，利用它们的协同作用来提高光敏性能；限制了光敏基团的迁移，从而防止了涂层的黄变及老化；光解碎片仍连接在高分子基体上，降低体系的气味和毒性。

4）助剂

涂料助剂被认为是固化成型材料的一类重要组成材料，它可以改进生产工艺、改善产品性能（液态树脂和固化物）、提高施工性能、减少对环境的污染、开发各种功能性材料。尽管绝大多数助剂在涂料中使用的相对比例不高，但往往对提高和改善性能却能起到十分关键的作用。

在光固化体系中应用的助剂（如消泡剂、流平剂和润湿分散剂）主要可分为：有机硅类是人们使用量最多、最为普遍的一类助剂，例如，聚二甲基硅氧烷，它是生产所有有机硅助剂的基础；丙烯酸酯类助剂多是丙烯酸酯类的共聚物，共聚物与树脂的相容性好，均聚物相容性差；聚合物类；反应型助剂类。

3.2.2　光敏树脂复合材料

1. 导电型光敏树脂

为了获得更高的树脂固化物的机械性能和零件制造精度，针对改善成型工艺和光敏树脂的研究有很多[3-7]。直接金属烧结技术或通过金属渗透工艺制作功能或半功能复合金属零件也是快速原型研究的重点之一[8-10]。导电、导磁等新型的材料也在研究过程中。

环氧树脂因其具有良好的电学性能，故广泛用于电子、电气设备及元器件的壳体材料、包覆材料、基质材料、介电绝缘材料等。环氧树脂固化物的电性能指标主要包括：介电常数、介电强度、功率因素、功耗因素、耐电弧性、电阻系数、击穿电压[11]。

近年来，随着纳米材料的出现和纳米技术的发展，在环氧树脂中添加纳米材料进行改性，因纳米粒子显示出独特的性质，对提高环氧树脂的电性能有很大的改善[12]。陈平等[13]用改性环氧树脂试制了高性能 FR-4 印刷电路基板，其性能均达到 FR-4 同类制品的技术标准要求，且介电性能优异。Kupke 等[14]和 Chekanov 等[15]研究了在树脂中添加由碳黑制作的导电纤维，可以应用于传输系统和电子及电气装置中。

纳米粒子与高分子之间既有物理作用也有化学作用，改性后高分子材料的优良性能是由纳米粒子的表面效应、量子尺寸效应、宏观量子隧道效应综合作用的结果。由于环氧树脂自身黏度较大，欲使比表面积大、表面活性高及易于聚集的无机纳米粒子均匀分散于其中较为困难，通常将纳米粒子表面经适当的表面活性剂或偶联剂预处理后再进行复合有较好的效果[16]。

2. SL 中的纤维——树脂复合材料

固化的零件发生体积收缩和机械性能较差是光固化快速成型中使用光敏树脂材料制作原型而遇到的主要问题，且这种不精确度在后续的手工处理及二次固化过程中会进一步被扩大。这些弱点限制了原型的使用范围，因此，也妨碍了功能型或半功能型的、基于 SL 工艺的三维打印系统的推广。

对于纤维增强复合材料，三维打印技术有潜在的优势，这是由于复合材料是典型的材料制造与构件的成型同步化技术，所允许的后加工技术是极其有限的，而金属材料、陶瓷材料允许实施充分的后加工技术，日益发展的数控加工技术构成三维打印技术的竞争对手。因此，用于纤维增强复合材料构件的制造，是今后三维打印技术发展的一大趋势。

另外，有些工作为了提高光固化成型零件的强度，也进行了把连续的纤维掺入树脂中制作复合材料零件的研究[17]。在文献［18］中，在固化每层树脂时由专门的装置敷设连续的纤维。文献［19］对适中长度的纤维（10～15mm）以及直径为 55μm 的微玻璃球对混合物的性能进行可行性研究。文献［20］采用 LOM 法以预浸料为原料制造聚合物基复合材料，但由于原材料消耗较大，仅限于某些玻璃纤维复合材料零件的制造。文献［21-23］对短纤维-树脂复合材料进行研究。

复合材料固化物的部分机械性能，其性能由以下因素决定：混合物中纤维所占的比例、纤维的长径比、纤维的分布方位、光敏树脂和纤维各自的机械性能及其界面结合强度等[24]。

复合材料的理论研究表明，复合材料中的纤维分布方位与纤维长度对固化物弹性模量都会产生影响[25]，而对于三维打印纤维-树脂复合材料而言，又有其自身的特殊性。

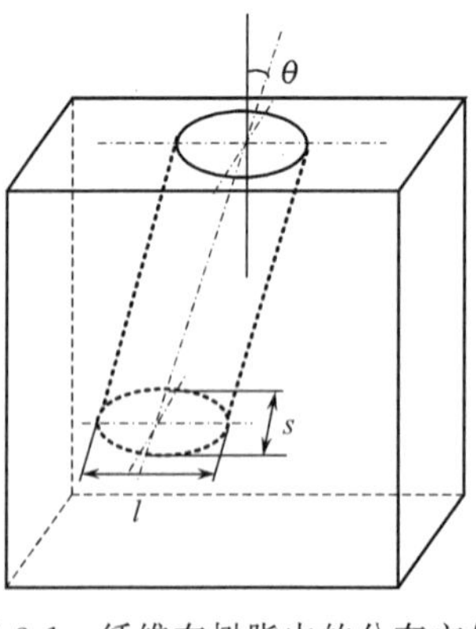

图 3-1　纤维在树脂中的分布方位

短纤维在树脂中的分布，过去的文献中由于不考虑三维打印工艺的特殊性，都把纤维在悬浮液中不受任何约束的分布状态作为研究的前提，认为纤维分布状态在零件成型前后均相同，所以，定义此种纤维分布状态为自由式悬浮液状态。但三维打印工艺制作时每层厚度都有所限制，纤维在每层中的分布是有所不同，定义此种纤维分布状态为约束式悬浮液状态。纤维在树脂中的分布如图 3-1 所示。

3. 光敏树脂的陶瓷强化

如前所述，光敏树脂在固化过程中常会发生收缩，导致原型有较大变形。1993 年 3D Systems 公司研制出环氧树脂基的光敏树脂 SL5170，使卷曲大大降低，但这种由光敏树脂交链而成的部件的机械性能与热塑性塑料是有所不同的。后来 3D Systems 公司又提出先用树脂做出模具，再用模具注塑成型热塑性塑料，但这种模具在 75～100℃时会发生软化，这个温度大大低于通常塑料注塑所需的温度约 200℃，因此有必要对树脂材料进行强化。

加陶瓷强化后的树脂必须满足 SL 工艺过程的基本要求，即可用紫外线引发固化反应，每层的固化深度至少为 0.2mm，悬浮液的黏度不能过高以保证涂层均匀和不太大的 z 向等待时间，同时为保证成型件的质量，要求原型件的陶瓷固体含量不低于 50%。不难想象，单分子溶剂加入固体陶瓷后的黏度肯定会增加，这就要求延长 z 向等待时间以保证铺层平整；另一方面，激光照射在树脂上使其发生固化反应的深度与所加的陶瓷颗粒的平均大小成正比，与陶瓷所占比例成反比，与陶瓷和单分子溶剂的光折射率之差的平方成反比[26]。

美国 Michigen 大学材料科学与工程系开展了用陶瓷强化 SL 树脂的研究，研制出一种能用 SL 设备成型的陶瓷树脂，其基本构成是将陶瓷细小颗粒与单分子溶剂混合成悬浮液，然后像普通光敏树脂一样成型，从而制造出陶瓷模型[27]。其黏结固化原理是悬浮液在激光光源的作用下，单分子溶剂开始聚合成高分子，聚合过程将陶瓷颗粒黏结起来，形成原型。所形成的原型还要像其他方法形成的原型一样，进行去除黏结剂处理和烧结处理。他们所研究过的陶瓷材料包括氧化铝、氧化硅和羟基磷灰石。

3.2.3　发展与展望

1. 固化技术

虽然紫外光固化成型方法较为简单，只需将各组成按一定比例混合均匀，形成黏度和固化速率符合实践要求的固化体系，就可制备固化材料。但对于制备含有纳米无机粉体材料的成型模型时，要达到混合均匀程度比较困难。目前，原位聚合固化法制备模型材料受到人们的关注，徐国财等[28]在国内率先提出的紫外光原位固化法，更是结合了原位聚合法和紫外光辐射固化的优点，制备固化成型材料性能优秀，其应用前景十分广阔。这种方法主要有以下特点：

（1）材料性质。必将赋予紫外光固化材料较高的力学性能，而且还有特殊的光、电、磁等性能，同时兼有 2 种组分协同效应下的综合性能。

（2）聚合材料的选择。可自由地选择聚合物基体，可以是环氧树脂型、聚氨酯型、聚酯型、聚醚型以及丙烯酸酯型等。

（3）纳米材料的选择。有机物中可有目的地、有选择地引入单一或复合纳米组分，可以是金属氧化物、非金属氧化物、氮化物、金属微粒等成品化纳米材料及其相应的混合物。

（4）快速成型。可快速加工成薄型定型材料或是将这种纳米复合材料直接被覆于其他基体上，并且聚合物的形成过程一般要比纳米粒子的聚集过程快，首先生成的聚合物限制了纳米粒子的进一步聚集。

（5）分散问题。由于紫外光可固化体系是有机稀溶液，不需要借助有机溶剂等其他间接方法，可直接利用固液混合分散法以较细粒度、较均匀地分散纳米材料，再者通过纳米材料表面改性，可进一步增加纳米材料的可分散性。

2. 紫外光辐照设备

紫外光源对体系的固化过程及固化后成型模型材料的性能也有很大影响，所以最终成型模型的性能不仅取决于体系组成，而且取决于固化过程中所选择的光源及其合理的利用[29]。可以通过选择紫外光灯，使其输出光谱与待固化体系中光引发剂的吸收光谱相匹配，提高固化速度和生产能力，改善固化产物的物化性能；增加辐射强度可增加固化深度；高强度紫外光灯的应用，可以减少光引发剂的量；短波长高能量的紫外光不仅可以降低氧气对被固化表面的抑制作用，而且还可以改善抗刮痕等表面性质。实验发现，表层及内层固化程度与光引发剂的浓度、辐照强度有关，辐照强度越大，光引发剂浓度越小，内层固化越完全。

随着使用时间的增加，由于紫外光灯管弯曲、电极腐蚀、卤素沉积和石英管晶体结构变化等原因，紫外灯会逐渐老化，紫外辐照效率也会随之逐渐降低。另外，电压的波动也会对紫外灯的输出功率产生很大的影响，从而导致产品质量劣化。目前发展的新型紫外设备集成了紫外辐照和监测单元。辐照强度由靠近紫外灯和反射镜的紫外传感器来测定，与所测光强成正比的信号通过转换，然后输入计算机中，计算机再将此信号与设定的标准光强相比较，根据它们的偏差，计算机向紫外灯控制系统输出反馈信号，然后由这个控制系统连续调节紫外灯的输出功率，直到所测光强与设定的标准光强一致。通过这个系统，紫外灯老化与电压波动对辐照产品质量的影响几乎可以忽略不计。

3. 开发特种功能性预聚物研究

由于世界各国对环保立法的逐渐加强，紫外光/电子束（EB）固化技术近年来在世界范围内得到迅速发展。光固技术将越来越广泛应用于电子工业、印刷行业以及微细加工等领域。曾有人用“4E”（即 economy 经济、efficiency 效率、ecology生态、energy 能源）来概括光固化的优点，因此，光固化代表了特别是在世界涂料工业中的发展方向。

开发低黏度预聚物可以减少配方中有皮肤刺激的稀释单体用量，而特殊功能预聚物的开发主要是改善其物理、化学性能，如黏附力、耐磨性、耐候性、坚硬性、柔韧性、耐高温性、阻燃性、弹性、抗张性、抗断裂性、耐化学品性及与颜料匹配的润湿和分散性。

4. 发展环境友好的固化组分的研究

特别是水稀释性紫外光固化预聚物是光固化成型技术的主要方向，此类预聚物有以下3种类型。

1）水溶性预聚物

（1）非离子型乙二醇或丙三醇的（甲基）丙烯酸酯。

（2）阴离子型把羧基和含双键的化合物用碱性化合物中和，主要有含有羧基的丙烯酸聚合物与甲基丙烯酸缩水甘油酯；含有羧基和羟基的聚酯的丙烯酸缩合物；环氧丙烯酸酯与二元酸酐。

2）乳液型预聚物

在聚酯丙烯酸及聚氨酯丙烯酸等预聚物中加入乳化剂，充分混合。

3）分散型预聚物

由二异腈酸酯十二醇与二羟甲基丙酸反应得到的含有羧基的多异腈酸酯，在含有羟基的丙烯酸单体中氨基甲酸酯化，中和过程中自身发生乳化。

5. 加强固化体系添加物的互容性研究

20世纪80年代末出现了在纯预聚物体系中添加无机填料来提高涂料耐磨性的报道。丙烯酸酯体系中的无机填料有：α-铝球粒子、烷基表面改性的Si/Al粒子、层压结晶填料。添加无机填料的办法在一定程度上可提高成型材料的耐磨性，但同时存在无机填料与碳氢键互不相容的问题，引起了人们将无机物与有机物通过共价键相结合来改善涂料耐磨性的探索。偶联剂对无机物与有机物的结合起着重要的作用，如：用溶胶-凝胶法（Sol-Gel）制备含丙烯酰氧基硅氧烷的光固化耐磨涂料，在制备过程中，硅烷偶联剂 R—Si（$OR)_3$ 的 OR 基为可水解基团，遇水分解成 R—Si（$OH)_3$，然后同无机前驱体的水解产物发生缩合反应，形成 Si—O—Si，达到与 SiO_2 无机网络相连接的目的；另一方面，硅烷偶联剂的R基团与有机相起化学反应形成化学键。硅烷偶联剂正是基于以上两种基团的反应，使两种性质不同的有机/无机相“偶联”起来。

6. 开发低收缩固化体系[30]

开发阳离子开环聚合体系，从理论上将阳离子体系固化的体积缩小，黏度较低，固化零件精度高，非常适用于SL成型工艺。这类树脂在固化过程中，产生键合原子的同时也产生了新的非键合原子，弥补了部分体积收缩，因此开环聚合比双键的加成聚合的体积收缩要小。开发膨胀聚合体系如杂原子螺环、桥环化合物的开环聚合有望调配成零收缩的光固化树脂，这无疑对光固化成型技术尤其是SL成型工艺的一个突破。也可研制开发在固化过程中利用光分解产生某些气体（如 N_2、CO_2）单体或添加剂，将产生的微气泡稳定于固化的树脂中来减少固化过程中的体积收缩。总之研制低收缩固化体系具有极其重要的意义和价值。

尽管目前的各种树脂还有诸多不尽如人意的地方，但随着科学的发展和新树脂的不断推出，这些问题都将会逐步改善。理想的SL成型材料应具备以下性能：

（1）高固化速度、低收缩、低翘曲光固化树脂，以确保零件成型精度。

（2）具有更好力学性能，尤其是冲击性和柔韧性，以便直接使用和功能测试用。

（3）低黏度度，无毒害，无环境污染的真正意义上的绿色产品。

（4）具有导电性、耐高温、具有阻燃性、耐溶剂、高的透光性的树脂，以直接投入应用。

（5）具有生物相溶性，用以制作生物活性材料。

（6）安全性，毒性低（皮肤刺激指数PII值为3以下，小于2最好），挥发性低，气味小。

3.3 SLS工艺成型材料[31]

SLS技术与SL技术很相似，只是用粉末原料取代了液态光聚合物，并以一定的扫描速度和能量作用于粉末材料。该技术具有原材料选择广泛、多余材料易于清理、应用范围广等优点，适用于原型及功能零件的制造。在成型过程中激光工作参数以及粉末的特性和烧结气氛是影响烧结成型质量的重要参数[32]。

SLS技术使用的是微米级粉体材料，包括塑料、蜡、陶瓷、金属及其复合粉体[33]。用蜡可以制造精密铸造用蜡模，用热塑性塑料可以制造消失模，用陶瓷可以制造铸造壳型、型芯和陶瓷构件，用金属可以制造金属结构件。目前研究较多的是覆膜树脂砂或反应性树脂包覆的陶瓷粉为原料，在SLS过程中，烧结实体成为零件模型或铸造壳型。张剑峰[34]研究了金属粉末直接烧结成型。

3.3.1 高分子粉末材料

在高分子粉末材料中，经常使用的材料包括聚碳酸酯（PC）、聚苯乙烯粉（PS）、ABS、尼龙（PA）、尼龙与玻璃微球的混合物、蜡料等。该材料应用于精密铸造金属零件的材料时，使用的高分子基体材料要求在中、低温易于流动或者易于热分散。

已商品化的 SLS 高分子粉末材料有：

(1) DuraForm PA（尼龙粉末，美国 DTM 公司），其热稳定性、化学稳定性优良。

(2) DuraForm GF（添加玻璃珠的尼龙粉末，美国 DTM 公司），其热稳定性、化学稳定性优良，尺寸精度很高。

(3) Polycarbonate（聚碳酸酯粉末，美国 DTM 公司），其热稳定性良好，可用于精密铸造。

(4) CastForm（聚苯乙烯粉末，美国 DTM 公司），需要用铸造蜡处理，以提高制件的强度和表面粗糙度，完全与失蜡铸造工艺兼容。

(5) Somos 201（弹性体高分子粉末，DSM Somos 公司），其类似橡胶产品，具有很高柔性。

3.3.2　石蜡粉末材料[32]

石蜡粉末的熔化流动性较好、熔点较低，收缩变形相对于大多数粉末材料也较小，在激光作用下可以获得较好的烧结质量。但是石蜡粉末的团聚效应使其在铺粉时容易受铺粉滚筒的挤压集聚成块，且纯石蜡粉末流动性较差，易造成分层表面凹凸不平，影响铺粉的平整性，很难得到良好的铺粉效果。热塑性高分子材料也具有熔点低、流动性好等优良的可烧结性能，但其致命的弱点是收缩变形严重，这一点严重影响了其在三维打印中的应用。

基于上述两种粉末材料的物理性质，三维打印专用石蜡粉末将两者的优点有机地结合起来。这种材料是添加了热塑性高分子材料的石蜡基粉末，其熔点较低(220℃左右)、熔化流动性好、收缩变形较小，同时铺粉时在铺粉滚筒的挤压下无“团聚”现象产生，可以获得较好的铺粉效果与烧结质量。在一定的温度下加热固化后，抗拉、抗冲击强度较高，可用于功能件、原型以及铸造熔模的制作。

3.3.3　陶瓷粉末材料

与金属基合成材料相比，陶瓷粉末材料具有更高的硬度和工作温度，可用于复制高温模具。由于陶瓷粉末的熔点很高，所以在采用 SLS 方法烧结陶瓷粉末时，在陶瓷粉末中加入低熔点的黏结剂。激光烧结时首先将黏结剂熔化，然后通过熔化的黏结剂将陶瓷粉末黏结起来而成型，最后通过后处理来提高陶瓷零件的性能。目前常用的陶瓷粉末有 Al_2O_3、SiC、ZrO_2 等，其黏结剂有 3 种：无机黏结剂、有机黏结剂和金属黏结剂。

当材料为陶瓷粉末时，可以直接烧结铸造用壳型来生产各类铸件，甚至是复杂的金属零件。由于工艺过程中铺粉层的原始密度低，因而制件密度也低，故多用于铸造型壳的制造。陶瓷粉末烧结制件的精度是由激光烧结时的精度和后续处理时的精度决定。在激光烧结过程中，粉末烧结收缩率、烧结时间、光强、扫描点间距和扫描线行间距对陶瓷制件坯体的精度有很大影响。另外，光斑的大小和粉末粒径直接影响陶瓷制件的精度和表面粗糙度。后续处理（焙烧）时产生的收缩和变形也会影响陶瓷制件的精度[32]。

3.3.4 覆膜砂粉末材料

应用于SLS技术的覆膜砂表面都涂覆有黏结剂，用得较多的为低分子量酚醛树脂。已商品化的覆膜砂粉末材料如下：

（1）SandForm Si（高分子裹覆的石英砂粉末，由美国DTM公司研制）；

（2）SandForm ZRⅡ（高分子裹覆的锆石粉末，由美国DTM公司研制）；

（3）EOSINT—S700（高分子覆膜砂，由德国EOS公司研制），覆膜砂主要用于制作精度要求不高的原型件。

SLS成型的主要特点：

（1）可直接制作各种高分子材料功能件，用作结构验证和功能测试，可直接装配样机；

（2）可用的粉末材料多样化，不同材料制件特有的物理性能可满足不同的需要；

（3）制件可直接用做精密铸造用蜡模、砂型、型芯；

（4）无需支撑，材料利用率高；

（5）制作出来的原型件可快速翻制各种模具。

3.3.5 塑料粉末材料[32]

塑料粉末的选区激光烧结均为直接激光烧结，烧结好的制件一般不必进行后续处理。采用一次烧结成型，将粉末预热至稍低于其熔点，然后控制激光束来加热粉末，使其达到“烧结”温度，从而把粉末材料烧结在一起，其他步骤和陶瓷粉末的烧结相同。环氧聚酯粉末属于热固性塑料，在一定的温度（160℃左右）下加热固化后，直至分解温度，便不再软化。其固化后的抗拉、抗冲击强度都很高，可用做一些功能零件，如电气绝缘零件等。在激光烧结三维打印工艺试验中，主要用来制作一些零件原型。

3.3.6 金属粉末材料

金属基合成材料的硬度高，有较高的工作温度，可用于复制高温模具。常用的金属基合成材料是由以下几种材料组合而成。

(1) 金属粉，使用的金属粉末主要是不锈钢粉末、还原铁粉、铜粉、锌粉、铝粉等。

(2) 黏结剂，主要是高分子材料，一般多为有机玻璃粉（PMMA)、聚甲基丙烯酸丁酯（PBMA)、环氧树脂和其他易于热降解的高分子共聚物。

金属粉末材料分直接成型金属粉末材料和间接成型金属粉末材料。

(1) 已商品化的间接成型金属粉末材料如下：①LaserFormST-100（包裹高分子材料的不锈钢粉末，美国 DTM)；②RapidSteel 2.0（包裹高分子材料的金属粉末，美国 DTM)；③Copper Polvamide（铜/尼龙复合粉末)。

(2) 已商品化的直接成型金属粉末材料为德国 EOS 的 DirectSteel 20-V1（混合有其他金属粉末的钢粉末)。

SLS 系统虽然比较昂贵，但生产率高，适用多种材料，材料价格适中，材料利用率高，无废料，无需后处理，是目前发展比较迅速的三维打印方法，应用越来越广泛。

3.4　LOM 工艺成型材料

LOM 材料一般由薄片材料和黏结剂 2 部分组成。LOM 技术常用原材料是纸材、金属箔、塑料薄膜、陶瓷薄膜和复合材料片材等，目前 LOM 基体材料主要是纸材。这些材料除了可以制造模具、模型外，还可以直接制造结构件或功能件。材料品质的优劣主要表现为成型件的黏结性能、强度、硬度、可剥离性、防潮性能等。

3.4.1　纸材

LOM 工艺所用的纸一般由纸质基底和涂覆的黏结剂、改性添加剂组成，其成本较低，基底在成型过程中不发生状态改变（即始终为固态)，因此翘曲变形小，最适合于大中型零件的制作。在 KINERGY 公司生产的纸材中（表 3-1)，采用熔化温度较高的黏结剂和特殊的改性添加剂，所以用这种材料成型的制件其坚硬度与木材相同（制件水平面上的硬度为 18HRR，垂直面上的硬度为 100HRR)，表面光滑。有的材料能在 200℃下工作，制件的最小壁厚为 0.3～0.5mm，成型过程中只有很小的翘曲变形，即使间断地进行成型也不会出现不黏结的裂缝，成型后工件与废料易分离，经表面涂覆处理后不吸水，有良好的稳定性[32]。

表 3-1 KINERGY 公司生产的纸基卷材

指标参数	K—01	K—02	K—03
宽度/mm	300～900	300～900	300～900
厚度/mm	0.12	0.11	0.09
黏结温度/℃	210	250	250
成型后的颜色	浅灰	浅黄	黑
成型过程翘曲变形	很小	稍大	小
成型件耐温性	好	好	很好（>200℃）
成型件表面硬度	高	较高	很高
成型件表面光亮度	好	很好（类似塑料）	好
成型件表面抛光性	好	好	很好
成型件弹性	一般	好（类似塑料）	一般
废料分局性	好	好	好
价格	较低	较低	较高

选择 LOM 纸材应按照以下基本要求[35]：

（1）形状为卷筒纸。便于系统工业化的连续加工。

（2）厚度根据成型制件的精度及成型时间的要求综合确定。要求高精度时，应选择薄纸；在精度满足要求的前提下，尽量选择厚度较大的纸，这样可以提高成型速度。

（3）均匀性好。测纸不同点的厚度时，要求相对误差不大于 5%，同时，纸的正反面，纵横向差别也应尽量小。

（4）力学性能好。纸在受拉力的方向必须有足够的抗张强度，便于纸的自动传输和收卷；同时，纸的抗张强度还影响成型制件铸件的力学性能。纸的伸长率、耐折度、撕裂度等也都是选择纸型时的参考指标。

（5）纤维的组织结构好。质量好的纸纤维长且均匀，纤维间保持一定间隙，因为 LOM 技术要求纸上涂布一层均匀的胶黏剂，所以要求纸的表面空隙大而密，胶能很好地渗入纸层，打印时能达到良好的黏结效果。

用于 LOM 纸基的热熔性黏结剂按基体树脂类型分，主要有乙烯-醋酸乙烯酯共聚物型热熔胶、聚酯类热熔胶、尼龙类热熔胶或其混合物。

选择黏结剂应按照以下基本要求[36]：

（1）熔点不太高。熔点在 70～120℃，室温固化比较快，有利于涂布，在熔融-固化过程中，具有较好的物理化学稳定性。

（2）熔融状态下有较好的涂挂性和涂匀性。

（3）纸纤维具有一定的渗透能力，能与纸有较好的润湿性、亲和性，黏结牢固。

（4）吸湿性较低，在制件保存过程中不会引起较大的形变。

（5）有利于废料的剥离，后处理方便。

3.4.2 陶瓷

Donald 等[37,38]用 LOM 技术制备了陶瓷件及含有碳化硅（SiC）和氮化铝（AlN）等的陶瓷基复合材料。在制备陶瓷件时，先制备出 1000mm×200mm×0.15mm 或 1000mm×200mm×0.3mm 的陶瓷（SiC、AlN）膜，在切割后进行边界磨光，再通过热锻压力实现层间结合；在制备陶瓷基复合材料时，为使增强体（晶须或纤维）分布均匀，采用单相基体（SiC）膜与增强体（SiC、SiCr）/树脂预制膜交替叠加。Griffin 等[39]制备的 Al_2O_3 膜尺寸为 100mm ×150mm ×0.015mm，最终制备的 Al_2O_3 陶瓷件与干压成型制成的试样比较，发现两种烧结体的烧结密度相当，显微结构相似，只是坯体的密度、脱脂失重等有所差别。结果表明，LOM 成型的陶瓷件与干压法的相当，但是效率更高而且可制作复杂制件。

目前已开发出以曲面陶瓷膜相叠加的成型工艺，这种由 Lone Peak Engineering 公司开发的陶瓷层合实体技术（CerLOM）是根据制备曲面陶瓷/纤维复合材料的需要产生的。Klosterman 等[40]采用曲面 LOM 法制备了 SiC/纤维复合材料，与平面 LOM 工艺相比，曲面 LOM 工艺可保证曲面上纤维的连续性，以达到最佳的力学性能。法国的 F. Doreau 等[41]利用纯丙烯酸乳液作黏结剂流延制备了性能良好的 Al_2O_3 流延素片，通过叠层后的素坯，无压烧结后体积密度达到理论密度的 98.5%。另外，曲面 LOM 工艺制备的陶瓷件还有无阶梯效应、表面光洁度高、加工速度快、省料等优点。

用 LOM 设备直接做出的实体件为陶瓷生胚，它是由陶瓷膜黏在一起的，强度很低，不能实际应用，还需进行后处理。后处理包括两个步骤：即黏结剂的去除和烧结处理（致密化）。黏结剂的去除温度根据陶瓷膜中所含高分子材料的热解温度而定，为防止生胚层间的开裂和变形，需将陶瓷生胚埋在粉末里，并施以压力。粉末不仅对陶瓷生胚起到支撑作用，而且还使压力分布均匀。流延法制备的陶瓷膜中陶瓷粉所占的体积分数为 55%～60%，去除黏结剂后的陶瓷生胚变成多孔状，采用普通的烧结方法将使部件产生较大的收缩，可采用反应烧结的方法来减少收缩。

3.5 FDM 工艺成型材料

FDM 工艺之关键是用液化器代替了激光器，保持半流动成型材料刚好在凝固点之上，通常控制在比凝固温度高 1℃左右，FDM 喷头受水平分层数据控制，

当它沿着 x、y 方向移动，半流动熔丝材料从 FDM 喷头挤压出来，很快凝固，形成精确的层，每层厚度范围在 0.025～0.762mm。所用材料是线材，主要包括石蜡、塑料、低熔点金属和陶瓷等，可直接制备金属件和多种模型。

FDM 材料属于一种热塑性材料，在材料熔点左右的温度下产生离散体之间的连接，通过一定的组分搭配获得一定的流动性，以保证在成型过程中产生较小的内应力，从而减小零件的畸变。作为 FDM 材料，还必须具有一定的弯曲模量和弯曲强度，可易于制成丝、卷成卷，并在挤出时提供一定的强度，以保证挤出熔融的材料。另外，FDM 材料还必须具有较低的黏性，这样才能产生较精确的路径宽度。满足这些条件的材料有聚烯烃、聚酰胺、聚酯等。要使用某种新的材料还必须对其进行分析，包括热分析、流动性分析，以确定材料的黏性、热流动性和体积膨胀率，同时还应该测量材料的灰分、密度、柔软点和渗透性等参数。

3.5.1 熔丝线材

在熔丝线材方面，主要材料是 ABS、人造橡胶、铸蜡和聚酯热塑性塑料。目前用于 FDM 的材料主要是美国 Stratasys 的丙烯腈-丁二烯-苯乙烯聚合物细丝（ABS P400）、甲基丙酸烯-丙烯腈-丁二烯-苯乙烯聚合物细丝（ABSi P500，医用）、消失模铸造蜡丝（ICW06 wax）、塑胶丝（Elastomer E20）。

ABS 树脂是由丙烯腈 A、丁二烯 B、苯乙烯 S等 3 种单体共聚而成的聚合物，简称 ABS。它是对聚苯乙烯改性开发的一种新型材料。ABS 每种单体都具有不同特性，从形态上看，ABS 是非结晶性材料，这就决定了 ABS 材料具有耐低温性、抗冲击性、外观特性、低蠕变性、优异的尺寸稳定性及易加工性等特性，且表面硬度高、耐化学性好，同时通过改变上述三种组分的比例，可改变 ABS 的各种性能。丁二烯为 ABS 树脂提供低温延展性和抗冲击性，但是过多的丁二烯会降低树脂的硬度、光泽及流动性；丙烯腈为 ABS 树脂提供硬度、耐热性、耐酸碱盐等化学腐蚀的性质；苯乙烯为 ABS 树脂提供硬度、加工的流动性及产品表面的光洁度。合成的 ABS 有中冲击型、高冲击型、超高冲击型及耐热型 4 类。由于其具有韧、刚、硬的优点，应用范围已远远超过 PS，成为一种独立的塑料品种，用途极为广泛。

3.5.2 FDM 陶瓷材料

采用 FDM 工艺制备陶瓷件的工艺称为 FDC（fused deposition of ceramics），这种工艺将陶瓷粉和有机黏结剂相混合，用挤出机或毛细管流变仪做成丝后作为 FDM 设备的成型材料用于制造陶瓷件生胚，通过黏结剂的去除和陶瓷生胚的烧结得到较高致密度的陶瓷件。适用于 FDC 工艺的丝状材料必须具备一定的热性能和机械性能。黏度、黏结性能、弹性模量、强度是衡量丝状材料的 4 个要素。

美国陶瓷研究中心的 Mukesh 等[42]用 FDC 工艺制备 Si_3N_4 零件，所用的陶瓷粉为 GS244 氮化硅，体积比为 55%。生胚中黏结剂的去除分 2 步进行：第一步由室温加热到 450℃，在此阶段大部分黏结剂被去除掉；第二步是将生胚放入氧化铝坩锅加热至 500℃，黏结剂中剩余的碳被去除掉。不同阶段的加热速度和保温时间根据零件的尺寸和形状来确定。经过这两步处理后，陶瓷生胚变成多孔状，对生胚进行气压烧结处理，生胚中所含的氧化物熔化并为多孔生胚的致密化提供液相。

Bandyopadhyny 等[43]用 FDC 工艺制备出 PZT/高分子压电复合材料，其制备工艺有 2 种：直接法和间接法。直接法是用 PZT 丝直接做出 PZT 生胚，将生胚经过去除黏结剂和烧结处理后镶入环氧树脂中，放入炉中在 70℃下加热 12h 就制备好 PZT 高分子压电复合材料。间接法与直接法的不同之处在于它先做出低熔点高分子材料的模型，然后用消失模浇注的方法做出 PZT 生胚。

3.5.3 木塑复合材料

木塑复合材料（wood plastic composites）是一种由植物纤维与高分子聚合物复合加工制成的新型复合材料。这种新型的材料综合了木质纤维材料和聚合物材料的双重优势，具有力学性能好、表面硬度高、热缩型优良、耐水、耐磨的特点，发挥了木材的易加工性和塑料的加工方法多样性、灵活性[44]。木塑复合材料中常用的塑料原料有 PE、PP、PVC 等。其中采用 PE 塑料制成的木塑材料又称为 PE/木粉复合材料。

由于木纤维在超过 200℃的温度时很容易分解碳化，而且 PE/木粉复合材料做成丝材后硬而脆，容易在送丝机构中夹断，因此目前的 FDM 设备不适合使用 PE/木粉复合材料。针对 PE/木粉复合材料自身的特点，可将 FDM 设备做如下一些改进：①取消送丝机构和丝盘，而采用粒料的供料方式，从而在结构上得到简化。②成型时采用 PE/木粉复合材料制造支撑，材料本身成本较低，而且可以回收。③加入挤出片状材料的喷头，对较规则的分层截面用片材填充能够提高成型效率[45]。这里只做简单介绍。

3.5.4 FDM 支撑材料

FDM 使用的材料分为 2 类：一类是成型材料；另一类是支撑材料。支撑材料有 2 种类型：一种是剥离性支撑，需要手动剥离零件表面的支撑；另外一种是水溶性支撑，可分解于碱性水溶液中。

FDM 工艺对支撑材料的要求是能够承受一定的高温、与成型材料不浸润、具有良好的水溶性或者酸溶性、熔融温度要低、流动性要特别好等。具体说明如下：

(1) 能承受一定高温。由于 FDM 工艺挤出的丝比较细，在空气中快速冷却，支撑材料能承受 100℃的温度即可。

（2）与成型材料不浸润。支撑材料是加工中的辅助手段，在加工完毕后必须去除，与成型材料的亲和性不应太好。

（3）具有水溶性或者酸溶性。成型具有很复杂的内腔、孔等，为了便于后处理，最好是支撑材料在某种液体里可以溶解不能产生污染或有难闻气味。目前已开发出水溶性支撑材料。

（4）熔融温度较低。具有较低的熔融温度可以使材料在较低的温度挤出，提高喷头的使用寿命。

（5）流动性好。由于支撑材料的成型精度要求不高，为了提高机器的扫描速度，要求支撑材料具有很好的流动性。

FDM 系统价格较低，体积小，无污染，能直接做出 ABS 制件，但生产率较低，精度不高，最终轮廓形状受到限制。

3.6 3DP 工艺成型材料

由美国麻省理工学院（MIT）最早开发的三维打印成型技术是采用静电墨水喷嘴按照零件截面形状，将液体黏结剂喷射在预先铺好的粉末层上，使部分粉末黏结在一起，形成截面轮廓。一层粉末成型完成后，再铺上一层粉末，进行下一层粉末的黏结，如此循环，最后经过后处理，形成原型制件。3DP 成型是目前三维打印行业中最有生命力的技术，它具有设备简单、材料便宜、成本低、体积小、工作过程中无污染、成型速度快等优点。该技术无需激光系统，价格低廉，运行费用很低且可靠性高。

3DP 技术分为黏结材料三维打印成型、光敏材料三维打印成型和熔融材料三维打印成型等 3 种工艺。其中光敏材料三维打印成型是一种根据微滴喷射技术，将实体和支撑光敏材料喷射到工作台面上，再用紫外线进行固化，逐层堆积技术工艺。它将喷射成型和光固化成型的优点结合在一起，具有成型精度高，成型速度快，后处理简单[46]等优点。

3DP 成型材料主要有塑料和金属，此外还包括各种填充和复合材料、陶瓷及陶瓷金属的混合物和其他新型材料等[47]。

3.6.1 塑料材料[47]

在商业化的塑料行业可以获取各种不同性能的塑料材料，使其更广泛地应用于三维打印领域。材料的选择可以基于其性能进行，如透明度、颜色、拉伸强度、硬度、生物相容性、防潮、阻燃性能等。

根据塑料在高温状态下的反应，塑料材料可分为两大类：热塑性塑料和热固性塑料。热塑性塑料在多次熔化、冷却和硬化再次熔化处理后仍能保持自身特性；热固性塑料只能被永久的塑造一次，而且不能被熔化。用于材料挤压系统的基础建材只能用热塑性材料，例如 ABS、聚碳酸酯和 PC/ABS 的混合物。

近年来，各国企业推出了不少可用于三维打印的新型塑料。如：EOS GmbH 推出了 3 种用于粉末熔融工艺的新聚合物。其中，PrimePart FR（PA 2241 FR）是一种阻燃材料，可用于航天方面；PrimePart ST（PEBA）是一种弹性材料，能根据不同的处理条件被处理为硬类型或软类型；第三种是 PA2015，可应用于牙科模型的制造。3D Systems 已开发出新材料 Zoom，作为供其 ProJet 1500 个人 3D 打印机的光敏树脂材料。Objet 推出了 MED610，它一种生物相容性材料，该材料结合生物相容性与高尺寸稳定性、透明度而研发。MED610 是专门为医疗和牙科应用而设计，根据统一标准 ISO 10993-1 和 USP 塑料 VI 类标准获得了 5 个医用批准。此外还有多种新型塑料材料不断面世，在此不一一赘述。

3.6.2 金属材料[47-50]

当前可用于金属零部件直接制造的工艺主要包括直接金属激光烧结（DMLS）、直接金属沉积（DMD）、电子束熔融（EBM）和电子束自由成形制造（EBF3）。这些技术近年来正在逐渐发展成熟，进入工程化应用研究或是实际生产应用阶段。

能够用于 3DP 加工的金属种类较少，主要包括不锈钢、钴铬合金、钛合金等。但今年来，随着各国材料研究的继续进行，越来越多的金属材料可用于三维打印技术，研发人员有了更大的选择范围，包括工具钢、铝压铸合金、镍基合金等材料。例如，EOS 公司在 DMLS 工艺研究方面处于领先地位，该公司推出的 Titanium Ti64 是 Ti6AIV4 合金的细粉末形式，非常适合无人机发动机等组件的制造。2012 年 3 月，Morris Technologies 公司宣布已成功研制出不锈钢 17-4 PH，可应用于 DMLS 系统。

此外，还有多种新型金属正在研发中。2012 年 3 月，Morris 公司开始将铝 6061 使用到他们的 DMLS 系统中。自从 2011 年初以来，材料按照 AMS 的标准要求来进行沉淀硬化处理以满足 6061-T6 型号的热量要求。据 Morris 公司称，其性能可以与典型的商业化锻造铝 6061-T6 相媲美。EOS 研发了型号为 IN625 的镍合金，主要用于航空航天工业中。EOS 的报告宣传该材料具有高拉升强度、优良的加工性能和良好的耐腐蚀性等特性，其应用的领域比较广阔，包括航空航天、化工业等。

3.6.3 陶瓷材料

3DP 技术常用的材料包括陶瓷、金属、塑料的粉体，其关键技术是配制合乎要求的黏结剂[51-52]。

陶瓷喷墨打印质量取决于陶瓷墨水的性能。由于陶瓷粉料密度较大，纳米级陶瓷粉又容易形成团聚体，因而陶瓷墨水一般由陶瓷微粉、分散剂、结合剂、溶剂及其他辅料构成。陶瓷微粉的粒度要小于 1μm，颗粒尺寸分布要窄，颗粒之间不能有强团聚。分散剂帮助陶瓷微粉均匀地分布在溶剂中，并保证在喷打之前微粒不发生团聚。分散性差的墨水因陶瓷微粒在墨滴中分散不均匀而阻塞打印机的喷嘴。因此，分散剂的合理选择及用量是十分关键的。分散剂主要是一些水溶性和油溶性高分子类、苯甲酸及其衍生物、聚丙烯酸及其共聚物等。结合剂是溶剂挥发后，保障打印出的陶瓷坯体具有足够的结合强度，便于坯体的转移操作。

溶剂是把陶瓷微粒从打印机输送到基板上的载体，同时又控制着干燥时间。它要有足够大挥发性保证快速干燥，为多层沉积提供条件。同时也应该是低黏度并且与其他成分之间有相容性。用于连续喷射打印的陶瓷墨水，还需加入少量导电盐使墨水达到足够的电导率，保证形成的墨滴能够带电，在偏转电场作用下能够改变路径，打印到计算机指定的位置。

目前办公室用的普通喷墨打印机中的墨水制备方法有 2 种：一种是把陶瓷微粉与溶剂、分散剂等成分混合，采用球磨和超声波处理打开陶瓷微粉的初始团聚[51,52]；另一种是用 Sol2Gel 法制备墨水[53]。其实，任何一种制备陶瓷超细粉的方法均可以用于制备 3DP 工艺中的陶瓷墨水[54]。

3.6.4 其他成型材料

除了以上打印材料外，这里简要介绍其他几种打印材料。

1）多孔钛材料[55]

自 20 世纪 80 年代以来，多孔钛植入材料已成为一个研究热点[56,57]。钛作为医用植入体材料已在临床上得到广泛的应用。目前，Chandrase 等[58]及 Wiria 等[59]已经将三维打印技术应用于多孔钛植入体的制备，并得到多孔钛植入体试件，不但具有良好的生物力学性能，同时生物学测试表明成型的多孔钛植入体还具有很好的生物相容性。

2）粉末材料[60-67]

三维打印技术所用的成型粉末材料需要具备材料成型性好、成型强度高、粉末粒径较小、不易团聚、滚动性好、密度和空隙率适宜、干燥硬化快等性质，可以使用的原材料有石膏粉末、淀粉、陶瓷粉末、金属粉末、热塑材料或其他一些有合适粒径的粉末等。

成型粉末部分由填料、黏结剂、添加剂等组成。相对其他条件而言，粉末的粒径非常重要。径小的颗粒可以提供相互间较强的范德华力，但滚动性较差，且打印过程中易扬尘，导致打印头堵塞；大的颗粒滚动性较好，但会影响模具的打印精度。其次，需要选择能快速成型且成型性能较好的材料，如石英砂、石膏粉末、聚合物粉末、金属氧化物粉末等。

3）生物材料[68-76]

利用组织工程技术实现牙齿的再生是人类解决牙齿缺失问题的终极目标。生物打印是一种新型的组织工程手段，是三维打印技术在生物医学中的应用。国内外关于生物打印材料研究方面的报道并不太多。国内薛世华等已通过研究成功实现了 hDPCs 共混物的三维生物打印，为三维生物打印技术应用于牙齿再生奠定了基础。

3.6.5　3DP 支撑材料[77]

以光固化三维打印技术为例，负责建造零件的实体建模材料为光固化材料；支撑材料是对于结构比较复杂的零件，零件中常会有内部空洞和悬空部分，这时，需要用支撑材料进行填充，以支撑实体材料喷射出的液滴直至固化，辅助实体材料成型。当喷射完成后，支撑材料从模型零件中除去。

目前根据 3DP 支撑材料固化形式的不同，光敏 3DP 支撑材料分为相变蜡支撑材料和光固化支撑材料。

1）相变蜡支撑材料

相变蜡支撑材料是利用混合蜡在不同温度时，吸收或放出热量，固、液两相之间转变的原理，温度升高，混合蜡从环境中吸收热量，当温度升高到其温度熔点时，混合蜡从固态转变为液态，这时可通过支撑喷头进行喷射；当液态混合蜡喷射出来后，温度下降，当温度降至混合蜡的凝固优点是原料价格点时，混合蜡由液态转变为固态，从而起到支撑作用。其原料价格十分便宜，且不容易堵塞喷头，即使喷头堵塞，只需要加热喷头或用热水冲洗就能够疏通喷头。但是此种支撑材料需要在较高的温度下进行喷射，固化时需要冷却。与光固化支撑材料相比较，成型时间较长，成型精度较差。

2）光固化支撑材料

光固化支撑材料与实体建模材料一样，都是一种可用之外光固化的聚合物树脂。目前以色列 Object 公司的光敏 3DP 技术多采用这种光固化支撑材料。其原理就是用于支撑的树脂从喷头喷射出来后，经紫外灯照射固化，从而起到支撑作用。其优点是可以在较低的温度下喷射，提高喷射的稳定性，采用光固化树脂作为支撑，收缩率低，从而提高制件精度。但同时由于这种支撑材料预聚物中加入了光固化单体，容易热聚成凝胶，所以堵塞喷头的现象时有发生；且光固化单体聚合交联后不溶于大多数溶剂，喷头堵塞后容易损坏。

3.7 供料系统的设计

供料系统的作用是在三维打印的过程中，将原材料逐步一层层地叠加到已成型的前一层轮廓上。对于不同状态的原材料和不同的三维打印系统，往往有不同的供料方式。

3.7.1 浸没式

对于液态原材料，如多数 SL 工艺三维打印系统采用的液态光敏聚合物，常用浸没式供料。这种供料系统由盛有液态原材料的容器、可沿高度（z）方向往复运动的工作台和刮刀组成。当工件的一层轮廓成型完成之后，工件随同工作台下降一个高度，此高度大于预定的一层料厚（图 3-2（a）），因此，黏性液态原材料可流过工件的上表面，并在其上方构成一个新的液平面（图 3-2（b））。然后，工件随同工作台略为上升一定距离，使工件上面的液层厚度等于后一层需成型的厚度（图 3-2（c）），刮刀自容器的一边运动至另一边（图 3-2（d）），将工件上多余的材料刮至侧面，从而得到所需的材料厚度层。

(a) 工件下降　(b) 液体流动　(c) 液体流平　(d) 刮刀运动　(e) 供料完成

图 3-2　浸没式供料原理

3.7.2 喷涂式

对于热熔状或液态原材料，如一些 3DP 系统采用的熔融液态的聚合物或液态黏结剂，以及 FDM 系统采用的熔融状聚合物，常用喷涂式供料。这种供料系统由喷嘴、储料器和供料动力部分组成。

由压电晶体控制的喷嘴（图 3-3）每秒钟能喷射 6000～12 000 滴，且直径小于 0.1mm 的液滴，从而有较高的成型速度和精度。

对于加热后呈熔融状而非全液态的原材料，不能采用上述结构的喷嘴，而要采用推挤式喷嘴（图 3-4）。它的前端装设有电阻丝式加热元件，材料在此处加热成熔融状态，然后在供料动力的作用下向出口挤出。

对于液态或加热前呈粉状的原材料，其储料器常为箱形结构，用泵将液态材料或熔化成液态的材料送至喷嘴。对于加热前呈丝状的材料，其储料器常为辊式结构，原材料一丝缠于辊上，借助电动机将丝材送至喷嘴[54]。

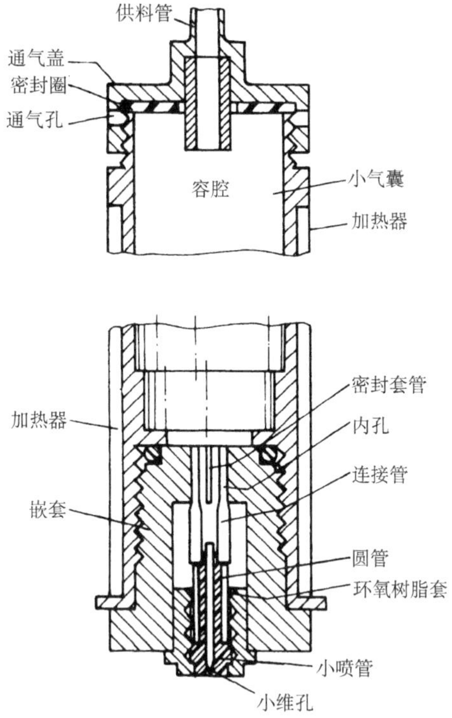

图 3-3　喷嘴

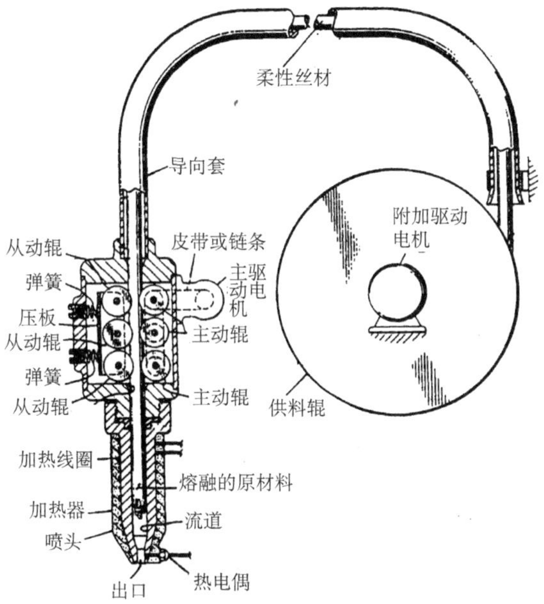

图 3-4　喷头和供丝机构

3.7.3 辊刮式

对于粉状原材料，如 SLS 系统采用的聚合物粉或混合粉，常用辊刮式供料。它的供粉器由储料筒、托料台和辊筒等组成。其中，储料筒内盛有粉末状原材料，供料时，托料台上升一个高度，此高度恰好等于所需成型的一层厚度，然后，辊筒在电动机的驱动下，自左向右运动，将托料台上一层粉材刮铺到正在成型的工件上方，从而为下一层的成型提供厚度均匀的原材料。

3.7.4 辊卷式

对于卷带式原材料，如 LOM 型三维打印机采用的纸基卷材，常用辊卷式供料。它由原材料存储辊、送料夹紧辊、导向辊、余料辊、送料步进电机、摩擦轮和断纸报警器组成（图 3-5）。原材料——卷纸套在原材料存储辊上。纸的一端经送料夹紧辊、两对导向辊、断纸报警器黏于余料辊上。送料时，送料直流电机沿逆时针方向旋转一定角度，克服加在摩擦轮的阻力矩，带动卷纸向左前进一定距离。此距离等于所需的每层纸的送进量。当某种原因偶然造成卷纸撕断时，断纸报警器中的杠杆会立即向下摆动，触发光电传感器，发出音响信号，停止送料直流电机的转动及后续工作循环[78]。

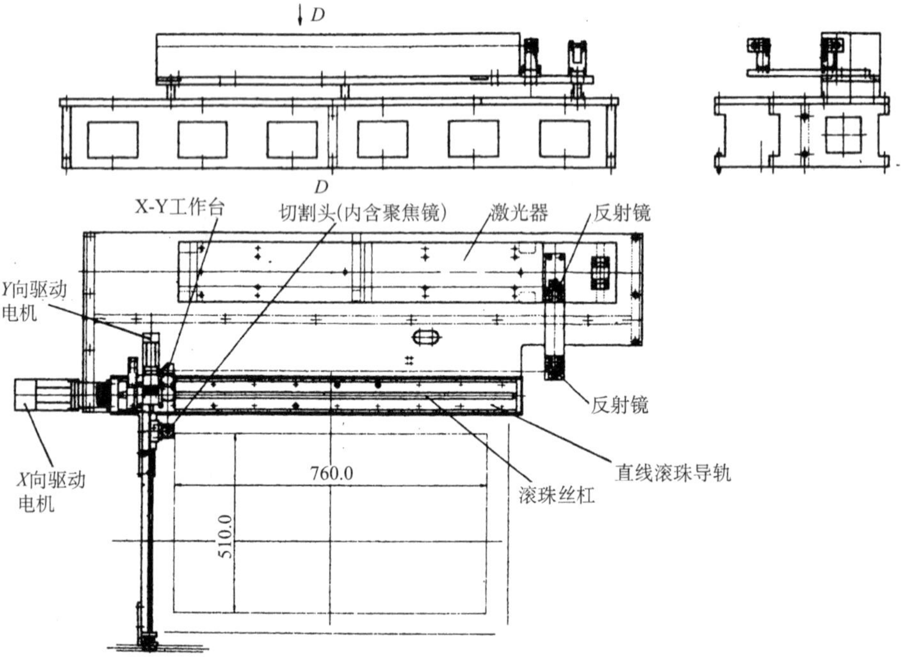

图 3-5 激光切割系统

3.8　材料的后处理[78]

从三维打印系统上取下的原型往往需要进行剥离，以便去除废料和支撑结构，有的还需要进行后固化、修补、打磨、抛光和表面强化处理等，这些工序统称为后处理。修补、打磨、抛光是为了提高表面的精度，使表面光洁；表面涂覆是为了改变表面的颜色，提高强度、刚度和其他性能。

3.8.1　剥离

剥离是将成型过程中产生的废料、支撑结构与工件分离。虽然，SL、FDM和3DP成型基本无废料，但是有支撑结构，必须在成型后剥离；LOM成型无需专门的支撑结构，但是有网格状废料，也须在成型后剥离。剥离是一项细致的工作，在有些情况下也很费时。剥离有3种方法：

(1) 手工剥离。手工剥离法是操作者用手和一些简单的工具使废料、支撑结构与工件分离。这是最常见的一种剥离方法。对于LOM成型机的制品，一般用这种方法使网格状废料与工件分离。

(2) 加热剥离。当支撑结构为蜡，而成型材料为熔点较蜡高的材料时，可以用热水或适当温度的热蒸汽使支撑结构熔化并与工件分离。这种方法的剥离效率高，工件表面较清洁。

(3) 化学剥离。当某种化学液能溶解支撑结构而又不会损伤工件时，可以用此种化学液使支撑结构与工件分离。例如，对于ModelMaker成型机的制品，就可用溶液来溶解蜡，从而使工件（热塑性塑料）与支撑结构（蜡）、基底（蜡）相分离。这种方法的剥离效率高，工件表面较清洁。

3.8.2　修补、打磨和抛光

当工件表面有较明显的小缺陷而需要修补时，可以用热熔塑料、乳胶与细粉料调合而成的腻子，或湿石膏予以填补，然后用砂纸打磨、抛光。

打磨、抛光的常用工具有各种粒度的砂纸、小型电动或气动打磨机。对于用纸基材料打印的工件，当其上有很小而薄弱的特征结构时，可以先在它们的表面涂覆一层增强剂（如强力胶、环氧树脂基漆或聚氨酯漆），然后再打磨、抛光；也可先将这些部分从工件上取下，待打磨、抛光后再用强力胶或环氧树脂黏结、定位。

3.8.3　表面涂覆

对于三维打印成型工件，典型的涂覆方法有如下几种，如图3-6所示。

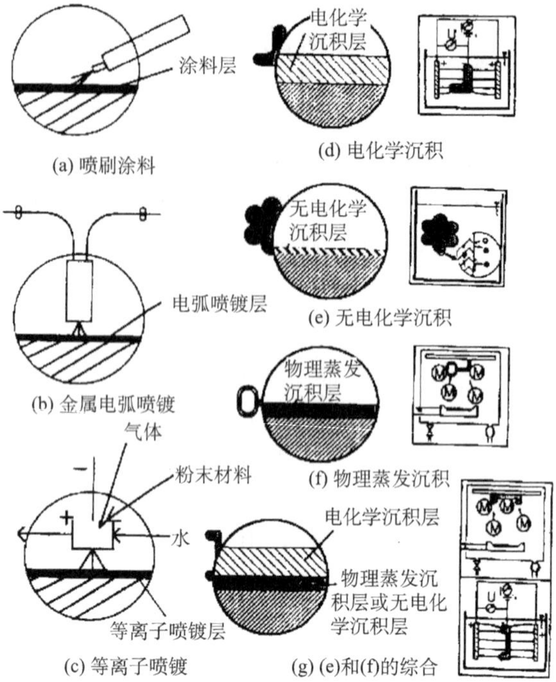

图 3-6　典型的涂覆方法

1）喷刷涂料

在三维打印成型工件的表面可以喷刷多种涂料，常用的涂料有油漆、液态金属和反应型液态塑料等，如图 3-6(a) 所示。其中，对于油漆，以罐装喷射式环氧基油漆、聚氨酯漆为好，因为其使用方便，有较好的附着力和防潮能力。所谓液态金属是一种金属粉末（如铝粉）与环氧树脂的混合物，在室温下呈液态或半液态，当加入固化剂后，能在若干小时内硬化，其抗压强度为 70～80MPa，工作温度可达 140℃，有金属光泽和较好的耐湿性。反应型液态塑料是一种双组分液体，其中一种是液态异氰酸酯，用作固化剂，另一种是液态多元醇树脂，它们在室温（25℃）下按一定比例混合并产生化学反应后，能在约 1min 后迅速变成凝胶状，然后固化成类似 ABS 的聚氨酯塑料。将这种未完全固化的材料涂刷在成型工件表面上，能构成一层光亮的塑料硬壳，显著提高了工件的强度、刚度和防潮能力。

2）金属电弧喷镀

金属电弧喷镀，也称冷喷镀，如图 3-6(b) 所示。其原理如图 3-7 所示，喷镀机由喷枪、金属丝、送丝机构和电源等构成。其中，左、右两股金属丝在送丝机构的驱动下，不断地经喷枪的内腔达到前端出口处。在此处，由于通过金属丝的大电流的作用，两金属丝如同会损耗的电极，它们的尖端之间发生电弧放电，金属丝熔化。与此同时，压缩空气通过喷枪的内腔吹向出口处熔化的金属，使它变成雾状，喷在成型工件（基底）的表面上并快速固化，形成一层金属薄壳（厚度一般约为 2mm）。常用的金属丝有锌、铝、铜、镍及其合金，丝径为 2～3mm。喷镀时，工件表面的温度取决于金属丝的熔点 T、金属丝尖端与被喷镀表面之间的距离 L 和喷镀的持续时间 t。显然，T 越高，L 越小，t 越长，工件表面的温度越高，应控制此温度不超过成型工件的允许工作温度（通常为 40℃）。

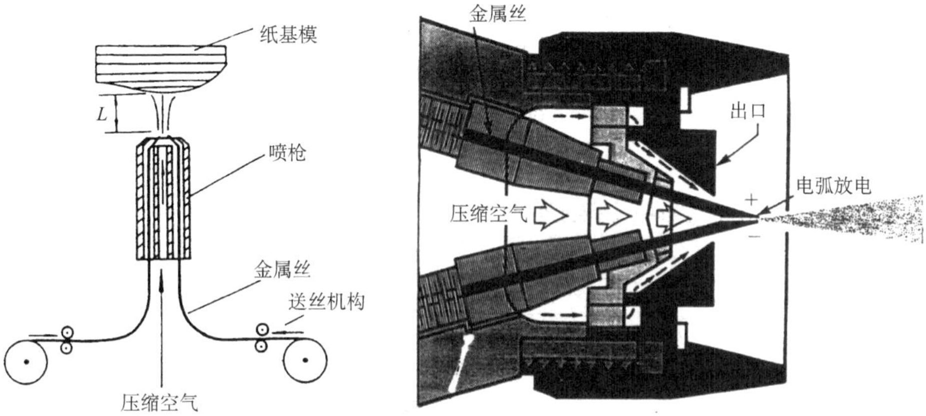

图 3-7　金属电弧喷镀

3）等离子喷镀

等离子喷镀如图 3-6(c) 所示。其原理如图 3-8 所示，其中，喷枪的钨电极与直流电源的负极相连，水冷紫铜喷嘴与直流电源的正极相连，工作气体（如氩、氦、氢或氮）通过气路系统进入喷枪，金属或非金属（如陶瓷）粉末状喷镀材料借助送粉气流（一般用氩气或氮气）送入喷枪。工作时，在钨电极和喷嘴之间的工作气体被电离，产生高温等离子弧（其中的正、负离子数相等），从而熔化粉末，并使其跟随高速火焰流喷射到需喷镀的工件表面。这种熔粒打击并黏结在工件表面，在此表面形成机械结合的涂层。

4）电化学沉积

电化学沉积（electro chemical deposition，ECD），也称电镀。采用电化学沉积（图 3-6(d)）在成型工件的表面涂覆镍、铜、锡、铅、金、银、铂、钯、铬、锌，以及铅锡合金等，涂覆层厚可达 20～500μm 以上（甚至数毫米），最高涂覆温度为 60℃，沉积效率高。由于大多数成型工件不导电，因此，进行电化学沉积前，必须先在成型工件表面喷涂一层导电漆。

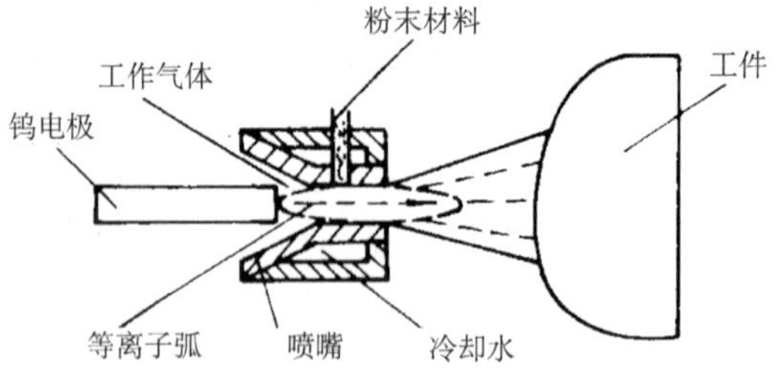

图 3-8　等离子喷镀的原理

进行电化学沉积时，由于沉积在工件外表面的材料比沉积在内表面的多，因此，对具有深而狭的槽、孔的工件进行电化学沉积时，应采用较小的电镀电流，以免材料只堆积在槽、孔的口部，而无法进入槽、孔的底部。

5）无电化学沉积

无电化学沉积（electroless chemical deposition，CD）也称无电电镀。无电化学沉积（图 3-6（e））通过化学反应形成涂覆层，能在工件的表面涂覆金、银、铜、锡以及合金，涂覆层厚可达 5～20μm 以上，涂覆温度为 60℃，平均沉积率为 3～15μm/h。沉积前，工件表面先需用 60℃、pH 为 12 的碱水清洗 10min，然后用清水漂洗，并用含钯（$PdCl_2$）的电解液或胶体（60℃）催化不导电的涂覆表面 10min。

6）物理蒸发沉积

物理蒸发沉积（physical vapour deposition，PVD）（图 3-6（f））是在一真空室内进行，可分为以下 3 种方式：

（1）热蒸发。属于低粒子能量。

（2）溅射。属于中等粒子能量。

（3）电弧蒸发。属于高粒子能量，包括阴极电弧蒸发和阳极电弧蒸发。

典型涂覆层厚为 1～5μm。对于最高涂覆温度为 130℃的阴极电弧蒸发，能在制作的表面涂覆硝酸铬（CrN）等材料，通常涂覆层厚度为 1μm，涂覆前表面需进行等离子体（如 CF_4/O_2）浸蚀预处理（5min），以便提高涂覆时的黏合力。对于最高涂覆温度为 80 ℃的阴极电弧蒸发，能在制作的表面涂覆硝酸钛（TiN）等材料，通常涂覆层厚为 1μm，涂覆前表面需进行等离子体（如 CF_4/O_2）浸蚀预处理 10min）。对于最高涂覆温度为 80℃的阳极电弧蒸发，能在工件的表面涂覆铜等材料，通常涂覆层厚为 1μm，涂覆前表面需进行等离子体（如 N_2/O_2）浸蚀预处理（2min）。

粒子能量越高，涂覆时的黏合性越好，但要求被涂覆表面的温度越高。

7）电化学沉积和物理蒸发沉积（或无电化学沉积）的综合

它综合了电化学沉积和物理蒸发沉积（或无电化学沉积）的优点，扩大了涂覆材料的范围，见图 3-6（g）。

8）SLS 成型件的电化学沉积和无电化学沉积

下面以 SLS 成型件为例，说明电化学沉积和无电化学沉积技术的应用。

（1）电化学沉积铜

采用含有硫酸铜和硫酸的溶液进行电化学沉积铜时，效果较好。在这种情况下，阳极为铜板，阴极为表面喷涂了一层导电银漆的 SLS 成型件，它们都浸没在上述溶液中，彼此相距一定距离，并与低压直流电源相连，阴极电流密度为 $20\sim400A/m^2$。

沉积时，应注意下列因素：①若浸没在溶液中的阳极板面积比较大，则铜会过快地从此极板上溶入溶液，因此，浸没在溶液中的阳极板面积不能大于 2 倍的阴极面积。②若采用的电流密度过高，则溶液中的铜会过快地消耗于阴极沉积，从而也会导致铜阳极的溶化速率失衡。

（2）电化学沉积镍

电化学沉积镍与沉积铜相似，但采用含有硫酸镍的溶液，实验表明，若采用的电流密度较高，沉积层可能发生脱皮和开裂，因此电流密度宜取较低值。对于所需沉积面积为 $5cm^2$ 的 SLS 成型件用 0.005A 的电流（即电流密度 $10A/m^2$）经过 23h 的沉积后，可以获得 22.8μm 厚的镍沉积层。显然，镍的沉积速率比铜的沉积速率低。

（3）无电化学沉积铜

进行无电化学沉积时，只需简单地将工件浸没在镀液中，其内含的化学还原剂会提供电子，从而将金属离子转换成元素形式，并沉积在工件表面。虽然，上述还原作用仅发生在催化表面，但由于在工件表面一旦开始沉积后，被沉积的金属本身就会催化，所以沉积得以继续。

进行无电化学沉积铜时，镀液中含有还原剂、铜盐和络合剂或螯合剂。通常还原剂为甲醛。由于甲醛的还原能力随溶液的碱性而增加，因此镀液的 pH 应大于 11，此要求加入氢氧化钠来保证。铜盐通常为硫酸铜，它用作铜离子源。络合剂或螯合剂用于阻止氢氧化铜沉淀，酒石酸盐是最常见的螯合剂。

与电化学沉积铜层相比，无电化学沉积铜层的抗拉强度和熔点几乎相同，但是，其韧性显然较低，密度和电导性也略低。

（4）无电化学沉积镍

无电化学沉积镍用的镀液中含有次磷酸盐（还原剂）、镍盐和有机酸盐（用作缓冲剂和弱络合剂），分为酸性（pH 为 4～7）与碱性（pH 为 8～11）两种。在此情况下，常用酸性镀液沉积速率可能随镀液的 pH 降低，因此，常用的 pH

为 4.2～5。沉积速率也随镀液的温度而提高。能在催化的金属上自发开始无电化学沉积镍。对于非催化的金属（如铜和银），将其简单地与正在镀液中镀镍的样品相接触，或者借助一个直流电源，使其具有负极性之后，就可进行无电化学沉积镍；对于非电导体（如玻璃和塑料），经过适当的表面活化处理之后，也可进行无电化学沉积镍。

经过无电化学沉积镍所得到的镍沉积层不是纯镍，因为其中明显含有磷。磷的含量随镀液的 pH 的降低而增加。由酸性镀液产生的镍沉积层中含有 7%～10%的磷，由碱性镀液产生的镍沉积层中含有 5%～7%的磷。提高次磷酸盐的浓度会增加镍沉积层中的含磷量。与传统的电化学沉积镍相比，无电化学沉积镍-磷的硬度明显较高（HV500～600），且更耐磨。

参考文献

[1] 邹剑华，林德，施文芳. 化学学报，2002，60（5）：926.
[2] 柳冀，王涛，黄毓礼. 阳离子光引发剂［CpFe（η6-tol）］BF4 光聚合活性及增感的研究. 感光科学与光化学，2002，20（3）：177-184.
[3] Yao W L，Leu M C. Analysis of shell cracking in investment casting with laser stereolithogra-phy patterns. Rapid Prototyping Journal，1999，5（1）：12-20.
[4] Ullett J S，Schultz J W，Chartoff R P. Novel liquid crystal resins for stereolithography-processing parameters and mechanical analysis. Rapid Prototyping Journal，2000，6（1）：8-17.
[5] Fuh J Y H，Lu L，Tan C C，et al. Curing characteristics of acrylic photopolymer used in stereolithography process. Rapid Prototyping Journal，1999，5（1）：27-34.
[6] 徐国财，张立德. 纳米复合材料. 北京：化学工业出版社，2002.
[7] 王君，储昭荣，吉小利，等. 紫外光固化纳米复合树脂的研究. 化学与生物工程，2004，3：18-19.
[8] Hogan B J. Metal prototypes made in three days. Manufacturing Engineering，1999，123（4）：84-90.
[9] Hopkinson N，Dickens P. A comparison between stereolithography and aluminium injection moulding tooling. Rapid Prototyping Journal，2000，6（4）：253-258.
[10] Greco A，Licciulli A，Maffezzol A. Stereolitography of ceramic suspensions. Journal of Materials Science，2001，36：99-105.
[11] 王德中. 环氧树脂生产与应用. 北京：化学工业出版社，2001.
[12] 吉小利，徐国财. 改进环氧固化物电性能的方法研究及应用进展. 热固性树脂，2004，19（1）：23-26.
[13] 陈平，程子霞，朱岩松，等. 低 εr、低 tgδ FR-4 印刷电路基板的研制. 纤维复合材料，2001，（1）：20-22.
[14] Kupke M，Wentzel H P，Schulte K. Electrically conductive glass fibre reinforced epoxy

resin. Materials Research Innovations，1998，2（3）：164-169.
[15] Yuri Cv，Ryuji O，Shigeo A，et al. Electrical properties of epoxy resin filled with carbon fibers. Journal of Materials Science，1999，34（22）：5589-5592.
[16] 沈大理，吴良义. 新型环氧树脂、固化剂、复合材料及纳米技术进展. 热固性树脂，2001，16（5）：37-41.
[17] Greer C，McLaurin J，Ogale A A. Proceedings of Solid Freeform Fabrication Symposium. Texas：University of Texas at Austin，307. 1996.
[18] Charan R，Renault T，Ogale A A，et al. Automated fibre-reinforced composite prototypes. Proceedings of the Fifth International Conference on Rapid Prototyping. Dayton. 1994.
[19] Ogale A ，Renault T，Dooley R L，et al. 3-D photolithography for composite development：discontinuous reinforcements. SAMPE Quarterly，1991（10）：28-38.
[20] Renault T，Ogale A A. 3-D photolithography：mechanical properties of glass and quartz fibre composites. ANTEC 1992-Conference Proceedings SPIE，1，1992：745-747.
[21] Zak G，Haberer M，Park C B，et al. Mechanical properties of short-fiber layered composites：prediction and experiment. Rapid Prototyping Journal，2000，6（2）：107-118.
[22] 仲伟虹，李凡，张佐光，等. 适于快速成型制造工艺的短纤维增强复合材料研究，2000，17（4）：43-47.
[23] Cheah C M，Fuh J Y H，Nee A Y C，et al. Mechanical characteristics of fiber-filled photo-polymer used in stereolithography. Rapid Prototyping Journal，1999，5（3）：112-119.
[24] 杨继全，侯丽雅. 光固化中的纤维—树脂复合材料机械性能研究. 南京师范大学学报：工程版，2003，3（1）：26-29，37.
[25] 王善元，张汝光. 纤维增强复合材料. 上海：中国纺织大学出版社，1998.
[26] 焦向东，佟泽民，邓双城，等. 分层制造法的材料技术及其发展. 中国机械工程，2000，11（5）：581-584.
[27] Douglas T，Amod O，Frank P. Silica filled resin for rapid SLA tools. Proceeding of the Solid Freeform Fabrication Symposium 1997，Texas：The University of Texas at Austin，1997：341-348.
[28] Xu G C，Zhang L D，Li A Y，et al. Journal of Applied Polymer Science 2003，90：837.
[29] 杨继全，侯丽雅，章维一. 紫外辐射装置在台式快速成型系统中的应用. 新世纪全国紫外线防护与利用学术大会论文集，2001，5：136-140.
[30] 曹瑞军. 快速制造与光固化树脂. 全国辐射固化研讨会，2002：44-56.
[31] 林柳兰，莫健华. 快速成型材料及应用. 机械工人：冷加工，2003，（8）：54-56.
[32] 周建忠，刘会霞. 激光快速制造技术及应用. 北京：化学工业出版社，2009.
[33] Song Y A. Experimental Study of the Basic Process Mechanism for Direct Selective Laser Sintering of Low-Melting Metallic Powder. Annals of the CIRP. ，1997，46（1）：127-130.

[34] 张剑峰. Ni 基金属粉末激光直接烧结成形及关键技术研究. 南京：南京航空航天大学，2002.

[35] 李焰，黄瑾，张祥林，等. 物体分层制造中所用纸材的研究. 华中理工大学学报，1998，26 (5)：42-44.

[36] 周文秀，韩明，黄树槐，等. 薄材叠层制造材料的分析. 材料导报，2002，16 (3)：59-61.

[37] Klosterman D A，et al. Affordable，rapid composites tooling via Laminated Object Manufacturing. Proceeding of the 41nd international SAMPE Symposium and Exhibition，Part1 (of 2). 1996，41 (1)：220-226.

[38] Lightman A J. Proceeding of the Seventh International Conference on Rapid Prototyping. University of Dayton，San Francisco，CA，1997，(4)：43-50.

[39] Alair Griffin E. Rapid prototyping of functional ceramic composites. The American Ceramic Society Bulletin. 1996，75 (7)：65-68.

[40] Donald A K，Chartoff R，Osborne N R，et al. Development of a curved layer LOM process for monolit hic ceramics and ceramic matrix composites. Rapid Prototyping Journal，1999，5 (2)：61-71.

[41] Doreau F，Tari G，Guedes M，et al. Mechanical and lamination properties of alumina green tapes obtained by aqueous tape - casting. J . Euro. Ceram. Soc. ，1999，(19)：2867-2873.

[42] Mukesh K A. The American ceramic society bulletin. American Ceramic Society，1996，75 (11)：60-65.

[43] Bandyopadhyay A，Panda R K，Janas V，et al. Processing of piezocomposites by fused deposition technique. Journal of American Ceramic Society，1997，80 (6)：1366-1372.

[44] 王清文，王伟宏. 木塑复合材料与制品. 北京：化学工业出版社，2006.

[45] 罗凯，赵辉，郭艳玲，等. PE/木粉复合材料的 FDM 快速成型原理和实验. 东北林业大学学报，2010，38 (10)：126.

[46] 刘海涛，莫建华，黄兵. 一种光固化 3DP 实体材料树脂. 高分子材料科学与工程，2009，25 (7)：148.

[47] Terry W. Wohlers 2012 Report. Additive Manufacturing and 3D Printing State of the Industry Annual Worldwide Progress Report. Annual worldwide progress report. Wohlers Associates，Inc. 2012.

[48] 黄秋实，李良琦，高彬彬. 国外金属零部件增材制造技术发展概述. Defense Manufacturing Technology，2012，10 (5)：26.

[49] Sachs E，Cima M，Cornie J，et al. Three-Dimensional Printing：Rapid Tooling and Prototypes Directly form a CAD Model. Annals of the CIRP. 1990，39 (1)：201.

[50] Sachs E，Wylonis E，Allen S，et al . Rapid Fabrication of Injection Molding Tooling with 3D Printing. Rapid Prototyping Journal，1996，2 (4)：1.

[51] Teng W D，Edirisinghe M J . Development of ceramic inks for direct continuous jet printing . Journal of the American Ceramic Society，1998，81 (4)：1033-1036.

[52] Mott M, Song J, Evans J R G. Microengeneering of ceramics by direct ink-jet printing. Journal of the American Ceramic Society, 1999, 82 (7): 1653-1658.

[53] Atkinson A, Doorbar J, Hudd A, et al. Continuous ink-jet printing using sol-gel "Ceramic" inks. Journal of Sol-Gel Science and Technology, 1997, (8): 1093-1097.

[54] 周振君，丁湘，郭瑞松，等. 陶瓷喷墨打印成型技术进展. 硅酸盐通报，2000，(6)：37-41.

[55] 孙健，熊耀阳，陈萍，等. 不同烧结温度下三维打印成型多孔钛植入体的实验研究. 国际生物医学工程，2012，35 (6)：332.

[56] 汤惠萍，张正德. 金属多孔材料发展现状. 稀有金属材料与工程，1997，26 (1)：1-6.

[57] Oh I H, Nomura N, Masahashi N, et al. Mechanical properties of porous titanium compacts prepared by powder sintering [J]. Scripta Mater, 2003, 49 (12): 1197-1202.

[58] Chandrasekaran M, Lim K K, Lee M W, et al. Effect of process parameter on properties of titanium alloy fabricated using three dimensional printing. SIMTech Technical Report, 2007, 8 (1): 1-4.

[59] Wiria F E, Shyan J Y M, Lim P N, et al. Printing of Titanium implant prototype. Mater Des, 2010, 31 (S): S101-S105.

[60] 王位，路亚林，杨卓如. 三维快速成型打印机成型材料. 铸造技术，2012，33 (1)：104.

[61] 孙国光. 三维打印快速成型机材料的研究. 西安：西安科技大学，2008.

[62] Liu J, Rynerson M. Method for article fabrication using carbohydrate binder. U. S. , 6585930, 2003.

[63] Suwanprateeb J, Chumnanklang R. Three-dimensional printing of porous polyethylene structure using water-based binders. Journal of Biomedical Materials Research, 2006, 78 (1): 138-145.

[64] Moon J, Grau J E. Ink-jet printing of binders for ceramic components. Journal of the American Cerarnic Society, 2002, 86 (4): 755-762.

[65] Wang H R, Cima M J. Alumina-doped silica gradient-index (GRIN) lenses by slurry-based three-dimensional printing (S-3DP). Journal of NonCrystalline Solids, 2004, 349: 360-367.

[66] Bredt J F. Binder composition for use in three dimensional printing. U. S, 5660621, 1997.

[67] Tay B Y, Evans J R G, Edirisingh M J, et al. Solid freeform fabrication of ceramics [J]. International Materials Reveiews, 2003, 48 (6): 341-370.

[68] 薛世华，王勇，赵雨，等. 人牙髓细胞三维生物打印的初步研究. 科学技术与工程，2012，12 (17)：4103.

[69] 薛世华，王勇，赵雨，等. 人牙髓细胞共混物三维生物打印技术. 北京大学学报：医学版. 2013，45 (1)：105.

[70] Huang G T, Yamaza T, Shea L D, et a1. Stem/progenitor cell-me-diated de novo regeneration of dental pulp with newly deposited continuous layer of dentin in an in vivo model. Tissue Eng Part A, 2010, 16 (2): 605-615.

[71] Kim K, Lee C H, Kim B K, et al. Anatomically shaped tooth and periodontal regeneration by cell homing. J. Dent Res, 2010, 89 (8): 842-847.

[72] Wang Y, Preston B, Guan G. Tooth bioengineering leads the next generation of dentistry. Int J Paediatr Dent, 2012, 22 (6): 406-418.

[73] Mironov V, Trusk T, Kasyanov V, et al. Biofabrication: a 21st century manufacturing paradigm. Biofabrication, 2009, 1 (2): 1-16.

[74] Konig G, McAllister T N, Dusserre N, et a1. Mechanical properties of completely autologous human tissue engineered blood vessels compared to human saphenous vein and mammary artery. Bio. materials, 2009, 30 (8): 1542-1550.

[75] Li S J, Xiong Z, Wang X H, et al. Direct fabrication of a hybrid cell/ hydroged construct by a double · nozzle assembling technology. Journal of Bioactive and Compatible Polymers, 2009, (24): 249-265.

[76] Sylvain C, Bertrand G, Marketa B, et al. Effect of laser energy, substrate film thickness and bioink viscosity on viability of endotheli-al cells printed by Laser-Assisted Bioprinting. Applied Surface Science, 2011, 257 (12): 5142-5147.

[77] 黄兵. 三维打印支撑材料及成形工艺的研究. 武汉：华中科技大学，2009.

[78] 王运赣. 快速成形技术. 武汉：华中理工大学出版社，1999.

第 4 章　三维打印能源技术

三维打印的成型材料需经过三维打印系统的光学系统、加热系统或喷涂系统才能从原始的、无序的形态变成结构化的、有序的成型零件。本章主要介绍各种三维打印工艺的能源技术。

4.1　三维打印中的能源概述

各种三维打印工艺所使用的能源各不相同，但各能源系统基本上可以分为两类：

(1) 以光源为主的能源系统。SL、SLS、LOM 工艺都使用光源，SL 工艺所用的光源主要为波长小于 400nm 的紫外激光器，而 SLS 和 LOM 工艺所用的光源主要为波长大于 1000nm 的二氧化碳激光器，2 种不同类型的激光器决定了其光学技术也不相同，因此，针对此两种激光器，将在本章第 2 部分和第 3 部分分别介绍其光学技术。

(2) 以加热为主的能源系统。除了 SL 工艺外，大多数三维打印工艺都使用了加热系统，如 SLS 工艺的加热系统使粉末材料加热至略低于其熔化温度，以便随后用激光束进行烧结；LOM 工艺的加热系统将涂覆在纸或陶瓷薄膜等片材下表面的黏结剂熔化，使其迅速具有黏性；FDM 工艺的加热系统将线状热塑性材料加热至略高于其熔点，并涂覆至工作区域上；3DP 工艺的加热系统使粉末状热塑性材料熔化，并通过喷嘴快速喷射至加工区域上。以上各能源系统所用的发热元件一般分为电阻式加热或 PTC 陶瓷式加热两类。FDM、LOM、3DP 工艺的能源技术将在本章第 4、5、6 部分介绍。

4.2　SL 工艺中的光学技术

4.2.1　光源选择与设计的依据

1. SL 快速成型系统对光源的要求

(1) 价格及运行成本低。SL 快速成型系统目前主要有两大类，一类是面向工业品开发的高价格的 SL 设备，价格一般在 100 万元以上；另一类是面向模型制作的低价格的 SL 设备，价格一般在 50 万元左右。这两类 SL 系统的区别在于，它们使用了不同类型的光源。高价格的 SL 设备大都使用昂贵的紫外激光器，如 Ar^+ 激光器、He-Cd 激光器、Nd：YVO_4 激光器等，这类激光器寿命也较短，一般为 2000h。这就造成该类 SL 设备的价格和运行成本都很高，在一定程度上妨碍了 SL 设备的进一步推广及应用。低价格的 SL 设备一般采用的是其他光源，如紫外灯、可见光激光器等。这类光源虽然价格便宜，但与紫外激光器相比，其性能较差，几乎没有高效的光敏树脂与之配合，且加工精度、加工速度较慢。因此，开发制造成本和运行成本均低的高性能激光器将是 SL 设备的一个发展方向。

（2）体积小。SL 设备目前使用的光源体积都很大，致使整个 SL 设备的整体尺寸也较大，因此，SL 设备不太适合办公环境或小区域范围内的工作。

2. 光学系统对光源的基本要求

（1）功率效率高。效率大小决定所需输入功率和热散耗措施，低效率会引起大量的热散耗，这些热散耗必须有适当的散热措施。

（2）结构尺寸小。体积小而紧凑，易于控制，且不会引起过重和占用过多空间等问题。

（3）运行成本低。光源易耗装置成本与使用寿命之比，是决定制作零件成本的主要因素。

（4）稳定性好。光源在加工过程中的稳定性对于成型零件的精度有着重要的影响。

（5）工作温度稳定。通常环境温度为－20～＋40℃，光源的工作状态对温度的变化有可能较灵敏，所以在一定温度下应有诸如散热装置、防热层和冷却等措施。

3. 成型材料对光源的要求

（1）输出功率高。应保证使光敏树脂的固化速度满足加工需求。

（2）频谱范围匹配。光源辐射的频谱范围与能量是选择与开发相匹配的树脂时的关键因素之一。

（3）相干性好。光束的相干性一定程度影响了最终光束的质量，与相干性好的光束相比，相干性差的光束轮廓模糊，能量不集中，不易聚出尺寸更小的光斑。

4.2.2 光源比较与选择

由光固化过程可知，对光源的选择，主要取决于光敏剂对不同频率的光子的吸收[1]。由于大部分光敏剂在紫外区的光吸收系数较大，一般很低的光能量密度就可使树脂固化，所以应采用输出在紫外波段的光源。

目前 SL 工艺所用的光源主要是激光器，它可分为 3 类：气体激光器、固体激光器、半导体激光器。另外，也有采用普通紫外灯作为 SL 光源的[2-5]。

1. 气体激光器

（1）He-Cd 激光器。紫外线固化树脂能量效率高，温升较低；树脂的吸收系数不易提高，输出光噪声成分占 10%，且低频的热成分较多。因此固化分辨率较低，一般水平方向大于等于 10μm，垂直方向大于等于 30μm；输出功率通常为 5～50mW，输出波长为 325nm，激光器寿命为 2000h。

（2）Ar^{+} 激光器。树脂的吸收系数可采用掺入染料等方法得到大幅度提高，激光器噪声小于 1%，因此固化分辨率较高，可达水平方向为 2μm，垂直方向为 10μm，全方位为 5～10μm；能量转化效率较低，激光器功率较大，曝光时间较长，发热量较大；输出功率为 100～500mW，输出波长为 351～365nm。

（3）N_2 激光器。工作物质是氮气，为气体放电激发的原理，放电类型为辉光放电。氮分子激光器增益高，粒子数反转持续时间短，因此，无需谐振腔反馈，其输出光为放大的自发辐射。输出功率为 0.1～500mJ/脉冲，输出波长为 337.1nm，使用寿命长达数万小时。

2. 固体激光器

固体激光器具有如下优点：输出功率高，可达 500mW 或更高；寿命长，保用寿命为 5000h。其实际寿命更长，且更换激光二极管（laser diode）后可继续使用，相对 He-Cd 激光器而言，更换激光二极管的费用比更换气体激光管的费用要少得多；光斑模式好，利于聚焦。采用固体激光器的成型机扫描速度高，通常可达 5m/s。

3. 半导体激光器

半导体激光器是以半导体材料为工作介质的激光器。和其他类型的激光器相比，半导体激光器具有体积小、寿命长、驱动方式简单、能耗小等优点。

半导体激光器根据最终所输出光线形状的不同，可分为点激光器、线激光器和栅激光器。其中，点激光器扫描速度慢，但精度高；栅激光器扫描速度快，但精度低；线激光器扫描介于两者之间，是目前应用较广的一种半导体激光器。

半导体激光器根据其输出波长，又可分为可见光半导体激光器和紫外光激光器。可见光半导体激光器在制作零件方面，同气体激光器和固体激光器相比，还存在着诸如树脂材料性能差、固化效率低等缺点。目前尚无可以实用化的应用于快速成型的紫外半导体激光器。

至于选择哪种类型的激光器，主要根据固化的光波波长、输出功率、工作状态及价格等因素来选择。目前可用于 SL 设备的光源在表 4-1 中作了简单的比较。

表 4-1 几种紫外光源的性能比较

光源	波长/nm	功率/mW	寿命/h	工作状态	光束质量	运行成本
He-Cd	325	5～50	2000	多模 CW	高	较高
Ar^+ 激光器	351～364	100～500	2000	多模 CW	高	较高
Nd∶YVO_4	266	100～1000	>5000	单模 CW	高	稍高
紫外汞灯	300～400	4000*	>1000	CW	稍差	极低
N_2 激光器	337	1～2mJ	>10000	脉冲	高	较高
可见光半导体激光器	488～532	15～200	>10000	CW	高	极低

* 灯输出的光功率密度，单位是 mW/cm^2；CW 代表连续波

4.2.3 SL 工艺中的紫外辐射光学系统

1. 紫外辐射装置

SL 工艺中使用的光学系统有多种，以下介绍一种紫外辐射装置。该种光学系统包括紫外辐射装置、光学扫描装置和以变芯径光纤为核心的传输及聚焦装置，如图 4-1 所示。该光学系统的紫外辐射装置内部集成了紫外灯、椭球面反射镜、光阑和快门。通过该装置的遥控连接器接口可与计算机并行口相连，实现对辐射装置的多种自动控制[2,6]。

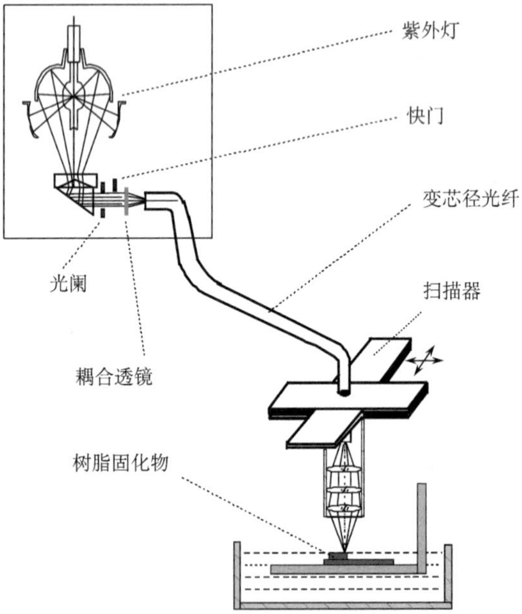

图 4-1 适用于 SL 工艺的光学系统结构

该种紫外辐射光学系统的运行过程为[6]：当三维打印系统开始加工时，计算机根据加工需要自动设置紫外辐射装置的光能级，之后控制该装置的快门，输出相应能量级的紫外光，紫外辐射装置采用双反射系统，灯下方的发散光束被球面镜反射后再次聚焦到发光中心，与射向椭球镜的光束聚合，圆锥面透镜可使光束向中心聚焦，聚焦光束在光源输出端经聚焦、耦合进入变芯径光纤，在光纤输出端光束经扩束、准直、聚焦后输出到树脂表面处。

该种光学系统的特点在于：

（1）降低光学子系统成本。设计加工出的整套光学装置，与激光器相比制造成本及运行成本非常低（不足其 1/20）、寿命及性能相当。该光学子系统所用的光源寿命可达 1000h，光斑尺寸（0.08～0.10mm）符合成型零件的加工要求。

（2）提高光固化快速成型系统性能。基于变芯径光纤的光学系统提高了光固化快速成型系统柔性；强紫外光完全经光纤闭路传输，对人体几乎没有辐射，而且增强了系统的抗干扰性能；该套光学系统整体体积小，故大大缩小快速成型装置的体积，这非常有利于推广快速成型装置。

2. 光学扫描装置

快速成型装置的光学系统采用的扫描器基本上有 2 种：振镜扫描器和 X-Y 导轨式扫描器。

振镜扫描器常见于国外制造的大型快速成型系统，如美国 3Dsystem 公司的 SLA 产品中多用这种扫描器。振镜扫描器是一种低惯量扫描器，主要用于激光扫描场合（激光刻字、刻线、照排、舞台艺术等），其原理是用具有低转动惯量的转子带动反射镜偏转光束。振镜扫描器能产生稳定状态的偏转，高保真度的正弦扫描以及非正弦的锯齿、三角或任意形式扫描。这种扫描器一般和 f-θ 聚焦镜配用在大视场范围内进行扫描。振镜扫描器具有低惯量、动态特性好的优点，但其结构复杂，对光路要求高，调整麻烦，价格较高。

导轨式扫描器具有结构简单、成本低、定位精度高的特点，二维导轨由计算机控制在 X-Y 平面内实现扫描，它既可以使焦点作直线运动，又可以实现小视场、小相对孔径的条件，简化物镜设计。

3. 基于变芯径光纤的光学耦合/传输/聚焦装置

文献［3］、［7］均采用了紫外灯作为光固化三维打印系统的光源。文献［3］采用普通的光纤作为传输光束的介质。若要获得高能量的光束，需采用芯径大的普通光纤，但同时其输出的光束尺寸就相应增大；若要获得微细光束，则需采用芯径小的普通光纤，但此时其输出的光束能量又非常低，因此，两者（高能量、小光斑）对于普通光纤而言是相互矛盾的因素，文献［7］研制了以变芯径光纤为传输介质的光学传输及聚焦装置，则解决了此问题。该光学传输及聚焦装置包括变芯径光纤、紫外灯耦合装置及光纤输出聚焦透镜组。

光束传输一般采用棱镜式或光纤式，两种传输方式的比较见表 4-2，棱镜式传输如图 4-2 所示。

表 4-2　传输方式比较

传输方式	优点	缺点
棱镜传输	光路简单，传输效率高	灵活性差，开放式传输紫外光对人体有辐射
光纤传输	不受空间限制、成本低、对人体辐射小	传输效率低

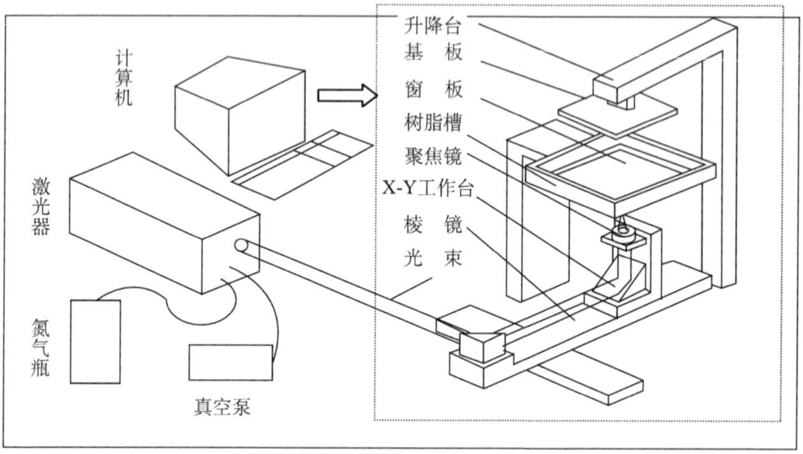

图 4-2　三维打印系统中棱镜式传输光路

光纤除具有表 4-2 中列出的优点外，其绝缘性也较好。在 1cm 的长度内可耐压数千伏，几乎不受电场和磁场的影响，利用光纤的这一优良特性，可以实现无感应的传输通路，从而减轻甚至避免了如图 4-2 所示的 N_2 激光器等高辐射源对快速成型系统中其他电子电路的干扰。

三维打印系统若要采用光纤作为传输光束的介质，就对光纤提出了较高要求：

1）光纤应具有大口径耦合、小口径输出，且传输损耗小的特点

紫外辐射装置发出的是干涉性较差的发散光，通过椭球镜等聚焦措施其光斑直径为 5mm，且发散角比较大，不可能直接用于加工，为提高利用效率，需增大接收面积，即光纤芯径要尽可能的大，但同时加工精度高的零件又要求具有极小的光斑，为解决这一不可调和的矛盾，需采用大口径耦合、小口径输出，且传输损耗小、数值孔径大的石英光纤。

2）光纤应具有较好的柔性和韧性，且为细光纤

系统所用的 X-Y 导轨式扫描机构运行时惯性大，移动范围广，在加工过程中需频繁带动光纤移动，且光纤的移动不得影响 X-Y 导轨运动的精度，即光纤应是非常柔软且纤细的。

3）光纤包层应能承受长期 100℃以上的高温。

紫外辐射装置输出的光中含有较多的可见光成分，因此，长时间工作会使与该装置输出相连的光纤输入端部分温度不断升高，一般在 100℃左右。

4.3　SLS 工艺中的光学系统

4.3.1　激光器

SLS 烧结用的激光器多采用二氧化碳激光器，二氧化碳激光器可以采用连续和脉冲 2 种方式运行，当重复率很高时，输出为准连续激光[8]。

二氧化碳激光器 0 阶模的光强分布呈高斯曲线型，其计算公式为：

$$I = I_0 \exp\left(-\frac{2r^2}{R^2}\right) \tag{4-1}$$

式中，I_0 为光斑中心的功率密度；R 为光斑半径；r 为距光斑中心的距离。

激光在单位时间内作用于单位面积粉末层的功率密度可以用 Andrew 数来表示：

$$An = \frac{KP}{vs} \tag{4-2}$$

式中，K 为扫描轮廓的几何形状系数；P 为激光功率；v 为扫描速度；s 为扫描间距；An 为激光能量作用于粉末的一个综合指标。

用 0 阶模的激光烧结粉末时，粉末材料的烧结深度与激光的能量分布相似，也呈高斯曲线分布。在激光作用过程中，熔池表面存在着温度梯度、张力梯度，因而提供了熔池内物质对流的驱动力[9]。

4.3.2　扫描方式

SLS 三维打印系统的光学扫描分为两类：点扫描和线扫描。

图 4-3 为点扫描 SLS 三维打印系统[10]的示意图。其中图 4-3（a）图中，振镜 5、6 扫描中的焦斑轨迹为圆弧，与工作面 7 仅在中心点 C 重合，中心点以外，两者分离，在工件边缘 A 处分离最大，且工件越大或光束的转动半径越小两者分离越大。在 A'处光线聚成点后又发散，到达 A 处形成一个较大尺寸的光斑，功率密度降低，影响烧结质量和精度。为此，系统设置了动态聚焦单元 4，它跟随振镜扫描随时调整聚焦单元焦距，以保证焦斑轨迹与工作面重合。这在一定

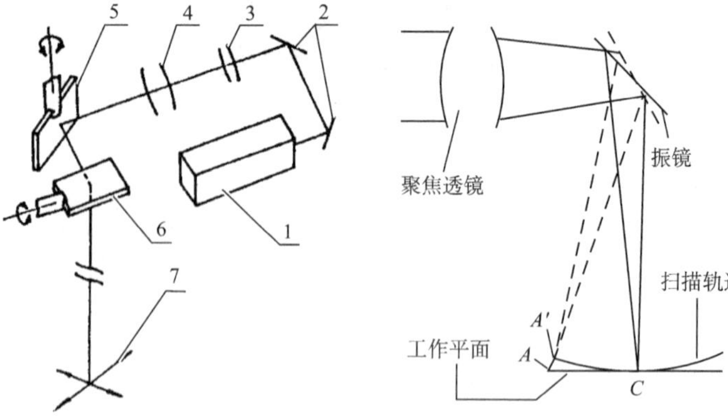

图 4-3　点扫描 SLS 三维打印系统示意图

1—CO_2 激光器；2—定向反射镜；3—扩束单元；4—动态聚焦单元；5—x 轴扫描振镜；6—y 轴扫描振镜；7—工作面

程度上提高了烧结质量，加大了工件尺寸，但这一正面作用是有限的，在振镜最大扫描角限定的情况下，必须加大聚焦透镜焦距才能加工大尺寸工件。因此，到目前为止设计点扫描 SLS 三维打印系统的实用措施是在设置动态聚焦单元的同时，限制工件的尺寸，这就是点扫描系统不能加工大尺寸工件的原因（最大为 350mm×350mm）。

变长线扫描改变了点扫描填充平面图形的传统技术观念，加工大尺寸工件时，提高了成型质量。图 4-4 为变长线扫描 SLS 三维打印系统[11]示意图。图中，工作面 P 上由任意曲线围成的平面图形中的阴影部分已被烧结。扫描反射镜 4、5 设置在平行光路中并由直线导轨驱动，分别实现 y 轴和 x 轴方向的扫描。由于这种扫描方式不存在振镜点扫描的圆弧现象，因此，可用来形成线束的柱面透镜焦距要比点扫描系统的球面透镜焦距小很多，激光线束宽度也要比点扫描焦斑直径小很多，且在扫描过程中保持不变，在加工大尺寸工件时，具有高的烧结质量。

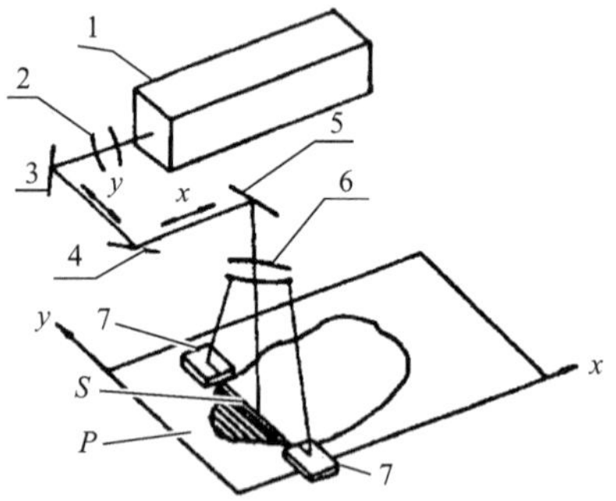

图 4-4　变长线扫描 SLS 三维打印系统示意图

1—CO_2 激光器；2—扩束准直单元；3—定向反射镜；4、5—扫描反射镜；6—光束变形单元，它将 CO_2 激光器输出的圆光束变为细长线束 S；7—挡板，用以改变线束长度；P—工作面

SLS 中的激光能量按以下原则设置[12]：

（1）对于 SLS 成型技术，扫描激光能量大小和分布与激光束的输出功率、激光束的特征直径、扫描速度和扫描间隔有关；

（2）扫描激光能量的分布主要是与扫描间隔和光束直径两者的比值有关，当这个比值增大时，能量分布的不均匀性将增加，所以，在确定扫描参数时，必须按照光束直径大小来确定；

（3）当扫描线的数量超过一定数量后，扫描激光能量的大小与扫描线的数量几乎无关。

4.3.3　激光与金属粉末材料的相互作用

激光能量是激光烧结快速成型工艺所必需的能量来源。激光与材料的能量转化要遵守能量守恒法则[8]：

$$E_0 = E_{反射} + E_{吸收} + E_{透过} \tag{4-3}$$

式中：E_0——入射到材料表面的激光能量；

$E_{反射}$——被材料反射的能量；

$E_{吸收}$——被材料吸收的能量；

$E_{透过}$——激光透过材料后仍保留的能量。

激光束作用于粉末时，粉末吸收大量的激光能量，引起温度升高、熔化、飞溅、气化等现象。具体过程依赖于激光参数（能量、波长等）、材料特征和环境条件。一般来说，在不同数量级的激光功率密度作用下粉末材料表面发生的现象是不同的，对于金属粉末直接 SLS 工艺来讲，粉末材料主要是在激光能量的作用下发生熔化，当激光能量功率密度在 $10^4 \sim 10^6\,\mathrm{W/cm^2}$ 材料发生熔化。而激光能量功率密度在 $10^6\,\mathrm{W/cm^2}$ 以上材料气化。对于金属粉末直接 SLS 成形来讲，要使烧结成形顺利进行，必须使得一层粉末材料全部或局部熔化，并和基体黏结且该层的表面不发生气化现象[13]。

在 SLS 工艺中，激光功率和扫描速度决定了粉末的加热温度和时间。一般而言，激光功率越大，扫描速度越低，烧结密度越高。因为在扫描速度相同的情况下，激光功率越大，激光对粉末传输的热量越多，粉末的烧结深度越大。在激光功率密度相同的情况下，扫描速度越低，激光对粉末的加热时间越长，传输的热量多，制件的密度也大。如果激光功率太低而扫描速度很快，粉末加热温度低、烧结时间短、烧结密度小，粉末不能烧结，制造出的原型或零件强度低或根本不能成形。如果激光功率太高而扫描速度又很低，则会引起粉末严重气化，烧结密度不仅不会增加，还会使烧结表面凹凸不平，影响颗粒之间、层与层之间的连接。因此，不合适的激光功率密度和扫描速度都会使制件内部组织和性能不均匀，影响零件的质量。恰当选取激光功率密度和扫描速度，可使烧结密度达到最优值[14]。

4.4 FDM 工艺中的加热系统

4.4.1 供料装置

FDM 供料装置的功能是加热丝材并将丝材从喷嘴挤出，在计算机控制下完成每层的成型，如图 4-5 所示。一个小的直流电动机驱动一对送进轮，推动丝材通过液化器和喷嘴，将熔融的塑料从喷嘴中挤出。所以，丝材必须有足够的轴向强度，让驱动轮能够提供一个确定的送进运动，防止丝材出现任何侧滑。为了减少喷头的运动惯性，减少对喷头定位精度的影响，要求这个装置的质量很轻[15]。

供料装置的核心部件之一是喷头。喷头质量的优劣直接影响着成型件的质量。图 4-6 是普通 FDM 喷头的结构。该种喷头的缺点是：挤出推力依靠三对辊子产生的摩擦力来推动，它提供的挤压力有限；聚合物盘条的加热完全通过外部加热装置，因而要求流道较长等，容易引起喷嘴堵塞。

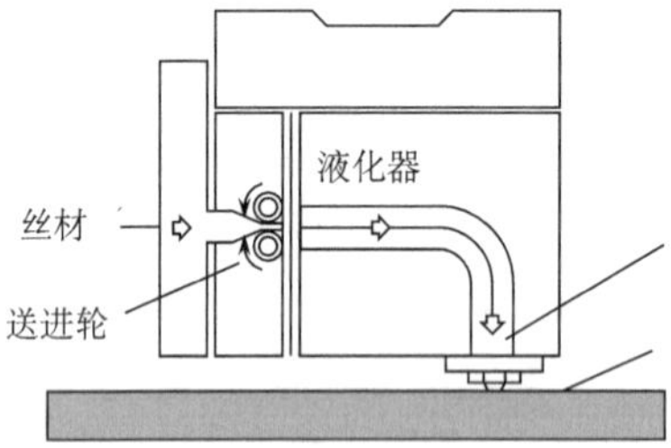

图 4-5 FDM 供料装置结构

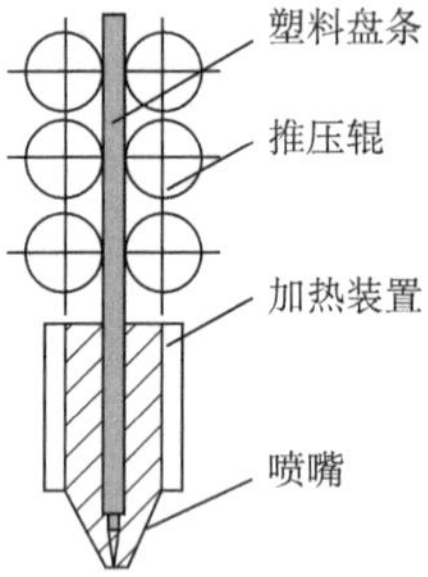

图 4-6 普通 FDM 喷头结构

文献［16］提出了一种回转式 FDM 连续挤出喷头结构，如图 4-7 所示。步进电机驱动蜗杆 8、蜗轮 9 转动，蜗轮通过花键轮 10 与右护轮 7 的端面产生的摩擦力矩使挤压轮 6 转动，将聚合物盘条带入挤压靴座，使挤压的高分子聚合物与挤压轮之间产生摩擦力，数值模拟计算表明：在其中心部位产生一个比表层更为剧烈的剪切变形带，因而产生大的变形热，在较短的一段接触弧上，聚合物温度迅速上升，由于堵头的阻隔，迫使聚合物通过一段较短的喷嘴流道而被挤出并呈熔融态，用挤出的融丝进行三维实体的截面填充。挤压轮的周向是带凹槽的轮槽，它的根部由于熔融体的热压力而产生应力集中现象。挤压轮的径向定位是靠本身的止口实现的，为了提高挤压轮的寿命，避免槽根部位出现较大的拉应力状态，对挤压轮加以预压力，当液压螺母 2 中充入高压油后，中心拉杆 1 受拉伸长，挤压轮 6、左右护轮 5、7 则被压缩，使得液压螺母的缸体与活塞 4 之间出现间隙，在此间隙内放入 2 个一定厚度的半环形垫片 3，因而在螺母内的液压油

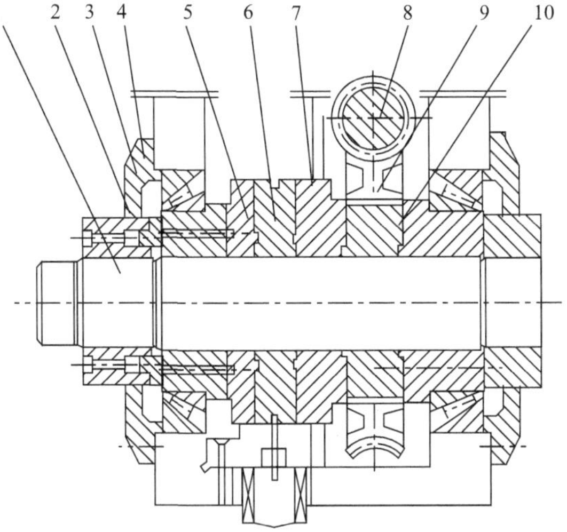

图 4-7　回转式 FDM 连续挤出喷头结构

1—中心拉杆；2—液压螺母；3—半环形垫片；4—活塞；
5—左护轮；6—挤压轮；7—右护轮；8—蜗杆；9—蜗轮；10—花键轮

卸除后，由于中心拉杆的弹性恢复力，使挤压轮所受的轴向力得以保持，它将各轴系零件联成整体，保证主轴的径向刚度，并对挤压轮提供预应力。挤压轮的驱动力矩通过端面上摩擦力传递和圆柱销定位，该结构装卸方便，避免挤压轮的应力集中。喷嘴处再进行外部加热，可有效缩短流道长度。与普通 FDM 喷头相比，该种喷头具有流道短、温度控制简单、不易堵塞，以及挤压力大的优点。

4.4.2　成型工艺参数

FDM 工艺中比较重要的工艺参数有：分层厚度、喷嘴直径、喷头温度、挤出速度、填充速度、填充方式、网格间距、理想轮廓线的补偿量、开启延迟时间、关闭延迟时间、丝的材质、成型室吹风方式、空行程速度、添加支撑等。其中，对原型精度和成型时间有影响的工艺参数主要有：补偿量、挤出速度、填充速度、分层厚度、开启延时和关闭延时等因素[17]。

在成型过程中，熔融态丝材的挤出成型是一个很复杂的过程，挤出丝的形状、尺寸会受到喷嘴孔直径、分层厚度、挤出速度、填充速度（为成形过程中的扫描运动速度）、喷嘴温度、成型室温度、材料黏性系数及材料收缩率等诸多因素的影响[18-19]。丝材在通过液化器和喷嘴时的压力与液化器的直径和长度、喷嘴的直径和长度、材料的黏性、体积流动率等因素有关，其中喷嘴的直径对压力降影响最大。液化器的温度也对压力降有一定的影响。当温度降低时，材料的黏性增加，从而使得压力增加[15]。

除了控制扫描路径以外，还要控制挤出头的运动和送进轮的运动。送进轮的运动包括了稳态运动和瞬态运动。瞬态运动主要是指启动和停止时的运动。稳态运动时，要求非常精确地控制机架和送进轮的运动，以保证精确的几何形状和路径宽度。启停时材料流动情况有所不同，其运动控制应根据材料的黏弹性做出相应的变化。

送丝速度是由输入送丝机构直流电动机的电压控制的。控制直流电动机的直流电源一般有几挡电压可进行转换，电压大则送丝速度快。送丝速度太小时，由于喷头内的熔丝料被螺杆挤出后，没有足够的丝材送入喷头以补充螺杆的挤出而使出丝不饱满，出丝速度也将降低。送丝速度增大时，丝材在一定力的作用下挤入喷头，压缩已融化的丝料在喷头圆柱腔内产生一定的压强，再通过螺杆的正旋在喷嘴内产生强压，使熔丝以一定的速度挤出。由于在喷头圆柱腔内保持有一定的压力，因而熔丝会连续挤出。当送丝速度增大到一定值时，螺杆的挤出会跟不上送丝速度，这样丝材送入受阻，如果不采取措施就会使用于导向和传递丝材的塑料软管扭曲，直至丝材被折断。

在保证一定送丝速度的前提下，螺杆不同的转速会在喷嘴内产生大小不同的压力，压力不同，挤出速度也不同。由于送丝速度必须与螺杆转速相匹配，为了适应不同的螺杆转速，也就是不同的挤出速度值，可采用大的送丝速度，使喷头内始终维持有一定的压力，从而能保证连续出丝。如果所选用的送丝速度偏差较大也没有关系，因为可通过减小两个轮子间的摩擦力，即对丝材的夹紧力，使丝材在其送入受阻时能相对于轮子打滑而停止送进，这样就既可使挤出丝饱满又能避免被折断[20]。

4.5 LOM 工艺中的加热系统

4.5.1 加热系统分类

LOM 工艺的加热系统按照其结构划分通常有 2 种：辊筒式和平板式[21]。

（1）辊筒式加热系统。该种系统由空心辊筒和置于其中的电阻式红外加热管组成，用非接触式远红外测温计测量辊筒表面的温度，由温控器进行闭环温度控制。这种加热系统的优点在于：辊筒在工作过程中对原材料只施加很小的侧向力，不易使原材料发生错位或滑移，不易将熔化的黏结剂挤压至网格块的切割侧面而影响剥离。其缺点在于：辊筒与原材料之间为线接触，接触面过小导致传热效率低，因此所需的加热功率较大，一般来说，辊筒的设定温度应大大高于原材料上的黏结剂的熔点。

（2）平板式加热系统。该种加热系统由加压板和电阻式加热板组成，用热电偶测量加压板的温度，由温控器进行闭环温度控制。这种加热系统的优点在于：

结果简单，加压板与原材料之间为面接触，传热效率高，因此所需加热功率较小，加压板相对成型材料的移动速度可以比较高。其缺点在于：加压板在工作过程中对原材料施加的侧向力比辊筒式大，可能使原材料发生错位或滑移，并将熔化的黏结剂挤压至网格块的切割侧面而影响剥离。

4.5.2　几种热压方式的比较[22]

1. 浮动辊热压方式

浮动辊热压方式（图 4-8）是应用较广泛的一种热压方式。如美国的 Helisys 公司，新加坡的 Kinergy 公司均采用这种热压方式。

2. 平板整体热压方式

平板整体热压方式如图 4-9 所示。

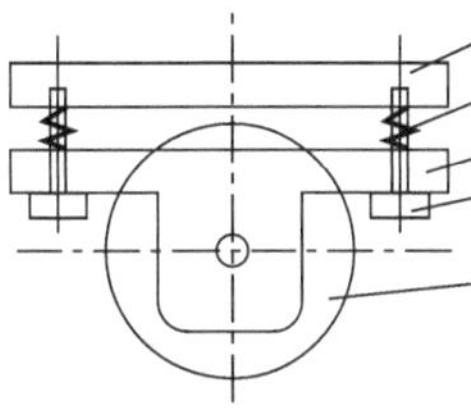

图 4-8　浮动辊热压方式

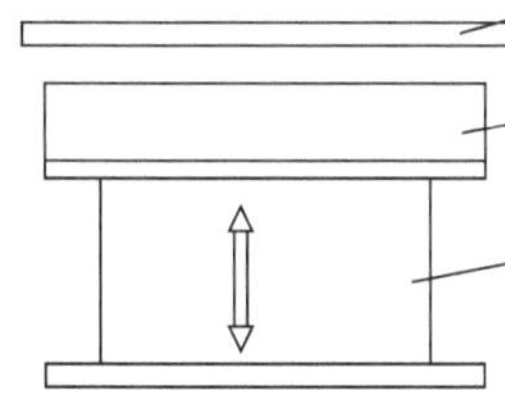

图 4-9　平板整体热压方式

3. 气囊式热压方式

气囊式热压方式是由美国的 Helisys 公司提出一种利用 LOM 工艺制造大型曲面壳体的制造方式。它主要是针对非平面黏结面设计的，采用一组与零件的轮廓面平行的空间曲面对零件的 CAD 模型进行离散，在一个曲面基底上层层堆积。这种制造方式只加工零件轮廓，可以提高制造效率，减小台阶效应，提高零件的表面质量。如图 4-10 所示。

4. 板式热压方式

板式热压方式如图 4-11 所示。板式热压方式是清华大学激光快速成型中心的一项专利，它由内部的发热元件产生热量，并通过底部的平板结构将热量传递给成型材料，如涂敷纸，完成加热和施压黏结工艺。

表 4-3 为以上几种典型的热压工艺的分析、比较。

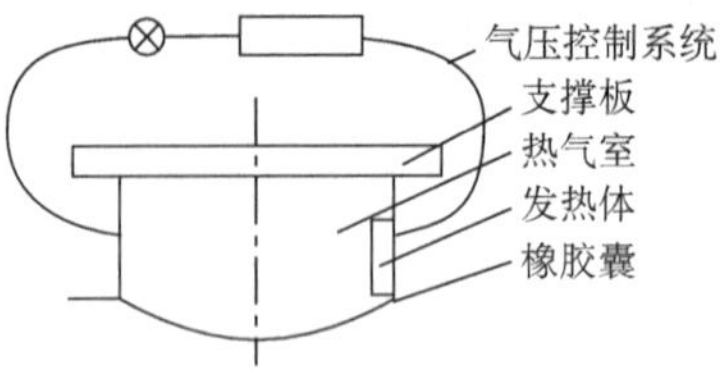

图 4-10　气囊式热压方式

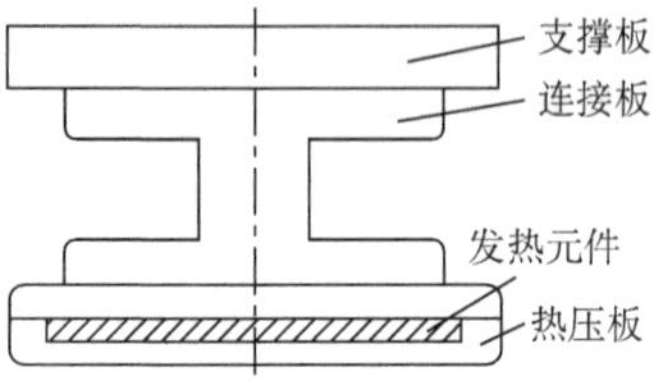

图 4-11　板式热压方式

表 4-3　热压方式的比较

热压方式	加热部件	接触形式	成型面精度	热传递方式	黏结效率	适用面积
浮动辊热压方式	热压辊	线接触	低	接触传导	低	小
平板整体热压方式	平板	面接触	高	接触传导	高	小
气囊式热压方式	气囊	面接触	高	接触传导	高	小
板式热压方式	热压板	面接触	高	接触传导	较高	较小

4.5.3　热压系统的组成[23]

热压系统是一个高度集成化的机械电子学单元，包括以下部分：①热压机械结构；②发热体、温度传感器及相应的温度控制系统；③运动机构及相应的传动、驱动、控制系统；④测高系统。借助于测高系统，该热压系统在造型过程中自动调整工作台的位置，以保证零件加工平面、热压平面和扫描加工的聚焦平面始终在一个平面上。

热压系统的系统组成和控制原理如图 4-12 所示。

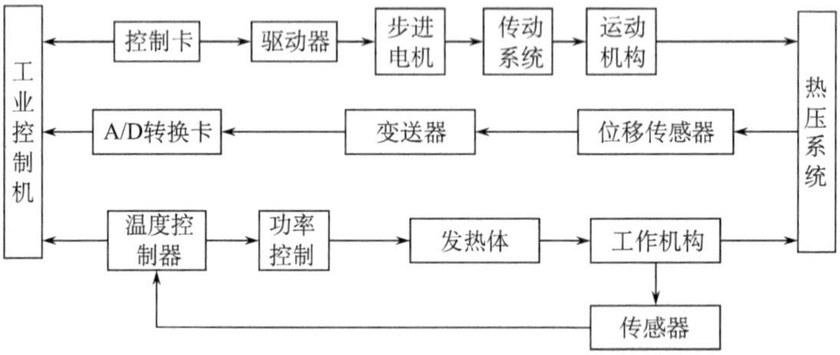

图 4-12　热压系统的组成及控制原理框图

4.6　3DP 工艺中的喷墨系统

3DP 工艺采用与喷墨打印机类似的技术，但喷头喷射出的不是墨水，而是液态材料，如石蜡、高分子化合物等。喷头将这些液态材料按 CAD 数据喷射出来，凝结成一个截面，并与已生成的截面黏结在一起，最后堆积成一个完整的原型。

3DP 工艺的喷墨技术可分为连续式和按需滴落式两大类。

1）连续式喷墨

连续式喷墨的墨流经加压喷出、振动、分解成小墨滴后，再经过一电场，由于静电作用，小墨滴在飞越此电场后不论是否有电荷，均直前飞行。在通过偏离电磁场时，电荷量大的墨滴会受到较强的吸引而有较大的幅度偏转。反之，则偏转较小。而不带电的墨滴将积于集墨沟内回收[24]，如图 4-13 所示。

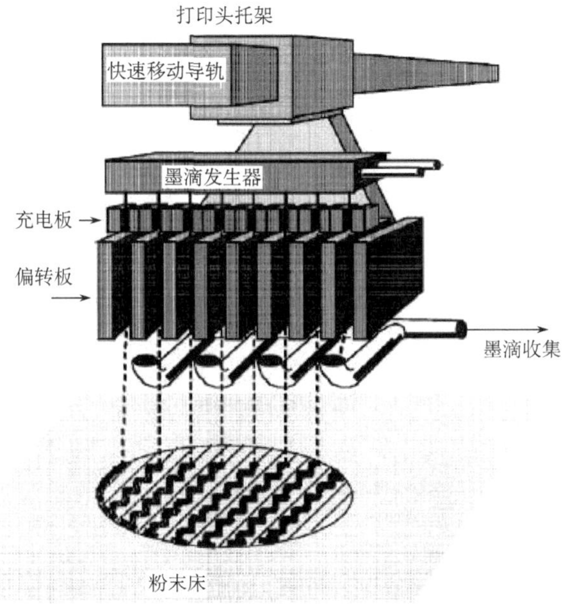

图 4-13　连续式喷墨头结构

2）按需滴落式喷墨

目前流行的按需滴落式喷墨技术主要有气泡式和压电式 2 种。

（1）气泡式喷墨头的基本原理是将墨水装入到一个非常微小的毛细管中，通过一个微型的加热垫迅速将墨水加热到沸点。这样就生成了一个非常微小的蒸汽泡，蒸汽泡扩张就将一滴墨水喷射到毛细管的顶端。停止加热，墨水冷却，导致蒸汽凝结收缩，从而停止墨水流动，直到下一次再产生蒸汽并生成一个墨滴。如图 4-14 所示。

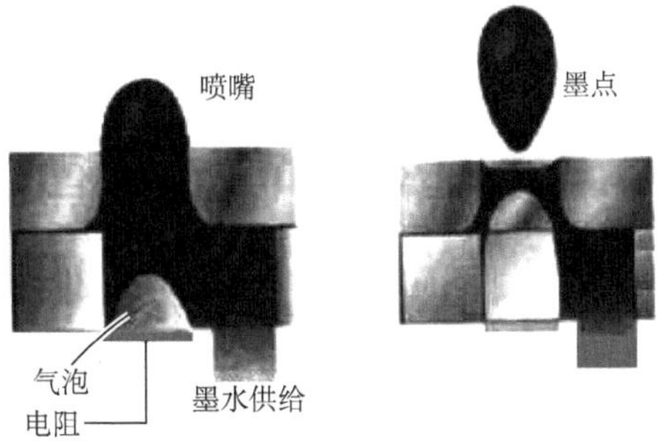

图 4-14　气泡式喷墨原理

(2) 压电式喷墨头则是利用压电陶瓷的压电效应，当压电陶瓷的两个电极加上电压后，振子发生弯曲变形，对腔体内的液体产生一个压力，这个压力以声波的形式在液体中传播。在喷嘴处，如果这个压力可以克服液体的表面张力，其能量足以形成液滴的表面能，则在喷嘴处的液体就可以脱离喷嘴而形成液滴，如图4-15所示。压电式按需滴落喷头有3种结构形式。弯曲式、剪切式和推杆式[25]。其中，弯曲式压电喷头较为常用。如图4-16所示的是Tektronix公司的喷蜡打印头，是由352个微型喷嘴组成，分成88列，每列4个喷嘴，列间距为2.3mm。石蜡在打印头内加热液化，由压电晶体控制喷嘴向外喷射，喷射频率可达10kHz以上。

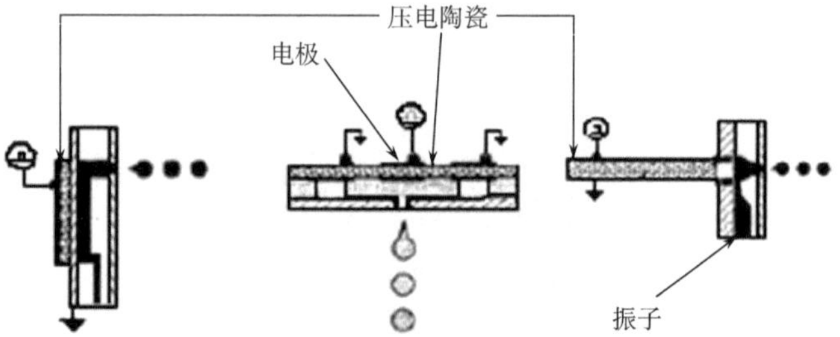

图 4-15　压电式喷头结构

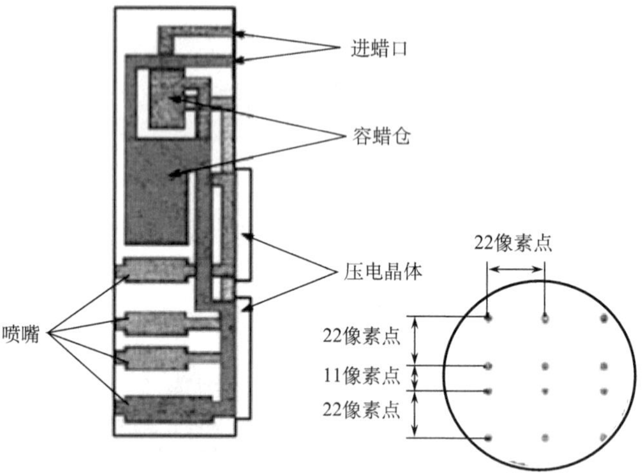

图 4-16　Tektronix 喷蜡打印喷头

在3DP领域研究中，一般都采用热气泡式喷嘴喷射成型材料或者黏结材料，通过加热产生热气泡的方式喷射微滴。这种方式不可避免地对喷射的材料性质产生影响，特别是对3DP在生物、制药等新兴领域的应用约束较大。由此，有研究者提出在 3DP 中采用压电式喷嘴喷射产生微滴的思想，避免了喷射时的加热问题，基于压电式喷墨打印机开发了新型的三维打印快速成型系统，降低了设备费用。研究中采用技术非常成熟的压电式喷墨打印机作为打印头控制系统的开发基础，保留了喷墨打印机的喷头、喷头运动（即 3DP 系统中的 X 方向运动）和控制单元，并添加新的打印溶液供应装置，所采用喷墨打印机分辨率达到（5760×1440）dpi，可以提高 3DP 成型精度，同时无需自行研究精密喷头的制作与控制，简化经济型 3DP 系统开发的过程，并降低成本[26]。

参考文献

[1] 李善君，纪才圭. 高分子光化学原理及应用. 上海：复旦大学出版社，1993.

[2] 杨继全，侯丽雅，章维一. 台式快速成型装置的光学系统研究与开发. 光学精密工程，2001，9（2）：127-130.

[3] Wu M L，Zhao W H，Li D C，et al. A novel stereolithography technology with conventional UV light. Rapid Prototyping Journal，2001，7（5）：268 -275.

[4] 李彦生. 一种低成本光固化快速成形机的研究. 西安：西安交通大学，1998.

[5] 王翔，沈连官，胡玉禧，等. 微光成型法微细光束紫外光源的研制. 光学技术，2001，27（5）：469-471，4804.

[6] 杨继全，侯丽雅，章维一，等. 基于变芯径光纤的光学系统在光造型中的应用研究. 光学学报，2002，22（4）：470-475.

[7] Yang jiquan，Hou liya，Yin zhidong，et al. Research and application of Multimode Tapered Optical Fiber used in Desktop Rapid Prototyping System. SPIE. 2001，4604：92-96.

[8] 王家金. 激光加工技术. 北京：中国计量出版社，1992.

[9] 张剑峰，赵剑峰，沈以赴，等. 金属粉末直接激光烧结成形扫描过程的研究. 电加工与模具，2002，（5）：22-25.

[10] 朱林泉，程军. 变长线扫描选择性激光烧结快速成型工艺的质量和效率优势分析. 兵工学报，2002，23（1）：64-66.

[11] Zhu Lingquan，Cheng Jun. Design of alterable laser thread length scan system. Proceeding of SPIE，1998，（3550）：497-501.

[12] 李湘生，史玉升，黄树槐. 粉末激光烧结中的扫描激光能量大小和分布模型. 激光技术，2003，27（2）：143-144，149.

[13] 张剑锋. Ni 基金属粉末激光直接烧结成形及关键技术研究. 南京：南京航空航天大学，2002.

[14] 汪苏，徐海然，薛忠明. SLS 快速成形技术中激光加工参数对制件性能的影响. 中国机械工程，2003，14（17）：1460-1462.

[15] 李湘生，殷燕芳，刘小鹏，等. 熔丝沉积的控制参数和材料选择. 制造技术与机床，2000，（7）：28-30.

[16] 李仲阳. 回转式 FDM 连续挤出喷头. 机械制造，2002，40（45）：29-30.

[17] 邹国林，郭东明，贾振元，等. 熔融沉积制造工艺参数的优化. 大连理工大学学报，2002，42 (4)：446-450.

[18] 贾振元，邹国林，郭东明，等. FDM工艺出丝模型及补偿方法的研究. 中国机械工程，2002，13 (23)：1997-2000

[19] Anitha R，Arunachalam S，Radhakrishnan P. Critical parameters influencing the quality of prototypes in fused deposition modeling. Journal of Materials Processing Technology，2001，(118)：385-388.

[20] 邹国林，郭东明. FDM工艺出丝过程影响因素分析. 制造技术与机床，2002，(10)：32-34.

[21] 王运赣. 快速成形技术. 武汉：华中理工大学出版社，1999.

[22] 闫旭日，郭永红，张人佶，等. 大型原型LOM工艺中热压工艺的分析及系统实现. 中国机械工程，2002，(13)：10-11.

[23] Edwards J M，Aoutts I A. The flexible intergration of machine objects within distributed manufacturing systems. Syst. Eng.，1995 (2)：183-191.

[24] Emanuel S，Enrico V. Numerical simulation of deposition process for a new 3DP printhead design. Journal of Materials Processing Technology，2005，(161)：509-515

[25] Hue P. Le. Progress and trends in ink-jet printing technology. Journal of Imaging Science and Technology，1998，42 (1)：49-62.

[26] 张鸿海，朱天柱，曹澍，等. 喷墨打印机的三维打印快速成型系统开发及实验研究. 机械设计与制造，2012，(7)：122.

第5章　三维打印数据反求技术

5.1　三维打印数据反求技术概述

获得产品的三维实体模型是反求技术中的关键问题之一，同时也是三维打印数据模型的重要来源。传统的方法是从概念设计到图样，用户可以采用通用的三维造型CAD软件（如UG，Pro/E，SolidWorks等）设计出三维模型。但有时用户提供的是实物，需要由实物制造模具或在其基础上做改进设计。此时如用CAD软件绘制一个与所提供的实物一模一样的CAD模型，尤其是复杂的零件模型，则是件相当费时费力的工作。三维打印数据反求技术就提供了由实物直接快速获得三维CAD模型的途径。用三维打印数据反求技术比利用CAD软件绘制要快得多，一般较复杂的中小零件，几个小时甚至几十分钟即可完成，而用CAD软件绘制往往需要数天才能完成，因此，三维打印数据反求技术同时还大大降低了对工作人员技术水平的要求。进入20世纪90年代以来，作为RP的上游技术，三维打印数据反求技术在大幅度缩短新产品开发周期和增强企业竞争能力等方面越来越为众多的企业重视，同时该技术作为三维打印的前端数据获取技术成为三维打印产业链上一个重要的组成部分。本章主要介绍三维打印数据反求技术的起源、基本原理、国内外研究状况、数据采集技术等。

5.1.1　三维打印数据反求技术起源

三维打印数据反求，也称为反求工程（reverse engineering，RE）、逆向工程、反向工程等，这一术语起源于20世纪60年代，但对其从工程的广泛性去研究，从反求的科学性进行深化还是从20世纪90年代初刚刚开始。反求工程类似于反向推理，属于逆向思维体系。它是以社会方法学为指导，以现代设计理论、方法、技术为基础，运用各种专业人员的工程设计经验、知识和创新思维，对已有的产品进行解剖，分析，重构和再创造。在工程设计领域，三维打印数据反求具有独特的内涵，可以说是对设计的设计[1,2]。三维打印数据反求技术起源于精密测量和质量检测，是测量技术、数据处理技术、图形处理技术和加工技术相结合的一门综合性技术。

1965年，Robert在其论文《三维物体的机器感知》中指出利用计算机视觉技术获取物体三维信息的可能性，这标志着三维扫描技术新纪元的到来。之后，科研人员相继提出立体视觉、结构光等方法。但一开始，这些技术并没有能够产品化，因为计算机视觉技术对图像采集装置、计算机的性能、电子器件都提出很高的要求。

20世纪80年代，Cyberware公司研制出可用于扫描人的头部的三维扫描仪，并将其成功地用于计算机影视特技制作。20 世纪 80 年代，美国 3M 公司、日本名古屋工业研究所、美国 UVP 公司等分别提出并研制开发出不同的三维扫描仪。之后许多公司、研究所争先恐后地在这个领域投入巨资和人力，开发出了一批三维扫描装置。此外，还发展了图像雷达、聚焦测距、莫尔条纹、机械测量臂等技术。到目前为止，已有近百种型号的三维扫描装置面世。

广义的反求技术是消化、吸收先进技术的一系列工作方法的技术组合，是一门跨学科、跨专业的、复杂的系统工程。它包括影像反求等、软件反求和实物反求 3 方面。目前，大多数关于反求工程的研究主要集中在实物的反求重构上，即产品实物的 CAD 模型重构和最终产品的制造方面，称为“实物反求工程”。这是因为：一方面，作为研究对象，产品实物是面向消费市场最广、最多的一类设计成果，也是最容易获得的研究对象；另一方面，在产品开发和制造过程中，虽然已广泛使用了计算机几何造型技术，但是仍有许多产品由于种种原因，最初并不是由 CAD 模型描述的，设计和制造者面对的是实物样件。为了适应先进制造技术的发展，需要通过一定途径将实物样件转化为 CAD 模型，以期利用计算机辅助制造、快速原型制造和快速模具、产品数据管理及计算机集成制造系统等先进技术对其进行处理或管理。同时，随着现代测试技术的发展，快速、精确地获取实物的几何信息已变成现实[1]。

目前，这种从实物样件获取产品数据模型并制造得到新产品的相关技术，已成为三维打印技术中的一个研究及应用的热点，并发展成为一个相对独立的领域。在这一意义下，“实物反求工程”可定义为：反求技术是将实物转变为 CAD 模型相关的数字化技术、几何模型重建技术和产品制造技术的总称，是将已有产品或实物模型转化为工程设计模型和概念模型，在此基础上对已有产品进行解剖、深化和再创造的过程。

5.1.2 三维打印数据反求技术基本工作原理

实物样件的数字化是通过特定的测量设备和测量方法，获取零件表面离散点的几何坐标数据的过程。只有获得样件的三维信息，才能实现复杂曲面的建模、评价、改进、制造。因而，如何高效、高精度地实现样件的三维数据采集，一直是逆向产品制造的主要研究内容之一。

三维反求工程通常可分为 4 个阶段。

1）零件原形的数字化

通常采用三坐标测量机（coordinate measure machine，CMM）或激光扫描等测量装置来获取零件原形表面点的三维坐标值。

2）从测量数据中提取零件原形的几何特征

按测量数据的几何属性对其进行分割，采用几何特征匹配与识别的方法来获取零件原形所具有的设计与加工特征。

3）零件原形 CAD 模型的重建

将分割后的三维数据在 CAD 系统中分别做表面模型的拟合，并通过各表面片的求交与拼接，获取零件原形表面的 CAD 模型。

4）重建 CAD 模型的检验与修正

采用根据获得的 CAD 模型加工出样品的方法来检验重建的 CAD 模型是否满足精度或其他试验性能指标的要求，对不满足要求者重复以上过程，直至达到零件的设计要求。

5.1.3　三维打印数据反求技术分类

随着需求和技术的发展，出现了基于光学、声学、电磁学以及机械接触原理的各种测量方法。划分测量方法的依据很多，根据测量方法中测量数据是否仅仅为物体表面轮廓数据，将方法分为面数据采集法和体数据采集法两大类。面数据采集方法仅能实现物体表面轮廓数据的获取，不能得到内腔或物体内部的三维数据，该类数据的完备性限制了其在三维打印中的应用范围；体数据采集方法通过获取被测物体的截面轮廓图像，进而实现复杂物体内部结构表面信息，不受物体形状的影响，该类方法能同时获得物体表面和内部结构三维数据，获得的数据能充分体现三维打印的优越性能。

面数据采集又可分为接触式数据采集和非接触式数据采集两类。接触式数据采集有基于力变形原理的触发式、连续扫描式、基于磁场、超声波的数据采集等；而非接触式数据采集主要有激光三角测量法、飞行时间法、莫尔干涉法、结构光法、傅里叶变换轮廓法、摄影测量法、双目立体视觉法、共聚焦测量法等。体数据采集方法主要是基于断层测量的几何方法。断层测量方法可分为破坏性测量和非破坏性测量。非破坏性测量方法目前主要有超声波、CT 和 MRI 等；破坏性测量方法主要是以层去扫描法为主，该方法逐层去除物体材料，逐层用扫描设备扫描截面，从截面图像获取物体轮廓尺寸。

图 5-1 给出了以数据反求方法分类示意图。

5.1.4　三维打印数据反求技术应用

在制造业领域内，逆向数据采集有广泛的应用背景，尤其随着 3D 打印技术的发展，数据反求将得到更为普遍和深入的应用[1]。

三维打印数据反求技术广泛用于飞机、汽车、工业模具和民用模具等制造领域，特别是一些具有复杂型面的零件设计和加工，如：轮船和潜水艇的推进螺旋桨、汽车的外壳和柴油机的进排气道等。对于一些只有产品原型或实物模型，而没有产品图的，对其产品或实物进行设计和制造也具有特别重要的价值。

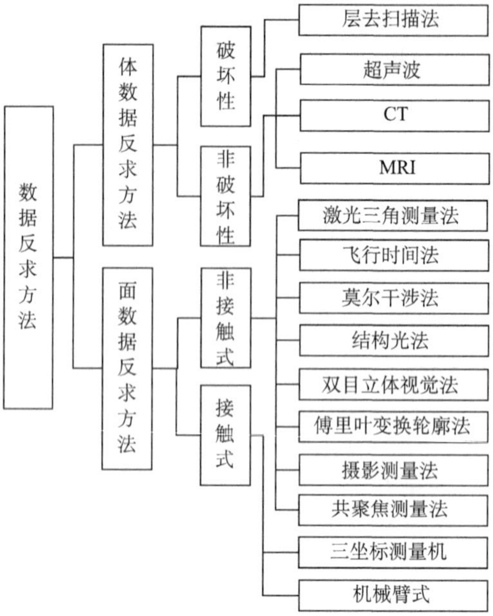

图 5-1 数据反求方法分类

借助反求工程，三维打印技术可用于快速复制实物，包括放大、缩小、修改等，可以对已有产品进行优化和创新设计。还可以方便地对三维打印技术本身制得的原型产品进行快速、准确地测量，用来验证由三维 CAD 设计而制得的零件与原设计的吻合程度，找出产品设计中的不足，重新设计，使产品更加完善。由此可见，反求工程与三维打印技术的结合可以形成一个包括设计、制造、检测的快速设计制造的闭环反馈系统，这样能够充分发挥三维打印制造的优势，拓宽这一技术的使用范围[3]。因此，一般的三维打印系统都有配套的三维反求工程系统。

采用反求工程技术提高产品质量和竞争力主要表现在以下几个方面：

(1) 有助于从概念到产品的快速制造。利用反求设备快速测量手工模型，通过实物模型产生其 CAD 模型，可以将设计师完美的产品设计构思表达于计算机中，用于计算机辅助设计和快速成型。使产品设计充分利用 CAD 技术的优势，并适应智能化、集成化的产品设计制造过程中的信息交换。

(2) 已有产品的复制或修改。对于已经停止生产或失去供货渠道的产品，可以通过反求测量快速获得产品的数据，进行少量复制。此外对已有的产品，为改善其外观造型或提高其工艺性能进行修改，可以通过三维测量得到 CAD 三维数据来进行修改和制造。

(3) 仿制某些流线型或形状复杂无法准确手工测绘的物体，如一些蜗轮叶片、艺术雕塑品等，由于它们的形状复杂且各不相同，设计困难，采用反求测量将使其批量加工制造成为可能。

(4) 借助于层析 X 射线摄影法（CT）技术，反求工程不仅可以产生物体的外部形态，而且可以快速发现、度量、定位物体的内部缺陷，从而成为工业产品无损探伤的重要手段。

(5) 艺术品、考古文物等无法获得其制造参数的实物，为了使其数字化，进而进行分析、展览、复制等，必须依赖于数据反求技术。

(6) 人体中的骨头和关节等个性化义齿、假肢制造等。

(7) 特征服装、头盔的制造要以使用者的身体为原始设计依据，此时，需首先建立人体的几何模型。

另外，有时同一种外形需要做成大小不等的系列产品，常常需要大小不等的系列模型用于翻模，这时只要用反求工程对原模型进行三维数值化，然后在切片软件或成型机控制软件中改变比例因子就可轻而易举地得到放大或缩小的模型原件。

以下为美能达三维激光数字化仪 VIVID 产品在古建筑保护领域的应用实例来说明，法国著名的 Notre Dame 大教堂建于 11 世纪，数世纪以来，位于外部的中世纪预言者雕像群遭到严重的损坏，为了将原有雕像的数据完整地保存下来，法国 AGP 公司（Art Graphiqueet Patrimoin）利用 VIVID 700 对雕像进行了三维数据采集和建模，最后再根据三维数据复制出与原雕像完全相同的模型。其反求过程如图 5-2 所示。

(a) 预言者雕像　(b) 三维建模数据

(c) 数控加工　(d) 完成后的模型

图 5-2　预言者雕像反求过程

在国内，反求工程技术应用逐渐广泛，大型汽车覆盖件模具的检测技术正向着高精度、多功能和大型化发展，多数厂家均拥有大型的高精度三坐标测量机，并具有数字扫描功能。如：天津汽车模具有限公司拥有意大利产 3000mm×2700mm 的高速数字化扫描机；北汽福田车辆股份有限公司潍坊模具厂拥有美国产 5000mm×2450mm×1524mm 的数控激光扫描测量机；一汽模具制造有限公司拥有意大利产 6000mm×2500mm×2300mm 三坐标测量机，并备有激光扫描软件和反求工程软件；东风汽车模具厂不仅拥有意大利产 3250mm×3250mm 三坐标测量机，还拥有数码摄影光学扫描仪，即采用德国 GOM 公司生产的 ATOS 光学扫描器和美国柯达公司 DCS460 数码相机及处理系统，率先在国内采用数码摄影、光学扫描，作为空间三维信息的获取手段，从而实现了从实物→建立数学模型→出工程图纸→模具制造的全过程，成功地实现了反求工程技术的开发和应用。高速扫描和反求工程技术的应用可大大缩短模具研制周期，促进模具制造水平的发展。

随着三维打印系统和数控加工系统（如 CNC 系统）的发展和普及，三维物体轮廓测量仪的需求量将大大增加。由于三维测量仪能提供快速、准确的原型数据，因此在各种模具及汽车钣金覆盖件的生产、加工中具有广阔的应用前景和市场前景。

5.1.5 国外三维反求技术的研究现状

目前，国外的高科技型公司开展了对三维反求技术的研究，已形成了一定规模的新兴产业，其产品在精度、速度、易操作性等方面均达到很高的水平，可扫描的对象不断扩大，而价格则逐步下降。美国波音公司率先将反求技术、三维打印、虚拟原型与仿真技术等先进的设计与制造技术用于新型飞机的开发，不仅显著降低了成本，而且大大增强了全球竞争力[4]。生命科学和考古工作者则通过反求技术重构化石的表面形态并用三维打印原型来辅助其研究[5]。20 世纪 90 年代初，日本和欧洲的一些国家已开始进行反求技术与三维打印之间的信息集成研究。

目前，在国际市场上不仅有许多反求测量设备，而且出现了多个与反求工程相关的软件系统，主要有：美国 Imageware 公司产品 Surfacer、英国 DelCAM 公司产品 CopyCAD、英国 MDTV 公司的 STRIM and Surface Reconstruction、英国 Renishaw 公司的 TRACE 等。在一些流行的 CAD/CAM 集成系统中也开始集成了类似模块，如 Unigrahics 中的 PointCloud 功能、Pro/Engineering 中的 Pro/SCAN 功能、Cimatron90 中的 Reverse Engineering 功能模块等。日本开发了从 MRI、CT 重构三维实体的软件；英、法等国能将扫描数据在数控设备上复制；美国开发了 CT 可视化可转成 IGES 的软件；比利时 Materialise 公司开发了医学图像处理软件 Mimics (materialise's interactive medical contour system)，该软件能在快速将 CT 或 MRI 数据转换成三维 CAD 或三维打印所需的模型文件。

在越来越激烈的市场竞争中，这项技术已被那些具有先进工业技术，且有远见的企业所采用，以使其在市场竞争中立于不败之地，特别是在家电、汽车、玩具、轻工、建筑、医疗、航空、航天、兵器等行业得到推广，并取得显著的经济效益。但目前还没有非常完善的是针对工业设计和三维打印的反求工程系统，很多环节（如扫描数据、设计数据和三维打印数据的集成等）都存在一定问题。此外，由于测量方式、数据处理方式的多样性，反求工程系统与其他系统（如 CAD、CAM 等）的接口缺乏统一的标准，因此，不能高效率地交换信息。这也是目前反求工程面向设计、三维打印等领域深度集成应用研究亟待解决的问题。

5.1.6　国内三维反求技术的研究现状

20 世纪 90 年代后期，反求工程技术在我国得到迅速发展和推广。国内的很多学者对反求技术进行了比较深入的研究。文献[6-7]运用了反求技术对大型物体进行精密测量。其中，在对大型物体的测量方面，文献[8-10]应用了多视角测量结果的拼接技术；在复杂形状物体的三维测量方面，文献[11]则采用绝对相位计算方法；在三维物体的实时测量方面，文献[12-13]则采用结构光投影技术改进测量系统，从而提高了数据采集速度和质量。

反求技术在医学方面的研究也日益深入。金树人等[14]用三维激光扫描设备对全冠的蜡型进行扫描，在计算机中生成全冠的三维图像，采用三维打印设备加工出树脂全冠；吴国锋等[15]采用激光三维扫描设备对一例单侧眼眶部缺损患者的石膏面模进行数据重构，通过健康侧眼眶部组织数据镜面反转到缺损处来修复缺损部位；焦婷等[16]先用激光扫描设备获得耳郭模型的三维数据后，再用 FDM 工艺获得耳郭实体模型。

国内虽然在反求工程设备和软件的研究开发做了不少的工作，但至今具有真正的集开发和产业于一体的经济实体还非常少。因此，如何将反求工程系统地应用于工业产品创新设计，尤其是和三维打印在技术和产业方面的结合是目前研究和发展的重点。

5.2　体数据反求技术

5.2.1　体数据反求技术概述

在反求工程技术中，形面三维测量方法及装置仅能实现工件开敞部位及外表测量，对于复杂型面即探头或图像不能触及的区域都显得无能为力，不能满足那些有空腔等内部结构的工件和产品的测量，以及存在不可拆卸的装配部件的内部数据测量。断层测量方法则不受工件外形限制，同时可实现外形轮廓和工件内腔尺寸测量[3]。断层数据的采集方法分非破坏性测量和破坏性测量 2 种。非破坏性测量主要有 CT 测量法、MRI 测量法、超声波测量法等；破坏性测量主要有铣削层去扫描法。

体数据获取方法在原理上也为断层扫描技术。断层扫描技术最早出现于 1971 年，国际上投入实际应用的首台医用 CT 就是采用 X 射线对人体进行非接触测量，获得人体内部组织情况。20 世纪 80 年代初期，诞生了第一代实用的工业 CT 系统，最初主要应用于检测物体内部的组织缺陷，如探伤等，随着其测量精度的提高，逐渐被用于检测物体的断层尺寸。20 世纪 80 年代后期，产生了自动断层测量技术，1995 年达到实用化阶段，由于其较高的测量精度和对物体内部结构的可测量性，且成本远低于工业 CT，因此自动断层测量技术更适合于工业实际应用[6]，但效率低且对被测物具有破坏性，适用范围受到限制。下面将具体介绍几种典型的体数据反求技术。

1. CT 测量法

计算机断层扫描（CT）技术最具代表的是基于 X 射线的 CT 扫描机（X-CT），它是以测量物体对 X 射线的衰减系数为基础，采用数学方法经过电子计算机处理而重建断层图像[7]。这种方法最早用于医学，目前，也开始用于工业领域，形成工业 CT（ICT），特别是针对中空物体的无损检测。CT 测量法是目前最先进的非接触处理方法，可对物体的内部性质、壁厚，尤其是内部结构进行处理，但是其空间分辨率较低，获得数据需要较长的积分时间，重建图像计算量大，造价高。

CT 机的主要结构包括 2 大部分：X 线体层扫描装置和计算机系统。前者主要由产生 X 线束的发生器和球管，以及接收和检测 X 线的探测器组成；后者主要包括数据采集系统、中央处理系统、磁带机、操作台等。此外，CT 机还应包括图像显示器、多幅照相机等辅助设备。X 线球管和探测器分别安装在被扫描组织的两侧，方向相对。当球管产生的 X 线穿过被扫描组织，透过组织的剩余射线为探测器所接收。探测器对 X 线高度敏感，它将接收到的 X 线先转换成模拟信号，再转换成数字信号，然后再输入到计算机的中央处理系统，再将由计算机处理后的结果送入磁带机储存，或经数模处理后经显示器显示，形成 CT 图像，最后由多幅照相机摄片以供诊断。

2. MRI 测量法

磁共振成像术（MRI）的理论基础是核物理学的磁共振理论，是 20 世纪 70 年代末以后发展的一种新式诊断影像技术，它和 X-CT 扫描一样，可以提供人体的断层影像，其基本原理是用磁场来标定人体某层面的空间位置，然后用射频脉冲序列照射，当被激发的核在动态过程中自动恢复到静态场的平衡时，再把吸收的能量发射出来，然后利用线圈检测这种信号。将信号输入计算机，经过处理转换在屏幕上显示图像。MRI 提供的信息量不但大于医学影像学中的其他许多成像术，而且不同于已有的成像术，它能深入物体内部且不破坏物体，对生物没有损害，因此在医疗领域具有广泛应用。但这种方法造价高，空间分辨率不及 CT，且目前对非生物材料不适用。MRI 测量技术自 20 世纪 80 年代初临床应用以来，发展迅速，目前正在蓬勃发展。

如同 X-CT 一样，MRI 提供的影像中的像素是用计算机产生的，在 X-CT 扫描中，每个像素的数字值反映人体组织中对应体积元的 X 射线衰减值。MRI 扫描中提供的影像中每个像素的数字值反映人体组织中对应体积元中产生的磁共振信号的强度。

3. 超声波测量法

采用超声波的数字化方法，其原理是当超声脉冲到达被测物体时，在被测物体的两种介质变界表面会发生回波反射，通过测量回波与零点脉冲的时间间隔，即可计算出各面到零点的距离。这种方法相对 CT 和 MRI 而言，设备简单，成本较低，但测量速度较慢，且测量精度不稳定，目前主要用于物体的无损检测和壁厚测量。

4. 层去图像扫描测量法

近年来发展的层去图像扫描法是用于测量物体截面轮廓的几何尺寸。其工作过程为：将待测零件用专用树脂材料（填充石墨粉或颜料）完全封装，待树脂固化后，把它装夹到铣床上进行微进刀量平面铣削，结果得到包含有零件和树脂材料的截面，然后由数控铣床控制工作台移动到 CCD 摄像机下，位置传感器向计算机发出信号，计算机接收到信号后，触发图像采集系统驱动 CCD 摄像机对当前截面进行采样、量化，从而得到三维离散数字图像。由于封装材料与零件截面存在明显边界，利用滤波、边缘提取、纹理分析、二值化等数字图像处理技术实现边界轮廓提取，得到边界轮廓图像。通过物-像坐标关系的标定，并对图像轮廓进行边界跟踪，便可获得物体该截面上各轮廓点的坐标值。每次图像采集与处理完成后，再使用数控铣床把待测物铣去很薄的一层（一般 0.05～0.5mm），又得到一个新的横截面，并完成前述的操作过程，就可以得到物体上相邻很小距离的每一截面轮廓的位置坐标。层切法可对有孔及内腔的物体进行处理，测量精度高，可得到完整的数据，但不足之处是这种测量是破坏性的。有关层去图像扫描测量的更多内容请参阅文献 [1]。

国外同类技术的发展处于国际领先地位。美国 CGI（Capture Geometry Inside）公司开发了自动断层扫描专利技术。在该专利技术基础上开发的 RE1000 再生工程系统是采用材料逐层去除与逐层激光扫描相结合的方法，能够快速、自动、准确地测量零件的表面和内部尺寸，非常适合于快速成型技术。它的片层厚度最小可达 0.01mm，测量精度为±0.02mm，与工业用 CT 相比，其价格便宜 70%～80%，而测量精度却高得多。工业 CT 在 z 轴方向的测量精度差，测量速度慢，设备昂贵，成本高，而自动断层扫描在 z 轴方向的精度可达 0.025mm，且实现全自动化操作。但是，自动断层扫描方法采用的是破坏性测量，对于贵重零件不宜采用。另外，其测量速度与其他测量技术相比较慢，零件的测量时间一般需要 8～9h。

自动断层扫描采用材料逐层去除与逐层激光扫描相结合的方法使测量结构大为简化、成本降低、设备安装方便，可作为数控铣床（用于去除材料）的附件出售。工业 CT 和自动断层扫描这两种方法的不同点在于：工业 CT 不破坏零件，而自动断层扫描需将零件逐层去除，尽管零件受到破坏（贵重零件不宜采用），但却留下了完整的数据。在进行自动断层扫描测量时，应注意使物体的封装材料与物体的颜色有明显的灰度差别。此外，包料应具有较好的切削性能，封装过程操作方便，固化后包料气孔少，与物体黏合紧密。这样能够提高后续数据处理的精度。

由于逐层扫描测量是采用逐层相加方式的快速原型制造技术的逆过程，因此与三维打印有天然的联系。扫描的数据本身就是由一层层零件截面的轮廓线数据点构成的，因此测量数据甚至不必转换为 STL 文件就可进行三维打印制造。下面以层去图像测量技术为典型实例进行详细介绍。

5.2.2 典型的体数据反求技术——层去图像扫描测量法

1. *层去图像扫描测量法原理*

层去图像扫描测量法，又称层去图像扫描法，是一种断层扫描技术，可用于材料物体截面轮廓的几何尺寸。

各种断层测量技术都以获取被测物体的截面图像作为测量结果，物体的测量精度主要受断层图像成像质量和图像处理技术的影响。其主要特点是能够测量复杂物体的内部结构表面信息而不受物体形状的影响。根据层去图像法的思路，将该方法的扫描系统换为精度高而又廉价的线阵 CCD 摄像机来获得断层截面的图像，如图 5-3 所示。如此构成的测量设备结构大大简化，成本低，设备安装方便，且可与数控铣床集成一体。通过断层测量得到物体的轮廓数据，根据这些数据可以进行三维重构进而得到物体的 CAD 模型，也可以直接生成 STL 文件，或直接生成驱动三维打印机所需的切片数据。

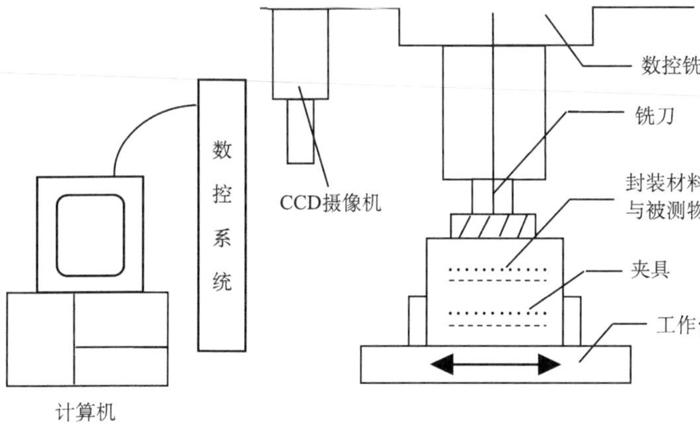

图 5-3　层去图像法测量原理图

2. 层去图像法测量系统的工作流程

层去图像法测量系统可用于测量物体截面轮廓的几何尺寸，并可快速反求三维零件的完整 CAD 模型。它通过数控系统的控制用铣刀逐层铣削被测物体的横截面，采用图像处理的手段得到被测物体的内网轮廓数据，然后再通过三维 CAD 软件进行三维重构及构造 STL 模型数据，进行两次设计。其工作过程如图 5-4所示。将待测零件用封装材料完全封装，待封装材料固化后，把其装夹到数控铣床上进行平面铣削。这样可以得到包含零件与封装材料的截面，然后由数控铣床控制工作台移动到 CCD 摄像机下，光电位置传感器向计算机发出信号，计算机接收到信号后，触发 CCD 摄像机扫描截面图像，该扫描的数据被数据采集卡转换后送入计算机内存，这样就得到了截面轮廓的数字图像，然后对该数字图像进行边缘检测、轮廓提取，并利用系统标定参数进行层间重建，最终得到被测实体的体三维数据，其简要处理流程如图 5-5 所示。

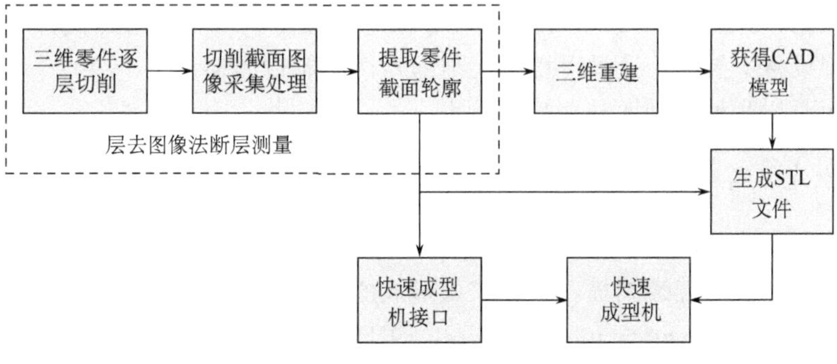

图 5-4　层去图像法测量工作过程

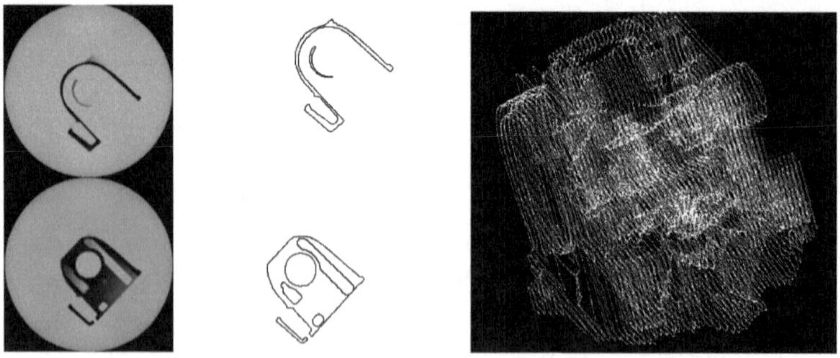

(a) 层去图像　　(b) 图像特征边缘提取　　(c) 三维重建层间数据

图 5-5　层去图像扫描处理流程

层去图像扫描方法的重建精度受系统结构、标定精度、光学元器件、图像获取质量等因素的影响，针对相关方面的技术研究是该方法关键所在。

5.3　面数据反求技术

5.3.1　面数据反求技术概述

面数据三维扫描是集光、机、电和计算机技术于一体的逆向数据获取技术，主要用于对物体空间外形、结构及色彩进行扫描，以获得物体表面的空间坐标。它的重要意义在于能够将实物的立体信息转换为计算机能直接处理的数字信号，为实物数字化提供相当方便快捷的手段。

三维扫描技术能实现非接触测量，且具有速度快、精度高的优点。由于该技术的测量结果能直接与多种软件衔接，因此，在 CAD、CAM、CIMS 等技术应用日益普及的今天，该技术很受欢迎。在发达国家的制造业中，三维扫描仪作为一种快速的立体测量设备，因其测量速度快、精度高、非接触、使用方便等优点而得到越来越广泛的应用。用三维扫描仪对样品、模型进行扫描，可以得到其立体尺寸数据，并在 CAD 系统中可以对数据进行调整、修补，再送到加工中心或快速成型设备上制造，这样可以极大地缩短产品制造周期。

下面介绍几种典型面数据反求技术。

1. 激光三角形法

激光三角形法的基本原理是利用具有规则几何形状的激光束（如点光源、线光源）沿样品表面连续扫描，被测表面形成的漫反射光点（光条）在光路中安装的图像传感器（charge coupled devices，CCD）上成像，按照三角形原理，测出被测点的空间坐标。其原理如图 5-6 所示。若目标平面相对于参考平面的高度为

s，那么，两者在探测器上成像的位移 e 为：

$$e = bs\sin i / [s\sin(i-k)a\sin k] \tag{5-1}$$

式中，a、b 分别为透镜前、后焦距；s 为目标平面至参考平面的距离；i 为透镜与参考平面的夹角；k 为 CCD 与参考平面的夹角。

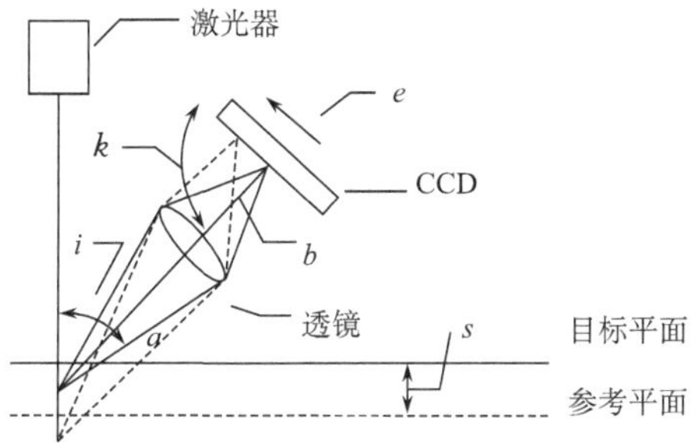

图 5-6　激光三角形法原理图

激光三角形法是目前最成熟的，也是应用最广泛的一种方法。其具有测量速度快、精度高等特点。激光三角法位移传感器则具有非接触、体积小、重量轻、安装方便等特点，可以作为扫描测头安装在三坐标测量机上。激光扫描不仅可以测量硬质工件，而且可以测量柔软样件。激光三角形法存在的主要问题是对被测表面的粗糙度、漫反射率和倾角过于敏感，存在“阴影效应”，限制了探头的使用范围，不能测量激光束照射不到的位置，对突变的台阶和深孔结构易于产生数据丢失，扫描得到数据量较大，需经过专门的反求数据处理软件建立曲面模型，而且曲面的边缘和结合部分需人工处理。

激光扫描系统由激光扫描传感器、三维影像分析器和激光扫描控制软件构成。激光扫描传感器内设有激光光源，并配有 2 个 CCD 照相机。激光扫描传感器安装在三轴同步机架上，利用控制软件执行三维立体扫描工作，再利用激光传感器将所收集的数据传到立体影像分析器内进行影像数字化处理。由于该系统光束直径小，样件上许多细微部分均可以顺利扫描采集。三维影像分析器一般可存储上百万个扫描点，并可以将数据转换成样件表面的三维坐标数据，用以构造 CAD 立体模型。

2. 投影光栅法

投影光栅法的基本原理是把光栅投影到被测件的表面上，受到被测样件表面高度的调制，光栅影线发生变形，然后用 2 个镜头获取不同角度的图像，通过解调变形光栅影线，就可以得到被测表面高度信息，其原理如图 5-7 所示。入射光线 P 照射到参考平面上 A 点，放上被测物体后，P 照射到被测物体上的 D 点，此时从图 5-7 所示方向观察，A 点就移到新的位置 C 点，距离 AC 就携带了高度信息 $z=h\ (x,\ y)$，即高度受到表面形状的调制。目前解调变形光栅影线的方法主要有傅里叶分析法和相移法 2 种。傅里叶分析法要比相移法更易于实现自动化，但精度略低。

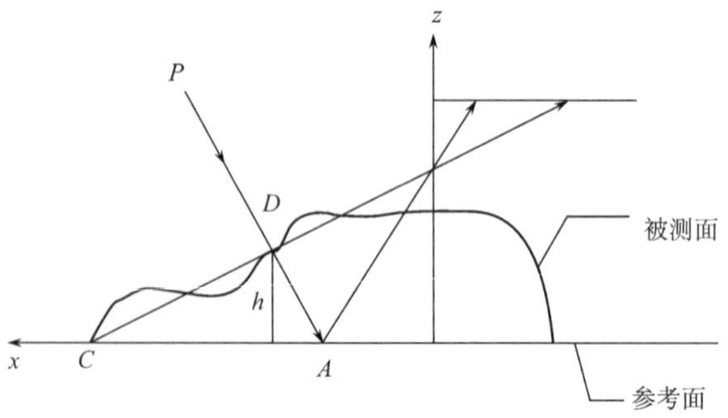

图 5-7　投影光栅法原理图

投影光栅法被认为是目前三维形状测量中最好的方法之一，这种方法具有速度快、无需运动平台的优点。德国 GOM 公司的 Atos 光学扫描测量系统可以在 1min 内完成一幅 439×296 像素的图像测量，精度可达 0.03mm。光栅法的主要优点是测量范围大、稳定、速度快、成本低、设备携带方便、受环境影响小、易于操作；但其缺点是精度较低，而且只能测量那些表面起伏不大、较平坦的物体，而对于那些表面变化剧烈的物体，在陡峭处往往会发生相位突变，使测量精度大大降低。同时该方法还存在图像获取和处理时间长、测量量程短等问题。

3. 立体视觉测量方法

立体视觉测量是根据同一个三维空间点在不同空间位置的 2 个（多个）摄像机拍摄的图像中的视差，以及摄像机之间位置的空间几何关系来获取该点的三维坐标值。立体视觉测量方法可以对处于 2 个（多个）摄像机共同视野内的目标特征点进行测量，而无需伺服机构等扫描装置。典型的立体视觉过程包括 5 个主要部分：①建立成像模型；②提取特征；③特征匹配；④计算视差；⑤深度信息内插。立体视觉测量面临的最大困难是空间特征点在多幅数字图像中提取与匹配的精度与准确性等问题。由于视觉处理技术将成为未来测量技术的主流方向，双目、多目以及多帧图像序列等立体视觉问题已经成为国际学术研究的重点和热点。

由上面的介绍与分析可知，反求测量设备多种多样，适用范围也各不相同，表 5-1 给出了主要的三维扫描方法的特点及与快速制造相结合的说明。

表 5-1　各种三维测量仪的比较

种类	特点	可否用于快速制造的说明
机械式三坐标测量机	接触式测量零件外表面的信息；打点测量，速度低；零件材料种类无限制；设备成本低	测量速度慢，一般不能用于快速制造
CT/MRT	测量零件外表面和内表面信息；精度高；零件材料种类有限制；设备成本高	可用于人工医用器件的快速成型，但不适于快速制造。原因为：Z 向的数据精度差，且层厚在 1mm 左右，不能依此扫描数据制作出实用的机械模型或零件；设备及运行费用高
三维激光数字化仪	无接触测量零件外表面信息；速度快；零件材料种类无限制；设备成本中等	可用于快速制造
ACSS*	测量零件外表面和内表面信息；精度高；零件材料种类无限制；设备成本中等	可用于快速制造

* ACSS：automatic cross section scanning，自动断层扫描仪

5.3.2　典型的面数据反求技术 1——三坐标测量法

三坐标测量机（coordinete measure machine，CMM）是 20 世纪 60 年代发展起来的一种高效率的新型精密测量仪器，广泛应用于制造、电子、汽车和航空航天等工业。起初三坐标测量机是作为一种检测仪器，对零件和部件的尺寸、形状及相互位置进行检测，此外，还可用于检测划线、定中心孔、光刻集成线路等。由于三坐标测量机具有对连续曲面进行扫描来制备数控加工程序的功能，因此一开始就被选为逆向工程的主要数字化设备，并一直使用至今。

传统的三坐标测量机多采用机械探针等触发式测量头，可通过编程设计扫描路径实现点位测量，每次获取被测形面上一点（x，y，z）坐标值，测量速度很慢。20 世纪 90 年代初，英国 Renishaw 公司和意大利 DEA 公司等著名的坐标测量机制造商先后研制出新一代力-位移传感器的扫描测量头，该测量头可以在工件上进行滑动测量，连续获取表面的坐标信息，扫描速度最高可达 8m/min，数字化速度最高可达 500 点/s，精度可达 30μm。CMM 的优点是：测量精度高，对被测物的材质和色泽无特殊要求。对不具有复杂内部型腔、特征几何尺寸多、只有少量特征曲面的零件，CMM 是一种非常有效可靠的三维数字化手段。其缺点是：不能对软物体进行精密测量，价格昂贵，对使用环境要求高，测量速度慢，测量数据密度低，测量过程需人工干预，需要对测量结果进行探头损伤和探头半径补偿，无法测量小于测头半径的凹面。这些不足限制了三坐标测量机在快速反求领域中的应用[1]。下面对三坐标测量技术进行详细描述。

1. 三坐标测量法原理

三坐标测量机是典型的接触式三维测量设备，它是通过探针测头沿坐标轴精确地移动以接触被测物体，从而获取接触点的三维坐标。该设备精度高，但是速度慢，且只能逐点得到三维坐标数据。根据这些点的空间坐标值，经计算求出被测物体的几何尺寸、形状和位置。

2. 三坐标测量系统组成

作为一种测量仪器，三坐标测量机主要是比较被测量量与标准量，并将比较结果用数值表示出来。三坐标测量机需要 3 个方向的标准器（标尺），利用导轨实现沿相应方向的运动，同时还需要三维测头对被测量量进行探测和瞄准。此外，该测量机还具有数据自动处理和自动检测等功能，但需要由相应的电气控制系统和计算机软硬件实现。

三坐标测量机可分为主机、测头、电气系统 3 大部分，如图 5-8 所示。

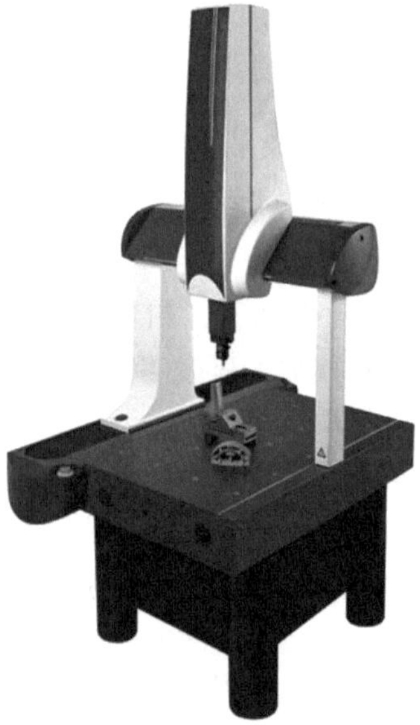

图 5-8　三坐标测量机外形

1）主机

（1）框架结构指测量机的主体机械结构架。它是工作台、立柱、桥框、壳体等机械结构的集合体。

（2）标尺系统是其重要组成部分，包括线纹尺、精密丝杠、感应同步器、光栅尺、磁尺及光波波长标尺，以及数显电气装置等。

（3）导轨实现三维运动多采用滑动导轨、滚动轴承导轨和气浮导轨，但以气浮导轨为主要形式。气浮导轨由导轨体和气垫组成，还包括气源、稳压器、过滤器、气管、分流器等。

（4）驱动装置实现机动和程序控制伺服运动功能，它是由丝杠丝母、滚动轮、钢丝、齿形带、齿轮齿条、光轴滚动轮、伺服马达等组成。

（5）平衡部件主要用于 Z 轴框架中，以平衡 Z 轴的重量，使 Z 轴上下运动时无偏重干扰，Z 向测力稳定。

（6）转台与附件。使测量机增加一个转动运动的自由度，包括分度台、单轴回转台、万能转台和数控转台等。

2）三维测头

三维测头即是三维测量传感器，可在 3 个方向上感应瞄准信号和微小位移，以实现瞄准和测微等功能。该设备主要有硬测头、电气测头、光学测头等，而测头有接触式和非接触式之分。三维测头按输出信号分有：用于发信号的触发式测头；用于扫描的瞄准式测头、测微式测头等。三角法测头为最常用的光学测头之一，其工作原理如图 5-9 所示，由激光器（通常为半导体激光器）发出的光照射到被测工件表面上，采用光电检测器测量由工件表面反射的光。

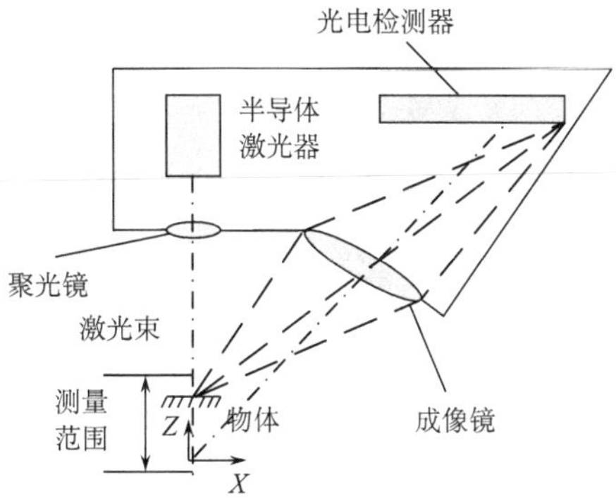

图 5-9　三角法测头的工作原理图

3）电气系统

（1）电气控制系统是测量机的电气控制部分，具有单轴与多轴联动控制、外围设备控制、通信控制、保护与逻辑控制等功能。

（2）计算机硬件部分包括各种 PC 机和工作站。

（3）测量机软件包括控制软件和数据处理软件，可进行坐标变换与测头校正，生成探测模型与测量路径，还用于基本几何元素及其相互关系的测量、形状与位置误差测量、曲线与曲面的测量等，具有统计分析、误差补偿和网络通信等功能。

（4）打印与绘图装置根据测量要求打印输出数据、表格、绘制图形等。

3. 三坐标测量流程

使用三坐标测量机进行测量之前，首先要对被测量零件进行分析，包括零件的尺寸大小、形状等。而形状构成主要包括几何元素，如平面、曲面、孔、曲线、圆及相关过渡曲线等。根据这些相关信息选择测量机类型、规划测量路径及测量软件相关功能模块等，从而满足测量测绘需求。具体流程如下：

（1）选择合适的测针。由于测绘过程中很难判断曲面的法矢方向，为了减小余弦误差，需选用合适的半径测针。

（2）利用系统功能进行测针校准。

（3）进行测绘，先测量基准平面，然后建立相应的坐标系，有针对性的测量所需要的参量。根据测量需要，转换相应的测针角度以测量物体的其他面等。

（4）将测量得到的三维面形数据输出，并交给设计工程师进行后期处理。

测量过程和数据模拟结果如图 5-10 所示。

(a) 三坐标测量模拟图　　(b) 测量点云数据　　(c) 测量曲面数据

图 5-10　三坐标测量（见彩图）

5.3.3　典型的面数据反求技术 2——结构光三维扫描法

结构光三维视觉方法的研究最早见于 20 世纪 70 年代。在诸多的视觉方法中，结构光三维视觉以其大量程、大视场、较高精度、光条图像信息易于提取、实时性强、主动受控等特点，近年来在工业中得到广泛应用[17]。其测量的基本原理是经典光学三角法，部分文献中也称为主动三角测量（三角测距）。主动三角测量方法是利用能量发射器、接收器以及被测物体表面之间的三角关系来获得被测物体表面的三维信息，主要分为光束扫描法和编码光投射法。光束扫描法投射的是普通的光束或光条，如点光、线光、网格、平行光条等，并通过运动部件实现光束在物体表面的扫描测量，因此，对设备的加工精度、运动控制精度要求较高；而编码光投射法的系统中无运动部件，编码光与接收器的相对位置不变，用来投射的是带有编码信息的特殊光场，具体可以采用光栅投影或者数字投影方式来实现。

结构光编码方式有很多种，如格雷码编码、二进制编码、N 位条纹编码、伪随机编码、相移编码、傅里叶相位编码、彩色条纹编码等[10]。按解码不同，结构光编码方式也可以分为：直接编码方式、空间邻域编码方式和时间编码方式[11]。

直接编码方式是直接根据灰度或颜色信息对投射图像中的每一个投射像素定义一个唯一的编码，在拍摄得到的数字图像中寻找该编码，从而进行三维测量。但总体而言，这种编码方法码词间的距离过小，对投射和拍摄中的噪声过于敏感，仅仅作为一种理论方法存在。

空间领域编码方式的代表是通过投射一幅伪随机阵列图像到被测物体，进行测量的方法，这种方法特别设计了一个阵列图像，阵列中的每一个元素用不同颜色的圆点或不同形状的图形来表示，使这个阵列图像中的任意 $m\times n$ 大小的子窗口在阵列中只出现一次，从而能够在看似随机的阵列图像中确定各个子窗口的身份，然而伪随机阵列本身可区分的子窗口数（分辨率）有限，难以实现亚像素精度的像点匹配，生成三维点的数量和质量均不够理想，而且为了不降低分辨率，子窗口间的区分度通常较小，因而该方法敏感依赖于对阵列图像中的彩色圆点或不同形状的图形的分割识别结果，亦受噪声影响严重。文献[18]研究了投射随机的数码光斑图像进行三维型面测量的方法，虽然有关结构光三维轮廓测量的文献中少有提及，但也可以看成是基于空间邻域灰度信息的三维测量方法。然而，在前述方法中，要么需要在精确控制深度方向位移的条件下预拍摄多幅图像作为基准，要么需要额外拍摄图像进行复杂的校准处理，而且只利用灰度信息进行固定大小的矩形窗口的相关操作，没有窗口变形自由度，因此对于深度变化明显的复杂模型的处理效果难以保证。

时间编码方式需要投射一系列的模板到被测物体上，通过分析投射到被测物体同一点的一系列光场变化来分辨该点，进而采用三角法进行三维测量。可以采用的时间序列模板很多，包括格雷码、正弦相移、外差式多频相移、组合光栅图像等。时间编码方式解决了直接编码方式和空间编码方式易受噪声干扰的问题，测量精度高，可以高效得到致密的三维点云数据，是编码结构光在目前的实际应用中的常见形式。由于这种方法隐含要求在投射多个图像持续的时间内（通常几秒钟）测量设备和被测物体保持相对静止，因此，对于车间现场等振动、噪声较大的环境下的测量以及对于类似人体等非静态物体的测量方面，该种方法具有一定局限性[19]。

1. 结构光三维扫描法原理

结构光三维视觉是基于光学三角法测量原理。光学投射器将一定模式的结构光透射于物体表面，在表面上形成由被测物体表面形状所调制的光条三维图像。该三维图像由处于另一位置的摄像机探测，从而获得光条二维畸变图像。光条的畸变程度取决于光学投射器与摄像机之间的相对位置和物体三维表面外形。直观上，沿光条显示出的位移（或偏移）与物体表面高度成比例，扭曲表示了平面的变化，不连续显示了表面的物理间隙。当光学投射器与摄像机之间的相对位置一定时，由畸变的二维光条图像坐标便可重现物体表面三维外形。由光学投射器、摄像机和计算机系统即构成结构光三维视觉系统。以线激光测量系统为例，三角法

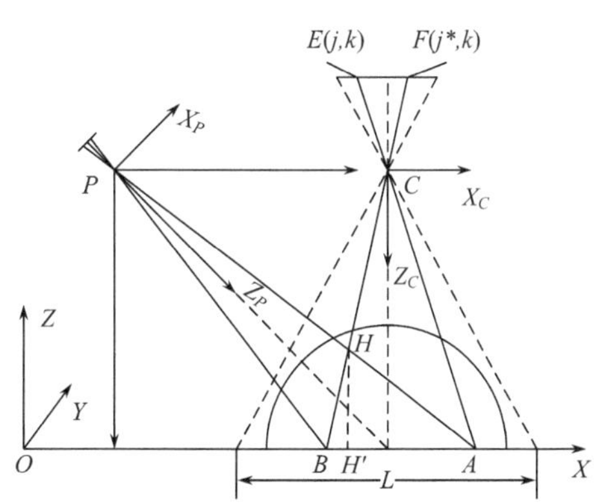

图5-11　三角测量法光学原理

测量原理如图 5-11 所示，X-Y 是参考平面，设半圆形是被测物，C 点是相机观察点，P 点是结构光投射点，一束光线 PA 投射出去，在物体上 H 点反射，反射光线是 HF，如果不受物体遮挡反射光线是 AE，则成像平面上的间距 EF 是物体上 H 点高度 HH' 调制造成的，图像上的调制距离 $EF=|j^*-j|$ 携带了物体的 HH' 的高度，则物体的高度可表示调制光线的函数：$h=f(j-j^*)$，其中 $f(*)$ 是函数表示形式。

基于激光的测量模型结构图如图 5-12 所示，设 o_c 和 o_p 分别为相机镜头和激光投射器的镜头中心，当线激光模式投射到物体上时，平面的线激光模式被具有高度信息的三维物体调制，成像在相机图像平面内的不同弯曲程度线激光隐含三维物体的高度信息。

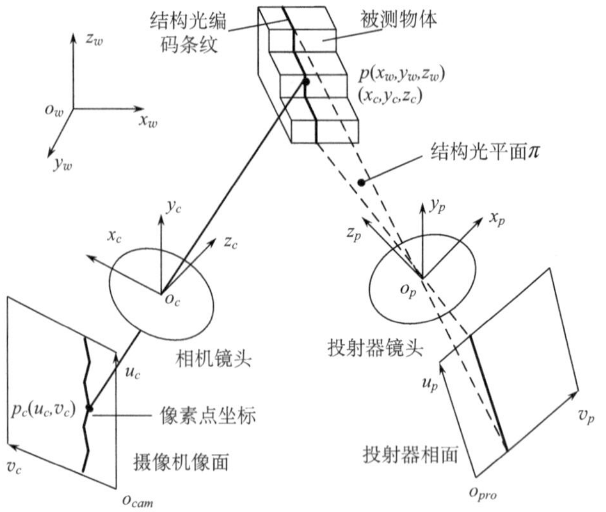

图 5-12　结构光三维视觉测量原理模型

2. 结构光三维扫描系统模型

根据光学投射器所投射的光束模式的不同，系统模型有所差别，但具相似性。该系统一般包含图像采集器件、结构光透射器件。建模的任务就是找到投射的光模式在空间与透视成像的关系，如图 5-13 所示。以线结构光测量系统为例，系统模型可表示为激光投射器在空间投射的光平面 π 与透视成像点的对应关系，三维空间点可看成是相机成像的射线模型与空间光平面的交点。根据相机的小孔成像模型可得：

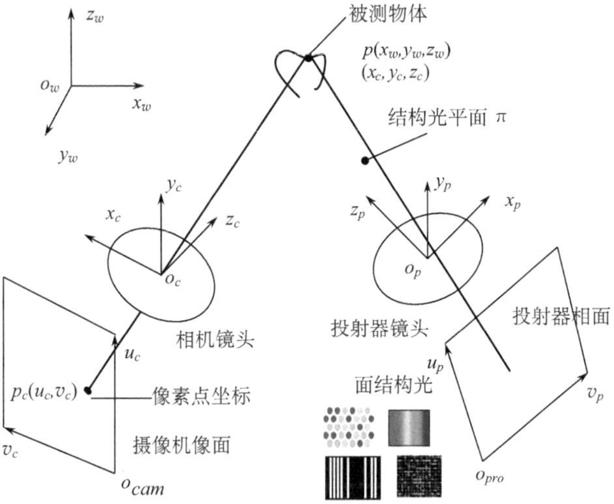

图 5-13　面结构光测量系统模型

$$s\begin{bmatrix}u_c\\v_c\\1\end{bmatrix}=M\begin{bmatrix}x_w\\y_w\\z_w\\1\end{bmatrix}\tag{5-2}$$

式中，s 是变换因子；（x_w，y_w，z_w）为世界坐标系 $o_w-x_wy_wz_w$ 内空间三维点；（u_c，v_c）为相机成像平面内的图像坐标点；M 是相机摄影变换矩阵参数，包括相机焦距、镜头中心坐标、像素大小、坐标系间转换参数等物理参数。该模型在数学上是一个比例变换关系式，还需增加一个方程的约束来消除这种多义性，实现物点三维坐标（x_w，y_w，z_w）计算。此时就需要建立激光光平面方程：

$$ax_w+by_w+cz_w+d=0\tag{5-3}$$

式中，a，b，c，d 分别为空间光平面的物理参数。

联立式（5-2）和式（5-3）即可实现空间三维坐标的计算，至此，完成线激光三维测量系统数学模型搭建。

如果投射光模式为面式结构光，系统结构类似线激光系统，不同之处在于投射的结构光信息不同，投射整面的结构光信息可根据一定的编码方式实现投影像面像素与相机像素的对应关系。设采集的编码结构光作为测量系统的输入数据，三维测量重建的点云数据作为输出数据，一般在输入和输出之间存在一个整体映射函数如式（5-4）所示：

$$\begin{cases} x_w = F(U_i, V_i, \phi_i) = \sum_{c=0}^{n}\sum_{b=0}^{n-c}\sum_{a=0}^{n-c-b} S_{abc}U_i^a V_i^b \phi^c \\ y_w = G(U_i, V_i, \phi_i) = \sum_{c=0}^{n}\sum_{b=0}^{n-c}\sum_{a=0}^{n-c-b} Q_{abc}U_i^a V_i^b \phi^c \\ z_w = H(U_i, V_i, \phi_i) = \sum_{c=0}^{n}\sum_{b=0}^{n-c}\sum_{a=0}^{n-c-b} R_{abc}U_i^a V_i^b \phi^c \end{cases} \tag{5-4}$$

该函数表示三维测量输入和输出之间的一种映射模型，其中，（x_w，y_w，z_w）是需要重建的三维数据；（U_i，V_i，ϕ_i）是图像坐标及编码；S_{abc}，Q_{abc}，R_{abc}是输入输出数据的映射函数；n 是映射阶数。

3. 结构光三维扫描法关键技术

目前，结构光三维扫描的研究主要集中在光模式编解码、系统标定、数据拼接以及数据优化压缩等技术。

1）系统标定

系统标定是精确测量得以进行的前提，基于光学的三维测量方法是相对不稳定的，测量过程中会受到来自成像模型、系统结构、外界不稳定光线、被测物表面的反光、电子元器件的感光性能不稳定、光电信号衰减等各方面的影响。因此，为了实现系统在特定环境、特定结构形式、特定图像信息下的稳定测量，需要精确反求系统的参数，实现系统模型及器件参数的标定获取，从而保证系统测量的精确性和稳定性。

摄像机是测量系统中的主要部件，摄像机标定是测量系统研究的基础和核心。根据不同的评价标准可把目前较为经典的摄像机标定方法分为以下几类：

（1）根据是否考虑相机的畸变因素，分为线性和非线性的相机标定方法。

（2）内部和外部相机参数标定。内部标定算法仅仅集中于获得相机的物理和光学参数，而外部标定主要计算相机在场景中的位置和姿态。

（3）隐式标定和显式标定。隐式标定是在不明确相机物理参数的情况下对相机标定，显式标定则是在明确相机物理参数的情况下对相机标定，尽管这些标定的参数能用于三维测量，但不具有物理意义。

（4）根据摄影几何、仿射变换等几何特性（比如消失点，消失线或其他的线性特征），建立不变量的对应关系，实现系统参数标定。

（5）根据实现步骤分为两步法、三步法、四步法等[20]。摄像机的准确标定是保证整体测量系统标定正确收敛的前提。

标定是使用精确的，已知的靶标数据优化获取系统参数 θ_c 和 θ_p，结构光测量系统包括相机和投影设备，两个器件在模型上均可作小孔成像模型简化。当系统标定时，首先使用相机采集三维靶标特征点数据 p_w^i（x_w，y_w，z_w），并提取其对应的二维图像坐标 p_{cp}^{i}（u_{cp}，v_{cp}），利用标定算法实现相机参数的精确获取。投影设备的参数标定比较复杂，主要原因在于其不具有相机的图像采集功能，不能直接实现标定所需靶标特征数据的获取。

投影设备标定一般采用以下 2 种标定方法：第一种是间接的标定方法，如图 5-14（a）所示。首先利用投影设备将坐标已知的二维特征点 p_{pp}（u_{pp}，v_{pp}）图案投射到靶标板上，相机采集特征图案并提取特征点，利用相机的标定参数和靶标板当前三维 z_w 值，计算这些特征点的三维坐标值（x'_w，y'_w），进而用于投影设备标定的输入数据 p_{pp}（u_{pp}，v_{pp}）和（x'_w，y'_w，z_w）获取，该方式是在相机标定的基础上对投影设备进行标定，容易受相机标定结果的影响；第二种将三维靶标点 p_w^i（x_w，y_w，z_w）同时用于 2 个设备的标定输入数据，如图 5-14（b）所示，投影设备投射正弦光栅编码到靶标，根据相机采集到的编码信息，实现相机内靶标图像点 p_{cp}（u_{cp}，v_{cp}）的编码获取 $code_x$，投射二维的正弦光栅编码可实现靶标点的二维编码（$code_x$，$code_y$），根据投影相面内投影编码条纹的像素对应信息，获取三维靶标特征点 p_w^i（x_w，y_w，z_w）的投影相面像素坐标 p_{pp}（u_{pp}，v_{pp}），以此为标定输入数据可实现投影设备的精确标定。该方法利用条纹编码将相机与投影设备的相面像素建立联系，实现了投影设备的“图像抓取功能”。以上 2 种标定方法中，相机是系统中唯一的图像采集设备，2 个元器件的标定均是通过相机实现，相机与空间三维靶标之间具有直接联系，因此可以将两者看做是一个相对独立的整体，如图 5-14 中的虚线部分，投影设备的标定参数内也就隐含了系统内结构参数信息。

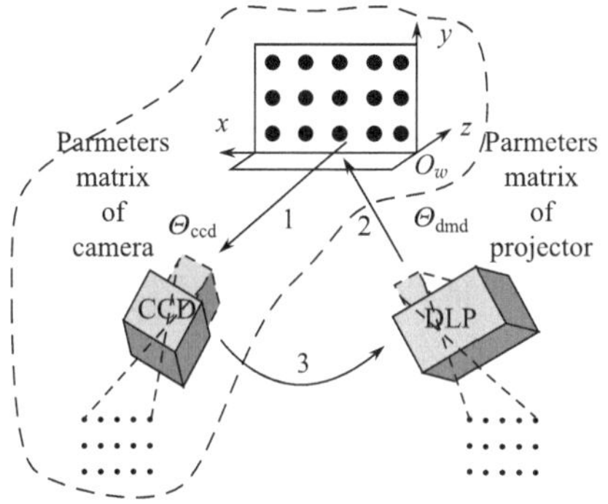

(a) 第一种投影设备标定方法

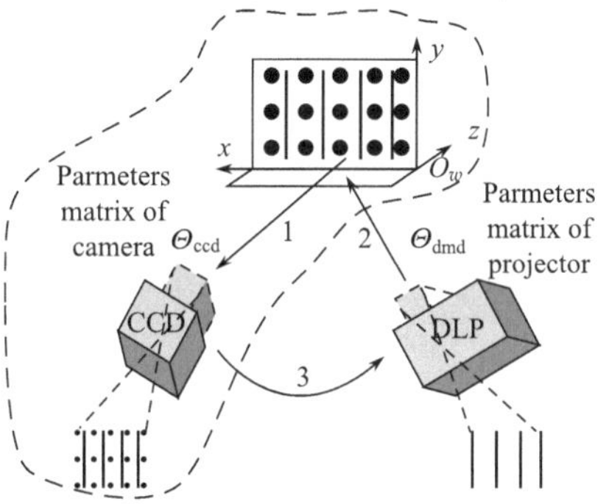

(b) 第二种投影设备标定方法

图 5-14　用于系统标定的两种模型

目前在标定技术领域应用最广、评价最高的 2 种方法是基于径向约束的标定算法[21]和桌面自由式标定算法[22]。该类标定方法具有靶标板简单、操作方便等优点，但是标定精度受人为因素影响较大。

针对系统的标定也有很多好的算法。例如：文献［23］提出一种基于系统结构几何参数的标定算法，主要实现相机和投影设备间的基线距离、相对参考平面的距离和系统器件法向等的标定，该方法对系统结构要求严格，标定方法复杂，而且需要特殊的标定设备；文献［24］提出一种基于BP（back propagation）神经网络的标定算法，该方法需要大量的标定输入数据训练多层神经网络，标定结果受标定输入数据精度影响较大，而且训练过程耗时；文献［25］提出一种基于坐标系约束的系统标定算法，利用系统中两元器件之间的刚体约束关系进行标定；文献［26］提出一种新颖的标定算法，将测量系统整体考虑，在三维靶标点和其对应二维图像坐标建立隐式匹配关系，使用最小二乘算法优化隐式模型实现系统参数的标定，该方法需要足够多准确的标定数据优化收敛，但并不能保证优化收敛的正确性；文献［27］的结构光标定方法也是利用结构光编码在相机和投影像素坐标间建立匹配关系，使投影设备具有类似相机的虚拟图像采集功能，然后对器件单独标定实现系统参数获取。以上系统标定算法均能得到较好的效果，但每个系统的个体性差异较大，要根据三维测量系统特性，选择合适的方法。

第一步，单独标定后，摄像机和投影仪的内、外部参数包括非线性畸变因子均已获得初值，传统的两步法标定到此已经结束，然而，由于系统结构、系统模型误差、靶标板平面度及靶标点三维坐标的精确性等因素影响，仅靠元器件的单独标定还不能保证获得稳定、精确的结果，因此，崔海华等[19]提出了基于系统结构强约束和实际测量误差补偿的第二、三步系统优化标定。

由于投影设备不具有采集图像的功能，因此投影设备的标定所需数据需经过相机中转，然后将标定数据进行坐标系统一，世界坐标系与相机坐标系间存在刚性连接，相机标定完成后，相机坐标系和世界坐标系建立了捆绑关系。当系统结构发生变化，即相机和投影设备间结构关系发生变动后，可看成是系统模型内投影设备坐标系相对于捆绑坐标系整体发生相对运动，结构光系统的这种特性使得系统标定时可以将摄像机和投影仪作为一个整体，仅用一个设备坐标系与世界坐标系建立关系，两个设备坐标系之间通过一个刚体变换绑定。这种方法在立体视觉里广为采用，其示意图如图5-15所示。具体转换关系参数模型可表示为如图5-16所示。

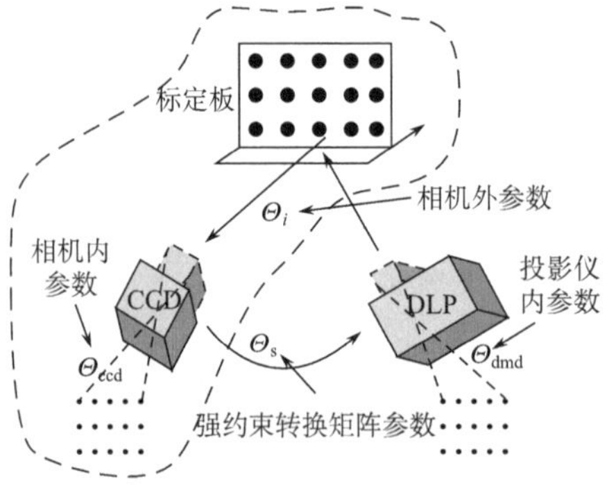

图 5-15　系统标定中组建间强约束关系示意图

以上关系中，Θ_i 表示世界坐标系到相机坐标系的转换关系，Θ_{ccd}、Θ_{dmd}表示相机和投影仪的内参数；Θ_s 表示相机和投影仪坐标系之间的转换关系。这种绑定的优点是提高了条纹

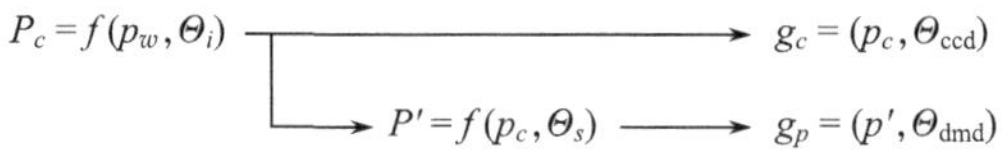

图 5-16　转换关系参数模型

编码的精确性。因为相机采集的图像引入了相机和投影仪镜头 2 种不同的畸变误差，对相机采集的条纹图像编码能否精确地表示投影仪内理想的编码是要考虑的。因此，需把条纹编码值 x_s 与计算得到的编码值的均方差值作为目标优化函数，对转换矩阵 Θ_s 进行优化，使相机采集的条纹编码更为精确地表示投影仪内理想编码值。为了提高条纹编码的精确性，获取亚条纹也是必要的。获取亚条纹数据非常简单，首先在标定点的亚像素坐标（x_p，y_p）周围选择一定的区域，对该区域的像素编码值进行最小二乘法曲面拟合，得到一张编码值为高度信息的连续曲面，该曲面上亚像素坐标（x_p，y_p）位置处的编码值就是该点的亚像素条纹值 x_s。

检测到的靶标点亚像坐标、亚条纹数据和通过模型参数估计得到数据之间差值的均方差之和作为整体标定的最小目标优化函数，进行系统优化标定。具体如下：

$$J(\varphi)=\sum\sum\left\{\|p_f(i,j)-g_c(p_c,\Theta_{ccd})\|^2+\|p_s(i,j)-g_p(p_s,\Theta_{dmd})\|^2\right\} \tag{5-5}$$

式中，p_f（i，j）和 p_f（i，j）分别是标定点中的第 i 个平面 j 个点的像素坐标和条纹坐标；$\varphi=[\Theta_{ccd},\Theta_{dmd},\Theta_1,\Theta_2,\cdots,\Theta_N]$ 是需要优化的参数，以上的优化问题采用常用的 L-M 优化算法即可解决。

2）结构光编码

结构光编码根据时空编码方式，可分为时间维和空间维两大类。

（1）时间维编码。即当前点码值是由沿着时间轴序列的多幅编码图像共同决定的。当前点编码与其空间邻域点的编码无直接的相关性信息，如二进制编码、N 位编码、格雷码、相移编码等。多幅编码图像细化保证了码词和像素间的易区分性，从而保证了测量精度是其优点，缺点是需要多幅图像共同实现码值计算。

（2）空间维编码。即当前点的码词与其邻域点的码词具有相关性，当前点的编码值是由周围编码信息推导而来。如 Boyer 和 Kak[28] 提出的具有 4 种彩色信息的垂直条状编码，Ito 提出的栅格模式，Chen 等[29] 定义的由彩色信息组成的垂直条纹编码等。后来，又出现了更高鲁棒性的 De Bruijn sequences[30] 系列空间编码模式，具有窗口匹配特性的 M-arrays 编码模式[31] 等，这种空间维的结构光模式优点是一般仅需一幅编码图像就能实现编码值计算，可用于动态测量，适用范围广，但缺点是解码比较困难、稳定性差。

相移光栅编码本质上是 2 种随着时间变化的波发生干涉产生，干涉中每个测量点产生一个随时间而发生变化的信号值，该测量点的信号差异即是相对的相位值。

物理上光波数学模型可表示为：

$$s(x, y, t)=a(x, y)e^{i(\varphi(x, y))} \tag{5-6}$$

式中，x 和 y 是空间坐标值；$a(x, y)$ 是光波的幅值；$\varphi(x, y)=4\pi h(x, y)/\lambda$ 是光波的相位值；λ 是波长；$h(x, y)$ 是反射中的曲面高度误差。

设干涉中的参考波和测试波分别表示为：

$$s_r(x, y, t)=a_r(x, y)e^{i(\varphi_r(x, y)-\delta(t))} \tag{5-7}$$

$$s_t(x, y, t)=a_t(x, y)e^{i(\varphi_t(x, y)-\delta(t))} \tag{5-8}$$

式中，$\delta(t)$ 是相移的时间变化。

当参考波和测试波互相发生干涉时，产生的相位灰度值为：

$$I(x, y, t)=|s_r(x, y, t)+s_t(x, y, t)|^2 \tag{5-9}$$

或

$$I(x, y, t)=I'(x, y)+I''(x, y)\cos[\varphi_t(x, y)-\varphi_r(x, y)+\delta(t)] \tag{5-10}$$

式中，$I'(x, y)=a_r^2(x, y)+a_t^2(x, y)$ 是平均灰度值；$I''(x, y)=2a_r(x, y)a_t(x, y)$ 是条纹的调制度值。

如果将相位差异定义为 $\varphi(x, y)=\varphi_t(x, y)-\varphi_r(x, y)$，那么相移的基本公式可以表示为：

$$I(x, y, t)=I'(x, y)+I''(x, y)\cos[\varphi(x, y)+\delta(t)] \tag{5-11}$$

式中，$\delta(t)$ 是随时间变化的相移量；$I'(x, y)$ 称为灰度偏移量；$I''(x, y)$ 是相移条纹峰谷差异的一般灰度值；$\varphi(x, y)$ 是待求解的未知相位值。

经过 N 步相移，相位求解为：

$$\varphi(x, y)=\arctan\frac{\sum_{n=0}^{N-1}I_n(x, y)\sin(2n\pi/N)}{\sum_{n=0}^{N-1}I_i(x, y)\cos(2n\pi/N)} \tag{5-12}$$

从上式看出，相位值与 $R(x, y)$、$A(x, y)$、$B(x, y)/A(x, y)$ 无关，即对背景、对比度不敏感。

四步相移算法是一种经典的相移方法。该算法具有对背景项、检测器的非线性及常数项影响自动消除的优点。通过计算机生成的 4 幅相位图像，如图 5-17 所示。数学模型表示为：

$$
\begin{cases}
I_1(x, y)=R(x, y)\{A(x, y)+B(x, y)\cos[\varphi(x, y)-0]\} \\
I_2(x, y)=R(x, y)\{A(x, y)+B(x, y)\cos[\varphi(x, y)-\pi/2]\} \\
I_3(x, y)=R(x, y)\{A(x, y)+B(x, y)\cos[\varphi(x, y)-\pi]\} \\
I_4(x, y)=R(x, y)\{A(x, y)+B(x, y)\cos[\varphi(x, y)-3\pi/2]\}
\end{cases}
\tag{5-13}
$$

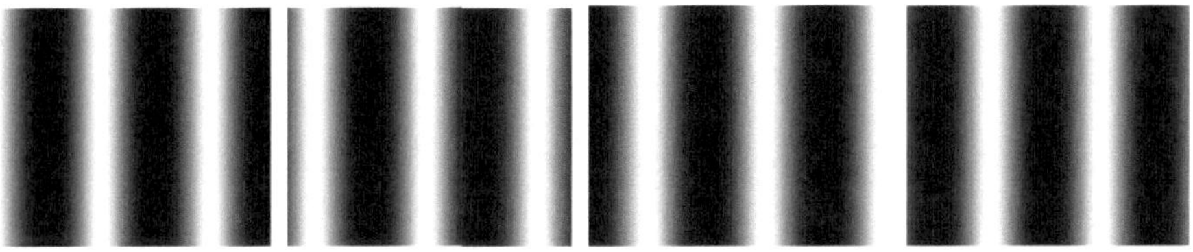

(a) 相移第一幅　(b) 相移第二幅　(c) 相移第三幅　(d) 相移第四幅

图 5-17　间隔 π/2 的 4 幅正弦相移图像

利用式（5-13）求解包裹相位函数为：

$$
\varphi(x, y)=\arctan\frac{I_2(x, y)-I_4(x, y)}{I_1(x, y)-I_3(x, y)} \tag{5-14}
$$

此时，计算得到相位 $\varphi(x, y)$ 在主值（$-\pi$，$+\pi$］内，称其为具有 2π 锯齿跳动的未展开相位（包裹相位），如图 5-18（a）所示。当基准点与其相邻点的相位大于 π 的时候，将此点加上 $\pm 2\pi$ 移除相位跳动，如图 5-18（b）中实线。这种移除相位跳动的技术即为相位展开技术，只有经过展开的位相才能用于三维高度 h（x，y）的映射计算。

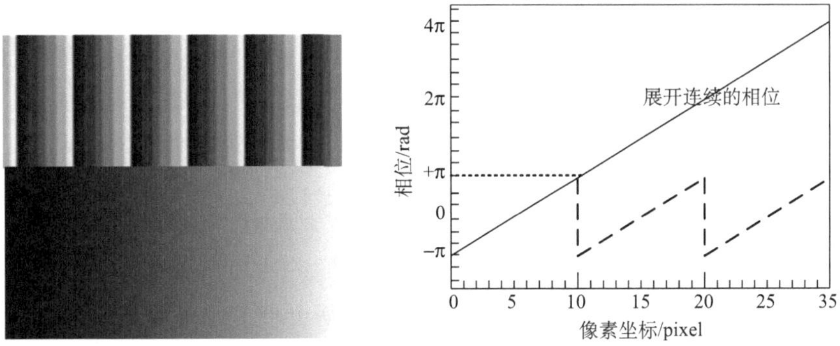

(a) 包裹相位图像展开　(b) 相位展开对应曲线表示图

图 5-18　相位展开示意图

二维相位展开的过程数学原理上是一个积分的过程，相位展开的目的是在一定的积分区域 D 内求解曲线积分，可表示为：

$$I=\int_C (f(x,y)\mathrm{d}x+g(x,y)\mathrm{d}y) \tag{5-15}$$

式中，C 是区域D 中的A、B 两点之间的任一个路径；$f(x,y)=\dfrac{\partial\varphi}{\partial x}$；$g(x,y)=\dfrac{\partial\varphi}{\partial y}$；$\varphi$ 是包裹相位。

针对离散的图像情况，式（5-15）积分过程可表示为：

$$\Phi(x,y)=\varphi(x,y)-2\pi\mathrm{Round}\left[\frac{\varphi(x,y)-\varphi_0}{2\pi}\right] \tag{5-16}$$

式中，$\Phi(x,y)$ 表示展开后的相位值；$\varphi(x,y)$ 表示截断包裹相位；φ_0 表示初始点绝对相位，Round［·］表示取整操作。

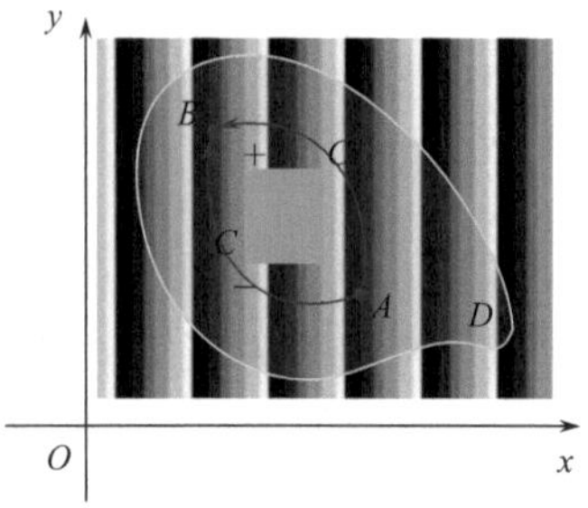

图 5-19 相位展开的数学积分模型图（见彩图）

理想情况下，经过以上运算能实现图 5-19 中 A、B 两点之间正确的相位展开，展开结果不因路径不同而有差别，然而实际测量过程中的噪声或实物不连续导致相位误差，这些都有可能造成非正常的 2π 相位跳动，如图 5-19 中“＋”，“－”号之间的噪声阻断。如果相位展开路径错误地穿过了这些噪声区域，将造成相位展开结果因路径不同而不同，出现相位展开错误，因此，稳定准确的相位展开是目前相位研究的主要方向。

3）测量数据拼接处理技术

基于光学的三维测量方法一次只能测量物体的一个侧面，为了实现全景数据测量，需要从多个视角和方位测量物体[32]，并将多个测量数据拼接融合，实现模型数据的全周获取。一般情况下，测量得到的点云数据是处于测量设备坐标系下，当物体相对于测量设备位置和姿态发生变化后，不同角度测量数据需要进行坐标变换，合成为同一坐标系的一组数据，该技术称为三维拼接技术。三维拼接的方法很多，总体上可大致分为 3 类：第一类是基于辅助硬件的拼接，利用硬件的精确定位实现拼接，包括基于转轴拼接[33]、基于自定位陀螺仪拼接[34]等，这类方法需要使用辅助硬件，应用范围有限；第二类是基于辅助特征信息实现拼接，比如粘贴标志点拼接方法[35]、在被测物附近固定靶标特征点方法[36]等，通过识别不同视角内的特征标志点实现多视角数据拼接，这类拼接方法的一个主要缺点是受标志特征的遮挡不能完全测量被测物；第三类方法是不依靠辅助信息，仅利用三维测量数据实现三维拼接，最具代表性的是迭代最近点算法[37]及各种改进算法。该类方法应用灵活，目前应用最广，但该类方法的一个最大缺陷是需要较好的初始拼接位置，否则很难达到正确收敛。

（1）基于 ICP 的数据拼接方法

ICP（iterative closest point）算法[33]是目前研究和使用最为广泛的拼接算法之一。该算法是 Besl 和 Mckay 于 1992 年提出，它不仅可以处理点云数据，也适合于其他几何对象的对齐问题，包括点集对多边形和曲面对齐等。其具体方法是首先从一个点集、一条曲线或一个曲面中找到与一点对应的最近点，再用这个结果去找出 2 个对应的点集，最后采用单位四元数法找出 2 个点集的变换矩阵。该方法是一种迭代收敛算法，针对迭代计算两视角三维点云数据的相似程度，逐渐使两片数据精确地拼接在一起。传统的 ICP 算法限制性强，受初始位置的影响，不适用于两片距离较远的点云，另外，收敛速度慢，效率不高。许多学者提出了 ICP 的改进算法，例如：Chen 和 Medioni[38]提出了一种相似的算法，使用点的切平面来逼近点云，目标距离度量函数简化为点到切平面的最小二乘距离，在这种情况下能通过小角度的近似旋转实现转换。当两片点集的初始位置很近，有一些相对低的噪声的时候，基于点到平面的误差距离度量能达到二次收敛，但是如果两片点云初始位置距离较远，或点云噪声较大时，该算法将会导致 ICP 算法的收敛错误。后来，Rusinkiewicz 和 Levoy[39]对该类方法又进行了研究和总结、分析，提出了一种加速的改进算法，大大提高了算法的效率。他认为“迭代对应点”比“迭代最近点”更能形象表示算法的核心。文献[40]提出 2 种距离度量方法，即混合局部曲率和点之间距离加权，获得一个二阶近似的平方距离函数，该距离是点 p_i 到由曲面 Q 表示的距离，对于两片点云较近的情况能获得二次方的收敛，对于点云初始位置距离较远的情况能实现较优的线性收敛，但也不能保证达到全局最优收敛。

以经典的点到点为距离度量模式，经典 ICP 算法步骤可表示为：

Step1：给出 2 个点集。第一个点集 $\{p_i \mid p_i \in R^3,\ i=1,\ 2,\ \cdots,\ N_p\}$，用 P 表示，第二个点集 $\{x_i \mid x_i \in R^3,\ i=1,\ 2,\ \cdots,\ N_x\}$，用 X 表示；

Step2：迭代初始化。设 $P_0=P$，$\boldsymbol{q}_0=[1,\ 0,\ 0,\ 0,\ 0,\ 0,\ 0]^{\mathrm{T}}$ 和 $k=0$。对齐矢量相对初始点集 P_0 被定义，以便最终的对齐代表完整的变换。重复以下步骤（1），（2），（3）和（4），直到迭代收敛于给定的公差 τ。

步骤（1），最近点计算，$Y_k=C(P_k,\ X)$。点 $r_1=(x_1,\ y_1,\ z_1)$ 到点 $r_2=(x_2,\ y_2,\ z_2)$ 的距离是欧几里得距离，$d(r_1,\ r_2)=\|(r_1-r_2)\|=\sqrt{(x_2-x_1)^2+(y_2-y_1)^2+(z_2-z_1)^2}$

设 X 表示一个具有 N_a 个点的数据点集，$X=\{a_i\}$，$(i=1,\ 2,\ \cdots,\ N_a)$，

点 p 到点集 X 的距离为 $d(p, X)=\min_{i\in\{1,2,\cdots,N_a\}} d(p, a_i)$，$X$ 中最近的点 a_j 满足等式 $d(p, a_j)=d(p, X)$；

步骤（2），对齐计算。$(q_k, d_k)=Q(p_0, Y_k)$；

步骤（3），运用对齐。$P_{k+1}=q_k(P_0)$；

步骤（4），当最小二乘误差小于事先设定的阈值：$d_k-d_{k+1}<\tau$，（$\tau<0$）时，迭代终止。

（2）基于粘贴标志点的拼接方法

为了实现不同视角测量数据的拼接，首先在被测物表面粘贴一些便于识别的标志点，为了便于标志点的提取，标志点一般设计成较易检测的特点，比如外方内圆、外黑内白的样式。设置标志点时应尽量使得标志点位于 2 个视角的重叠区域，并且标志点处于无序状态，随机分布。用三维测量系统对实物进行测量，既可以得到不同视角下的点云数据，又可以得到不同视角下的标志点的三维坐标数据[41]。

假设在两个不同视角下得到的标志点集分别为：

$$S=\{s_i \mid s_i\in S, i=1, 2, \cdots, k\}, T=\{t_i \mid t_i\in T, i=1, 2, \cdots, l\}$$

对于 S 中的各店分别求出其中任意两点的距离矩阵 $\boldsymbol{A}$：

$$\boldsymbol{A}=\begin{bmatrix} |s_1s_2| & |s_1s_3| & \cdots & |s_1s_k| \\ |s_2s_1| & |s_2s_3| & \cdots & |s_2s_k| \\ \vdots & \vdots & & \vdots \\ |s_ks_1| & |s_ks_2| & \cdots & |s_ks_{k-1}| \end{bmatrix} \tag{5-17}$$

同理也可以得到 T 中各点任意两点的距离矩阵 $\boldsymbol{B}$。

由于在不同视角下，标志点之间的相互位置并没有改变，因而他们具有空间特征不变性，比如某两个标志点之间的距离并不会因为视角的改变而改变。两个视角下获得的标志点三维数据点集的子集 $P=\{p_i \mid p_i\in P, i=1, 2, \cdots, n\}$ 和 $Q=\{q_i \mid q_i\in Q, i=1, 2, \cdots, n\}$，即可得到 n 对匹配点。

三维数据配准技术的实质是把在不同的坐标系中测量得到的数据点云进行坐标变换，问题的关键是坐标变换参数 $\boldsymbol{R}$（旋转矩阵）和 $\boldsymbol{T}$（平移矩阵）的求取。假设在两个视角下获得的曲面测量三维数据点云具有部分重叠区域，那么重叠区域中的标志点在两个视角下的三维坐标显然也符合上面的转换关系。

假设已经得到在两个不同视角下获得的标志点匹配点对 $P=\{\boldsymbol{p}_i \mid \boldsymbol{p}_i\in P, i=1, 2, \cdots, n\}$ 和 $Q=\{\boldsymbol{q}_i \mid \boldsymbol{q}_i\in Q, i=1, 2, \cdots, n\}$，$\boldsymbol{p}_i$ 和 $\boldsymbol{q}_i$ 都是 3×1 的向量，则在两视角下测得的三维数据点之间的坐标转换关系 $\boldsymbol{R}$ 和 $\boldsymbol{T}$，应该使下面的目标函数最小：

$$E = \sum_{i=1}^{n} \|\boldsymbol{q}_i - (\boldsymbol{R}\boldsymbol{p}_i + \boldsymbol{T})\|^2 \tag{5-18}$$

对于上式，使用四元数法、SVD 矩阵分解算法等都能求解。SVD 算法步骤如下：

Step1：对于空间点集 $\{\boldsymbol{p}_i \mid \boldsymbol{p}_i \in \boldsymbol{P},\ i=1,\ 2,\ \cdots,\ n\}$ 和 $\{\boldsymbol{q}_i \mid \boldsymbol{q}_i \in \boldsymbol{Q},\ i=1,\ 2,\ \cdots,\ n\}$ 分别计算 $\boldsymbol{p}$ 和 $\boldsymbol{q}$，其中：

$$\boldsymbol{p} = \frac{1}{n}\sum_{i=1}^{n} \boldsymbol{p}_i,\quad \boldsymbol{q} = \frac{1}{n}\sum_{i=1}^{n} \boldsymbol{q}_i$$

Step2：计算 $\boldsymbol{p}'_i$ 和 $\boldsymbol{q}'_i$（$i=1,\ 2,\ \cdots,\ n$）：

$$\boldsymbol{p}'_i = \boldsymbol{p}_i - \boldsymbol{p},\quad \boldsymbol{q}'_i = \boldsymbol{q}_i - \boldsymbol{q}$$

将以上两式带入 Step 1，消去 $\boldsymbol{T}$，就可以得到

$$\boldsymbol{E} = \sum_{i=1}^{n} \|\boldsymbol{q}'_i - \boldsymbol{R}\boldsymbol{p}'_i\|^2 \tag{5-19}$$

① 对于式（5-19），采用 SVD 矩阵分解算法得到 $\boldsymbol{R}$。

② 计算平移向量 $\boldsymbol{T}$

$$\boldsymbol{T} = \boldsymbol{q} - \boldsymbol{R}\boldsymbol{p}, \tag{5-20}$$

得到旋转矩阵 $\boldsymbol{R}$ 和平移向量 $\boldsymbol{T}$ 后，对于点集 Q 中的任意一点 q，都可以通过下式计算：

$$\boldsymbol{p} = \boldsymbol{R}^{-1}(\boldsymbol{q} - \boldsymbol{T}), \tag{5-21}$$

从而实现数据的配准。

（3）基于机械转轴的拼接方法

转轴机构如图 5-20 所示。水平方向转轴固定在测量基架上，称其为摆动转台，其坐标系设为 $o_s - x_s y_s z_s$；垂直方向转轴固定于摆动轴上，称其为旋转转台，其坐标系设为 $o_r - x_r y_r z_r$；三维测量世界坐标系设为 $o_w - x_w y_w z_w$。以上各坐标系之间存在以下约束关系，世界坐标系与摆动转台坐标系相对固定，旋转轴坐标系与摆动轴坐标系也相对固定，自动拼接的实现主要涉及两个转轴坐标系之间相对转换关系及其与世界坐标系的转换关系，只要将转换关系精确标定，即可实现精确的旋转拼接。

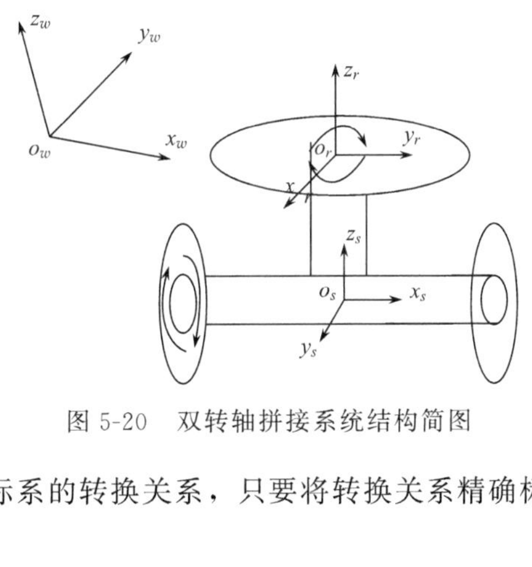

图 5-20　双转轴拼接系统结构简图

以上系统包括 2 个转轴，以其中旋转轴标定为例介绍其转换关系：设世界坐标系为 ($o_w-x_wy_wz_w$)，系统测量获得的三维数据在此坐标系下，该坐标系也是标定靶标的坐标系，系统标定时以靶标的左上角为原点，靶标平面为 x-y 平面，垂直靶标平面为 z 轴的世界坐标系。旋转轴坐标系 $o_r-x_ry_rz_r$ 定义为该坐标系原点为旋转台转轴上一点，垂直于转轴的转台平面为坐标系的 x-y 平面，垂直于转台平面为世界坐标系的 z 轴。同一坐标系下的相对转动，当旋转台转动时，被测物体三维数据绕转轴坐标系 z 轴转动 θ，当测量拼接时，需将转动后的点云数据进行反向角度 θ 矩阵操作。

世界坐标系下的测量点云数据转到转轴坐标系下，需经过旋转和平移两步操作，设绕 x，y，z 轴的旋转角度分别为 α，β 和 γ，平移矩阵为 $[t_x，t_y，t_z]^{\mathrm{T}}$，则坐标系 $o_w-x_wy_wz_w$ 和 $o_r-x_ry_rz_r$ 的齐次变换矩阵可表示为：

$$\boldsymbol{T}_{wr}=\begin{bmatrix}\cos\beta\cos\gamma & -\cos\beta\sin\gamma & \sin\beta & t_x\\ \sin\alpha\sin\beta\cos r+\cos\alpha\sin\gamma & -\sin\alpha\sin\beta\sin\gamma+\cos\alpha\cos\gamma & -\sin\alpha\cos\beta & t_y\\ -\cos\alpha\sin\beta\cos\gamma+\sin\alpha\sin\gamma & \cos\alpha\sin\beta\sin\gamma+\sin\alpha\cos\gamma & \cos\alpha\cos\beta & t_z\\ 0 & 0 & 0 & 1\end{bmatrix} \tag{5-22}$$

测量坐标系的三维点云数据 $\boldsymbol{P}_w$ 转到转轴坐标系可表示为：

$$\boldsymbol{P}_r=\boldsymbol{T}_{wr}\boldsymbol{P}_w \tag{5-23}$$

在转轴坐标系下，绕 z 轴旋转 θ，则齐次变换矩阵为：

$$\boldsymbol{T}_r=\begin{bmatrix}\cos\theta & -\sin\theta & 0\\ \sin\theta & \cos\theta & 0\\ 0 & 0 & 1\end{bmatrix} \tag{5-24}$$

设完成 θ 的旋转后的拼接数据为 $\boldsymbol{P}_r^{\theta}$，则有如下的变换公式：

$$\boldsymbol{P}_r^{\theta}=\boldsymbol{T}_r\boldsymbol{P}_r \tag{5-25}$$

式中，旋转矩阵 $\boldsymbol{T}_r$ 的角度用 $-\theta$ 代替 θ。

同理，世界坐标系与摆动坐标系之间具有相似的转换关系。设世界坐标系与摆动转轴坐标系之间的转换关系为 T_{ws}，在摆动坐标系下，绕轴摆动角度为 φ，则齐次变换矩阵可表示为：

$$\boldsymbol{T}_s=\begin{bmatrix}\cos\varphi & -\sin\varphi & 0\\ \sin\varphi & \cos\varphi & 0\\ 0 & 0 & 1\end{bmatrix} \tag{5-26}$$

由上式知，将测量坐标系的三维点云数据 $\boldsymbol{P}_w$ 转到摆动轴坐标系：

$$\boldsymbol{P}_s=\boldsymbol{T}_{ws}\boldsymbol{P}_w \tag{5-27}$$

完成 φ 的绕轴摆动后拼接数据 $\boldsymbol{P}_s^{\varphi}$，有如下的变换公式：

$$\boldsymbol{P}_s^{\varphi}=\boldsymbol{T}_s\boldsymbol{P}_s \tag{5-28}$$

式中，旋转矩阵 $\boldsymbol{T}_s$ 的角度用 $-\varphi$ 代替 φ。

两转轴坐标系间的转换关系可由式（5-25）和式（5-28）求得：

$$\boldsymbol{P}_r=\boldsymbol{T}_{wr}\boldsymbol{T}_{ws}^{-1}\boldsymbol{P}_s \tag{5-29}$$

被测物在双转轴上既发生转动又有摆动的时候，需将测量得到的三维数据进行坐标系的统一，综合利用式（5-22）～式（5-29）可得被测物三维数据为 $\boldsymbol{P}'_w$：

$$\boldsymbol{P}'_w=\boldsymbol{T}_r\boldsymbol{T}_{wr}\boldsymbol{T}_{ws}^{-1}\boldsymbol{T}_s\boldsymbol{T}_{ws}\boldsymbol{P}_w \tag{5-30}$$

综上所述，只要确定系统世界坐标系与两个转轴坐标系间的空间位置关系，再根据转台的转动角 θ 和摆动角 φ，即可将不同位置的测量点云数据归一化到同一个坐标系，实现不同视场和位姿测量点云数据的拼接，拼接精度直接受转轴的标定精度影响。如图 5-21 所示，白色陶瓷球体通过从 1 个视角到 5 个视角测量获取的三维数据经过拼接处理后得到的数据模型。如图 5-22 所示，对生物医学工程中口腔修复牙模也进行了多视角测量和精度验证。

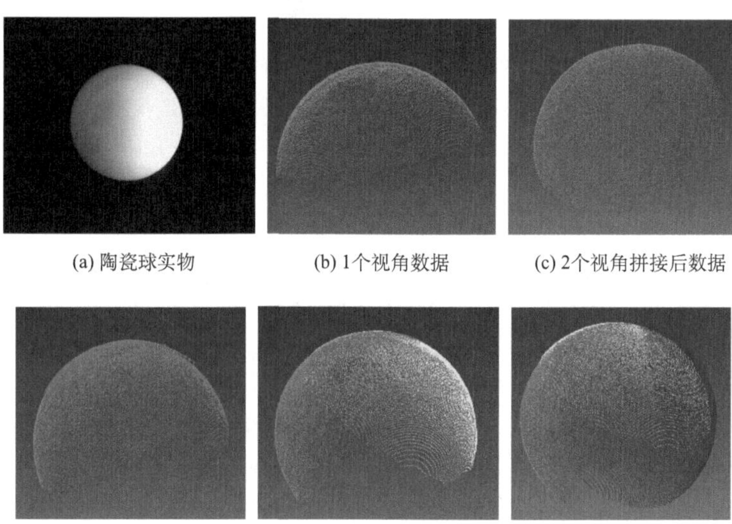

(a) 陶瓷球实物　(b) 1个视角数据　(c) 2个视角拼接后数据

(d) 3个视角拼接数据　(e) 4个视角拼接数据　(f) 5个视角测量数据

图 5-21　陶瓷球多视角测量数据

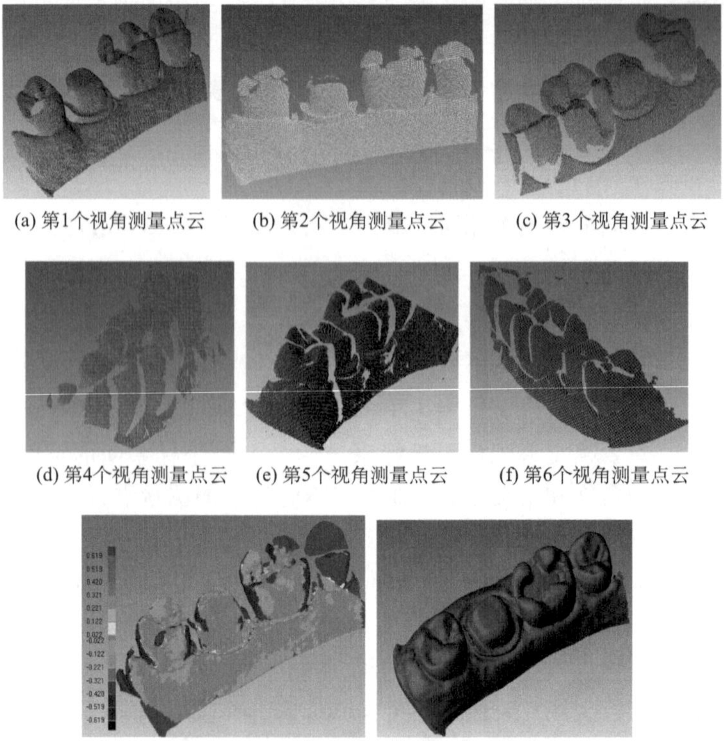

(a) 第1个视角测量点云　(b) 第2个视角测量点云　(c) 第3个视角测量点云

(d) 第4个视角测量点云　(e) 第5个视角测量点云　(f) 第6个视角测量点云

(g) 两视角测量数据拼接精度　(h) 多视角测量数据曲面模型

图 5-22　牙模测量拼接精度验证（见彩图）

参 考 文 献

[1] 金涛，童水光. 逆向工程技术. 北京：机械工业出版社，2003.

[2] 柯映林. 反求工程 CAD 建模理论、方法和系统. 北京：机械工业出版社，2005.

[3] 刘伟军，孙玉文. 逆向工程：原理、方法及应用. 北京：机械工业出版社，2009.

[4] Sims D. New reality in aircraft design and manufacture. IEEE CG&A，1994，16（1）：91.

[5] Zollikofer P，Leon E. A tools for rapid prototyping in the biosciences. IEEE CG&A，1995，11（2）：48-95.

[6] 邓文怡，桑新柱，董明利，等. 寸视觉测量中的应用. 光电子·激光，2002，13（11）：1145-1147.

[7] 彭荣华，钟约先，张吴明. 三维无接触测量中多摄像头拼接技术. 机械设计与制造，2002，（5）：64-65.

[8] 陈明仪，吴德柱，程维明. 用条纹图形拼接法测量三维大物体面形. 光学学报，1998，18（1）：74-79.

[9] 张舜德，卢秉恒，丁玉成. 光学三维形面分区域测量数据的拼接研究. 中国激光，2001，28（6）：533-536.

[10] Batlle J，Mouaddib E M，Salvi J. Recent progress in coded structured light as a technique to solve the correspondence problem：A survey. Pattern Recognition，1998，31（7）：963-982.

[11] Marco J P，Mas J S，Campos R G，et al. Overview of coded light projection techniques for automatic 3D profiling. Proceedings of the 2003 IEEE International Conference on Robotics and Automation，Taipei，2003.

[12] 康新，何小元. 两步相移实现投影栅相位测量轮廓术. 光学学报，2003，23（1）：75-79.

[13] 李根乾，罗子键，王学礼，等. 变光源相移投影莫尔三维轮廓测量方法和系统. 中国机械工程，2002，13（8）：75-77.

[14] 金树人，姚月玲，高勃，等. 应用激光扫描法实现磨牙金属全冠三维重建的实验研究. 口腔颌面修复杂志，2003，4（1）：47-48.

[15] 吴国锋，赵铱民，叶晓兰，等. 单侧眼眶部缺损修复的计算机辅助设计. 实用口腔医学，2003，19（5）：405-407.

[16] 焦婷，叶铭，张富强，等. 应用快速原形法（FDM 法）制作耳廓模型的基础研究. 上海口腔医学，2002，11（4）：319-321.

[17] 张永军. 基于序列图像的视觉检测理论与方法. 武汉：武汉大学出版社，2008.

[18] Salvi J，Pages J，Batlle J. Pattern codification strategies in structured light systems. Pattern Recognition，2004，37（4）：827-849.

[19] 崔海华. 微小型数字化口腔测量关键技术研究及应用. 南京：南京航空航天大学，2012.

[20] Faugeras O D，Toscani G. The calibration problem forstereo. The Proceedings of the IEEE Computer Vision and Pattern Recognition，1986.

[21] Tsai R Y. A versatile camera calibration technique forhigh-accuracy 3D machine vision metrology using oH-theshelf TV cameras and lenses. IEEE Int. J. Robot. Automat. ，1987，RA-3：323-344.

[22] Zhang Z Y. A flexible new technique for camera calibration. IEEE Trans. Pattern Anal. Machine Intell，2000，(22)：1330-1334.

[23] Sansoni G，Carocci M，Roberto R. Calibration and performance evaluation of a 3-D imaging sensor based on the projection of structured light. IEEE Ttrans. Instrum. Meas. ，2000，49：628-636.

[24] Zhang G J，Wei Z Z. A novel calibration approach to structured light 3D vision inspection. Opt. Laser Technol.，2002，(34)：373-380.

[25] Ricardo L S，Thorsten B，Werner P J. Accurate procedure for the calibrationof a structured light system. Opt. Eng.，2004，(43)：1-8.

[26] Chen C S，Hung Y P，Chiang C C，et al. Calibration of 3D surface profilometryusing digital fringe projection. Measurement Science and Technology，2005，(16)：1554-1556.

[27] Zhang S，Huang P S. Novel method for structured light system calibration. Opt. Eng. ，2006，45（8）：083601-083607.

[28] Boyer K L，Kak A C. Color-encoded structured light for rapid active ranging. IEEE Trans-

actions on Pattern Analysis and Machine Intelligence, 1987, 9 (1): 14-28.

[29] Chen C, Hung Y, Chiang C, et al. Range data acquistion using colors structured lighting and stereo vision. Image and Vison Computing, 1997, (15): 445-456.

[30] Salvi J, Batlle J, Mouaddib E. A robust-coded pattern projection for dynamic 3D scene measurement. Pattern Recognition Letters, 1998, (19): 1055-1065.

[31] Vuylsteke P, Oosterlinck A. Range image acquisition with a single binary-encoded light pattern. Pattern Analysis and Machine Intelligence, 1990, 12 (2): 148-163.

[32] Chen F, Brown G W, Song M. Overview of three-dimensional shape measurement using optical methods. Optical Engineering, 2000, 39 (10).

[33] 龙玺，钟约先，李仁举，等. 结构光三维扫描测量的三维拼接技术. 清华大学学报：自然科学版，2002，42 (4)：477-480.

[34] 王兴，韦虎，刘胜兰，等. 基于陀螺传感器的多视角自拼接方法. 中国，CN101539405，2009.

[35] 罗先波，钟约先，李仁举. 三维扫描系统中的数据配准技术. 清华大学学报：自然科学版，2004，44 (8)：1104-1106.

[36] 任同群，邾继贵，李艳军，等. 形貌测量中立体图像拼接的关键技术. 机械工程学报，2008，44 (5)：137-141.

[37] Besl P J, Mckay N D. A method for registration of 3-D shapes. IEEE Transactions on Pattern Analysis and Machine Intelligence, 1992, 14 (2): 239-256.

[38] Chen Y, Medioni G. Object modeling by registration of multiple range images. In Proc. IEEE Conference on Robotics and Automation, Sacramnto, CA: IEEE, 1991: 2724-2729.

[39] Rusinkiewicz S, Levoy M. Efficient variants of the ICP algorithm. Proceedings of the 3rd International Conference on 3D Digital Imaging and Modeling, Quebec: IEEE Computer Society, 2001: 145-152.

[40] Mitra N J, Gelfand N, Pottmann H. Registration of point cloud data from a geometric optimization prspective. Urographics symposium on geometry processing, os Angeles, CA: ACM Press, 2004: 23-32.

[41] 罗先波，钟约先，李仁举，等. 基于标志点的多视角三维测量数据配准技术的研究. 计量技术，2004，(5)：20-22.

第 6 章　三维打印软件技术

6.1　概　　述

随着人们消费需求的日趋多样化，产品更新换代的步伐不断加快，激烈的市场竞争要求缩短产品的生产周期。英国《经济学人》指出以三维打印技术为标志的第三次工业革命将使工厂有可能彻底告别车床、钻头、冲压机、制模机等传统生产工具，传统的制造业将逐渐失去竞争力，数字化、人工智能化制造与新型材料将广为应用。与模具制造等传统工艺相比，三维打印技术制造的同类产品不仅可以实现减重 65%、节材 90%，更重要的是，这种技术只需要三维设计文件，甚至只需要某个模型的设计思想，就能快捷精确地将其转变成产品原型或直接制造零部件，不受零件形状复杂程度的限制，不需要任何的工装模具。此外，三维打印设备还可以方便迅速地制作出传统加工方法难以实现的复杂形状，体现高附加值零部件特殊的成型能力，这对于汽车、机械制造、医疗器械、建筑、动漫玩具乃至军工、航空航天等意义重大。图 6-1 显示了该技术在复杂汽车一体化设计和个性化颅骨修复体设计。由于三维打印技术具有很宽泛的模型适应性，摆脱了传统制造过程中对制造工艺的限制，由此对面向三维打印的三维数据模型的快速设计提出更高的要求。

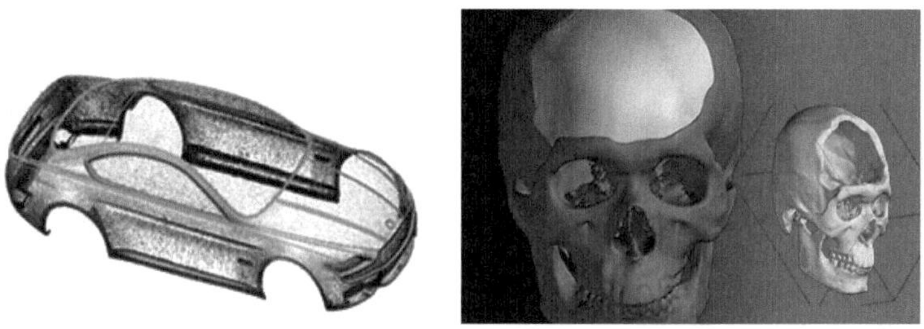

(a) 汽车一体化设计模型　　(b) 颅骨修补一体化设计模型

图 6-1　复杂模型设计示例

三维打印软件的设计思路是由三维打印成型的整个成型过程决定的，三维打印软件的运行过程如图 6-2 所示，可分为 2 个阶段：CAD 模型的数据处理阶段和成型工艺数据处理阶段。

（1）在 CAD 模型的数据处理阶段，三维 CAD 模型的产生主要有 3 种途径：

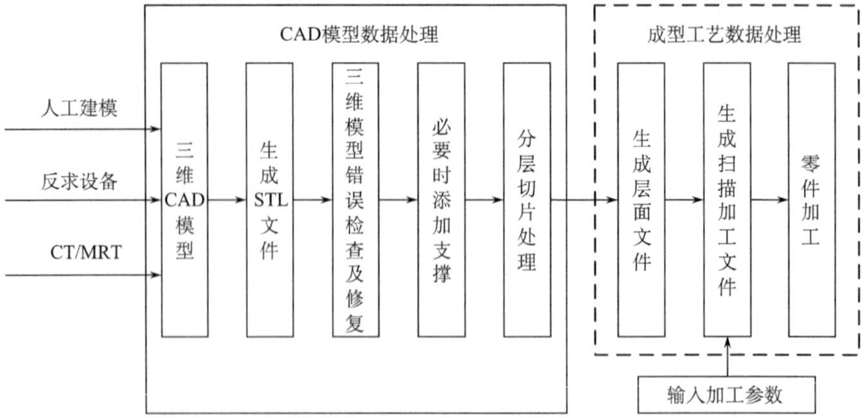

图 6-2 三维打印软件的运行流程

操作人员借助于 CAD 软件人工建模生成三维模型、利用反求设备进行实物的三维点数据测量生成三维模型、利用计算机断层扫描（CT）及磁共振（MRI）等方法生成三维实物的层面数据，从而产成三维模型。

在已设计的三维 CAD 实体模型的基础上，将其转化为三维打印系统能处理的数据格式，商业化的三维打印系统广泛采用的文件格式一般是 STL 格式，大多数 CAD 系统都可以输出 STL 文件格式。

STL 文件格式用三角形小平面代表一个个独立表面来描述 CAD 模型表面，的拓扑结构，可以包含很少或很多个三角形面，三角形面的大小可以很大也可以很小。STL 文件有时包含一些需要修补的缺陷，这就需要新的软件和工具进行编辑、测量、修复和操作 STL 文件。

在对 STL 文件进行错误检查和修复后，根据零件加工的工艺过程，有时还要额外添加支撑，以保证加工的零件变形较小。同时还需进行分层切片处理，即对该三维模型文件按某一取向（一般为 z 方向）进行离散化，将离散化后的每一层轮廓线信息及对应的高度值写入层面文件（即保存每层数据信息的文件）存储。

（2）在三维打印软件的成型工艺数据处理阶段，经加工参数选择或输入后，对层面文件进行处理，生成扫描加工文件（即保存控制成型过程的轨迹数据的文件）。通过控制系统驱动扫描曝光头，根据树脂固化时间、固化强度、固化粒子大小的关系，控制快门保证正确的曝光时间，最后生成原型。

三维打印软件的设计主要考虑软件的通用性、实用性及人机界面等问题。通用性主要在切片方法的选择上；实用性从根本上是软件的实现问题，保证软件系统能配合相应的硬件系统完成必要的加工过程。在此基础上，从软件方面满足设计加工要求；随着软件功能的日趋增强，人们对软件的人机界面有较高要求，包括直观的菜单、灵活的工具条以及更为简单的操作，还有实时帮助功能，因此界面的设计也成为软件设计的重要方面。

6.2　设计方法分类

设计是把人思维过程中的计划、规划、设想通过载体的形式传达出来的活动过程。在实际设计制造活动中，根据设计的流程可以分为以下内容。

6.2.1　正向设计

传统的产品设计过程通常是从概念设计到图纸，再制造出产品的过程。工程设计人员首先根据市场需求分析产品的功能，并从产品功能入手提出相应的技术目标和技术要求，接着进行原理方案的确定，提出产品功能的总体结构设计，进而确定产品结构组成，结构设计人员对产品的各个部件进行二维设计草图的绘制，三维特征模型的建立，并进行实体特征建模，最终在经过一系列迭代的设计活动之后，完成新产品的设计。图 6-3 右侧描述了正向设计的流程。典型的正向设计软件如 CATIA、UG、Pro/E 等。

6.2.2　逆向设计

逆向设计来源于逆向工程（reverse engineering，RE）的制作流程，它是指从产品的实物样件或模型直接反求几何模型的过程，是将实物转化为 CAD 模型的数字化技术和几何模型重建技术的总称，是对已知实物模型的有关信息的充分消化和吸收，在此基础上加以创新改型，通过数字化和数据处理后重构实物的三维原型，如图 6-3 左侧所示。典型的逆向设计软件如 Geomagic、RapidForm、Imageware 等。

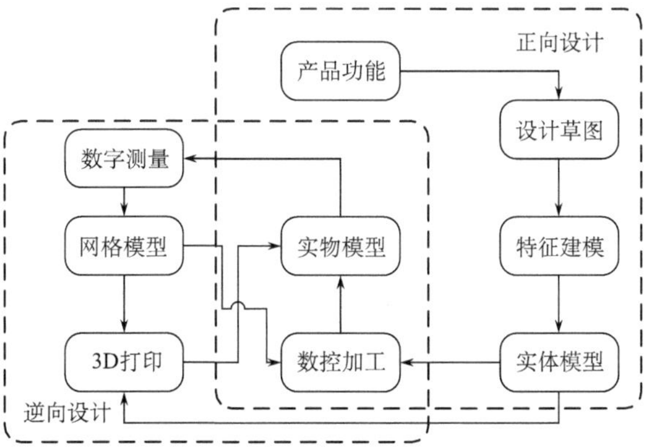

图 6-3　正逆向设计

6.2.3 正逆向混合设计

随着市场产品竞争的加剧，个性化产品的快速设计成为目前设计领域发展的热点。正向设计的从产品功能到草图设计，然后三维建模的设计流程相对成熟，但对市场个性化发展需求响应相对滞后。逆向设计可以直接对现有任意实物模型进行重新建模，并快速实现个性化设计修改，但设计流程不够成熟稳定。混合设计的提出，结合了正向设计的规范性与逆向设计的灵活性，形成灵活且规范的设计构架。如图 6-4 所示，首先通过对实物模型进行数字测量获取实物模型的表面数据并形成网格模型，然后采用特征建模并结合产品功能和设计草图，恢复产品正向设计特征，最后通过实体模型运算设计完成产品的数字模型。典型的混合设计软件如比利时 Materialise 公司的 3-Matic、美国 3D Systems 公司的 Geomagic Spark 等。

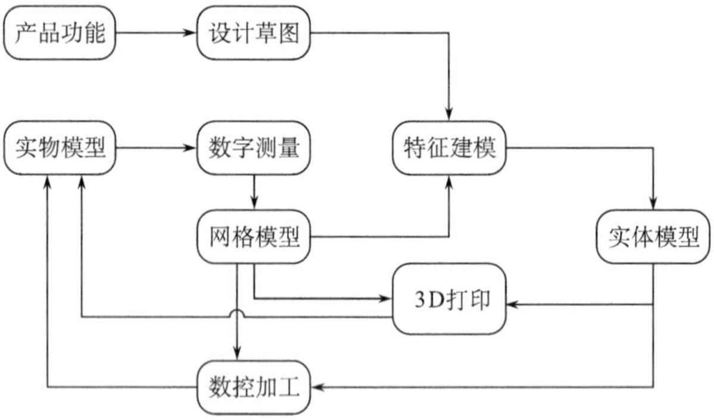

图 6-4　正逆向混合设计

正逆向混合一体化设计系统具有广阔的应用前景，非常适合工程师和制造商使用现成实物对象设计三维模型，也适合用于完成或修改被扫描的零件。借助正逆向设计系统，汽车、电子、工业设计、消费品、模具加工和航天等工业领域的公司可以促进工程团队之间更好的沟通、简化设计流程以及提高逆向设计的可靠性。截至 2013 年仅有几家商业软件公司推出了真正意义上的正逆向混合设计软件产品，该技术目前还处于一个发展期。

6.3 正向设计技术

6.3.1 正向设计建模的发展

对于现实世界中的物体，从人们的想象出发到完成其计算机内部表示的这一过程称之为建模。正向设计建模的步骤是：首先研究物体的抽象描述方法，得到一种想象模型，它可以想象成以二维或三维的方式进行描述，表示了用户所理解的客观事物及事物之间的关系，然后将这种想象模型以一定格式转换成符号或算法表示的形式，即形成产品设计的信息模型。因此，建模过程的实质就是一个描述、处理、存储、表达现实世界中的产品，并将其进行工程信息数字化的过程。按照设计建模方法的发展过程可以分为几何建模和特征建模 2 个阶段。

形状信息在最终产品的描述信息中占有重要地位。自 20 世纪 70 年代底开始进行大量几何建模技术的研究。几何建模方法即物体的描述和表达是建立在几何信息和拓扑信息处理基础上的。几何信息一般是指物体在欧氏空间中的形状、位置和大小，而拓扑信息则是物体各分量的数目及其相互间的连接关系。具体来说，几何信息包括点、线、面、体的信息。这些信息可以以几何分量方式表示，如空间中的一点以其坐标值 x、y、z 表示，空间中的一条直线用方程式 $Ax+By+C=0$ 表示等。但是只用几何信息表示物体并不充分，常会出现物体表示上的二义性。例如图 6-5中的 5 个顶点可以用两种不同方式连接起来，因此，仅仅给出 5 个点的坐标，如果没有点与点之间的连接关系的定义就可能有不同的理解。这说明对几何建模系统来说，为了保证物体描述的完整性和数学的严密性，必须同时给出几何信息和拓扑信息。欧拉曾提出一条关于描述流形体的几何分量和拓扑关系的检验公式，即

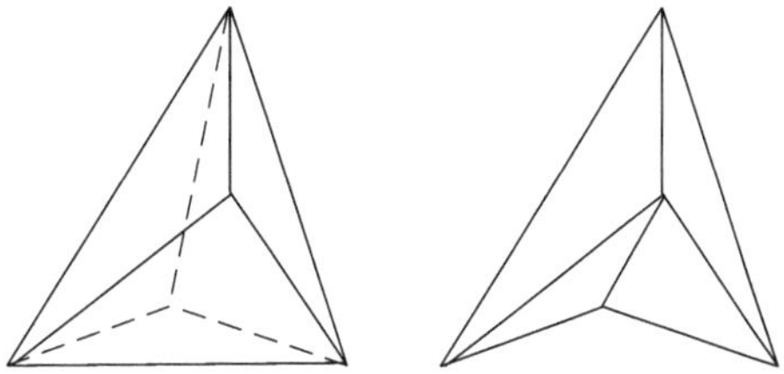

图 6-5　物体表示的二义性

$$F+V-E=2+R-2H \tag{6-1}$$

式中，F 为面数；V 为顶点数；E 为边数；R 为面中的孔洞数；H 为体中的空穴数。

欧拉公式是正确生成几何物体边界表示数据结构的有效工具，也是检验物体描述正确与否的重要依据。

在 CAD/CAM 系统中，几何建模是自动设计和图形处理的基础。如前所述，从 20 世纪 70 年代初欧洲首先把几何建模技术列为计算机辅助设计和制造的中心研究项目以来，经过二十几年的时间，几何建模的研究已取得相当大的进展。

几何建模技术推动了 CAD 技术的发展，而随着信息技术的发展及计算机应用领域的不断扩大，对 CAD 系统提出越来越高的要求，尤其是计算机集成制造(CIM) 技术的出现，要求将产品的需求分析、设计开发、制造生产、质量检测、售后服务等产品整个生命周期的各个环节的信息有效地集成起来。由于现有的 CAD 系统大多都建立在几何模型的基础上，即建立在对已存在对象的几何数据

及拓扑关系描述的基础上，这些信息无明显的功能、结构和工程含义，所以若从这些信息中提取、识别工程信息是相当困难的，为此推动了特征建模技术的发展。

特征（feature）的概念最早出现在1978年美国MIT的一篇学士论文《CAD中基于特征的零件表示》中，随后经过几年的酝酿讨论，至20世纪80年代末有关特征建模技术才得到广泛关注。特征是一种集成对象，是包含丰富的工程语义。因此，它是在更高层次上表达产品的功能和形状信息。对于不同的设计阶段和应用领域有不同的特征定义，例如功能特征、加工特征、形状特征、精度特征等。特征体现了新的设计方法学，是新一代的产品建模技术。

6.3.2　正向建模方法

1. 几何建模

几何建模是指在计算机上描述和构造对象的方法，其构造的模型表达类型分为：线框模型、表面模型、实体模型[1]。

1）线框模型

在三维模型中按照一定的拓扑关系将点和棱边有序连接起来，在计算机内描述一个三维线框模型必须给出两类信息：顶点表——存储模型中各顶点的三维坐标；边表——存储模型中的各棱边，由指针指向各棱边的顶点。

2）表面模型

数据结构是以“面-棱边-点”3层信息表示的，表面是由有界棱边围成，而棱边是由点构成，它们形成了一种拓扑关系。表面模型用的曲面可以是简单的解析曲面，也可以是自由曲面。构造自由曲面的方法有很多，最常用的是Bezier方法、B样条方法、非均匀有理B样条（non-uniform rational B spline，NURBS）方法等。

3）实体模型

一般是以“体-面-环-棱边-点”的5层结构信息表示模型。体是由表面围成的封闭空间，表面是由棱边围成的区域，其内部可能存在环，例如一个孔在一个表面上形成了一个环，这些环也是由棱边组成。实体建模最常用的是边界描述法（boundary representation，B-Rep）和构造实体几何法（computed structure geometry，CSG）。实体模型的信息丰富，除了能实现表面模型的功能外，还能够满足物理性能计算。例如，质量与质心计算、重力以及工程分析的需求。在产品设计中，实体建摸技术更符合人们对真实产品的理解和习惯。

2. 特征建模

实体建模方法在表示物体形状和几何特性方面是完整有效的，能够满足对物体的描述和工程的需要，但是从工程应用和系统集成的角度来看，还存在一些问题。例如，实体建模中的操作是面向几何的（点、线、面），而非工程描述（如槽、孔、凸台等构造特征），信息集成困难，因而需要有一个既适用于产品设计和工程分析，又适用于制造计划的统一的产品信息模型，满足制造过程中各环节对产品数据的需求。特征造型方法的出现弥补了实体造型的这一不足。

特征目前尚无统一的定义，可以认为特征是一组具有确定约束关系的几何实体，它同时包含某种特定的语义信息。一般将特征分为 4 类：

（1）形状特征。与几何相关的零件形状表示，例如孔、槽、凸台等。

（2）材料特征。零件的材料、热处理和加工条件等，它隶属于零件的属性和加工方法，材料特征表示的信息经常反映在 BOM（bill of material）表中，是 CAPP 和 CAM 所需的工艺信息。

（3）精度特征。可接受的工程形状和大小的偏移量，例如，公差尺寸可以认为是精度特征的内容之一。

（4）装配特征。反映装配时的零件之间的约束配合关系以及相互作用面，例如孔与轴的装配。

特征造型的本质还是实体造型，但是进行工程语义的定义，即语义和形状特征的组合。针对 CAD/CAM 的集成，人们对特征的概念、表示方法与应用进行大量的研究。从设计的角度来看，特征设计能满足产品设计、几何模型建立以及设计分析（如有限元分析）的信息需求，从制造计划的角度来看，像制造工艺计划、装配计划、检验计划、加工工序计划、零件的数控加工编程等制造活动，均可用潜在的基于零件的某种特征表示。从研究方法来看，特征造型技术的研究主要包括特征识别和特征设计。特征识别利用几何造型系统所提供的实体模型，对几何模型进行解释，自动识别制造工艺计划所要求的特定的零件——几何信息模式，即加工特征，直接应用于产品零件的制造工艺设计。

3. 参数化与变量化设计

在产品设计中，设计实质上是一个约束满足问题，即由给定的功能、结构、材料及制造等方面的约束描述，经过反复迭代，不断修改从而求得满足设计要求的解的过程。除此之外，设计人员经常碰到这样的情况：①许多零件的形状具有相似性，区别仅是尺寸的不同；②在原有零件的基础上做一些小的改动来产生新零件；③设计经常需要修改。这些需求采用传统的造型方法是难以满足的，一般只能重新建模。参数化方法提供了设计修改的可能性。

1）参数化设计

参数化设计一般是指设计对象的结构形状基本不变，而是用一组参数来约定尺寸关系。参数与设计对象的控制尺寸有显式对应关系，设计结果的修改受尺寸驱动，因此参数化的设计较为便捷。

参数化设计的主要特点如下：

(1) 基于特征。将某些具有代表性的几何形状定义为特征，并将其所有尺寸设定为可修改参数，形成实体，以此为基础进行更为复杂的几何形体的创建。

(2) 全尺寸约束。将形状和尺寸联合起来考虑，通过尺寸约束来实现对几何形状的控制。造型必须以完整的尺寸参数为出发点（全约束），不能漏注尺寸（欠约束），不能多注尺寸（过约束）。

(3) 尺寸驱动实现设计修改。通过编辑尺寸值驱动几何形状的改变，它也是全数据相关的基础。

(4) 全数据相关。某个或某些尺寸参数的修改，导致与其相关的尺寸得以全部同时更新。全数据相关的修改功能体现：当需要零件形状改变时，只需编辑尺寸值重新更新即可实现形状的改变。

2) 变量化设计

大多数 CAD 系统不强调参数化设计和变量化设计在概念上的区别，而是统称参数化（实际上包含了变量化设计），在设计方法上两者基本相同。变量化设计一词最早是美国麻省理工学院 Gossard 教授提出的，具体处理方法是数值约束方法以及基于规则的推理方法。参数化设计和变量化设计在许多方面具有共同点，例如两者都强调基于特征的设计、全数据相关，并可实现尺寸驱动设计修改等。但它们也有区别：一是在约束的处理方法上存在不同之处，参数化设计强调的是尺寸全约束，而变量化设计不严格要求尺寸全约束，可以是过约束，也可以是欠约束。这种不强调全约束的特点大大提高了设计的灵活性和方便性。特别是在概念设计期间，一般不容易给出模型的尺寸细节，而是将注意力放在几何形状的设计上，因而用户有更大的自由度进行设计，设计过程更接近传统的设计过程。二是参数化设计方法主要是利用尺寸约束，而变量化设计的约束种类比较广，包括几何、尺寸、工程约束，通过求解一组联立方程组来确定产品的尺寸和形状。例如，工程约束可以是重力、载荷、可靠性等关键设计参数，在参数化系统中这些是不能作为约束条件直接与几何方程建立联系的。

由于欠约束和过约束的求解方法较全约束灵活，因此，变量化设计的求解可以利用人工智能方法，通过制定一些规则，对于过约束需要去除多余的约束，而对于欠约束，则需要补充约束变量。例如对参与约束的某个几何元素采用默认的当前数据作为约束，免去了由用户指定约束，而使方程能够解出正确的结果。

6.3.3 典型的设计软件介绍

1. CATIA

CATIA（computer-graphics aided three dimesional interractive apptication，

即计算机辅助三维交互设计应用）是法国达索系统（Dassault Systems）公司开发的 CAD/CAM/CAE 集成系统。CATIA 软件的曲面设计功能在飞机、汽车、轮船等设计领域广泛应用。现在达索系统公司可提供 CATIA V5 版本，该版本能够运行于多种平台，特别是微机平台，并且具有友好的用户界面。

CATIA V5 可以为数字化企业建立一个针对产品整个开发过程的工作平台。在这个平台中，可以对产品开发过程的各个方面进行仿真，并能够实现工程人员和非工程人员之间的电子通信。产品整个开发过程包括概念设计、详细设计、工程分析、成品定义和制造，乃至成品在整个生命周期中的使用和维护，给用户提供了一个完善的工具和使用环境。它不仅给用户提供了丰富的解决方案，而且具有先进的开放性、组成性及灵活性。

2. Unigraphics

UG 软件以 CAD/CAM/CAE 一体化而著称。UG 软件起源于美国麦道飞机公司，并于 1991 年并入美国通用汽车公司 EDS（电子资讯系统有限公司），2007 年并入西门子 Siemens，因此该软件汇集了多了领域的专业经验。经过 30 多年的发展，UG 软件现已成为世界一流的集成化机械 CAD/CAM/CAE 软件，广泛应用于航空、航天、汽车、通用机械、模具和家用电器等领域。许多世界著名公司均选用 UG 软件作为企业计算机辅助设计、制造和分析的标准，如美国通用汽车公司、波音飞机公司、贝尔直升机公司、英国宇航公司、普惠发动机公司等都以 UG 作为企业产品开发的软件平台。

UG 软件是一个高度集成的 CAD/CAM/CAE 软件系统，可应用于整个产品的开发过程，包括产品的概念设计、建模、分析和加工等。该软件不仅具有强大的实体造型、曲面造型、虚拟装配和产生工程图设计等功能，而且在设计过程中还可进行有限元分析、机构运动分析、动力学分析和仿真模拟，进而提高设计的可靠性。同时，该软件还可使用建立的三维模型直接生成数控代码，用于产品的加工，其后处理程序能够支持多种类型的数控机床。另外，UG 软件所提供的二次开发语言 UG/Open Grip 和 UG/Open API 简单易学，能实现的功能多，便于用户开发专用的 CAD 系统。

3. Pro/Engineer

Pro/Engineer 是一个大型软件包，由多个功能模块组成，每一个模块都有独立的功能。用户可以根据需要调用其中一个模块进行设计，各个模块创建的文件有不同的文件扩展名。此外，高级用户还可以调用系统的附加模块或者使用软件进行二次开发工作。

以 Pro/Engineer 为代表的软件产品的总体设计思想，体现了机械设计自动化软件的新发展，其所采用的新技术与其他同类软件相比具有明显优势。PTC公司提出的单一数据库、参数化、基于智能的特征造型、全相关以及工程数据再利用等概念改变了机械设计自动化的传统观念。这种全新的观念已成为当今世界机械设计自动化领域的新标准。Pro/Engineer 软件能将从设计至生产的全过程集成在一起，让所有的用户同时进行同一产品的设计制造工作，因此它的开发理念符合并行工程的基本思想。

4. AutoCAD

AutoCAD（auto computer cided design）是美国 Autodesk 公司于 1982 年生产的计算机辅助设计软件，可用于二维绘图、详细绘制、设计文档和基本三维设计。现已经成为国际上广为流行的绘图工具。dwg 文件格式则成为二维绘图的事实标准格式。

AutoCAD 具有良好的用户界面，通过交互菜单或命令行方式便可以进行各种操作。它的多文档设计环境，使得非计算机专业人员也能很快掌握使用，而且能够在不断实践的过程中更好地掌握各种应用和开发技巧，从而不断提高工作效率。

AutoCAD 具有广泛的适应性，可以在各种操作系统支持的微型计算机和工作站上运行，并支持分辨率由 320×200 到 2048×1024 的各种图形显示设备 40 多种，以及数字仪和鼠标器 30 多种，绘图仪和打印机数十种，这就为 AutoCAD 的普及创造了条件。目前 AutoCAD 广泛应用于土木建筑、装饰装潢、城市规划、园林设计、电子电路、机械设计、服装鞋帽、航空航天、轻工化工等诸多领域。

5. CAXA

北京数码大方科技有限公司（CAXA）是中国领先的 CAD 和 PLM 供应商，是我国制造业信息化的优秀代表和知名品牌，拥有完全自主知识产权的系列化 CAD、CAPP、CAM、DNC、EDM、PDM、MES、MPM 等 PLM 软件产品和解决方案，覆盖了制造业信息化设计、工艺、制造和管理 4 大领域，产品广泛应用于装备制造、电子电器、汽车、国防军工、航空航天、工程建设、教育等各个行业。

CAXA 是一种系列化的产品套装，针对三维设计、二维设计、工艺、加工等分别开发了针对性的单个软件，主要提供数字化设计（CAD）、数字化制造（MES）以及产品全生命周期管理（PLM）解决方案和工业云服务。

6.4　逆向设计技术

6.4.1　逆向设计概述

逆向设计主要是指从产品的实物样件或模型反求几何模型的过程，是将实物转化为 CAD 模型的数字化技术和几何模型重建技术的总称[2]，是对已知实物模型的有关信息的充分消化和吸收，在此基础上加以创新改型，通过数字化和数据处理后重构实物的三维原型。

逆向设计技术经历几十年的研究和发展，已经成为产品快速开发过程中的重要支撑技术之一。它与正向设计、优化设计、有限元分析等有机组合，构成了现代设计理论及方法[3]。目前，随着社会生产的不断发展，制造业仍处于以价格、质量为主导因素的竞争时期，而设计技术的发展将成为三维打印技术发展的重要技术内容之一，从而也将对制造业当前的竞争格局产生一定的影响。

逆向设计主要包含 2 种设计技术：一种是将三维扫描设备获取的离散数据，通过曲面分割、特征拟合重建的思路转变为传统的正向设计；另一种是直接在获取的离散曲面上进行曲面形状设计。考虑到三维打印处理的数据主要是以三角网格为主的离散数据，本章后半部分将重点介绍离散数据的表示、离散数据预处理、离散数据设计等一系列方法。

6.4.2　离散数据及其表示

离散曲面一般是由点、线、面等基本几何元素直接构成的曲面，该曲面结构清晰、构造简单，在生物组织建模、动画娱乐、地质建模等应用广泛。根据离散数据的类型可以分为如下 5 类，如图 6-6 所示。

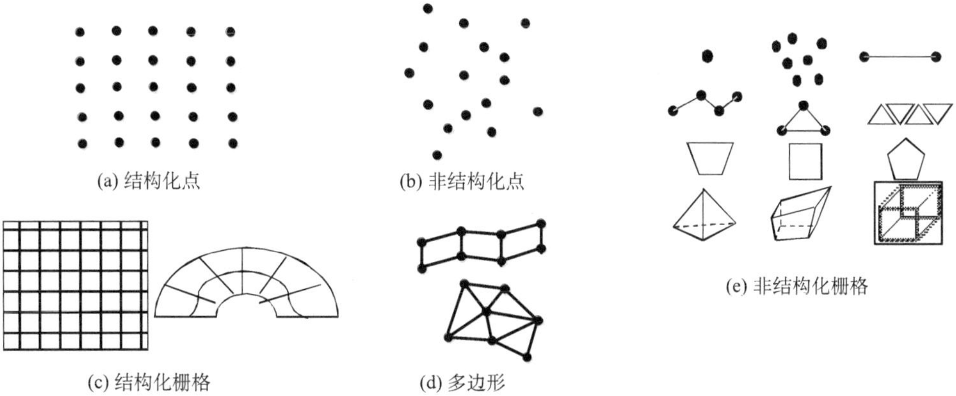

(a) 结构化点　(b) 非结构化点　(c) 结构化栅格　(d) 多边形　(e) 非结构化栅格

图 6-6　离散数据类型

（1）结构化点 SP（structured point）。包括表面形状及几何形状点阵的几何体结构，如二维或者三维图像数据都属于此类型。

（2）非结构化点 USP（unstructured point）。表示空间中没有拓扑关系的离散点集，这种类型可以被其他几种类型表示。

（3）结构化栅格 SG（structured grid）。结构化栅格的数据拓扑属性是规则的，而几何属性为不规则，且网格形状可能是弯曲的。

（4）非结构化栅格 USG（unstructured grid）。非结构化栅格的数据拓扑属性与几何属性都不规则，所有的数据都可以用这种结构来表示，但这种结构的数据量庞大，占用较多的计算机资源。

（5）多边形 PD（polygonal data）。用简单的图形组成比较复杂的三维图形通常是用这种数据格式来表示，一个多边形数据通常由顶点、顶点集合、线、三角面片集合等组成。其数据的拓扑属性和几何属性都不规则。多边形类型和非结构化栅格类型有些相似，但非结构化栅格类型中的单元格可以是三维图形，如小锥体、立方体等，而多边形类型的单元格只能为二维或一维的图形，如三角面片、多边形等。

上述类型中多边形三角面片在离散曲面表达具有简洁方便的特点，已经成为离散曲面建模设计、有限元仿真、数控加工等领域最为广泛使用的离散数据表达。下面将重点介绍 STL 文件。

1. STL 文件

STL 文件通过三角片的相关信息表示实体的表面，一个三角片的信息包含三角片的外法矢和按右手螺旋规则排列的 3 个顶点。STL 文件格式规整、结构清晰，但是从实体几何拓扑模型转换成 STL 三角片文件格式时，采用顶点和共边“分裂”的方式存储，丢失了最初的拓扑关系，同时还增加了大量的重顶点、重边的冗余数据。

STL 文件格式遵循以下规则：

（1）共顶点规则。每一个小三角形平面必须与每个相邻的小三角形平面共用 2 个顶点，即一个小三角形平面的顶点不能落在相邻的任何一个三角形的边上。图 6-7 所示为不满足顶点法则的示例及修正结果。

（2）取向规则。对于每一个小三角形平面，其法向量必须向外，3 个顶点连成的矢量方向按右手法则确定，而且对于相邻的小三角形平面，不能出现取向矛盾。图 6-8 所示为法向量与三角形顶点的关系。

（3）取值规则。每个小三角形平面的顶点坐标值必须是正数。

（4）充满规则。在一维模型的所有的表面上必须布满三角形小平面，不得有任何遗漏。

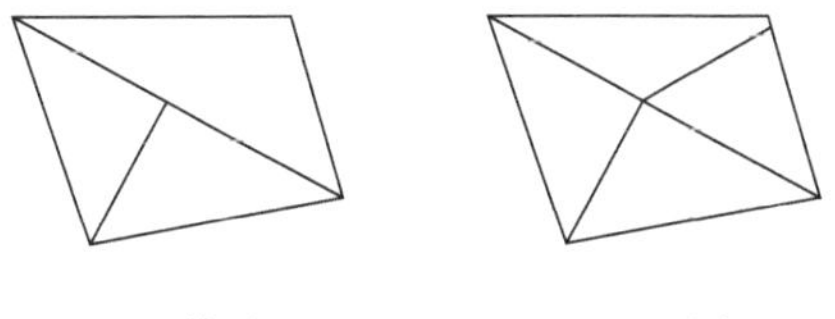

图 6-7 顶点法则问题

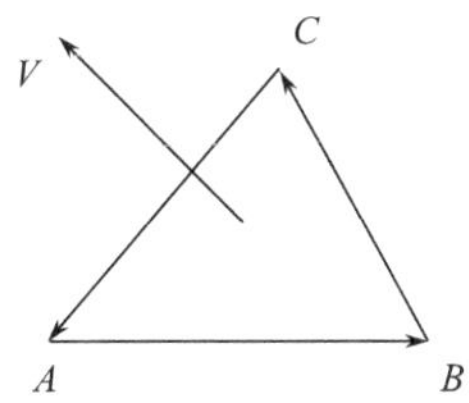

图 6-8 法向量与三角形顶点的关系

2. 模型的有效性检查及错误修复

1）STL 文件可能出现的缺陷

目前，多数 CAD 软件系统都有产生 STL 文件格式的模块，只需调用这个模块，就能将 CAD 系统构造的三维模型转换成 STL 格式文件。然而，由于 CAD 软件和 STL 文件格式本身的问题，以及转换过程造成的问题，所产生的 STL 格式文件可能有少量的缺陷，其中，最常见的问题有：

（1）违反 STL 文件规则。在两个曲面相交时，出现违反共顶点规则的三角形，即顶点共线错误。如图 6-7 所示的情况。

（2）出现裂缝或孔洞。图 6-9 说明了出现这类错误的原因。当两个具有不同曲率的曲面 1 和曲面 2 相交时，由于曲面 1 是相对平坦的，所以用较大的三角形就能得到较为精确的近似表示，在与曲面 2 相交的边界曲线上定义的三角形顶点的间距相对较大。而另一方面，曲面 2 的曲率较大，所以必须用较小的三角形来近似表示，在与曲面 1 相交的边界曲线上定义的三角形顶点的间距相对较小。当两个曲面连接公共边界线上的点生成三角形时，就会出现裂缝或丢失三角形，违反充满规则。

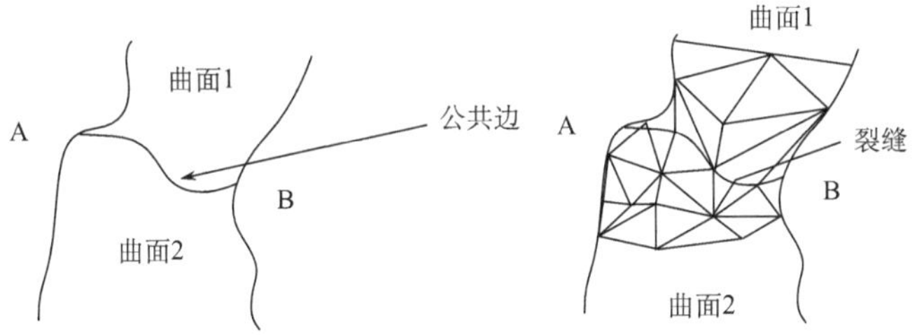

图 6-9 三角形的丢失

（3）三角形过多或过少。进行 STL 格式转换时，若转换精度选择不当，会出现三角形过多或过少的现象。当转换精度选择过高时，使产生的三角形过多、所占用的文件空间太大，可能超出三维打印系统所能接收的范围，导致成型困难；当转换精度选择过低时，使产生的三角形过少，造成成型件的形状、尺寸精度不能满足要求。遇有上述情况时，应适当调整STL格式的转换精度，即将三角形与所逼近曲线的最大误差控制在0.01～0.05范围之内。

（4）微小特征遗漏或出错。当三维CAD模型上有非常小的特征结构（如很窄的缝隙、肋条或很小的凸起等）时可能难于在其上布置足够数目的三角形，致使这些特征结构遗漏或形状出错，或者在后续的切片处理时出现错误、混乱。对于这类问题，比较难解决。因为如果要想用更高的转换精度（即更小尺寸和更多数目的三角形），以及更小的切片间隔来克服这类缺陷，则会使占用的文件空间增大，造成打印困难。

（5）三角形平面的法向量方向错误。即三角形平面的法向量方向与三角形顶点之间不符合右手法则。这类缺陷会影响STL实体的三维显示和支撑的添加，而切片过程无需法向量数据，因此不会影响切片。

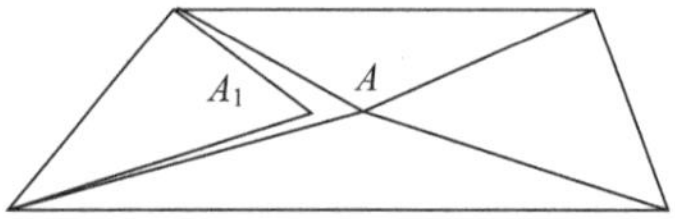

图 6-10　顶点剥离现象

（6）顶点剥离现象。在CAD造型系统将三维实体造型转换为STL模型时，由于受到运算精度及转换精度的影响，可能会造成同一顶点被剥离的情况。在图6-10中，A与A_1为同一顶点的剥离现象，这种缺陷将导致相关三角形不满足顶点法则。

（7）三角形重复。即三角形重复出现，导致拓扑失败，这类错误很少出现。

2）STL文件检查算法及实现

以上STL文件出现的各类错误都是不满足拓扑关系的体现，因此对这些错误检查和修复的算法应要建立在STL文件拓扑关系的寻找和检查上。

首先讨论文件拓扑关系的建立和检查。其基本算法[4]为：把STL文件的三角形数据读入内存，从第一个三角形开始，从剩下的三角形中寻找与当前三角形的拓扑关系，即寻找当前三角形的三条边与其他三角形的三条边是否为同一条边，当前三角形的拓扑关系建立后，就将该三角形标记为拓扑关系已建立，从而不再检查其与其他三角形的拓扑关系，图6-11是该算法流程图。

当三角形之间的拓扑关系建立后，就可以对STL文件的错误进行检查和修复，当STL文件出现的错误相对较少和较为简单时，还可以进行修复，当错误较多和较为复杂时就只能对模型进行重建。下面讨论其具体的算法：

（1）顶点共线。当此类错误出现时，会有2个三角形边落在一个三角形边上，可将相邻的这3个三角形的共线的3条边看作一个“缺陷三角形”（即三角形的3个顶点位于同一条线上）来处理，从而作为丢失三角形错误修复。

（2）三角形重复。依次检查所有三角形，若有重复三角形出现，则只保留其中一个，若保留的三角形不满足顶点原则，在进行拓扑搜索时由于该三角形无拓

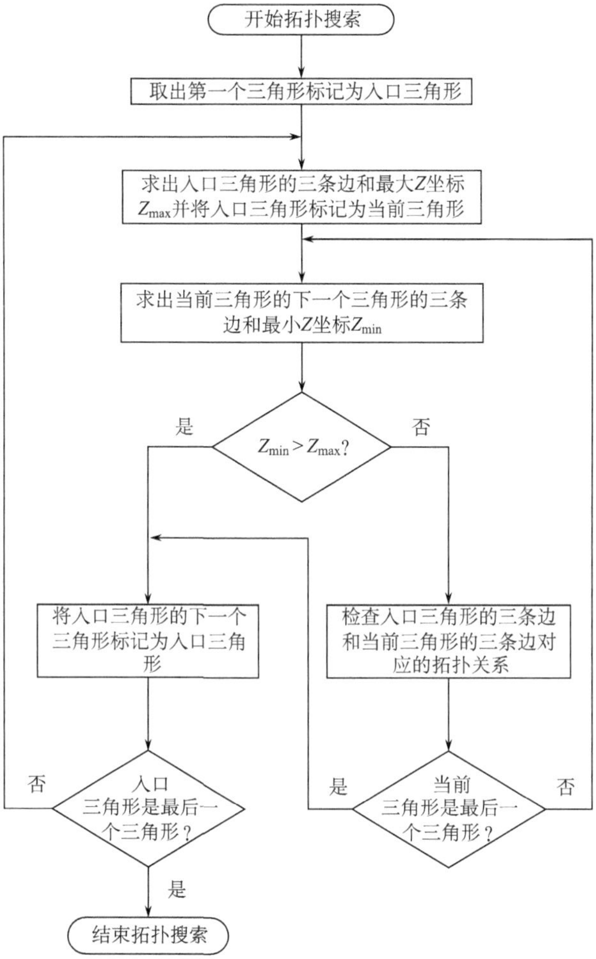

图 6-11　STL 拓扑算法流程

扑关系，将该三角形删除，从而作为丢失三角形错误修复。

(3) 法向量错误。当三角形的顶点不满足顶点原则时，在进行拓扑搜索时由于该三角形无拓扑关系，所以会将该三角形删除，从而作为丢失三角形错误修复。当三角形的顶点满足顶点原则而只是法向量出现错误时，这种错误不会影响切片而只影响模型的显示和支撑的添加。其解决算法较为复杂，在此不详细介绍。

(4) 三角形丢失。此类错误是出现最多的错误，纠正起来较为困难和复杂。又由于已经将前述的某些错误转化为该类错误，所以此类错误的纠正是需要解决的主要问题，其具体算法如图 6-12 所示。图 6-13 为采用此算法对有缺陷的 STL 文件进行修复的情况。

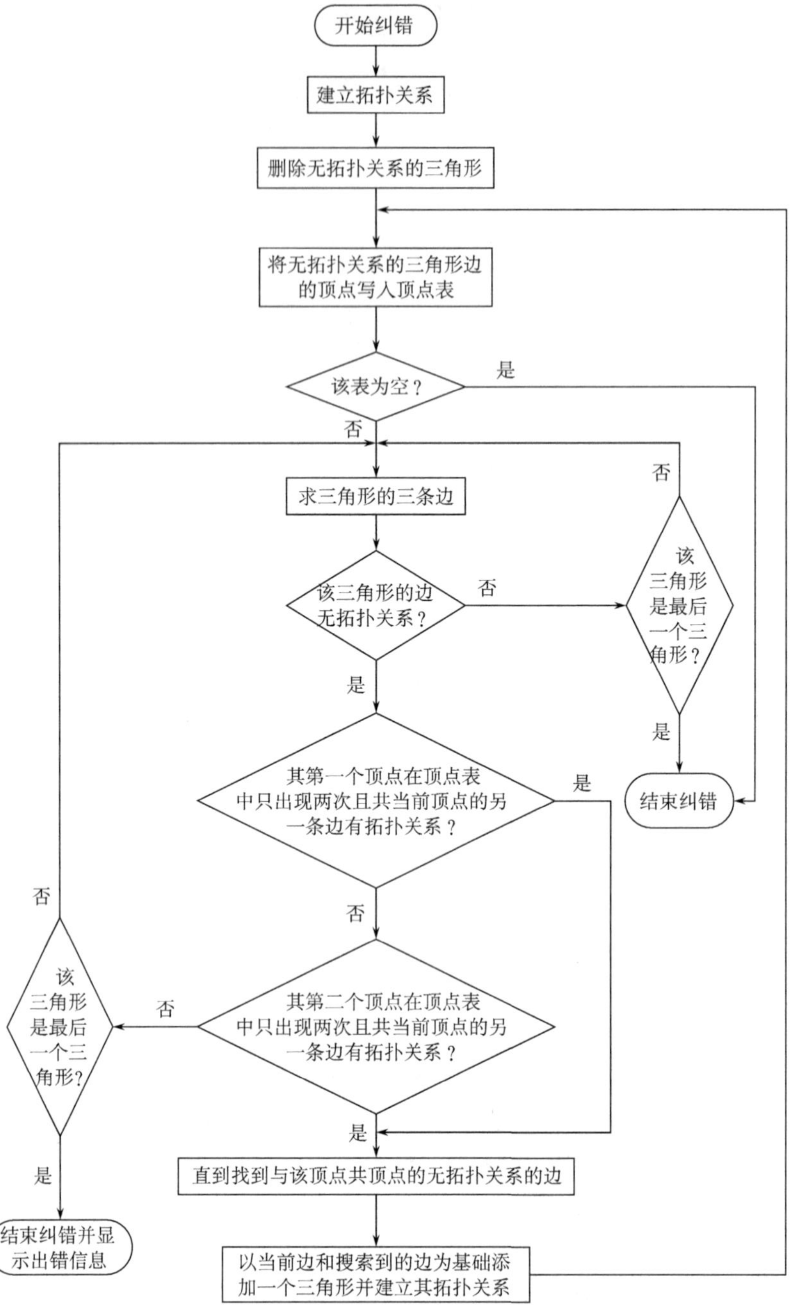

图 6-12　STL 文件错误修复流程

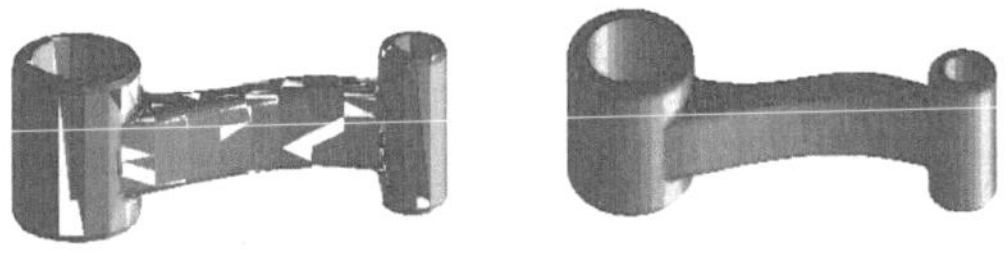

(a) 错误修复前　　(b) 错误修复后

图 6-13　STL 文件的错误修复

6.4.3　数据预处理

由三维扫描获取的三维点云数据在借助光学生成过程中，由于信号噪声、光线干扰、多视角交叠等不可避免的包含噪声、空洞等很多数据不规则、奇异的复杂情况，需要对不同测量原理产生的离散数据进行数据去噪、数据简化、数据孔洞修复、数据一致性优化、数据拼接等一系列预处理，为后续的面向三维打印的逆向设计提供高质量的数据源。

1. 数据去噪

逆向工程中的数据滤波主要是借助数字信号处理和图像处理中的滤波技术，较好的点云数据去噪算法除了需要剔除噪声外，还需要有效地保持模型的特征，防止顶点漂移等。图 6-14 显示噪声去除前后的结果对比。

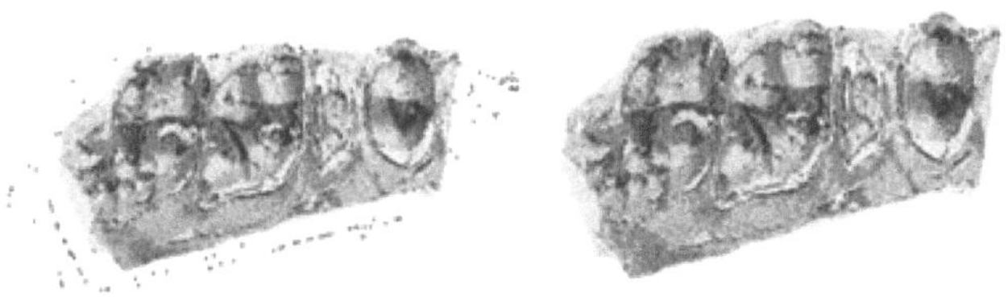

(a) 测量获取的模型　　(b) 噪声去除后的模型

图 6-14　点云数据去噪的初步实验结果

2. 数据简化

三维建模过程中，为了充分表现真实物体的几何特征，需对物体表面获取大量均匀的采样点，由此得到均匀、稠密的三维网格模型，但却导致模型中的三角片数目变得非常巨大，可能超出计算机硬件的承受能力[5]。而在有限大小的屏幕上绘制非常稠密的三角网格时，模型中较小的三角片会退化为屏幕上的一个像素点，给绘制系统带来不必要的负担。同时稠密的网格通常也会超出用户所需的精度，说明点数存在大量冗余。因此，为了减少模型中的冗余数据，为模型的存储、绘制、传输、编辑提供方便，就需要对三维模型进行简化，如图 6-15 所示。由于三维网格中的顶点、三角形之间在几何、拓扑上都是相互关联的，因此常规的算法一般是要求将整个原始模型同时调入内存进行简化计算，然而计算机内存的容量是有限的，因此对于数据量非常庞大的三维模型，改变方法可能无法进行处理。根据简化时是否把模型数据整体调入内存，可将简化算法分为常规简化算法和 out-of-core 简化算法[6]。对于具体算法在此不作赘述。

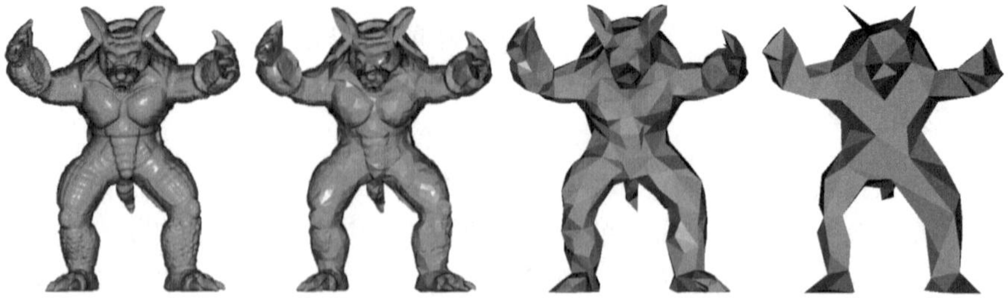

图 6-15　犰狳兽模型简化

3. 数据拼接

在实物测量过程中，光学三维测量设备往往不能在单一视角下得到物体的完整表面信息，这主要有 3 个原因[7]：①被测物体的尺寸过大，测量设备无法一次性完成整个表面的测量；②被测物体的几何形状复杂，测头无法测量物体的背面；③被测物体有定位或夹紧要求，一次测量无法同时获得定位面及夹紧面的测量数据，需引入多次测量。为了获得完整的表面信息，这就需要从不同视角使用多次定位进行测量。每一次测量都是在当前坐标系下进行的，所以为了得到被测物体完整的表面模型，需要确定一个合适的坐标变换，将从各个视角得到的点集变换到同一坐标系下。这就是多视点云的数据拼接，也称点云配准。三维数据拼接在逆向工程、虚拟现实、曲面质量检测等领域应用广泛。

Tamás Várady[8]介绍了一种转台定位法，将测量物体放置在旋转台上，测头固定不动，通过测量物体和转台同步旋转，调整物体的测量位置，可以得到多个视角的点云数据，然后根据转台旋转角度完成多个视角点云的拼接，但对于一些复杂的物体，在固定一次的情况下无法测量其完整的表面。

三维数据拼接的另一种方法是利用数据中的变换信息或利用获取数据时引入的其他信息对三维数据进行拼接。这种方法又分为对数据的直接拼接和基于图形的拼接 2 种。数据的直接拼接是直接对数据点集进行操作，目前国内外采用的方法基本上都是基于 Besl[9] 提出的迭代最近邻点（iterative closet point，ICP）算法。该算法的基本思想是：给定目标点集 P（需要变换到以参考点集 Q 为基准的点集）和参考点集 Q（固定不动的点集），为了使 P 能够和 Q 拼接在一起，首先对点集 P 中的每一个点在点集 Q 中找一个与之距离最近的点，建立点对的映射关系，然后通过最小二乘法计算一个最优的坐标变换，即旋转矩阵 $\boldsymbol{R}$ 和平移

矢量 $\boldsymbol{T}$，并令 $\boldsymbol{P}=\boldsymbol{RP}+\boldsymbol{T}$，对这一过程进行迭代，直到满足精度要求为止，最终的坐标变换为每次变换的合成。该算法可以较好地解决 6 个自由度的数据点和模型匹配的问题，但算法每次迭代都需要计算点到模型的最短距离，处理起来速度较慢，并不能真正解决点云数据的多个视角的拼接。

4. 数据三角网格化

离散曲面重建是利用离散的点云数据来重建被测物体的曲面模型，是逆向设计的重要环节，采用基于采样点插值逼近原有曲面的方法广泛应用于各种物体的三维重建。三角网格是一种应用最广泛而且标准的几何模型表示法，主要应用在仿真、动画等领域建模，因为网格模型具有简捷的构造特性，特别是在处理性能要求较高的应用中，如虚拟现实、3D 游戏等，三角网格已经取代了传统的 NURBS（非均匀有理 B 样条）曲面表示方式。目前已经开始有逆向设计软件采用三角网格进行模型直接进行建模和设计，如 Geomagic Spark、Rapidform 和 Imageware 等。经由不同几何外形的散乱点云分别进行三角网格重建测试。目前常用的三角网格曲面重建算法主要包括以下几种。

1）构造等值面的（marching cube）算法

该方法首先给出一个刻画点集密度的指标，然后通过等值面抽取[10,11]算法来求出曲面三角网格模型。首先于 1987 年是由 Lorenson 等[12]提出的一种典型的基于体元的曲面绘制算法，1994 年在 Hoppe 等[13]推动下该算法有了进一步地发展。Hoppe 算法通过对样点 k 近邻（k nearest neighbors）的计算来估算每一个采样点处的切平面，再用这些切平面线性逼近待重建曲面的局部形状，然后通过实现等值面抽取的 MC 算法，形成连续的分片线性曲面。这种方法要求数据点云的采样密度足够密，采样比较均匀。

2）Delaunay 三角剖分算法

该方法首先将点云数据 Delaunay 三角化，然后按照一定的规则提取与点云所表示的几何形状有关的三角面片。常见的算法包括 α-Shape 算法、Crust 算法、Cocone 算法、Power Crust 算法。

3）基于区域增长算法

Kuo 等[14]提出的 DBRA（delaunay-based region-growing algorithm）算法和 Bernardini 等[15]提出的 BPA（ball pivoting algorithm）算法是区域增长算法的典型代表。该算法的思路是从一个种子三角片开始，将 3 条边分别加入活动边链表，然后按照一定的规则从在点云中确定一个新点与活动边构成新的三角片，删除该活动边，同时将新产生的三角片的边加入活动链表，直到活动边链表为空时结束，完成三角网格曲面的构建，该方法可以扩展为多区域并行计算，从而进一步提高网格化的效率。

5. 离散数据孔洞修复

由于测量设备的限制，被测实体表面复杂或缺失，不能获取模型表面的全部数据，从而使生成的网格模型中出现孔洞或裂缝。带有孔洞的网格在很多应用领域，如：可视化、有限元分析、STL 快速原型（prototyping）等会导致不良的质量影响，故需对三角网格模型进行快速高质量的修复。如图 6-16 所示表现了兔子模型在孔洞修复前后的对比。

(a) 原始模型　　(b) 修复后的模型

图 6-16　模型孔洞缝补

6.4.4 离散曲面建模

离散的多边形网格是一种最直观的曲面计算机表示方法。从三维计算机图形学发展的初期开始，多边形网格就广泛应用于各种曲面造型。多边形曲面模型只需存储各多边形顶点的位置坐标和连接关系就可以表示物体的几何和拓扑信息，其方法简单，能表示任意拓扑的复杂模型。

1. 自由曲面重构技术

经过前面的离散网格预处理后，可以采用曲面拟合重建成样条曲面。根据曲面拓扑形式的不同，目前反求技术中主要有 3 种自由曲面拟合重建方案。

1）基于四边域参数曲面的重构

这类方法的应用对象是汽车、飞机、轮船等曲面零件，特点是既不像单独的二次曲面那样简单，也不像人面模型那样毫无规律。由于采用了通用的 CAD 软件的曲面表示方法，该方法成为到目前为止研究得最多的一类曲面重构方法，其中又以 B 样条和 NURBS 曲面最多。

2）基于三边域曲面的重构

其基本思路是将待处理的原始数据作为一个整体考虑。首先根据数据的局部微分几何特征提取其特征线（如尖角、曲率极值等），并以这些特征线为基础构成初始的三角网格，然后将测量得到的数据按曲率的变化情况插到三角网格中实现网格的细分，这样最终得到的三角剖分网格具有曲率变化平缓的地方稀疏，曲率变化剧烈的地方密集的特点，最后运用三角 Bezier 曲面在网格的基础上构造光滑曲面。另外还有一种不同的思路，首先将所有的型值点都考虑到三角网格中去，建立一个密集的初始三角网格，由于太多的数据点将造成过大的计算开销，因此必须对网格进行精简，精简的算法往往也是基于对曲面型值点的曲率估计。精简过后的网格成为多边形网格，则需要重新进行三角化。

3）多面体方式的曲面重构

1994 年，华盛顿大学的 Hugues Hoppe 通过研究大规模散乱测量数据的曲面重构问题完成其学位论文，并在许多刊物上发表其研究成果。该方法分为 3 个主要步骤：

（1）初始曲面估计（initial surface estimation）

利用函数方法构造一张插值于测量点的曲面，接着确定一个函数来估计测量点到此曲面的距离，然后采用一种轮廓线抽取算法（march cube）来提取曲面。

（2）网格优化（mesh optimization）

以第一步的初始网格为起点，该步骤的目的在于减少三角形数目，并提高曲面的逼近精度。采用能量法来完成这项工作。首先定义一个能量函数以表示逼近精度与网格中所含节点数目的关系，然后优化这一函数，使得在满足精度条件下节点数最少（优化的变量为网格中的点数、点之间的联接关系及位置）。

（3）分段光滑曲面片（piecewise smooth surface optimization）

通过一种分段细分的方法来将曲面的尖角特征构造出来，以提高曲面的逼近精度，其曲面的表达形式为以三角平面片为基础的多面体。由于整个过程是自动进行，因此使用简单、方便。但其表达形式不为大多数 CAD 软件支持，必须在此基础上生成 NURBS 表面，才能进行后续处理。另外，这种方法不能精确地表示二次规则曲线曲面（如球体、圆柱等）。

以上几种曲面重构技术各有其优点和劣势，这正说明了反求工程中曲面重构的复杂性，尽管计算机图形学发展很快，但还没有出现一种完美的重构方法，我们必须根据产品设计的具体要求来选择重构方法。

2. 细分曲面建模

细分的思想可以追溯到 20 世纪 50 年代 Rham G. 通过对折线角点进行切割而生成光滑曲线的方法。20 世纪 70 年代中期，Chaikin[16] 生成曲线的细分方法正是这种角切割思想的具体实现。1978 年，Catmull 和 Clark，Doo 和 Sabin 分别提出将 B 样条曲面推广到任意拓扑网格的细分算法，标志着细分方法正式成为曲面造型的一种手段。从 20 世纪 90 年代初期至今，细分方法受到了人们的普遍关注，细分曲面造型技术处于迅猛的发展时期。在这一时期开始建立系统的收敛性理论，提出了多变元模式任意拓扑情形下收敛性分析的理论框架[17-18]。这些理论反过来指导细分模式的构造，从而使得新的细分模式大量涌现，其中具有代表性的一些细分模式总结如下[19]：

（1）在三角形网格细分方面，Zorin[20]提出了改进的蝶形细分模式。这一改进模式克服了原有模式不能应用于任意网格的缺陷，可以基于任意网格生成处连续的细分曲面；Kobbelt[21]提出细分模式，这一细分模式考虑到了 Loop 模式和蝶形模式采用面的 1-4 分裂算子对网格进行分裂时，网格中面的增长速度太快而提出的，每次细分都使三角形面的个数增加 3 倍，如图 6-17 所示；Labisk[22]则在细分模式的基础上提出了插值细分模式；以及分裂更慢的 4-8 细分模式[23]，每次细分后网格面的个数只增加 1 倍，而且正常情形下达到四阶光滑，奇异点处也能达到一阶光滑。

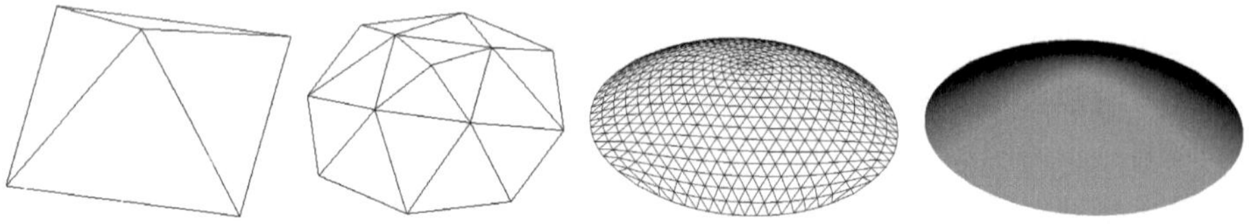

(a) 初始控制网格　(b) 细分一次后的网格　(c) 细分3次后的网格　(d) 细分5次后的网格光照

图 6-17　曲面的细分过程

（2）在四边形网格细分方面，Kobbelt[24]提出了插值 Catmull-Clark 细分，张宏鑫[25]则把这种细分法归为他所提出的半静态细分法的特例。文献[26-27]将二次四项样条推广到任意的四边网格，分别提出一类简单的细分方法。所使用的细分模板比 Doo-Sabin 细分的模板更小，对于规则点只需用到 3 个控制点。文献[28]将动态模型引入 Catmull-Clark 曲面，使得对几何形状的操作更为直接。Sederberg[29]提出的非均匀细分模式是近年来非常有影响力的细分模式，它把 NURBS 曲面看作细分曲面的推广。

此外，Levin[30]为构造插值于给定边界曲线的曲面而提出的联合细分模式；Ying[31]提出的非流形细分模式；Zhang[32]提出的蜂窝细分模式；MacCracken[33]还把 Catmull-Clark 推广到体网格。值得一提的是，细分网格时，针对整个网格并不一定要始终按照同一细分模式，对网格顶点进行加密，可以在某一层次中选择网格的某些部分进行加密，也可以在不同的部分采用不同的细分模式。前者就是所谓的自适应细分，后者称为混合细分。

在新的细分模式大量出现的同时，细分曲面研究中的另外 2 个显著进步就是：各种细分模式之间的内在联系逐渐被揭示，细分规则的统一性成为研究热点；细分方法获得广泛应用，成为形体造型和绘制的实用技术。

3. 离散曲面变形设计

1）基于细分空间连续的变形设计

基于细分空间连续变形的基本原理是将待变形物体模型和一个连续空间之间建立一种空间映射，当对连续空间做动态调整时，相应的待变形物体也随之发生形状变化。

$$S: \{v_i\} \xleftrightarrow{\varphi(x)} \{V_i\},\ v_i \in R_1^3,\ V_i \in R_2^3 \tag{6-2}$$

式中，S 表示离散物体模型；$\{v_i\}$ 是当前 R_1^3 空间的点；$\{V_i\}$ 是当前 R_2^3 连续空间的点；$\varphi(x)$ 是 R_1^3 空间和 R_2^3 连续空间之间的双向映射。

物体 M 完整的变形过程可以用图 6-18 来说明。C 表示细分模型的控制网格，一般可以通过对物体模型 M 作简化或采用手工交互的方式获取。S 是控制网格 C 生成的细分曲面，通过参数化将细分曲面 S 和 M 建立双向映射关系。当用户调整控制网格顶点生成 C' 时，重新生成细分曲面 S'，使得对应球形的 M 也随着改变成带有 2 个小凸包的 M'。新模型表面光滑，生成的速度也较快，完全符合动态局部调整曲面形状的要求。

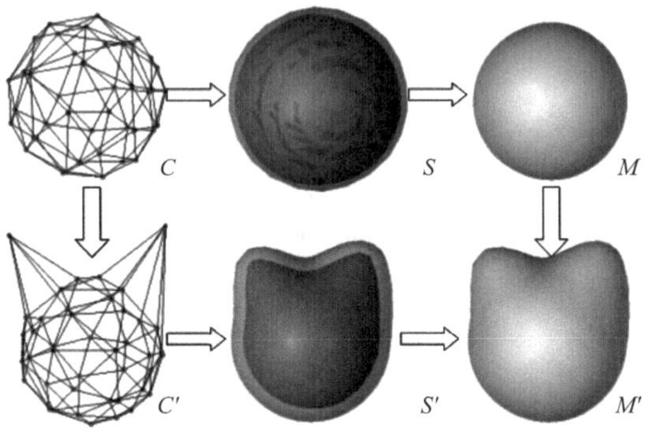

图 6-18　基于细分空间连续的离散曲面变形过程

2）FFD 变形设计

基于连续空间映射变形技术的基本思想是将待变形模型和一个连续体空间建立一种映射关联，通过对连续体空间形状进行控制，使得模型发生相应的连续变形。Sederberg 和 Parry[34] 首先提出 FFD 自由变形的思想，它是将物体嵌入一个三变元 Bézier 体中，通过编辑 Bézier 体的控制顶点，改变参数体的形状，进而使嵌入其中的物体发生变形。这种变形由于 Bézier 参数体形状和物体的变形趋势是一致的，因此具有较强的直观性。FFD 方法与物体的表示方法无关、交互控制直观、变形光滑，使得这一基本思想成为后来众多扩展方法的基础。

FFD 造型的方法可以构造一些较为复杂且具有美学效果的光顺曲面，但是由于用户只能通过控制顶点改变模型的形状，难以精确控制[35]。1992 年 Hsu[36] 提出了 DFFD 直接控制自由变形的方法，即选择物体上一点，将该点移至所要求的位置，反算出控制顶点的位置变化，并计算物体其他点的位置。考虑到控制顶点位置的变化并不唯一，属于“欠定”问题，通常采用最小二乘法来处理，获得具有直观效果的变形方式，如图 6-19 所示。

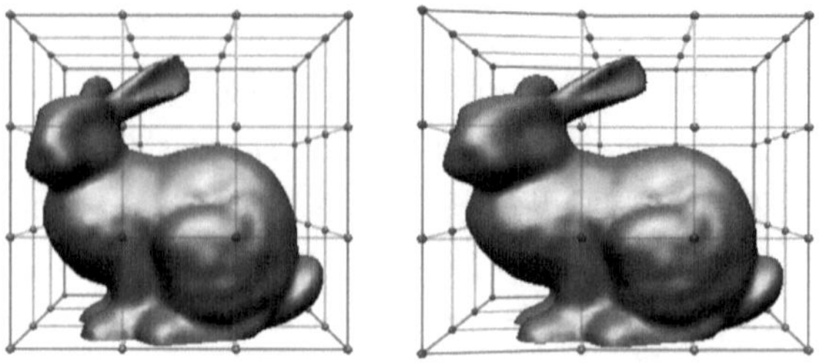

(a) 变形前兔子模型　　(b) 变形后兔子模型

图 6-19　兔子模型的 FFD 变形

3）基于微分坐标的变形设计

微分域网格编辑变形是近几年来研究的热点。它不是直接对网格顶点进行操作变形，而是通过调整网格曲面的微分属性来实现对网格的编辑。相比基于顶点坐标直接操纵的编辑算法，微分域网格编辑变形可以有效保持模型的细节特征。另外，因为变形算法是通过拉普拉斯或泊松方程定义最小化能量变化解，因此可以有效避免局部微分属性操作可能产生的瑕疵，保证网格模型获得较好的变形效果。针对此领域的研究，最早是 Alexa[37] 提出网格的微分坐标表示思想，可更好地刻画曲面的局部信息，并将这种方法应用于网格的 Morphing 和变形。之后，很多学者进行相关的研究[38-40]。

6.4.5　典型离散建模设计软件

1. Geomagic

Geomagic 是一家世界级的软件及服务公司，现在已被美国 3D Systems 公司收购。在众多工业领域，比如汽车、航空、医疗设备和消费产品，许多专业人员都在使用 Geomagic 软件和服务。Geomagic 公司旗下主要产品为 Geomagic Studio、Geomagic Qualify 和 Geomagic Piano，其中 Geomagic Studio 是被广泛应用的逆向软件。快速成长的 Geomagic 正在成为数字形状采样及处理（DSSP）的领导者。2013 年推出的 Geomagic Spark 是一款结合了实时三维扫描、三维点云和三角网格编辑功能以及全面 CAD 造型设计、装配建模、二维出图等功能的三维设计软件。虽然传统的 CAD 软件也有建模功能，但是缺少工具将三维扫描数据处理成有用的三维模型，而 Geomagic Spark 则加入了三维扫描数据功能，将先进扫描技术和直接建模技术融为一体。

Geomagic Spark 非常适合工程师和制造商使用现成实物对象设计三维模型，也适合用于完成或修改被扫描的零件。借助 Geomagic Spark 的功能，汽车、电子、工业设计、消费品、模具加工和航天等工业领域的公司可以促进工程团队之间更好地沟通、简化设计流程，以及提高逆向设计的可靠性。

2. Imageware

Imageware 由美国 EDS 公司出品，后被德国 Siemens PLM Software 收购，现在并入其旗下的 NX 产品线。Imageware 是著名的逆向工程软件之一。Imageware 软件具有强大的测量数据处理、曲面造型、误差检测功能。该软件可以处理几万至几百万的点云数据，并根据这些点云数据构造的 A 级曲面（class A）具有良好的品质和曲面连续性。Imageware 的模型检测功能可以方便、直观地显示所构造的曲面模型与实际测量数据之间的误差以及平面度、圆度等几何公差。

Imageware 逆向工程软件广泛应用于汽车、航空、航天、家电、模具、计算机零部件领域。Imageware 逆向工程软件是对产品开发过程前后阶段的补充。通过将加工好的实际零件与电子化的数据模型紧密结合，使得在产品开发过程中全面贯彻既保持设计和工程意图又同时进行检验的思想。Imageware 提供了在逆向工程、曲面设计和曲面评估方面的功能。

3. Power SHAPE Pro[41]

Power SHAPE Pro 是由英国 DELCAM 公司出品的功能强大的逆向工程系统软件，它能允许从已存在的零件或实体模型中产生三维 CAD 模型。该软件为来自数字化数据的 CAD 曲面的产生提供复杂的工具。Power SHAPE Pro 能够接收来自坐标测量机床的数据，同时跟踪机床和激光扫描器。Power SHAPE Pro 具有高效的巨大点云数据运算处理和编辑能力，提供了独特的点对齐定位工具，可快速、轻松地对齐多组扫描点组，快速产生整个模型；自动三角形化向导可通过扫描数据自动产生三角形网格，最大程度地避免了人为错误；交互式三角形雕刻工具可轻松、快速地修改三角形网格，增加或删除特征或是对模型进行光顺处理；精确的误差分析工具可在设计的任何阶段帮助用户对照原始扫描数据对生成模型进行误差检查；Tribrid Modelling 三合一混合造型方法不仅可进行多种方式的造型设计，同时可对几种造型方式混合布尔运算，提供了灵活而强大的设计方法；设计完毕的模型可在 Delcam PowerMILL 和 Delcam FeatureCAM 中进行加工。

4. 3-Matic[42]

比利时 Materialise 公司是全球快速成型制造领域的最大的软件及服务供应商，该公司所提供的解决方案包括 RP 前处理软件、模具报价、设计、加工软件、数字化 CAD 等相关软件。3-Matic 是 Materialise 公司出品的基于数字化 CAD（STL）的正向工程软件，提供了一种新颖的从点云到 FEA/CFD 前处理、快速制造技术，是产品设计到产品制造的快捷方式。3-Matic 的所有操作都是基于数字化的形式（基于三角片）进行处理，可以直接减少逆向工程和传统 CAD 之间循环的反复，直接由 STL 格式进行后续 RP/CAE/CAD/CAM 处理。基于数字化 CAD 的正向软件是这个创新性解决方案的核心理念，彻底改变了产品设计准备到产品研发制造流程之间不断反复的过程，形成了一种以正向工程为理念的企业生产流程。

5. 3DS MAX 软件

3DS MAX（3Dimension Studio Max）是 Discreet 公司（后被 Autodesk 公司合并）开发的基于 PC 系统的三维动画渲染和制作软件，其前身是基于 DOS 操作系统的 3D Studio 系列软件。3DS MAX 是集造型、渲染和动画制作于一体的三维制作软件，具有强大的造型和动画功能，而且操作简单方便，制作效果逼真[43]。当前，该软件已逐步成为个人 PC 机上最优秀的三维动画制作软件。

3DS MAX 的优势在于其性价比高，所提供的强大功能远远超过了其自身低廉的价格，可以使作品制作成本大大降低，而且对硬件系统的要求相对也很低，一般普通的配置就可以满足学习需求。此外，3DS MAX 的制作流程简洁高效，便于学习，在国内拥有很多的使用者，便于交流，教程资源丰富。随着互联网的普及，关于 3DS MAX 的论坛在国内也相当火爆，用户遇到问题可以及时讨论得到解决，非常方便。

3DS MAX 是世界上最广泛，也是国内最早引进的立体建模动画软件，在广告、影视、工业设计、建筑设计、多媒体设计、辅助教学以及工程可视化领域都得到广泛应用[44]，其应用范例如图 6-20 和图 6-21 所示。

6. Rhino[45]

Rhino 即犀牛软件，是美国专为工业设计、产品开发及场景设计所开发的概念设计与建模软件，具备比传统网格建模更为优秀的建模方式，用其建模非常流畅。用户经常用 Rhino 建模，然后导出高精度模型为其他三维软件使用。

图 6-20　影视制作效果图

图 6-21　建筑效果表现图

Rhino 具有强大的曲线建模方式，能够在很短的时间内完成模型创造，快速完成设计师的概念设计，无关尺寸的快速原型也可快速建模。它能轻易整合 3DS MAX与 Softimage 的模型功能部分，对要求精细、弹性与复杂的 3D NURBS 模型有点石成金的效能，能输出 OBJ、DXF、IGES、STL、3DM 等不同格式，并适用于几乎所有的三维软件，尤其对增强整个工作团队的模型生产力有明显效果。但利用 Rhino 不能生成带有注释和标识的二维模型，渲染效果不逼真，也无法在实体生成后改变数值。为了弥补自身在渲染方面的缺陷，Rhino 配备有多种渲染插件，可以制作出逼真的效果图。此外，Rhino 配备有多种行业的专业插件，只要熟练地掌握好 Rhino 常用工具的操作方法、技巧和理论后，根据自己从事的设计行业把其相应配备的专业插件加载至 Rhino 中，即可变成一个非常专业的软件，这就是 Rhino 能立足于多种行业不败的主要因素。

任何复杂的模型都可以看成简单的集合体的加减组合而成，使用 Rhino 进行

3D 建模只需仔细分析其结构，拆开来看就可以。建模的顺序是先整体后细节，先全面后部分，层层深入，最终完成一个模型的制作。用其制作的模型如图 6-22 所示。

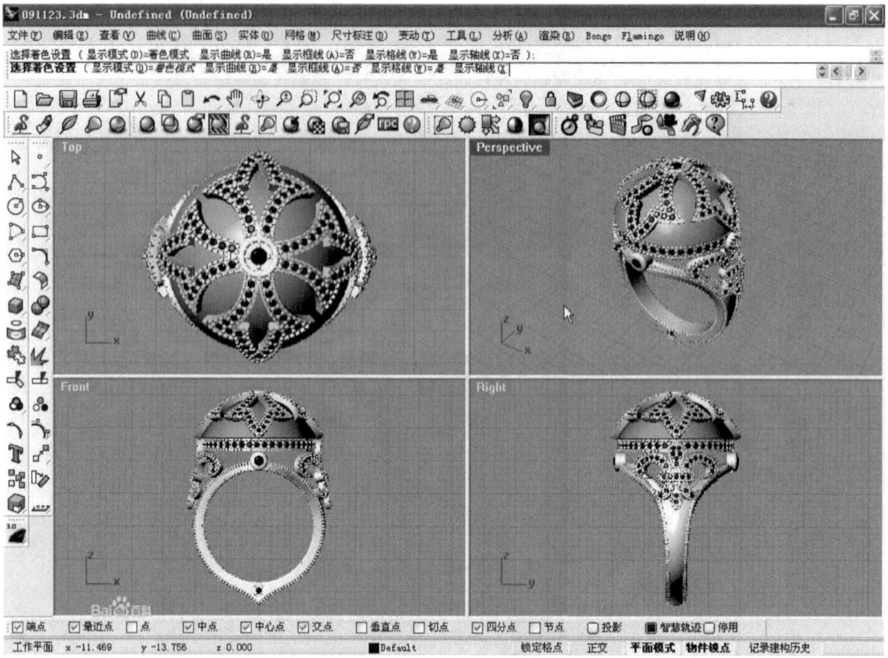

图 6-22　Rhino 制图

7. SketchUp[46]

SketchUp 是一个极受欢迎并且易于使用的三维设计软件，是由规模非常小的 Last Software 公司开发的，官方网站将其比作电子设计中的“铅笔”。SketchUp 主要特点是使用简便，并且用户可以将使用 SketchUp 创建的三维模型直接输出至 Google Earth 里。它界面虽简单，但实际上却可以极其快速和方便地对三维创意进行创建、观察和修改，是专门为配合设计过程而研发的软件，具有更方便、利于思考推敲的优势。

在建筑日常设计过程中，从最初的概念到 3D 模型将会变成一种更为流畅的工作模式。建筑设计者即使在设计最初由 SketchUp 所作的草图也可输入到智能虚拟建筑环境中，并很容易地增加建筑设计细节，而且数据的交互性可使模型应用于一系列其他软件，如 CAD、3DS MAX、Lightscape 等等。同时 SketchUp 也相应推出一系列的渲染工具和相应的软件，基本能够独立出效果图，渲染结果最终设计图。也就是说，SketchUp 正在从设计构思向设计完成品兼收发展。现在的 SketchUp 软件已经发展到版本 8，并且伴随有大量插件的出现，SketchUp 非常方便好用。

SketchUp 偏重设计构思过程表现，对于后期严谨的工程制图和仿真效果图表现则相对较弱，对于要求较高的效果图，需将其导出图片，利用 Photoshop 等专业图像处理软件进行修补和润色。SketchUp 在曲线建模方面也稍显逊色，当遇到特殊形态的物体，特别是曲线物体时，宜先在 AutoCAD 中绘制好轮廓线或剖面，再导入 SketchUp 中做进一步处理。SketchUp 本身的渲染功能较弱，可以结合其他软件（如 Piranesi 和 Artlantisl 软件）一起使用。

SketchUp 是一款面向设计师的注重设计创作过程的软件，它具有的操作简便、即时显现等优点，可为设计师提供一个在灵感和现实之间自由转换的空间，设计师在设计过程中享受方案创作的乐趣。SketchUp 在城市规划设计、建筑方案设计、园林景观设计、室内设计、工业设计、游戏动漫场景设计等诸多领域具有广泛应用。

6.5　模型支撑添加技术

6.5.1　添加支撑的必要性

光固化快速成型加工零件时，由于光敏树脂固化过程的体积收缩、成型扫描方式的不同以及所加工零件的构造（如对于一些具有“孤岛”特征的零件，由于上一层无法为其提供制造基础，造成“孤岛”部分当前加工层没有依附，出现该层漂移现象）等因素，都有可能导致零件在加工过程中的变形，因此，就需要考虑在加工过程中对不同的零件添加不同的支撑，以防止零件变形，保持零件在加工过程中的稳定性，保证原型制作时相对于加工系统的精确定位。如图 6-23 所示，加入支撑后可以较为有效的防止翘曲变形的产生。

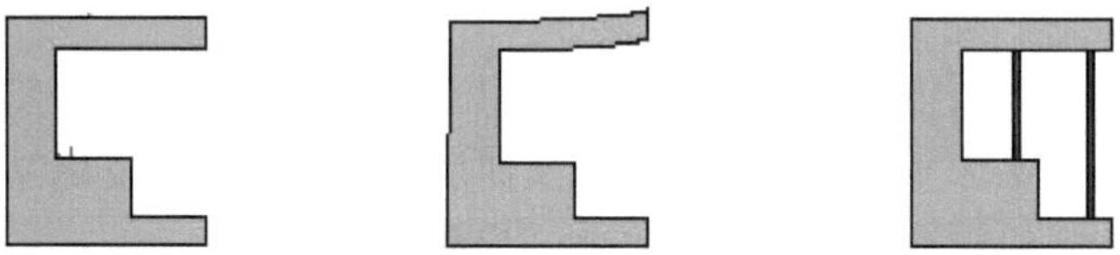

(a) 零件设计图　(b) 未加入支撑的加工零件　(c) 加入支撑的加工零件

图 6-23　支撑对零件加工质量的影响

在设计支撑时应结合三维打印的工艺特点，充分考虑各种因素。树脂从液态变为固态，因体积收缩而导致的零件变形和翘曲，引起所对应支撑内部的拉应力。如果支撑本身的强度不够，或支撑与零件、支撑与基板结合的强度不够，将会引起支撑本身、支撑与零件、支撑与基板的结合部分开裂，支撑无法从根本上防止因树脂收缩而引起的零件变形和翘曲。

在零件的制作过程中，支撑是一种辅助的工艺结构，零件制作完毕后要将其去掉。因此，在设计支撑时，要考虑零件制作完毕后支撑的易去性以及支撑对零件精度的影响。另外，如果零件中设计过多的支撑，则会延长零件加工时间，增加加工成本，因此应考虑对零件支撑进行优化设计。

6.5.2　添加支撑的类型

根据支撑的不同作用和零件不同表面特征设计不同的支撑结构形式[47]，具体如下：

1） 斜肋式支撑

斜肋式支撑主要用于支撑悬臂结构部分。斜肋式支撑的一个臂和垂直面连接，另一个臂和悬臂部分连接，以此为悬臂的向下面，在制作过程中所需材料和制作时间都较少，适合于高悬臂结构。斜肋式支撑结构的特征设计参数为支撑的厚度、斜臂长度和角度。图 6-24 所示为斜肋式支撑。

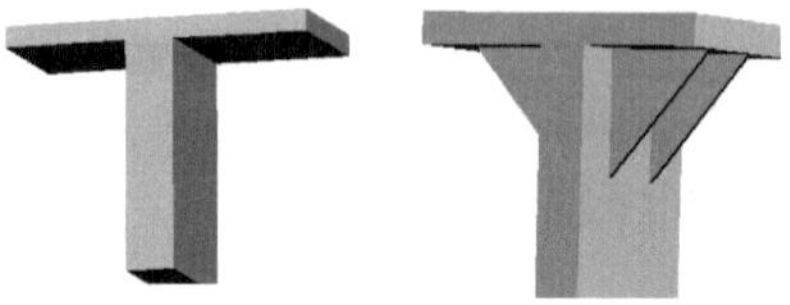

(a) 未加支撑　　(b) 加入支撑

图 6-24　斜肋式支撑

2） 轮廓偏移支撑

轮廓偏移支撑如图 6-25 所示。轮廓偏移支撑就是一种为大的悬吊面或需要支撑的大倾斜区域所提供的支撑结构。这种结构是利用悬吊面或倾斜区域的边界线特征，并通过对边界线特征进行偏移计算而得到的，主要用来支撑零件轮廓结构的边，以防止边界线特征的变形和翘曲。轮廓偏移支撑也可作为轮廓区域内部的支撑结构，与变间距壁板结构结合使用可为大的悬吊面或需要支撑的大倾斜区域提供一种优化支撑结构。轮廓偏移支撑结构的特征设计参数为支撑的厚度、偏移的距离。

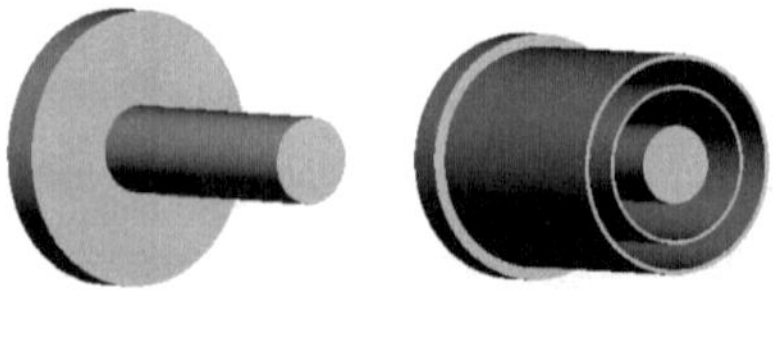

(a) 未加支撑　　(b) 加入支撑

图 6-25　轮廓偏移支撑

3） 壁板式结构支撑

壁板式结构支撑如图 6-26 所示。这种支撑结构的核心是长的壁板。为了加强支撑的稳定性和强度，在垂直于长的壁板方向均布置短的壁板。这种支撑结构适用于长条结构特征及悬吊边特征的支撑，其长的壁板是沿着零件长结构特征的中心线或悬吊边。这种支撑结构的特征设计参数为支撑的厚度、壁板的长度和短壁板的个数。

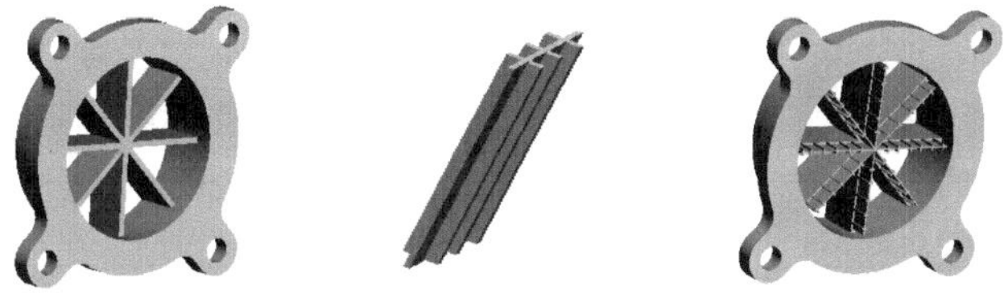

(a) 未加入支撑　(b) 壁板式支撑　(c) 加入支撑

图 6-26　壁板式支撑

4）网格支撑结构

网格支撑结构如图 6-27 所示。网络支撑结构主要是为大的支撑区域提供内部支撑，网格间距可以是等长的，也可以是变间距的。变间距的网格支撑其网格间距的变化取决于支撑区域上的三角面片的法式量的变化。它可以为低面、悬吊面、悬臂结构等提供良好的内部支撑。这种支撑结构的特征设计参数为支撑的厚度、壁板的长度和宽度。

(a) 未加入支撑　(b) 壁板式支撑　(c) 加入支撑

图 6-27　网格式支撑

6.5.3　支撑添加的途径

支撑体添加主要有 3 种形式：整体支撑、向下特征整体支撑和局部支撑。添加支撑有 2 种途径：一是在零件建模时手工添加，这种方法对于设计者而言最直接、最灵活，但对操作者有较高要求；另一种是通过软件自动添加支撑，这种方法对于操作者而言最简单，但添加的支撑的好坏取决于设计者对于软件的设计算法。

直接为 CAD 模型添加向下支撑是非常复杂的，需要计算模型所有曲面的高斯图（gaussian map）[48]。而 STL 模型可以非常容易地确定需要添加支撑的面片。因此，可以先将 CAD 模型中的曲面（平面各处的法向量相同，所以不用离散）离散化，然后再用类似为 STL 模型添加支撑的方法来为 CAD 模型添加支撑。

首先计算 CAD 模型每个面需要添加支撑的区域，求出相应的支撑体，再合并这些支撑体，便可得到整个 CAD 模型的支撑[49]。为曲面添加向下支撑的算法如图 6-28 所示（图中 $\boldsymbol{n}$ 为每个网格点处的法向量，r 为切分的方向，α 为法向量与分层方向的最大允许夹角）。

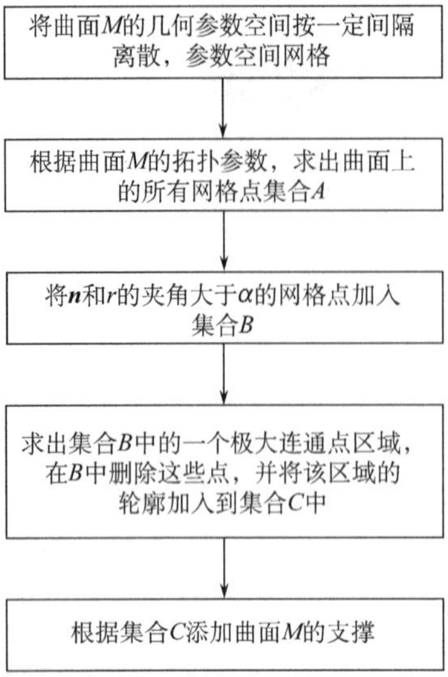

图 6-28　为曲面添加向下支撑的流程

6.5.4　支撑与零件的合并

零件添加支撑后，在零件成型过程中，支撑也同时作为一个零件被加工出来，这就需要将零件与支撑合并，合并的方法是布尔运算，可以有 3 种层次上的布尔运算，分别是三维、二维和一维。

三维层次上的布尔运算可通过一些三维造型软件实现，如 AutoCAD 和 3DS MAX 等。对零件添加支撑后，将支撑保存为 STL 或 DXF 等格式的文件，然后将零件和支撑输入三维造型软件进行布尔运算，合并为一个零件。

二维层次上的布尔运算是在切片时将零件和支撑分别进行切片，然后将 2 层片进行布尔运算，从而合并为一层，再对该层进行扫描填充。其具体的算法可参考计算机图形学方面的文献。

一维层次上的布尔运算是将零件和支撑分别进行切片和扫描填充，再对扫描线进行布尔运算。这种方法最简单，其具体的算法可参考文献[50]。

6.6　STL 切片技术

三维打印技术实质上是三维 CAD 模型的分层处理和实际成型的叠层制造的过程，其中对已知的三维 CAD 实体数据模型求某方向的连续截面，即对实体进行切片处理的过程就成为必不可少的步骤。切片模块在系统中起着承上启下的作用，其准确性直接影响加工零件的规模、精度和复杂程度，该模块的效率也关系到整个系统的效率。

切片处理的数据对象是大量的小三角形平面，因此，切片的问题实质上是平面与平面的求交问题。由于合法的 STL 三角形面化模型代表的是一个有序的、正确的且唯一的 CAD 实体数据模型，因此，对其切片处理，其每一个切片截面应该由一组封闭的轮廓线组成。如果截面上的某条封闭轮廓线成为一条线段，则说明切片平面切到一条边上；如果截面上的某条封闭轮廓线成为一个点，则说明切片平面切到一个顶点上。这些情况都将影响后续软件的处理和原型加工，因此有必要对其进行修正。在不影响精度的前提下，可以采用切片微动方法（即向上或向下移动一个极小的位移量，如取 0.000 01）以解决修正问题。

6.6.1　定层厚拓扑切片

定层厚切片是按照给定层厚进行切片处理的方法。根据是否利用三角形的拓扑信息，定层厚切片又可分为定层厚拓扑切片和定层厚容错切片。无论采用哪一种方法进行处理，都包括如下 3 个阶段：排除奇异点、搜索求交和整序保存。

在重建三角形的拓扑信息后，输入切片高度 Z，找到与高度 Z 相交的任意一个三角形，求出切平面与该三角形的交线，然后找到该三角形的相邻三角形继续进行，直至回到初始三角形，每个三角形与切平面的交线首尾相连，构成一条多义线。图 6-29 所示为拓扑切片算法的流程图。

1）拓扑信息重建

定层厚拓扑切片利用三维模型的拓扑信息，因此在切片前必须先进行三维拓扑信息重构，即恢复三角形之间的邻接信息，对任意一个三角形的任意一条边都能找到与之相连的另一个三角形。

2）排除奇异点

切片时，若有顶点落在切平面上，则称该顶点为奇异点。切片过程中出现的奇异点若带入后续处理过程，会使得后续处理算法复杂，因此要设法排除奇异点。切片的第一个阶段是根据当前切片面高度，搜索所有的三角形顶点，判断是否存在奇异点。若存在奇异点，则可以用微动法调整切平面高度，使之避开奇异点。判断某顶点是否在切平面上，可以通过比较该顶点的 z 坐标值与切平面的 z 坐标值是否相等来实现。若 z 坐标值相等，则表明该顶点落在切平面上，该点即为是奇异点。出现奇异点后，要用微动法调整切平面。微动法的基本思想是将切平面的高度上升或下降一个微小量。若切平面调整一个微小量后仍有存在奇异点，则要在精度允许范围内继续调整，直到不存在奇异点为止。排除奇异点的算法流程如图 6-30 所示。

3）搜索求交

搜索求交的主要工作是依次取出组成实体表面的每一个三角形面片，判断其是否与切平面相交。若相交，则计算出两交点坐标。

判断三角形面片与切平面是否相交，只需判断 3 个顶点是否在切平面的同一侧。若在同一侧，则不相交。图 6-31 所示的为一个三角形与一个切平面相交的情形。设三角形面片的 3 个顶点坐标分别为：$A(x_1, y_1, z_1)$、$B(x_2, y_2, z_2)$ 和 $C(x_3, y_3, z_3)$，切平面为 $z=h$，则可以通过式(6-3)和式(6-4)分别求出交点 D_1 和 D_2 的坐标值。

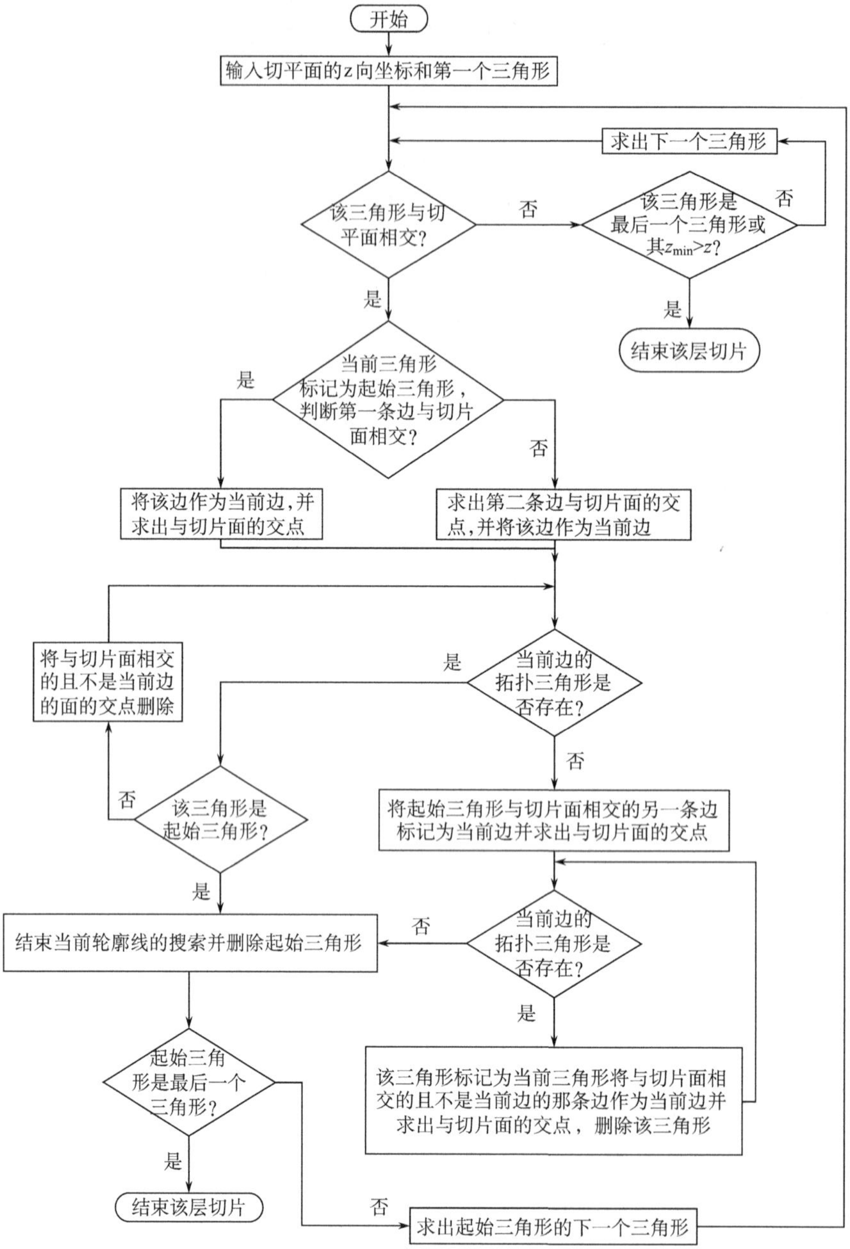

图 6-29　拓扑切片流程图

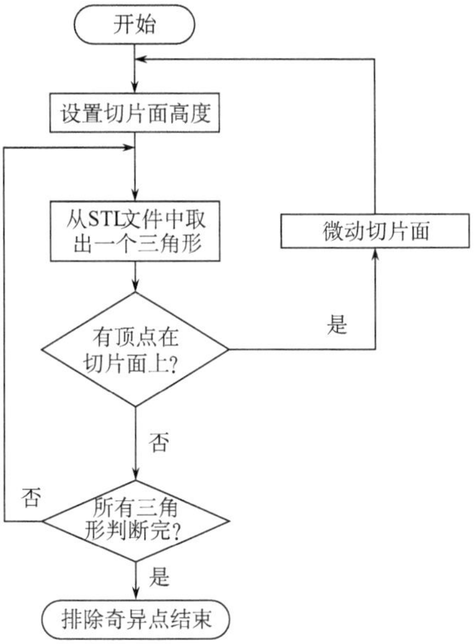

图 6-30　排除奇异点流程图

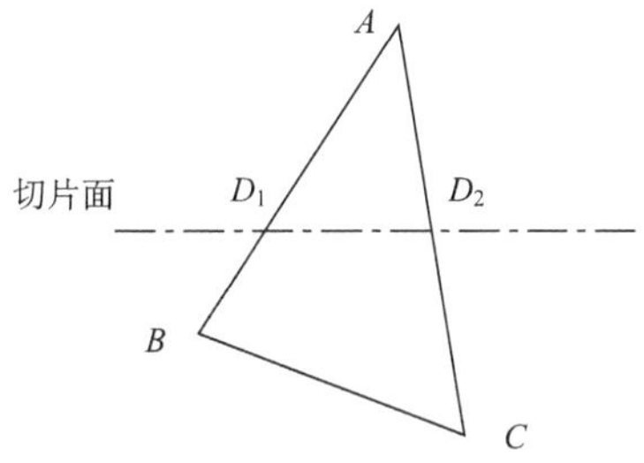

图 6-31　三角形面片与切片面相交

D_1 的坐标值为：

$$\begin{cases} x = x_1 + \dfrac{(x_2 - x_1)(h - z_1)}{z_2 - z_1} \\ y = y_1 + \dfrac{(y_2 - y_1)(h - z_1)}{z_2 - z_1} \end{cases} \tag{6-3}$$

D_2 的坐标值为：

$$\begin{cases} x = x_1 + \dfrac{(x_3 - x_1)(h - z_1)}{z_3 - z_1} \\ y = y_1 + \dfrac{(y_3 - y_1)(h - z_1)}{z_3 - z_1} \end{cases} \tag{6-4}$$

4）整序保存

对于拓扑切片来说，搜索求交计算出的是一系列首尾相连的交线，因此直接将交线的数据写入 CLI 文件，CLI（common layer interface）三维打印系统分层制造技术中几何数据输入的一种通用格式。

6.6.2　定层厚容错切片

定层厚容错切片与定层厚拓扑切片的区别只在于它不需要建立三角形的拓扑信息，正因为这一点，所以在对交线整序保存时，算法也就显得复杂一些。因为搜索求交计算出的是一条条杂乱无序的交线，为便于后续处理，必须将这些杂乱无章的交线依次连接起来，组成首尾相连的多义线。其算法流程如图 6-32 所示。

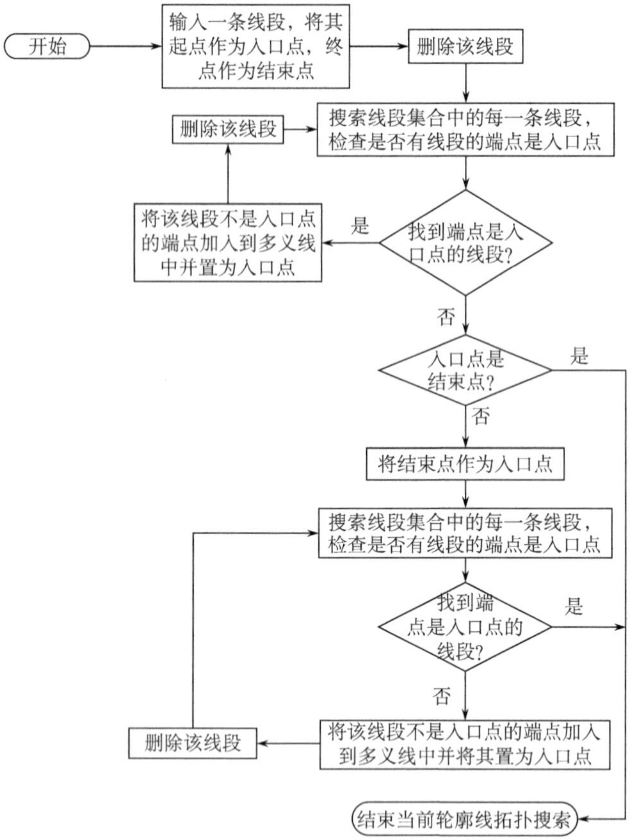

图 6-32　多义线整序流程图

6.6.3　直接分层切片

为克服 STL 文件的缺点（如对几何模型描述的误差大、拓扑信息丢失较多、数据冗余大、文件尺寸大、STL 文件容易出现错误和缺陷等），有不少文献对 CAD 模型的直接分层切片进行研究[51-53]。直接切片产生的层片文件与 STL 文件相比，其优点在于：文件数据量大大降低，模型精度大大提高，数据纠错过程简单。图 6-33 为基于直接切片分层的原型加工流程。

直接切片分层过程对精度的影响常常表现在以下 2 个方面：阶梯效应和包容问题。这两者均与切片方法有关并最终影响产品的表面质量[54]。

阶梯效应是由于原型的表面在切片分层后形成的一个个阶梯造成的，这些阶梯会不同程度的降低 CAD 模型的精度，影响加工精度。因此，尽量减小阶梯效应，提高加工数据的准确度，是各三维打印工艺都必须解决的关键问题。阶梯效应的解决主要在于采用某种方法根据 CAD 模型的表面几何信息能自动调整分层厚度，可把此种方法称为“自适应切片法”。此法采用的是以切片而形成的层面的面积变化比为主要的衡量准则进行自适应分层预切片，当相邻的两层面的面积变化比超出设定值时，则按一定的比例减小切片厚度重新切片，计算层面面积变化值，直至符合要求或达到最小切片层厚为止。

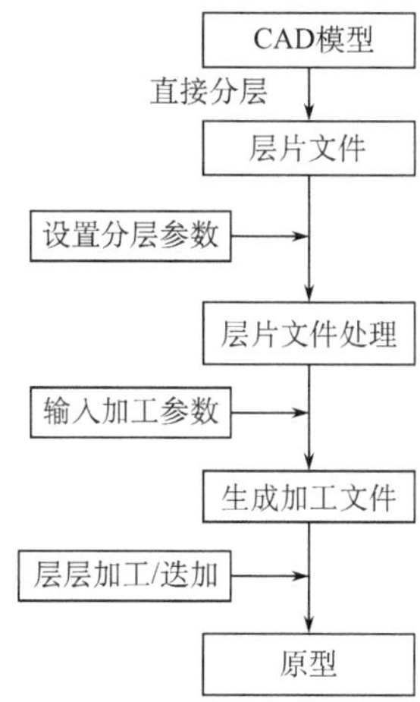

图 6-33　基于直接切片分层的原型加工流程图

以纵截面为圆的模型为例，介绍包容问题的概念。在图 6-34 中，设 S 为 CAD 模型，S_1 为 CAD 模型经过切片而得到的堆积模型，则 S 与 S_1 之间会有如下包容关系：(1) $S \subset S_1$；(2) $S \supset S_1$；(3) $S \not\subset S_1$。一般希望包容状态为图 6-34 (a) 或图 6-34 (b) 所示，而不是图 6-34 (c) 所示。图 6-34 (a) 所示的状态说明快速原型的产品比原模型多使用材料，在后处理过程中可打磨产品以取得较好的表面质量，称之为“正误差”。而有时在制作模具时则希望出现如图 6-34 (b) 所示的状态，即要求产生“负误差”。很明显图 6-34 (c) 所示的状态是最不希望得到的。在自然方式下对 S 进行切片分层只会出现如图 6-34 (c) 所示的状态，当对快速原型的产品进行后处理，得到的截面近似轮廓如图 6-34 (d) 所示。因此采用一般的切片方法无法解决切片分层中的包容问题。

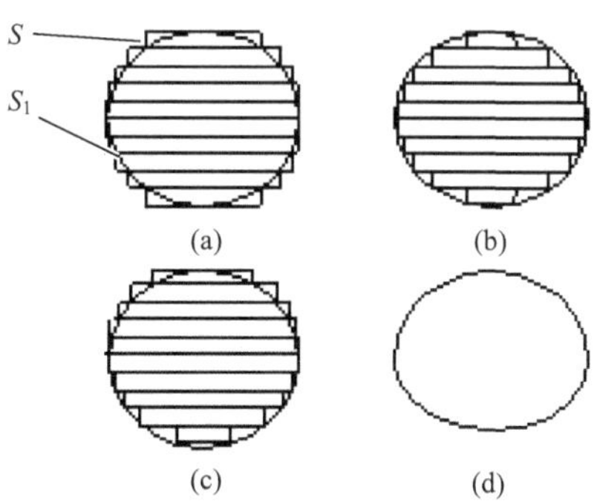

图 6-34　包容问题

以图 6-35 为例，分析如何解决包容问题。取图 6-34 中的 CAD 模型为例，分别取 $Z=Z_i$ 和 $Z=Z_{i+1}$ 对模型进行求交切片，可以得到截面 C_i 和 C_{i+1}，分别计算 C_i 和 C_{i+1} 面积，当产品要求有“正误差”时，将 C_i 和 C_{i+1} 中面积较大者作为 Z_i 处的截面轮廓，通过截面轮廓的“拉伸”形成 i 层层片而得到“正误差”，如图 6-35 (b) 所示。当产品要求有“负误差”时，将 C_i 和 C_{i+1} 中面积较小者作为 Z_i 处的截面轮廓，通过截面轮廓的“拉伸”形成 i 层层片而得到“负误差”，如图 6-35 (c) 所示。

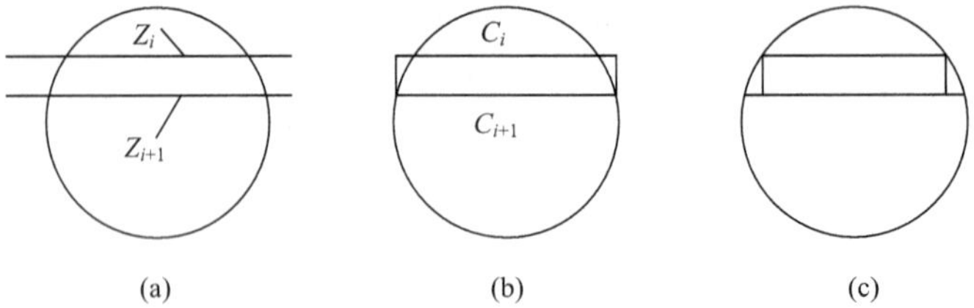

图 6-35　直接切片中的包容问题

该方法易于实现，适用范围广，基本满足对各类复杂三维形体的切片处理，产品的 CAD 模型经过切片处理后可以得到较高的模型处理精度。

CAD 模型的直接分层的具体实现方法主要有以下 2 种：

（1）基于 CAD 软件的 CAD 模型直接分层。这种方法一般在 CAD 造型软件中实现 CAD 模型的直接分层，如文献［55］采用 AutoCAD 软件；文献［56］采用 SolidWorks 软件；文献［57］则采用 PowerSHAPE 软件。

（2）基于某种数据格式的 CAD 模型直接分层。如文献[58]是对以 STEP 标准存储的数据文件进行直接分层，而文献［59］是对以 DXF 标准存储的数据格式进行直接分层。

6.7　三维打印成型工艺数据处理

工艺处理是模拟成型加工和实际成型加工前的预处理。其主要工作有内外轮廓识别、光斑补偿和扫描轨迹生成等 3 个工艺方面的处理。因此，工艺处理可以分成 3 个子模块，其中内外轮廓的识别是另外 2 个模块的基础。

三维打印成型工艺数据处理流程如图 6-36 所示，实际上是将层片数据转换为仿真数据或加工数据的一个过程。

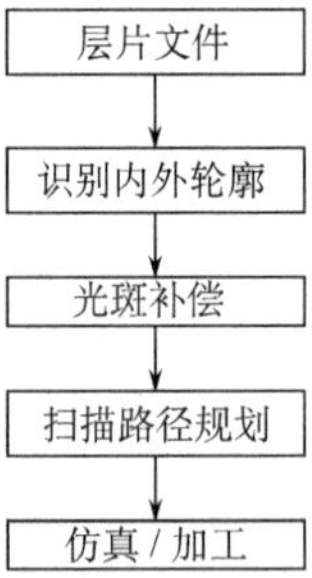

图 6-36　成形工艺处理

6.7.1　文件数据结构

STL 文件经切片处理后生成的层片文件的数据结构如图 6-37 所示。

顶点序列里存放的是该层片的所有顶点，并且每一个多边形的顶点按相邻关系排列。扫描轨迹文件的数据结构如图 6-38 所示。

层片文件头	第一层的头结构	第一层的顶点序列	第二层的头结构	第二层的顶点序列	…	最后一层的头结构	最后一层的顶点序列

图 6-37　层片文件结构

扫描轨迹文件头	第一层的加工工艺信息	第一层的扫描线段序列	第二层的加工工艺信息	第二层的扫描线段序列	…	最后一层的加工工艺信息	最后一层的扫描线段序列

图 6-38　扫描轨迹文件结构

6.7.2　层片截面内外轮廓的识别

切片生成的层片截面轮廓是理论边界线，在实际加工零件时，光束聚焦在液面处形成的光斑具有一定大小，当其尺寸较大时，将会降低零件的加工精度，因此，在实际的加工过程中，一般都需要进行光斑的半径补偿。在进行光斑半径补偿时，首先要识别出层片截面轮廓的内外边界，然后才能决定补偿矢量，因此，层片截面内外轮廓的识别是进行光斑半径补偿的基础。

STL 文件经过分层切片处理后，形成的每个单层截面轮廓线不是由一组实际曲线组成，而是由一组封闭的多边形组成，且多边形与多边形之间只有包含与被包含或相互分离的现象，如图 6-39 所示。图 6-39 中的 2 个截面都是由多个多边形组成的轮廓线，而图 6-39（a）中的轮廓线都是相互分离的，图 6-39（b）中的 2 个轮廓线则是相互包含的。

(a) 轮廓分离　　(b) 轮廓包含

图 6-39　零件分层切片的截面轮廓线

描述轮廓线将用到 3 个名词：内轮廓、外轮廓和坐标极值点。其中，内轮廓是指包含它的多边形个数为奇数的多边形，内轮廓一般是实体的孔、洞及凹坑与切平面相交而成；外轮廓是指包含它的多边形个数为偶数的多边形，外轮廓一般是实体外表面及孔中的柱与切平面相交而成；多边形的坐标极值点实际上就是多边形与其外接矩形的交点，是指组成该多边形的顶点中 X 坐标最小和最大的 2 个点，以及 Y 坐标最小和最大的 2 个点。

在识别零件层片的内外轮廓时，可以采用“坐标极值判别法”。该算法判别轮廓内外性时，无需进行求交运算，而且任意两轮廓之间的包含或分离关系确定。

如图 6-40 所示，轮廓 a 的坐标极值点 $A(X_{min}, Y_{min})$ 和 $B(X_{max}, Y_{max})$，轮廓 b 的坐标极值点 $A'(X'_{min}, Y'_{min})$ 和 $B'(X'_{max}, Y'_{max})$，则轮廓 a 包含轮廓 b 的充要条件如式（6-5）所示。

$$\begin{cases} X_{max} > X'_{max} \\ X_{min} < X'_{min} \\ Y_{max} > Y'_{max} \\ Y_{min} < Y'_{min} \end{cases} \tag{6-5}$$

根据轮廓之间的包含与分离关系，将某一层片上的所有轮廓抽象成一棵“树”，称之为“轮廓树”。若轮廓 a 包含轮廓 b，则在树中 a 是 b 的“双亲”，b 是 a 的“孩子”。图 6-41 所示为某一层片轮廓及其对应的轮廓树。在轮廓树中，根结点 R 代表整个截面，根结点的孩子代表最外一层外轮廓，如 a 和 b，其他轮廓的包含关系依次类推。

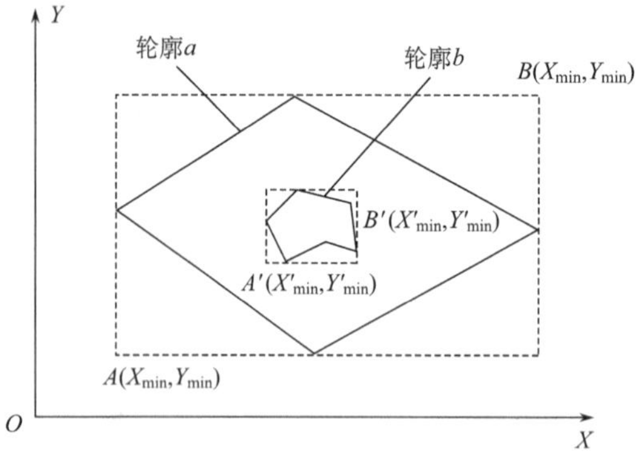

图 6-40　轮廓包含示意图

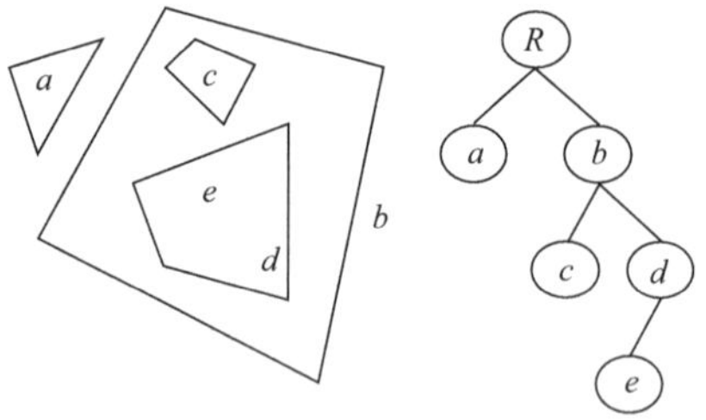

(a) 层片轮廓　　(b) 轮廓树

图 6-41　轮廓与树之间的对应关系

6.7.3　光斑半径补偿

在树脂固化过程中，光斑中心运动的边界线不是切片后得到的理论轮廓线，而应是根据轮廓的内外性，将理论轮廓线向内侧或外侧偏移一段距离来作为实际加工时的光斑中心的运动轨迹，这就是光固化工艺中的光斑半径补偿。

光斑半径补偿一般参考数控机床刀具半径补偿方法来处理，但由于加工工艺不同，因而补偿方法也有所差异。在光固化成型工艺中，光束是用来堆积材料，而不是用来切削材料。所以进行光斑补偿时，截面外轮廓要向内偏移，内轮廓要向外偏移，这与一般数控加工中的刀具补偿正好相反，如图 6-42 所示，图中实线为补偿前的理论轮廓线，虚线为补偿后的实际轮廓线。光斑补偿的一般处理过程如图 6-43 所示。

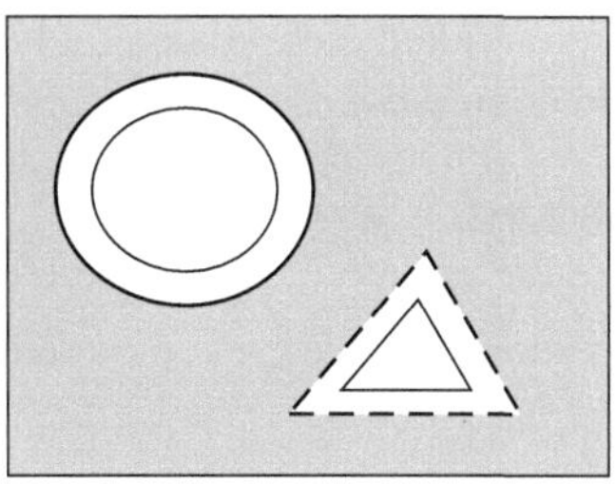

图 6-42　光斑半径补偿

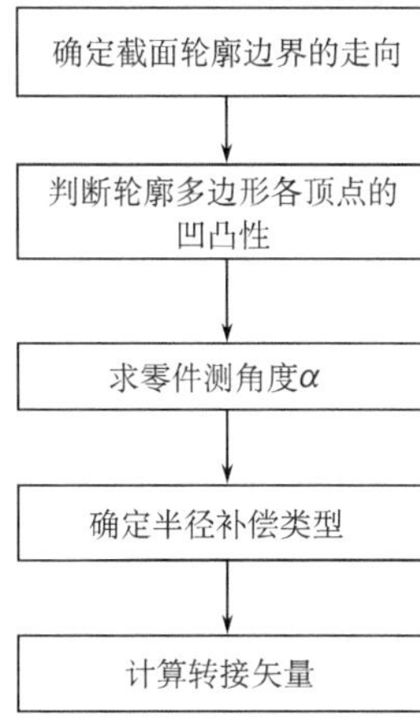

图 6-43　光斑补偿流程图

在数控加工中，补偿半径就取为刀半径，在 LOM 工艺中，也取激光光斑半径为补偿半径。但在 SL 工艺中，因为光束作用于树脂时而发生的固化情况不同，因此，不能简单地取光束的光斑半径为补偿半径。

光束照射在树脂表面时，在一段时间内会固化出一定大小的“固化颗粒”。应取固化颗粒的半径为补偿半径。固化颗粒的大小与光束功率、光斑大小、照射时间等有关系。固化颗粒半径可用式（6-6）表示。

$$R=f(r, w, t, \cdots) \tag{6-6}$$

式中，R 为固化粒半径；r 为光斑半径；w 为激光功率；t 为照射时间；…表示其他参数，如树脂性能、环境温度等。

有时，由于半径补偿值较大而带来以下问题：

（1）轮廓自交。由于补偿半径过大，会出现新的封闭轮廓（自交轮廓），如图 6-44（a）所示，应去掉多余的封闭轮廓。

（2）轮廓分裂。由于补偿半径过大，使得一个单一的封闭轮廓分裂成 2 个封闭轮廓，如图 6-44（b）所示，应将这 2 个封闭轮廓都加入轮廓树中。

（3）轮廓相交。由于补偿半径过大，2 个补偿后的轮廓可能出现相交的情况，如图 6-44（c）所示，应进行轮廓的合并。

但在 SL、LOM、SLS、FDM 等工艺中，光束（或丝材）直径一般为 0.1～0.2mm（FDM 丝材直径一般为 0.5mm 以下），远小于工件尺寸，因而，补偿半径也较小，所以以上几种特殊情况出现较少。

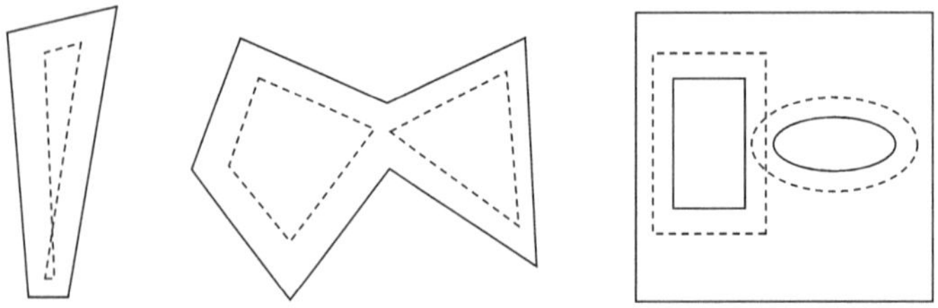

(a) 轮廓自交　　(b) 轮廓分裂　　(c) 轮廓相交

图 6-44　补偿半径过大带来的异常情况

6.7.4　扫描工艺

1. 扫描数据处理

在三维打印成型过程中，切片后要对每一单个层片截面进行扫描，这种扫描处理的方法类似于计算几何中的平面扫描法，对于一根扫描线，要经过以下 3 个基本步骤：

（1）求交。即计算扫描线与多边形各边的交点。假设已构造如图 6-45 所示的一个扫描段表格（每一扫描段由两交点组成），它的每一行对应一条扫描线，每一行可以保存对应的扫描线与所有多边形的交点的 x 坐标。对构成多边形的每条线段，不难求得这一线段与位于线段之间的扫描线的交点。

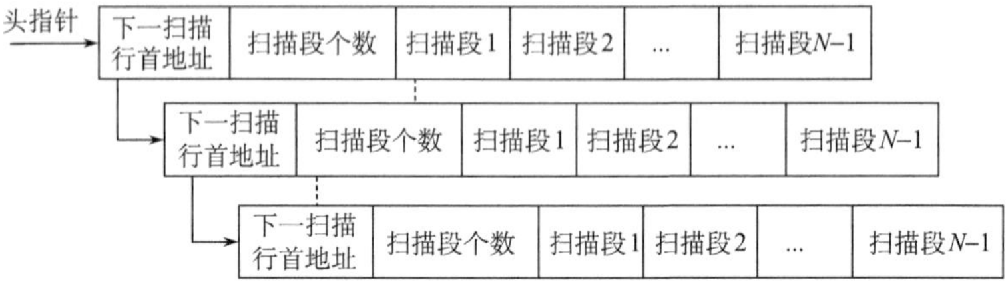

图 6-45　扫描段表格

（2）排序。把所有求得的交点按增序或降序依次排列，顺序填入表格相应行中，在填表的过程中。每一行中元素的位置只反映填表的先后顺序，而与它们的大小无关。交点在表格中的位置不但可以表明它所在的扫描线，而且反映了该扫描线与多边形相交的顺序，这样生成扫描路径就变得比较简单。求交点及排序的算法参见文献［60］。

（3）交点配对。按第一个交点与第二个交点配对构成第一个扫描段，第三个交点与第四个交点配对构成第二个扫描段，如此就形成加工时的实体扫描段集合。

扫描数据处理的目的就是完全按实际加工的路径顺序排列扫描点，并且每一扫描结点除了包括 x，y 轴的坐标信息外，还包含有加工过程中运动状态（如工进、快进、快门启闭等）信息，这种处理的好处是有利于后续的加工控制，同时也有利于减少所采用数据结构的结构性开支。

2. 扫描方式的设计准则

加工过程中的扫描方式直接影响原型的最终质量，且扫描的方式多种多样。由于所加工原型的千差万别，因此，要得到变形小、精度高的原型必须进行适当的扫描方式的设计。

设计扫描方式主要考虑以下 3 个准则：

（1）截面轮廓形状复杂程度。尽管截面轮廓都是多边形，没有曲线，但多边形可能有一个或多个凸或凹包围的区域，该区域又可能是单连通或是多连通等多种情况。因此，如何判断轮廓的形状则是一个关键问题。

（2）加工精度。要保证在扫描过程中和扫描结束后已固化层片的翘曲变形小。不同形状的加工区域，如采用相同的扫描方式，被固化区域的精度将有较大差异，因此，应考虑到不同形状的加工区域采用何种形式的扫描方式较为合适。

（3）加工效率。在满足加工精度的前提下，应尽量缩短加工时间，以提高零件的加工效率，这也涉及扫描方式的选择和设计问题。

3. 常见的几种扫描方式

目前已有的扫描方式有多种，如顺序往返直线扫描、分区扫描、环形扫描、分形扫描、三角形剖分扫描等。

1）顺序往返直线扫描法

要对零件的一个截面轮廓的内部进行扫描填充，最简单的方法是顺序往返直线扫描填充法。该方法是从下至上逐行填充，在扫描一行的过程中，实体部分按设定速度扫描，型腔部分（即非加工区域）则以空行程速度快速跨越，如图 6-46（a)所示。其优点是对数据的处理简单且可靠。而其缺点是需要光开关；即在扫描过程中，遇见零件实体部分时需要打开光开关，遇见非实体部分时就得关闭光开关；由于加工扫描方向固定，导致成型件收缩比较明显，尤其是当扫描线越长时，更易引起翘曲变形。

2）分区扫描

这种扫描方式是依据一定的规则将整个层面分为若干个连贯的小区域，并在每个小区域内采用连续扫描法。在扫描过程中，从头扫描至边界，即折回反向填充同一区域，并不跨越型腔部分；只有从一个区域转移到另外一个区域时，才快速跨越，如图 6-46（b）所示。图中所示的加工区域分为 4 个部分，加工顺序为

①→②→③→④。该种扫描方式可以省去光开关，收缩也有所减小，但在每个小的加工区域中仍然存在着 x 方向和 y 方向连贯扫描的缺点，并且对于一些薄壁零件，由于频繁跨越加工区域而导致加工精度下降。

3）环形扫描

这种扫描方式是扫描轨迹平行于轮廓边界，如同螺旋一样，由内向外或由外向内，所以也称螺旋扫描或轮廓平行扫描，如图 6-46（c)所示。从理论上分析，由于环形扫描方式的扫描线在不断地改变方向，这就使扫描线的收缩量得以减小，同时也使因成型时材料的收缩而引起的内应力有效分散，从而有利于减小翘曲变形。在这种扫描方式中，空行程极少，但轮廓平行路径规划要计算偏置曲线，且要去除偏置中产生的多余轮廓，如图 6-46（b）所示，进行大量的有效性测试，算法效率不高，而且在某些情况下对多余轮廓的判断处理是相当困难的。

4）分形扫描

分形扫描所采用的扫描轨迹是一种具有自相似特征的分形结构图形。一般采用的都是小折线，在扫描过程中扫描方向在不断变化，从而能够自由收缩，如图 6-46（d)所示。相对其他的扫描方式而言，分形扫描方式对减小原型的变形、残余应力更为有效。分形扫描利用数学上的分形原理，其扫描轨迹具有局部和全局相似，以及分维数为 2 时能填充整个平面等特点。这种扫描方式能提高成型零件的精度和强度。轮廓平行扫描和分形扫描的算法都很复杂，尤其遇到零件外形复杂、型腔较多时，数据处理量很大。

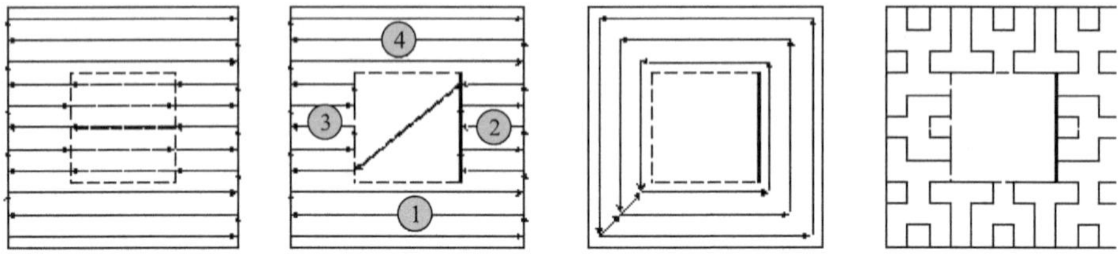

(a) 往返直线扫描　　(b) 分区扫描　　(c) 环形扫描　　(d) 分形扫描

图 6-46　4 种扫描方式示意图

5）三角剖分扫描

由于 STL 文件切片后生成的截面轮廓多边形，各自一定为简单多边形，且多边形相互之间不存在相交情况，从而可以证明一定可以对截面轮廓进行三角形剖分，即将该多边形分成许多无空洞的三角形，如图 6-47 所示。该扫描方式的整个扫描过程可分为 3 个步骤：①将整层内的扫描分解为对各个三角形的扫描；②每一个三角形内用环形扫描；③不扫描三角形边界，只扫描多边形的边界。

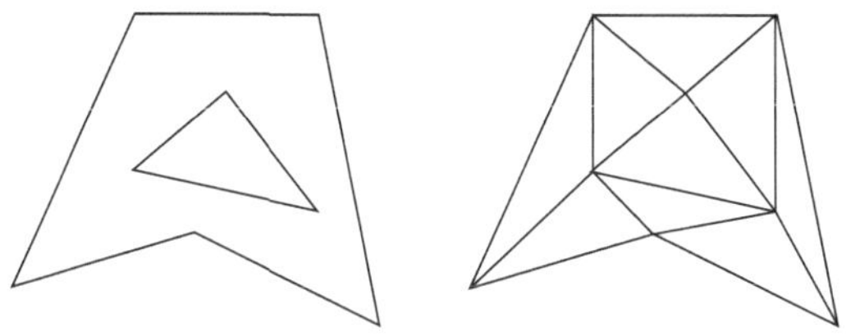

图 6-47　三角剖分扫描示意图

这种基于三角形剖分的扫描方式较环形扫描在避免原型翘曲变形和提高原型精度方面更为有效，数据处理的算法也较为简单。但考虑到原型件一般会有圆弧，甚至是一些不规则曲面，其特征表面用小三角形平面逼近后的 STL 文件经切片后的相关层的截面轮廓多边形也有着较多顶点，若再对其进行三角形剖分，在每一层内会剖分出较多的三角形，最后再对每一个三角形进行环形扫描，这整个过程的数据处理量是相当大的。

随着对三维打印技术的不断深入研究和应用，扫描方式也在不断地发展。

6.7.5　仿真与加工

在扫描数据处理完成后，经过成型工艺参数设置，便可以进行成型加工。一般情况下，为让用户在加工的同时能更直观地从计算机屏幕上了解当前的加工状态，三维打印软件都会具有仿真功能。而加工与仿真是两个不同的进程，因此，这就要求在编制软件时，应考虑如何协调不同进程之间的关系。

在三维打印软件中，如果使用单线程的程序设计方法，由于代码只有一条执行路径，那么程序在运行仿真或加工这样处理函数时，程序将被锁定直至仿真或加工这样较长的处理过程执行完毕，这期间程序将不能处理任何消息。一种比较可靠的方法是采用辅助线程。在软件中可设 3 个线程：主执行线程、加工线程和仿真线程[60]。

主执行线程主要是管理用户界面，随着应用程序启动，主线程即被创建。而作为工作者线程的加工和仿真线程则是要输出加工数据，分别完成加工或仿真的任务。加工和仿真线程都是要读取并发送成型加工控制数据，从这一点上说，加工和仿真线程的实现是类似的，只不过它们发送数据的对象不同而已。

加工线程控制三维打印系统的电机（如步进电机或直流电机等）、光源等硬件协同动作，从而进行成型件的加工。而仿真主要是为了在正式开始加工之前，对将要进行的加工过程进行动态模拟，以期预先了解成型加工过程，减少错误的加工方式，确保加工质量。因此仿真线程的主要任务就是按照实际的加工控制数据来模拟扫描头的实际运动轨迹，并将成型过程在显示器上以动态方式显示出来。

主线程可以采用许多不同的方法与辅助线程进行通信，但由于辅助线程没有消息循环，不可以用 Windows 消息实现主线程与辅助线程的通信。而反过来，Windows 消息则是辅助线程与主线程进行通信的首选方法。仿真/加工线程在执行结束时，就向主线程投递了本线程退出的消息，以通知主线程及时做一些对数据及状态的清理工作。图 6-48 所示即为仿真过程控制的示意图。

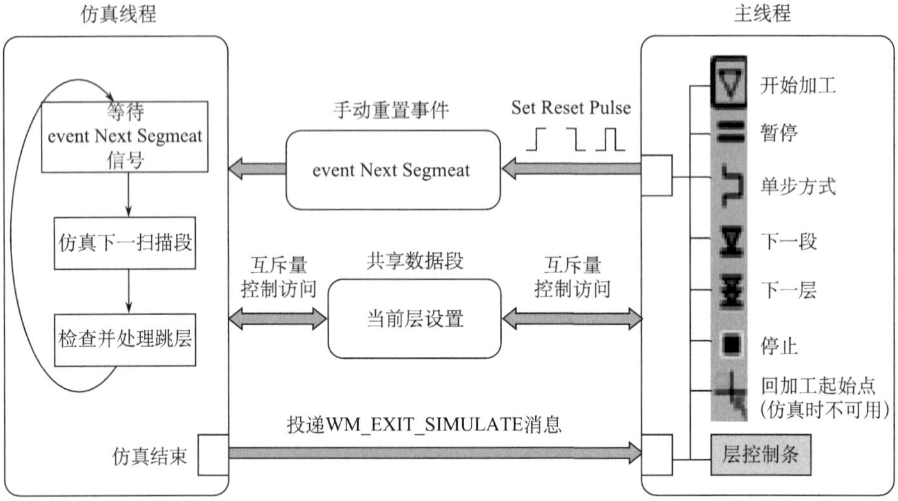

图 6-48　仿真过程控制示意图

在应用程序中，设置了一些共享数据以用于线程间通信和交换数据，比如，在仿真进行过程中，为了在仿真过程中实现快进或跳过任意层的控制，就必须允许用户通过主线程随时改变对当前仿真层的设置，同时在仿真线程中，要不时地检查当前设置，但必须防止多个线程在同一时间访问同一共享数据，可使用同步类对象来实现。

用户对加工/仿真过程的控制即为主线程对仿真或加工辅助线程的控制，都要有暂停/继续、停止、单步/连续方式切换等基本控制功能，但加工控制还具有“返回加工起点”的功能，以方便再次重新加工；仿真控制则具有对仿真过程的快进或跳过任意层的功能。

参 考 文 献

[1] 杨海成. 数字化设计制造技术基础. 西安：西北工业大学出版社，2007.

[2] 田晓东，史桂蓉. 复杂曲面实物的逆向工程及其关键技术. 机械设计与制造工程，2000，29 (4)：1-3.

[3] 刘伟军，孙玉文. 逆向工程原理方法和应用. 北京：机械工业出版社，2008.
[4] Shashar F，Iddo D，Cohenor D. Bilateral mesh denoising. Proceedings of ACM SIGGRAPH New York，NY，USA，2003：950-953.
[5] Levoy M，Pulli K，Curless B，et al. The digital michelangelo project：3D scanning of large statues. In：Proceedings of SIGGRAPH 2000，2000，7：131-144.
[6] 袁天然. 三角网格模型光顺、简化和缝补技术的研究及应用. 南京：南京航空航天大学，2007.
[7] 郭美社. 牙模数据拼合重建系统的研究与实现. 南京：南京航空航天大学，2009.
[8] Varady T，Martin R R，Coxt J. Reverse engineering of geometric models：an introduction. Computer-Aided Design，1997，29（4）：255-268.
[9] Besl P J，Mckay N D. A method for registration of 3-D shapes. IEEE Transactions on Pattern Analysis and Machine Intelligence，1992，14（2）：239-256.
[10] 石教英，蔡文立. 科学计算可视化算法与系统. 北京：科学出版社，1996.
[11] 李晓梅，黄朝晖，蔡勋，等. 并行与分布式可视化技术及应用. 北京：国防工业出版社，2001.
[12] Lorensen W E，Cline H E. Marching cubes：A high resolution 3D surface construction algorithm. ACM New York，NY，USA，1987：163-169.
[13] Hoppe H，Derose T，Duchamp T，et al. Surface reconstruction from unorganized points. 1992：71-78.
[14] Kuo C C，Yau H T. A delaunay-based region-growing approach to surface reconstruction from unorganized points. Computer-Aided Design，2005，37（8）：825-835.
[15] Bernardini F，Bajaj C L，Chen J，et al. Automatic Reconstruction of 3D CAD Models. 1996.
[16] Chaikin. An algorithm for high speed curve generation. Computer Graphics and Image Processing，1974，3：346-349.
[17] Reif U. A unified approach to subdivision algorithms near extraordinary vertices. Computer Aided Geometric Design，1995，12（2）：153-174.
[18] Zorin Denis N. Stationary subdivision and multiresolution surface representation. California：California Institute of Technology，1998.
[19] 刘浩. 基于四边形网格的细分曲面造型基础技术研究. 南京：南京航空航天大学，2005.
[20] ZorinDenis，Peter Schröder，WimSweldens. Interpolating subdivision for meshes with arbitrary topology. Computer Graphics，Annual Conference Series（ACM SIGGRAPH）. New York：ACM Press，1996：189-192.
[21] Leif Kobbelt. $\sqrt{3}$-Subdivision. Computer Graphics，Annual Conference Series（ACM SIGGRAPH）. New York：ACM Press，2000：103-112.
[22] Labisk U，Greiner G. Interpolatory $\sqrt{3}$-Subdivision. Computer Graphics Forum，2000，19（3）：131-138..
[23] VelhoLuiz，Zorin Denis. 4-8 Subdivision. Computer Aided Geometric Design，Special Issue

on SubdivisionTechniques，2001，1-31.

[24] Kobbelt Leif. Interpolatory subdivision on open quadrilateral nets with arbitrary topology. Computer Graphics Forum，1996，15（1）：409-420.

[25] 张宏鑫. 基于离散的曲面显示和绘制. 杭州：浙江大学，2002.

[26] Peters J，Reif U. The simplest subdivision scheme for smoothing polyhedral. ACM Transactions on Graphics，1997，16（4）：420-431.

[27] HabibAyman，Warren Joe. Edge and vertex insertion for a class of C1 subdivision surfaces. Computer Aided Geometric Design，1999，16（4）：223-247.

[28] Qin H. Dynamic catmull-clark subdivision surface. IEEE Transactions on Visualization and Computer Graphics，1998，4（3）：215-229.

[29] Sederberg T，Zheng J，Swell D，et al. Non-Uniform recursive subdivision surfaces. In：computer graphics，annual conference series（ACM SIGGRAPH）. New York：ACM Press，1998：387-394.

[30] Levin Adi. Combined subdivision scheme. Israel（France）：Tel-Aviv University，2000.

[31] Ying L X，Zorin Denis. Non-manifold subdivision. In：Proceedings of IEEE Visualization，California，2001.

[32] Zhang H X，Wang G J. Honeycomb subdivision. Journal of Software，2002，13（7）：1199-1208.

[33] MacCracken R. Free-form deformations with lattices of arbitrary topology. Computer Graphics，1996，30（3）：181-188.

[34] Sederberg T W，Parry S R. Free-form deformation of solid geometric models，SIGGRAPH’86，ACM Comp. Graph，1986，20（4）：151-160.

[35] 朱心雄. 自由曲线曲面造型技术. 北京：科学出版社，2000.

[36] Hsu W M，Hughes J F，Kaufman H. Direct Manipulation of free-from deformation. SIGGRAPH’92，ACM Comp. Graph.，1992，26（2）：77-184.

[37] Alexa M. Differential coordinates for local mesh morphing and deformation. Visual Computer，2003，19（2）：105-114.

[38] Nealen A，Sorkine O，Alexa M，et al. A sketch-based interface for detail-preserving mesh editing. ACM Transaction on Graphics，2005，24（3）：1142-1147.

[39] Sorkine O. State-of-the-artreport：Laplacian mesh processing. Proceedings of the Eurographics 2005，Eurographics Association：2005.

[40] 闫国栋. 全冠及全冠桥数字化设计关键技术研究与应用. 南京：南京航空航天大学，2013.

[41] 逆向/正向混合设计系统 Delcam CopyCAD Pro. http：//www. delcam. com. cn/copycad/cadmain. html [2013-7-6].

[42] Got an idea? Make it real with 123D. http：//www. 123dapp. com/create [2013-7-6].

[43] 张峻岭. 台式低成本快速成型系统软件的研究. 南京：南京理工大学，2001.

[44] 邓婕，瞿畅，王君泽. 基于 3DS MAX 实现针织基本组织编织的动态模拟. SILK 丝绸，

2011，48 (8)：29.

[45] 许伟. 3DS MAX 中数据导入导出问题研究. 制造业自动化，2012，34 (8)：82.

[46] 马亮. SketchUp8.0 技术大全：中文版. 北京：人民邮电出版社，2013.

[47] Prashant K K，Anne M，Debasish D. A review of process planning techniques in layered manufacturing. The Rapid Prototyping Journal，2000，6 (1)：18-35.

[48] 董未名，严冬明，周登文，等. 基于 CAD 模型的直接快速成型软件. 计算机辅助设计与图形学学报，2004，16 (3)：360-367.

[49] 孙家广. 计算机图形学. 北京：清华大学出版社，1994.

[50] 李占利. 快速成型制造中分层处理技术研究. 西安：西安交通大学，1997.

[51] 陈绪兵. 三维实体模型的直接切片研究. 武汉：华中理工大学. 2000.

[52] Kumar，Madhup；Choudhury，A. Roy. Adaptive slicing with cubic patch approximation. Rapid Prototyping Journal，2002，8 (4)：224-232.

[53] 杨继全，侯丽雅，章维一，等. 光造型技术在微机电系统中的应用研究. 中国机械工程，2002，13 (1)：32-35.

[54] 陆春进，侯丽雅，杨继全. 微小机械快速成型系统中的 CAD 技术. 机械科学与技术，1998，17 (4)：683-685.

[55] 张吉堂，李雅青，徐昕，等. 基于 SolidWorks98 三维模型切片软件研究开发. 华北工学院学报，2000，21 (2)：156-158.

[56] 史玉升，黄树槐，陈绪兵，等. 三维 CAD 模型直接切片技术及其在快速成型中的应用. 计算机辅助设计与图形学学报，2002，14 (12)：1172-1176.

[57] 周满元，习俊通，严隽琪. 快速成型中基于 STEP 的直接分层算法. 上海交通大学学报，2003，37 (5)：737-740.

[58] 李占利，胡德洲. 三维模型的直接分层软件研究与开发. 西安科技学院学报，2002，22 (2)：189-193.

[59] 赵毅，李占，卢秉恒. 激光快速成型中激光扫描路径的快速生成算法. 计算机辅助设计与图形学学报，1998，10 (3)：260-265.

[60] 汤兵. 台式低成本快速成型系统工艺与控制软件研究与开发. 南京：南京理工大学，2002.

第 7 章　异质材料三维打印技术

三维打印技术采用离散堆积方式实现叠层实体制造，无需工具或模具，即能迅速制造出由一种或多种材料构成的，任意复杂形状，并具有一定功能的三维实体模型或零件，因此，三维打印技术成为异质材料零件制造的一种重要方法。

当前对于异质材料零件的研究存在设计与制造相互孤立、零件建模与通用 CAD 软件不兼容、零件成型方式不精确等问题。基于上述问题，这里采用三维打印技术和微滴喷射技术相结合的方式，研究异质材料零件的集成化设计与制造技术，为异质材料零件的设计与制造从理论走向实际应用奠定基础，并对发挥这两种技术在异质材料零件工程应用方面的潜力将具有重大意义。

7.1　概　　述

7.1.1　异质实体分类

这里将异质实体（heterogeneous objects，HEO）按其功能和结构形态可分为人造型 HEO、自然型 HEO 和变异型 HEO 等 3 种。

1. 人造型 HEO

人造型 HEO 是指按照人为意愿而成型的非均质物体。人造型 HEO 是按照异质实体的功能，由人工干预而实现的材料优化分布形态，有的文献把这种按零件的最佳使用功能要求来设计制造，由呈梯度变化的组织成分和一定规律分布的细微结构的材料与均质材料所组合构成的新型材料称为理想材料零件[2]。按照其成型过程，人造型 HEO 可分为装配型异质实体和合成型异质实体。

(1) 装配型异质实体是指在人工或机械的辅助下，由多个不同材料零件组装而形成的非均质物体，如典型的微机电系统（micro electro-mechanical systems，MEMS）包括微机械结构、微制动器、微传感器、微光学器件等，其材料组分可能会涉及多晶硅、陶瓷材料、高分子材料以及金属处理等。这类机械装配型异质实体的特点是整个物体的各个组件是由单一材料制作的，然后再由人工或人为进行组装形成具有一定功能的非均质物体，彼此各组分的材料不发生耦合或渗透。

(2) 合成型异质实体是指在人工或机械的辅助下，通过化学反应、物理处理、基因工程或其他方法获得的具有多相材料的非均质物体。典型的人工合成异质实体是梯度功能材料（functionally graded materials，FGM），是由日本新野正之、平井敏雄与渡边龙三于 1986 年首先提出的。它是指一类组成结构和性能在材料厚度或长度方向连续或准连续变化的非均质复合材料[1]。合成型异质实体的特点是结构形式及材料分布均较稳定。

2. 自然型 HEO

自然型 HEO 是指大自然中存在的各类含有多种材料且结构形式和材料分布呈静态或呈连续有规律动态分布的非均质物体。如竹子，其从内层至外层，材料结构渐变，强度依次增强，致密度依次增加，这种材料分布渐变式结构有利于竹子保持质量轻的同时并具有足够的弹性和强度。图 7-1 为竹子微结构。

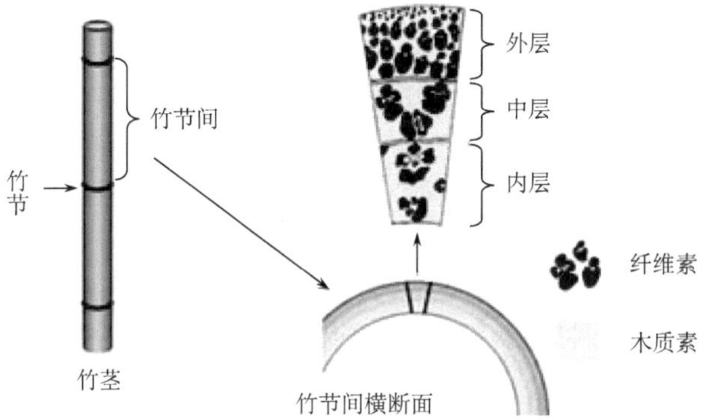

图 7-1　竹子微结构

3. 变异型 HEO

变异型 HEO 则是指违背自然界规律或人为意愿而形成的蠕变型（如铜锈、疲劳破损等）或剧变型（如细胞病变、零件断裂等）非均质物体。其成型过程较前两者复杂且大多无规律可循。

对上述 3 种 HEO 进行简要比较，如表 7-1 所示。

表 7-1　异质实体分类与比较

分类		结构形式	材料分布	材料分布形式	建模方法
人造型 HEO	合成型 HEO	稳定	稳定	多种单一材料	静态建模方法
	装配型 HEO	稳定	稳定	多相材料*	混杂建模方法
自然型 HEO		渐变	渐变	多相材料	动态建模方法
变异型 HEO		渐变	渐变	多相材料	混杂建模方法

* 多相材料是指多种材料有机地协同分布于一个物体内部的材料组合形式；而单一材料是多相材料的特殊形态。

这里所研究的对象——异质材料零件，属于人造型 HEO，是指由多种材料在零件内部连续或非连续分布而构成的功能性零件，主要包括多材料零件、功能梯度材料零件和多相材料零件，也可以把前两者视为典型的多相材料零件[3-5]。一体化传感器、微机电系统、多孔微结构、人体骨骼等生物组织都是典型的异质材料结构[6]。

目前市场对产品的性能要求愈来愈高，由单相或均质材料构成的零件已难以满足产品对零件的功能或性能需求。这使得对异质材料零件的研究成为机械、电子、光学、生物、材料等多个学科的研究热点之一。

7.1.2 异质材料零件应用

通常异质材料模型可分为 3 类：多材料模型、嵌入零件模型、功能梯度材料模型[7]。异质材料成型件可广泛应用于耐磨涂料、固体氧化物燃料电池、牙齿/骨骼移植、模具制造、温差电敏器件、调速轮、热障等各领域。当前对异质材料零件研究的重点在于异质材料成型件的建模、加工、工艺和材料制备及性能等方面问题。

通过高分子材料、低熔点合金材料、陶瓷等不同有机和无机物质的巧妙结合而制作出的异质材料零件，可广泛应用于宇航工业、机械工程、生物医学工程等领域。

1）高分子异质材料零件

高分子异质材料零件可广泛应用于耐磨功能部件、人工器官、耐腐蚀材料化工设备结构部件等领域，目前已在生物医药材料（如人体植入物）、功能压敏材料（如高分子梯度材料薄膜因其一面具有压敏黏结性，另一面无黏结性而制成的无载体压敏胶膜）、阻尼材料（如制备沿材料厚度方向呈梯度变化，具有良好阻尼性能的阻尼涂层）等方面得到应用。

2）陶瓷-低熔点合金功能梯度材料零件

采用含不同比例可热解材料（或其他方法去除的其他材料）的陶瓷粉末熔液（或溶液）制成预制件，加热除去可热解材料（或其他方法可去除的其他辅助材料）即可得到具有不同气孔密度的陶瓷材料中间件，对中间件进行烧结，然后熔渗低熔点合金后得到最终零件。

3）具有不同气孔密度梯度分布的零件

采用含不同比例可热解材料（或其他方法可去除的其他材料）的工件材料的粉末熔液（或溶液）制成预制件，加热除去可热解材料（或其他方法可去除的其他辅助材料）即可得到具有不同气孔密度的中间件，进一步烧结后得到最终零件。

4）功能梯度零件

用多个喷头直接喷射液态材料、材料粉末的熔液（或溶液）成形金属-金属、聚合物-金属、聚合物-磁性粉末和聚合物-聚合物等梯度材料预制件，经相应的后处理工序就得到功能梯度零件。

由于异质材料零件具有信息传递精度高、尺寸小、适应环境强、质量轻等优点，因而也可用于制备微器件、一体化传感器、智能结构等设备。

7.1.3　异质材料零件的发展现状

异质材料零件的研究目前主要涉及 2 个关键问题：异质材料零件的建模方法和异质材料零件成型方法。

在异质材料零件模型建模方法的研究过程中，异质材料零件模型要求其三维 CAD 模型能够同时反映其几何信息和材料信息，但传统的三维 CAD 几何模型只能反映零件的几何信息，不能反映异质材料零件的复杂材料信息，为此，许多研究者对异质材料零件 CAD 模型的材料信息的表达问题提出各种解决方案[8]。任莉等[2]提出基于可行方向法和遗传算法的几何与材料的并行设计方法；Kou 和 Tan 等[9,10]采用 B-Rep 的建模方法描述 HEO CAD 模型；Yang[11]提出基于 B 样条的方法进行异质材料零件的设计和分析；Patil 等[12]采用 R 函数对 HEO 材料结构进行建模；吴晓军和刘伟军[13]提出一种基于 CAD 零件离散体素模型的异质材料建模方法；Zhou 等[14]提出多色距离场的建模方法；Hu 和 Fadel 等[15-17]在 CAD 设计过程中则引入时间要素。

异质材料零件具有材料与零件的一体化、集成化设计与制造为主要特点，但目前对于异质材料零件的 CAD 研究尚存在以下问题：以面图形学为基础的商用 CAD 系统只能利用数字化方法来描述零件的表面结构信息和单一材料信息，而难以描述零件的内部微结构信息和多材料信息（如非均质、功能梯度材料等），已有的诸多有关异质材料零件建模的研究大都只提出理论模型或开发独立的异质材料零件建模原型软件，缺少与目前通用的 CAD/CAM/CAPP 等软件系统及三维打印设备的兼容性。

异质材料零件的 CAM 研究主要分为两大类：传统制造方法和基于三维打印技术的成型方法。基于功能梯度材料的传统制造方法，主要有气相沉积法，包括化学气相沉积法（CVD）、物理气相沉积法（PVD）、物理化学气相沉积法（PCVD）、等离子喷涂法（PS）、自蔓延高温合成法（SHS）、粉末冶金法（PM）、激光熔覆法（LSC）、离心铸造法等。这些传统功能梯度零件的制造方法存在以下缺点：无法精确制造形状复杂的立体结构；梯度层与基体间的结合强度低、易开裂；材料分布无法精确控制等[18]。

目前关于异质材料零件的 CAD 与 CAM 的研究普遍存在一个问题：建模方法、模型可视化、有限元方法与成型方法的研究相互孤立，尚未形成 CAD/CAM 一体化。

关于异质实体的材料（尤其是功能梯度材料和多相复合材料）及其成型机理的理论研究明显落后于CAD和CAM研究。对于异质材料零件在熔积成形过程中多相/多态物质共存超常规条件下的微流体机理（如材料微滴的形成机理、固化或凝固机理、温度场以及熔积材质浓度场等）的数值研究、异质材料间相互作用机理与微成型机理等问题的研究还很薄弱，而这些问题的研究对于进一步理解和揭示异质材料零件在制造过程中产生的复杂物理现象和作用机理，提高异质材料制备及零件成型质量具有重要的理论和实际指导意义。

7.2 静态型异质材料建模理论研究

HEO的CAD建模理论研究需要解决2个核心问题：结构空间的描述和材料空间的描述。结构空间的描述主要解决零件的几何外形结构的建模问题，通常采用STL模型来完成结构空间的描述问题。材料空间需要解决的问题是异质材料零件的内、外表面及其内部任意一点的材料建模方法。根据异质实体的结构和材料形态变化，把材料空间的建模问题分为静态型HEO建模方法和动态型HEO建模方法。静态型HEO主要是指实体的材料分布呈梯度变化的异质材料零件，如图7-2所示。图7-3所示的动态型HEO，该零件结构分布和内部材料分布都很复杂，既有均质材料又有梯度材料，而且没有呈规律变化。这里主要讨论静态型HEO建模方法。

图7-2　静态型HEO（见彩图）

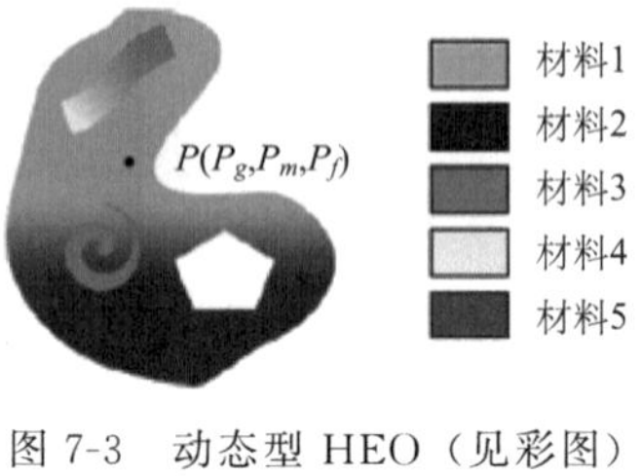

图7-3　动态型HEO（见彩图）

7.2.1 HEO CAD材料空间描述

异质材料零件的建模空间可由 $E^3 \times E^k$ 表示，其中 E^3 表示三维几何空间，主要完成HEO结构特征的描述；E^k 表示 k 维材料空间，$k(k \geqslant 2)$ 表示HEO所含的材料种类数，材料空间用来描述HED的各材料组分的组成和变化，两者的对应关系如图7-4所示。如果假设图示异质零件由3种材料组分构成，分别用 m_1、m_2、m_3 以及绿色、红色和蓝色表示，则图7-4中各区域结构空间和材料空间的对应关系如下：

（1）区域 A——本体材料表征区域，图 7-4 中 A 区域全部由材料 m_1 组成，对应于材料空间中 m_1 轴上的值大于 0，其他两轴上的值等于 0。

（2）区域 B——由材料 m_2 与本体材料 m_1 发生梯度渗透关系所形成的材料分布区域，对应于材料空间中 m_1 轴和 m_2 轴上的值大于 0，m_3 轴上的值等于 0。区域 B 内不同位置上的点含材料 m_1 和 m_2 的比例不同。

（3）区域 C——由材料 m_3 与本体材料 m_1 发生梯度渗透关系所形成的材料分布区域，对应于材料空间中 m_1 轴和 m_3 轴上的值大于 0，m_2 轴上的值等于 0。区域 C 内不同位置上的点含材料 m_1 和 m_3 的比例不同。

（4）区域 D——嵌入式材料分布区域，该区域的材料组分是 m_2，因此对应于材料空间中 m_2 轴上的值大于 0，其他两轴上的值等于 0。

（5）区域 E——为多相混合材料且与本体材料互有梯度渗透关系的区域，该区域内某一点处所含各个材料组分的分量分别为 α_1、α_2、α_3。

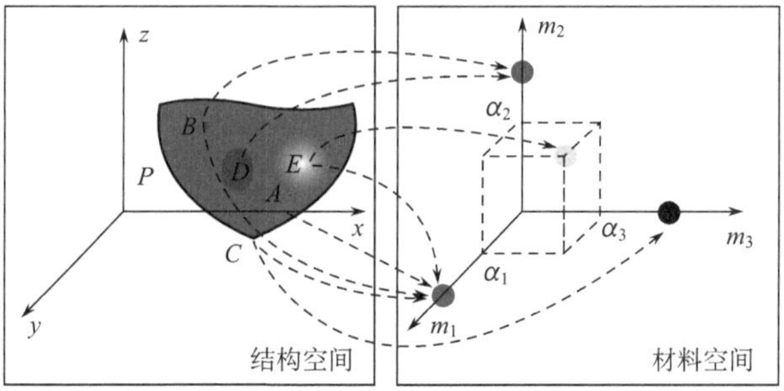

图 7-4　HEO 三维结构与材料空间对应关系空间（见彩图）

图 7-4 中假设了材料空间仅由 3 种材料组分组成。如果把材料组分的数量扩展到 k 种，则图 7-4 所示的异质零件结构空间与材料空间的映射关系如式（7-1）描述：

$$
\begin{cases}
P=(P_g,\ P_m) \\
P_g=(x,\ y,\ z)\in E^3 \\
P_m=(\alpha_1,\ \alpha_2,\ \cdots,\ \alpha_k)(0\leqslant \alpha_i\leqslant 1,\ \sum\limits_{i=1}^{k}\alpha_i=1,\ 1\leqslant m\leqslant k)
\end{cases}
\tag{7-1}
$$

式中，P_g 是位于 HEO 几何域 Ω_g 中的任意一空间几何点坐标信息（Ω_g 为 E^3 的子空间）；P_m 是位于 HEO 材料域 Ω_m 的材料信息（Ω_m 为 E^k 的子空间）；参数 α_i 表示该点处共 k 种材料中的第 i 种材料所占的材料分量（或称权重系数），$\alpha_i=0$ 表示该点不含该种材料，$\alpha_i=1$ 表示该点有且只有一种材料。

材料域是建立在空间域基础之上的，HEO 任意一点均是几何信息和材料信息的结合点，因此，建模时也应遵循该规则建立几何数据和材料分布数据的映射关系，两者之间的关联可由式（7-2）表示：

$$\begin{cases} F: \Omega_g \to \Omega_m \\ F(P_g) = P_m \\ \forall P_g \in \Omega_g \subset E^3 \\ \forall P_m \in \Omega_m \subset E^k \end{cases} \tag{7-2}$$

7.2.2　HEO 静态建模方法的研究现状

在 HEO 建模方法的研究中，对于静态 HEO 建模方法的研究最为集中。在众多的 HEO 建模方法中，较具有代表性的有基于体素的建模方法、基于传统边界表示（boundary representation，B-Rep）的建模方法等。

1. 基于体素的 HEO 建模

Kaufman 等[18]对模型的体素化进行研究。假设 $D(x, y, z)$ 是三维离散空间中的一个三维网格点，其 Voronoi 邻域是一个单位体，称为体素。Kaufman 等还指出所谓体素化就是将物体的表面几何形式表示转换成最接近该物体的体素表示形式，产生体数据集，其不仅包含模型的表面信息，而且能描述模型内部属性，体素可以看成是二维像素在三维空间的推广。Siu 等[19]提出了基于“材料源”的建模方法，“材料源”可视为零件内部材料的“发源地”。

吴晓军等提出了距离场定义下的 CAD 建模方法[13]和基于欧式距离测度网格模型体素化算法[20]。前者是一种基于固定参考特征和活动梯度源的方法。首先需要选定某个几何特征（点特征、线特征或面特征）作为特征基准，然后利用数字距离变换（digital distance transform，DDT）的方法计算模型内体素中心距所选特征基准之间的最短距离 r，并以此作为从几何空间到材料空间映射的依据。

基于欧式距离测度网格模型体素化算法[20]是利用线性八叉树的编码特性，将三维多边形网格模型离散成体素表示，通过多边形网格轮廓体素和模型内、外体素序列的标志位特性，将三维网格模型内部体素化，产生准确的 26-邻接体素模型。此种采用体素的建模方法，易于表达材料分布不规则的非均匀实体，但是只能以有限的分辨率逼近真实实体，准确性低，为精确表达实体，需要大量的存储空间。

Jackson 提出了利用有限元网格描述零件几何信息，用内部有限元单元节点到边界的距离为变量表示材料信息的建模方法[21]。该方法采用材料局部组分控制模型，基于有限元网格描述 HEO 几何信息，以内部有限元网格节点到边界的距离为变量描述材料信息。

2. 基于 B-Rep 的 HEO 建模方法

Kumar[23-24]以 R-Rep 为基础，采用描述 HEO 模型外形的 r-set 集合与描述材料变化信息的 r_m 集合相结合的方式进行 HEO 建模。用几何空间描述 HEO 几何信息，用其从空间描述 HEO 材料信息。该建模方法采用 r-set 和建立在正则集上的正则布尔运算，明确异质材料零件在几何与拓扑特征上的非流形特性，根据 HEO 材料信息部分的特征，将 HEO 几何区域剖分成有限个互不相交的正则几何区域，各个子区域的并集形成完整的零件几何区域。

Kou 等提出了基于 B-Rep 的几何建模方法[9]和异质特征树（heterogeneous feature tree，HFT）材料建模方法[10]。为了表达异质实体的材料信息，Kou 等首先对一维曲线特征和二维区域特征进行定义，并给出相应的材料组分计算的一般公式。前者是指沿一条线（直线或 B 样条曲线）上各点的材料组分不断变化，后者可以看成是由若干个一维曲线特征构成的平面区域。对于三维实体特征，可以看成是由一系列一维曲线异质特征和二维区域异质特征构成，图 7-5 是三维异质实体的 HFT 的结构。Kou 等认为每个三维异质材料实体都可以看成是由若干个二维区域组成，每个二维区域由是有若干一维曲线组成的，每条曲线都有起点和终点，由此分解到最后的点特征就是 HFT 的末节点。根据末节点中材料的组分，就可以计算出 HEO 中任意一点处的材料组分。

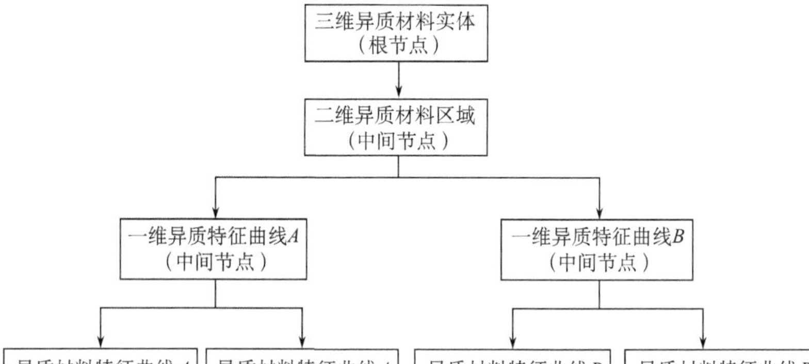

图 7-5　异质实体 HFT 的结构

Patil 等[12]提出采用 R 函数描述材料结构的建模方法，具体是采用 r_m 目标模型描述异质实体模型；Biswas 等[21]提出了基于几何域的场建模方法；Fadel 等[15-17]研究了基于三维像素点的建模方法和基于空间曲线控制点的建模方法，并对异质实体 FEA 和成型方法进行研究。这些建模方法较为复杂，多停留在理论研究阶段，大都未能基于目前广泛采用的商用 CAD 软件和 STL 模型进行材料信息的表达，且与后续的异质材料的成型方法没有充分结合起来。

7.2.3　基于微四面体的 HEO 内外表面材料设计

对于异质材料零件 CAD 模型的材料空间描述，这里介绍了基于微四面体的建模方法。通过建立与三维结构空间相对应的三维材料空间映射函数，即在结构特征的基础上，分别赋予材料特征给微四面体单元内的各顶点，微四面体内的微细材料分布按照该映射函数来确定，从而为确定异质材料零件 CAD 模型的内外表面、实体内部的结构信息和材料信息奠定基础。

根据异质实体的几何特征、材料分布特征和零件功能需求，异质实体的边界曲面首先按照上述方法被离散化为一系列微四面体空间单元网格，并赋予网格中每个节点相应的材料信息，再根据单元网格节点的三维位置及材料值逐一计算各微四面体表面处的结构和材料分布，进而实现整个异质实体边界曲面的设计。其设计流程如图 7-6 所示。

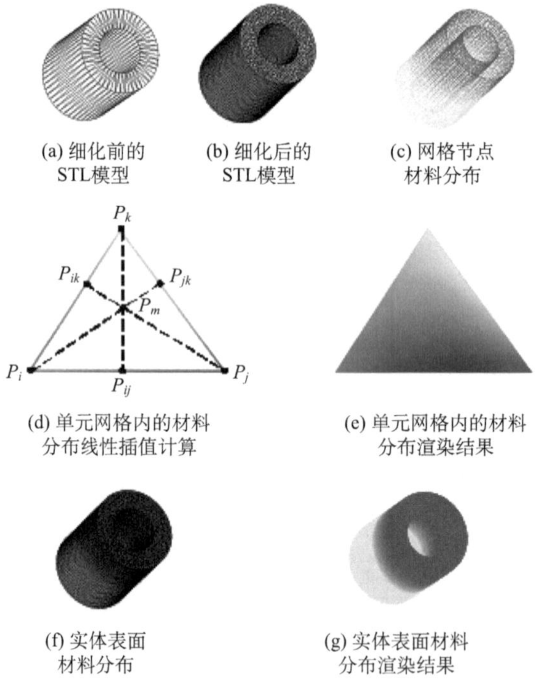

图 7-6　异质实体表面材料设计流程

图 7-6（a）、（b）、（c）分别为细化前后的 STL 模型及网格节点材料分布示意图；对微四面体网格内部任意一点 P_m，其材料信息由另外 3 个顶点 P_i、P_j 和 P_k 的材料插值获得，如图 7-6（d）所示。

$$\begin{cases} M_{P_m}=\frac{1}{3}\{[(1-\alpha)M_{P_i}+\alpha M_{P_{ik}}]+[(1-\beta)M_{P_i}+\beta M_{P_{ik}}] \\ \quad +[(1-\gamma)M_{P_k}+\gamma M_{P_{ik}}]\} \\ \alpha=\dfrac{d(P_i,\ P_m)}{d(P_i,\ P_m)+d(P_{jk},\ P_m)} \\ \beta=\dfrac{d(P_j,\ P_m)}{d(P_j,\ P_m)+d(P_{ik},\ P_m)} \\ \gamma=\dfrac{d(P_k,\ P_m)}{d(P_k,\ P_m)+d(P_{ij},\ P_m)} \end{cases} \tag{7-3}$$

式中，d（·，·）为三角形面片内任意 2 个空间点之间的欧氏距离；α 为点 P_i 与点 P_{jk} 的材料值之间的线性插值权重，$0\leqslant\alpha\leqslant1$；$\beta$ 为点 P_j 与点 P_{ik} 的材料值之间的线性插值权重，$0\leqslant\beta\leqslant1$；$\gamma$ 为点 P_k 与点 P_{ij} 的材料值之间的线性插值权重，$0\leqslant\gamma\leqslant1$。

采用线性差值方法得到的单元网格渲染效果如图 7-6（e）所示。完整的异质实体节点材料分布及其渲染结果分别如图 7-6（f）、图 7-6（g）所示。

7.2.4　HEO 内部材料设计

异质实体微四面体内部材料信息可通过实体表面材料的空间线性插值得到，图 7-7 所示为微四面体内任意一点 P_n，其材料分布由式（7-4）确定。

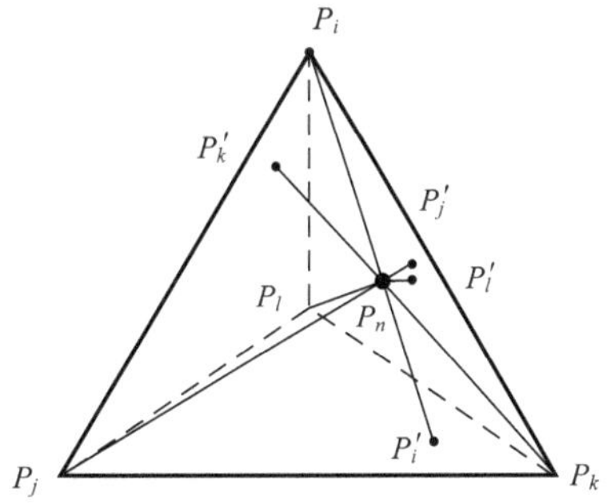

图 7-7　四面体内部材料分布确定

$$\begin{cases} M_{P_n}=\frac{1}{4}\{[(1-\alpha)M_{P_i}+\alpha M_{P'_i}]+[(1-\beta)M_{P_i}+\beta M_{P'_i}] \\ \quad +[(1-\gamma)M_{P_k}+\gamma M'_{P_k}]+[(1-\varphi)M_{P_i}+\varphi M_{P'_i}]\} \\ \alpha=\dfrac{d(P_i,\ P_n)}{d(P_i,\ P_n)+d(P'_i,\ P_n)} \\ \beta=\dfrac{d(P_j,\ P_n)}{d(P_j,\ P_n)+d(P'_j,\ P_n)} \\ \gamma=\dfrac{d(P_k,\ P_n)}{d(P_k,\ P_n)+d(P'_k,\ P_n)} \\ \varphi=\dfrac{d(P_l,\ P_n)}{d(P_l,\ P_n)+d(P'_l,\ P_n)} \end{cases} \tag{7-4}$$

式中，d（·，·）、α、β、γ 与式（7-3）含义相同；φ 为点 P_l 与点 P'_l 的材料

值之间的线性插值权重，$0 \leqslant \varphi \leqslant 1$。

7.2.5 总结

讨论了面体网格细化，通过逐层对异质零件实体进行分解，同时赋予网格节点材料信息，并以此为基础，构造网格表面和内部结构和材料信息，从而完成异质实体的结构和材料并行设计的方法。此种基于空间微四面体的异质材料零件建模方法把结构设计、材料设计、模型可视化等设计过程融为一体，较其他方法具有如下优点：

（1）采用STL通用数据格式，便于与现有的CAD设计软件和三维打印设备对接，为异质材料零件的CAD和CAM一体化提供数据保障。

（2）为后续的异质材料零件CAD模型的精细及快速可视化奠定基础。在渲染过程中，只需对异质材料零件位于表面的各STL面片进行色彩处理，而忽略零件内部各微四面体的显示处理，可以节省大量的色彩处理时间。

（3）由于采用了网格节点定义的方式，从而为利用点云数据进行异质材料零件CAD数据的快速重构开辟一条新途径。

（4）采用逐层分解的数据描述方式，便于异质材料零件的数据有序存储，使得其CAD模型的分层处理和成型加工变得相对容易。

7.3 基于空间点云数据的异质材料零件动态建模方法

静态型HEO建模方法主要适用于形态结构和材料分布均呈静态或相对稳定的异质实体。对于那些在不同部位同时存在2种或更多种材料分布，且（或）材料呈非规律分布的异质材料零件，有效的建模方法不多。例如，在机械工程领域，如何表述含有复合材料的机械零件的表面变性、材料老化及断裂等异常现象？如何确定表面工程和再制造工程中的零件表面及内部材料分布及其变化趋势？如何设计由不同材料组成的微系统（MEMS）并对其进行FEA分析？这些研究对象都有其共同点均是为异质材料实体，外观结构相对稳定，但内部材料的分布变化会导致其功能改变，甚至是质变。图7-3所示的CAD模型其部分区域的材料既不是均质的，也不是按梯度分布的。

对于此类复杂的异质实体建模，除了考虑其结构特征、材料静态分布特征，还要考虑其物理特性（如温度场、电磁场等）和时间（即材料分布变化趋势）等因素。这里将具有上述特征的异质材料称为动态异质材料。目前，对于动态异质材料零件建模的研究较少，但也已引起一些研究者的关注。对于材料在特定时刻呈动态分布的多相材料零件的设计及其预测，目前尚无有效工具；对于此类较为特殊的材料分布零件，目前尚缺少建模方法。这里尝试提出一种基于静态型材料节点分布设计的动态型多相材料零件材料设计方法。

7.3.1　基于特征节点的动态 HEO 材料建模

在基于细化后的 STL 模型形成的均匀点云数据集构建的含有空间微四面体的新型几何模型的基础上，依据该零件的物理特性和材料分布特征，确定该 HEO 模型的特征节点，并以此为基础进行材料设计。

在异质材料零件的设计和分析过程中，控制特征要比仅控制材料分布更加有效。因此，在本研究材料建模过程中，引入了描述各材料物理特征的材料分布特征值、各材料的体分量和材料分布向量。

异质材料零件 CAD 模型的各特征节点按照式（7-5）分别沿着 X、Y、Z 轴对多维材料进行三维空间赋值。

$$M_p=(s_1,\ s_2,\ \cdots,\ s_k,\ x_1,\ x_1{}',\ y_1,\ y_1{}',\ z_1,\ z_1{}',\ \cdots,\ x_k,\ x_k{}',\ y_k,\ y_k{}',\ z_k,\ z_k{}') \tag{7-5}$$

式中，k 为该模型所含材料的总种类数；s_k 表示该 P 节点处的第 k 种材料的分布特征值，其值为该点处该 k 种材料的体分量 m_k 与其物理特征 f_k 之积，所有材料的体分量之和应为 1，P 点处的材料特征见式（7-6）。

$$\begin{cases} s_i=f_i m_i \\ \sum\limits_{i=1}^{k}=1,\ m_i\in[0,\ 1] \\ f_i=\begin{cases}1(\text{该点含有第 } i \text{ 种材料}) \\ 0(\text{该点不含有第 } i \text{ 种材料})\end{cases} \end{cases} \tag{7-6}$$

式（7-5）中，x_i 和 x_i'分别为该点处沿 X 轴两个相反方向的第 i 种材料的分布向量，用以表示该材料变化的趋势；x_i 为 X 方向中下一个节点 $p_{i+1}(x)$ 处该材料的体分量与该节点 $p_i(x)$ 处该材料体分量的比值，该向量绝对值越大，表明此点周围的该种材料变化越剧烈，向量为 1 表示该方向上的下一个节点处该材料的体分量与之相同；x_i'为 -1 表示该方向的反方向上的上一个节点 $p_{i-1}(x)$ 处该材料的体分量与之相同；其值为 $\pm\infty$ 时表示该点不含有此材料但其该方向的相邻节点含有该材料；y_i 和 y_i'、z_i 和 z_i'的定义与之类似，$\boldsymbol{M}$ 为材料矩阵见式（7-7）。

$$\begin{cases} x_i=[\boldsymbol{M}p_{i+1}(s_i,\ x)]/[\boldsymbol{M}p_i(s_i,\ x)] \\ x_i'=[\boldsymbol{M}p_{i-1}(s_i,\ x)]/[\boldsymbol{M}p_i(s_i,\ x)] \\ y_i=[\boldsymbol{M}p_{i+1}(s_i,\ x)]/[\boldsymbol{M}p_i(s_i,\ y)] \\ y_i'=[\boldsymbol{M}p_{i-1}(s_i,\ x)]/[\boldsymbol{M}p_i(s_i,\ y)] \\ z_i=[\boldsymbol{M}p_{i+1}(s_i,\ x)]/[\boldsymbol{M}p_i(s_i,\ z)] \\ z_i'=[\boldsymbol{M}p_{i-1}(s_i,\ x)]/[\boldsymbol{M}p_i(s_i,\ z)] \end{cases} \tag{7-7}$$

7.3.2　设计实例

以下以图 7-8（a）所示的六齿模型为例，对上述材料建模方法予以说明。假设该模型的外表面和内孔分别为 2 种纯材料，中间部分为这 2 种材料的过渡区域。图 7-8（b）为该三维模型的某一个二维材料切片，P 和 Q 点分别为按 p 和 Q 点分别为该切片层的 2 个特征节点，其余粗黑圆点（除 P'点外）均为前述的空间点云数据集映射至该层的二维特征节点。

利用式（7-5）～式（7-7）可得，P 和 Q 点的材料值应分别为：P（1，0，1，0，0，y_1'，1，-1，null，null，null，y_2'，null，null）和 Q（0，1，null，$-\infty$，$+\infty$，null，null，null，0，x_2'，y_2，0，1，-1）。其中，null 表示该点和相邻节点均无此材料；P 点中的 y_1'的具体值可由空间点的欧氏距离式（7-8）来确定（P'为 P 点在 y 反方向上的相邻节点）；y_2'、x_2'、y_2 的值计算方法与之相同。

$$y_1' = -d(P, P')/d(P, Q) \tag{7-8}$$

按照以上方法对各特征节点依次进行材料定义，即获得如图 7-8（c）所示的切片内特征节点材料分布。

由于每个零件的特征节点的数量相对于空间点云数据集而言，只占极小比例，因此，仅根据已定义的特征节点直接进行材料插值计算，以此获得的整个三维模型的材料分布的精确度较低。

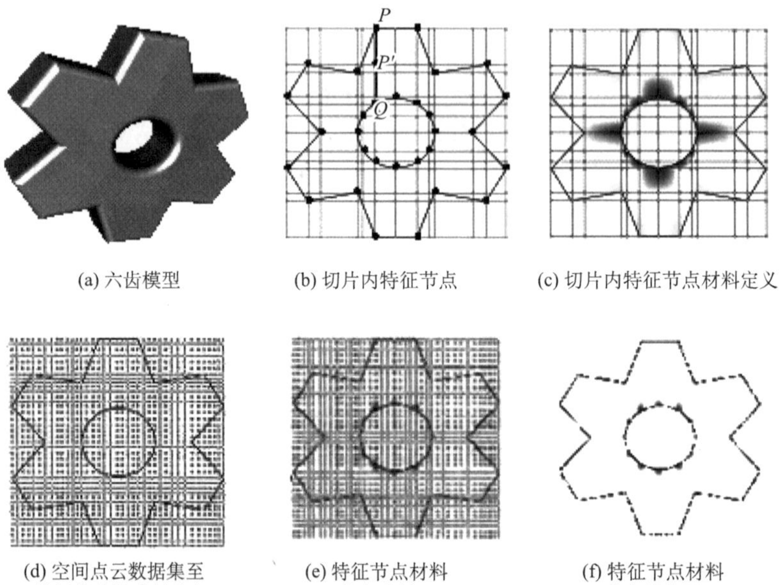

(a) 六齿模型　(b) 切片内特征节点　(c) 切片内特征节点材料定义

(d) 空间点云数据集至二维切片内的映射节点　(e) 特征节点材料分布映射　(f) 特征节点材料分布渲染图

图 7-8　材料切片内特征节点材料定义（见彩图）

为提高材料描述的精确度，结合已有的空间点云数据集，选定某一切片层，将空间点云数据集映射至该切片层，即可得到该切片层内的网格映射节点，如图 7-8(d)所示。图 7-8(e)和图 7-8(f)分别为网格映射后的材料分布及其渲染图，对比于图 7-8(c)，可看出网格映射后的材料分布精确度大大提高。

根据上述对各切片层内的材料定义过程，遍历各切片层，即可完成三维异质材料模型的材料定义。图 7-9（a）和图 7-9（b）分别为含有 3 种和 4 种材料的 HEO 模型渲染图，两者的材料均呈圆周梯度型分布；图 7-9（c）为含有多种材料的非规则梯度型分布；图 7-9（d）为含有多种材料的非规则变异型分布，齿根部的材料异常（色彩突变部位）表示该区域材料分布较其他区域有较大改变。

图 7-10 为一多齿模型，其中图 7-10（a）为多种材料呈圆周状规则分布图，图 7-10（b）、（c）和（d）为多种材料呈非规则梯度分布的渲染图。

(a) 3种材料规则分布　(b) 4种材料规则分布　(c) 多种材料梯度分布　(d) 多种材料非规则分布

图 7-9　含有多种材料的六齿模型材料分布渲染图（见彩图）

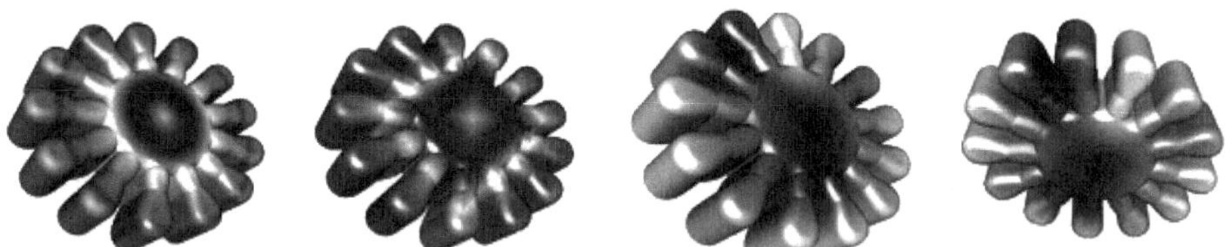

(a) 多种材质呈规则梯度分布　(b) 多种材质呈非规则梯度分布　(c) 多种材质非规则梯度分布视图1　(d) 多种材质非规则梯度分布视图2

图 7-10　多种材质分布的异质模型（见彩图）

该种基于空间点云数据集的异质材料零件动态建模采用细化 STL 模型和空间微四面体重构的几何建模方法、材料特征节点定义及其切片插值运算的材料描述方法，实现了对异质材料零件中任意点的结构及其材料信息表述。该种建模方法利用“材料切片”的概念，按照空间点云数据集映射至每个材料切片的方式进行二维切片的材料定义；同时建立了材料切片与物理切片的对应关系，使得定义的每层材料切片可直接利用 CMYK 的三维打印方式进行数字化加工，为异质材料零件的 CAD/CAM 一体化奠定基础。另外，该种建模方法以每个特征节点为定义单元，结合有序的拓扑结构，因此能够表达多种材料的非均质分布情况，以及材料分布突变、断裂等异常情况。

7.4 基于微滴喷射的 HEO 零件的成型方法研究

异质材料零件的成型可以采用传统加工方法，如化学气相沉积、电解沉积、等离子喷涂等。但是由于不能精确控制各材料相的位置，则只能制备形状比较简单的材料模型，不能直接制备具有复杂形状的零件或多零件构成的机构。基于三维打印成型工艺的分层打印和材料逐层叠加的思想，以及利用微滴喷射工艺对各种材料的数字化定量定点地精确喷射技术，使得制作可控组分分布的异质材料模型成为可能。本节主要讨论把三维打印成型工艺、数字化喷射成型工艺和多材料复合理论结合起来制作多材料模型的成型方法。

7.4.1 多材料成型技术的研究现状

在多材料模型的成型方法研究过程中，近年来取得一定的进展。Yakovlev 等[22]研究了具有梯度材料的三维物体的激光直接成型方法。Lappp 等[23]开发一种基于离散成型的多材料选择性激光烧结(SLS)设备，可用来制作不连续的多材料原型件；Cho 等[24]报道了基于 MIT 提出的三维打印（3DP）工艺而开发的成型设备，该设备采用多个数字化打印喷头喷射成型材料来制作三维模型；Yang 和 Evans[25]开发基于 SLS 工艺的多材料粉末喷洒设备，用来制造三维功能梯度材料零件；Bremnan 等[26]开发了可以商业化的多材料叠层制造设备用来加工电陶瓷件；在生物制品的制作方面，Yan 等[27]研究出一种多喷头沉积制造（MDM）的方法，可直接制作出具有梯度功能的工程组织；Choi 等[28]采用基于拓扑层次的路径规划研究出多材料叠层制造工艺。

7.4.2 利用彩色 STL 模型表示零件的材料信息

如前所述，很多三维造型软件设计的 CAD 模型都可以以单色 STL 文件的格式导出。这里介绍了基于单色 STL 模型的彩色 STL 模型的数据处理与切片软件。此软件可对单色 STL 模型进行三角面片上色、零件上色、窗口上色、壳体上色等，从而生成彩色 STL 模型。图 7-11(a)是一个异质材料零件单色 STL 模型。通过对其上色，得到如图 7-11(b)所示的彩色 STL 模型。

根据多材料模型的功能设计要求，在此软件中，针对不同的材料选择相应的色彩进行上色得到彩色 STL 模型，每一种颜色代表一种材料。这样就在材料和色彩之间建立了一一对应关系。

假设某模型由 s 种材料构成，这 s 种材料分别被表示成 m_1，m_2，…，m_r，…，m_s，m_r 表示第 r 种材料，则在其彩色模型中就需要 s 种色彩分别表示这 s 种材料，如果把这 s 种颜色分别表示成 c_1，c_2，…，c_r，…，c_s，其中 c_r 是第 r 种颜色，颜色 c_r 就可以表示材料 m_r，从而表现出模型的材料信息。

如此彩色 STL 模型不仅可以表示模型的几何信息，而且可以表示其材料信息。

如图 7-11（b）所示，此零件由 3 种不同的材料构成，则只需把相关部位用红、黄、蓝 3 种（或其他 3 种色彩）不同的颜色表示即可。

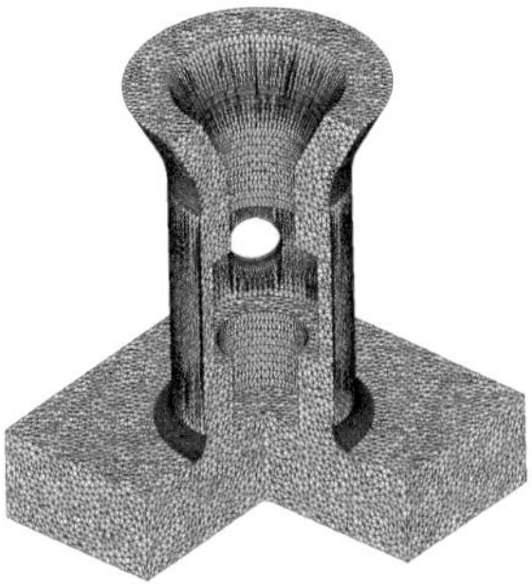

(a) 单色STL模型

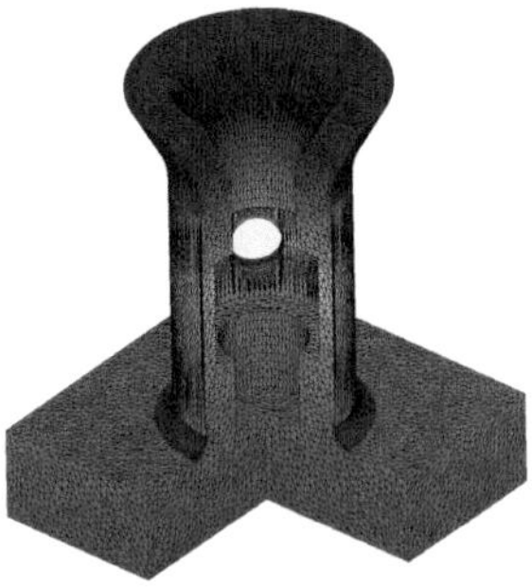

(b) 彩色STL模型

图 7-11 单色 STL 模型转变成彩色 STL 模型（见彩图）

在计算机里，每个切片中的每个像素点的色彩可由 24 位 RGB 表示，其中 8 位表示红色，8 位表示绿色，8 位表示蓝色。因此在计算机中可以表示 2^{24} 种，即 16 777 216 种色彩，相应地可以表示 16 777 216 种单质材料。

7.4.3 多材料模型的切片

基于三维打印成型工艺的多材料模型的切片处理是模型制作前的必要环节。切片处理前设置的成型方向、切片厚度、切片图像分辨率等都将直接影响到成型件的精度、强度，甚至其加工成本和加工时间[29,30]。

在确定模型的成型方向后，设置切片的层厚、切片处理的区域、输出的路径、输出的数据格式等参数后，图 7-11（b）所示的模型被离散为一系列的彩色切片。图 7-12 和图 7-13 分别为该模型 X 向和 Z 向分层获得的多个切片层（等层厚切片厚度 0.1mm）。

7.4.4 基于材料特征节点的 HEO 彩色模型数据处理

利用上述方法，对异质材料零件彩色 CAD 模型进行切片设置，得到一系列

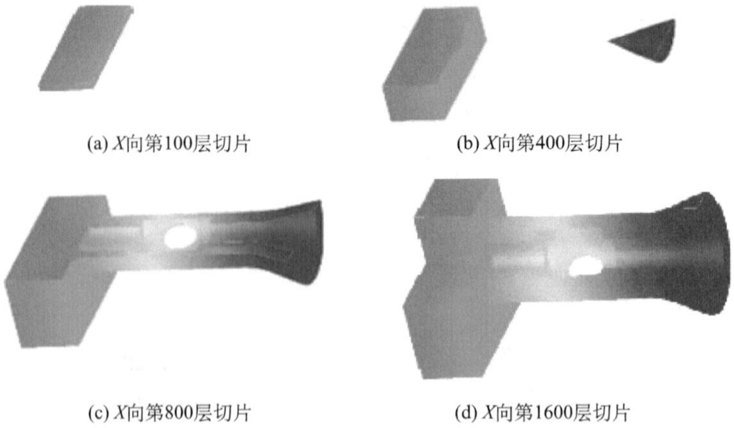

(a) X向第100层切片　(b) X向第400层切片

(c) X向第800层切片　(d) X向第1600层切片

图 7-12　HEO 模型 X 向切片（等层切片厚度 0.1mm）（见彩图）

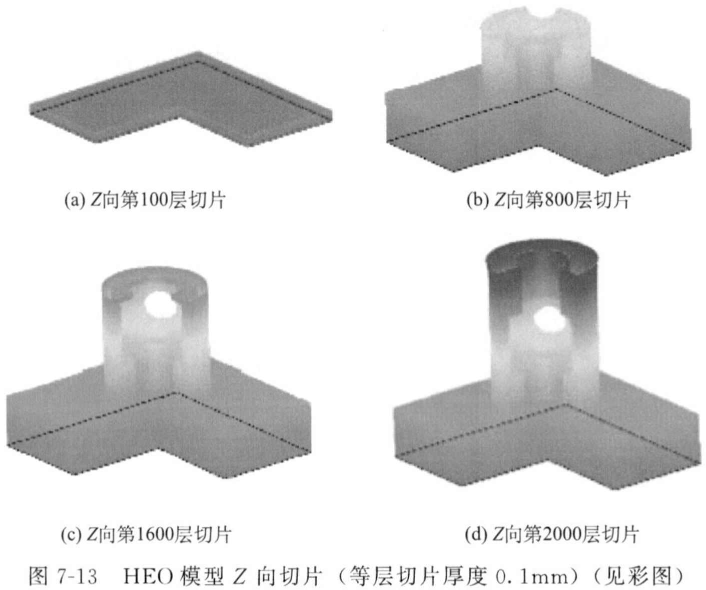

(a) Z向第100层切片　(b) Z向第800层切片

(c) Z向第1600层切片　(d) Z向第2000层切片

图 7-13　HEO 模型 Z 向切片（等层切片厚度 0.1mm）（见彩图）

的含有材料信息的彩色切片。如果把每个切片上已知材料的节点称为材料特征节点，则该节点材料数值可以表示为：

$$P = (M_1, M_2, \cdots, M_k, \vec{x}, \vec{x}', \vec{y}, \vec{y}') \tag{7-9}$$

式中，k 表示材料种类数；$\vec{x}$ 和 $\vec{x}'$表示沿 X 轴两个相反方向的材料分布向量；$\vec{y}$ 和 $\vec{y}'$表示沿 Y 轴两个相反方向的材料分布向量。

以下以某个二维切片内的多相材料分布设计为例，分别阐述静态 HEO 零件的材料切片设计过程和动态 HEO 零件的材料切片设计过程。

1）静态 HEO 零件的材料设计

根据式（7-9）分别给如图 7-14（a）所示的由铜、铝和锌等 3 种材料构成的多相材料片层进行定义和赋值，首先对该多相材料片层进行网格细化，获得一系列材料分布控制节点，然后分别对各控制节点进行材料赋值，其节点材料分布的赋值定义见表 7-2。表中每个点的材料体分率总和均应满足式（7-9）。

$$\sum_{i=1}^{k} \alpha_k = 1 \tag{7-10}$$

式中，k 为多相材料零件内所含的材料种类总数；α_k 为第 k 种材料的体分率。

多相材料内任意一点 P 的材料分布可由式（7-11）表示。

$$\boldsymbol{P} = \begin{bmatrix} \alpha_1 \\ \alpha_2 \\ \vdots \\ \alpha_k \end{bmatrix} [m_1\ m_2 \cdots m_k] = \boldsymbol{A} \cdot \boldsymbol{M} \tag{7-11}$$

式中，$\boldsymbol{A}$ 为材料系数矩阵；$\boldsymbol{M}$ 为材料种类矩阵。

图 7-14（b）为赋值后形成的材料分布渲染图。

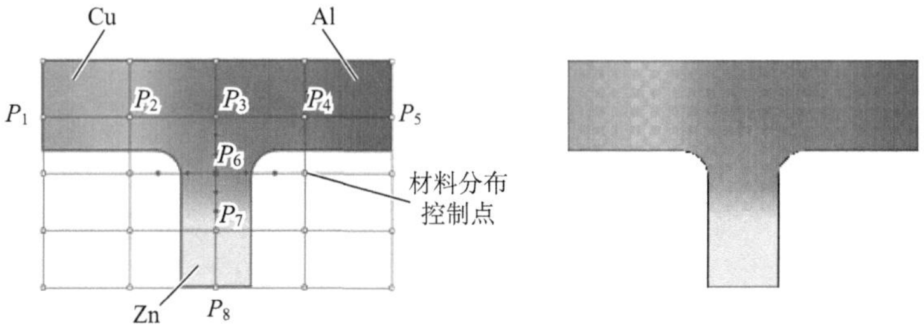

(a) 材料分布控制点定义　(b) 材料分布渲染图

图 7-14　材料分布定义（见彩图）

表 7-2　节点材料分布定义

节点	P_1	P_2	P_3	P_4	P_5	P_6	P_7	P_8
数值表示	(1，0，0，0，0，0，0)	(0，8，0，2，0，0，0，0，2，0)	(0，5，0，5，0，0，—0，2，0，5，—0，5)	(0，2，0，8，0，0，0，0，—0，2)	(0，1，0，0，0，0，0)	(0，33，0，33，0，33，0，5，—0，5，0，5，—0，5)	(0，1，0，1，0，8，0，0，0，2，0)	(0，0，1，0，0，0，0)

为提高材料分布的定义精度，尚需对图 7-14（a）所示的网格进一步细化，细化的原则是根据各原有节点的材料分布向量，即材料变化曲率，曲率变化越大，细分点越密集，如图 7-15 所示。

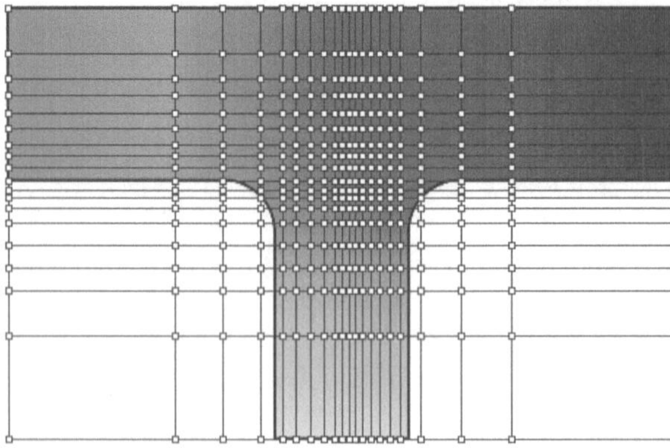

图 7-15　材料定义网格细分（见彩图）

2）动态 HEO 零件的材料设计

对于动态 HEO 零件的二维切片，在每个节点定义中增加材料分布向量的角度，由式（7-9）可得动态型多相材料定义：

$$
\begin{aligned}
&P=(M_1,\ M_2,\ \cdots,\ M_k,\ \vec{x},\ \vec{x}',\ \alpha,\ \vec{y},\ \vec{y}',\ \beta)\\
&\alpha,\ \beta,\ \gamma\in[-180,\ 180]
\end{aligned}
\tag{7-12}
$$

式中，α、β 分别为 X、Y 两个方向上的材料分布向量与两个坐标轴之间的夹角，用以表示材料分布的空间变化趋势。

仍以图 7-14（a）所示的平面型 3 种金属材料构成的多相材料片层为例，对该方法予以阐述说明。

图 7-16 所示的节点 P 为图 7-14（a）中 P_6 节点在经过位错之后的位置，两位置之间的变化通过 X、Y 方向的坐标值来反映，而位错之后会造成材料的分布

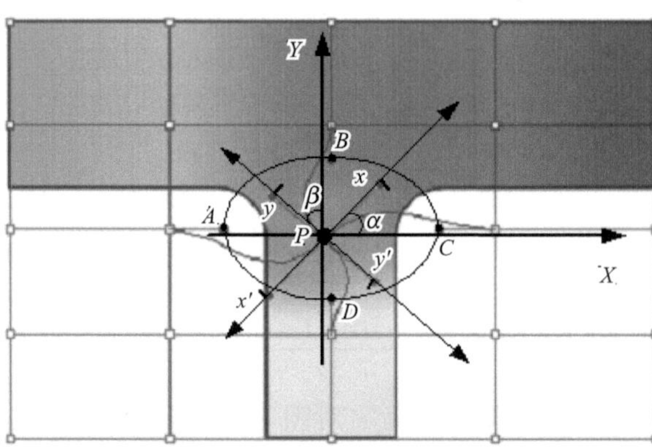

图 7-16　材料分布控制点的曲率（见彩图）

变化，其材料的变化则可通过 $\vec{x}$，$\vec{x}'$，α，$\vec{y}$，$\vec{y}'$，β 等值表示。图 7-17 为材料分布在不同 α/β 夹角变化而呈现的 P_6 节点处及其对周围各节点材料分布影响的示意图。

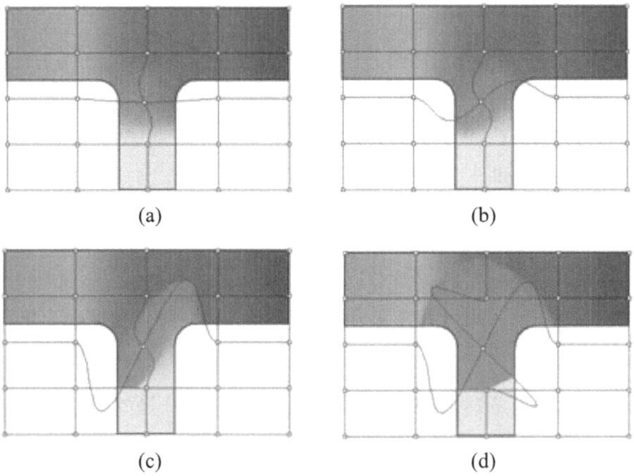

图 7-17　空间节点材料分布变化趋势（见彩图）

式（7-11）中的节点材料分布向量 $\vec{x}$，$\vec{x}'$，$\vec{y}$，$\vec{y}'$和材料分布方向 α、β 对于材料的分布起着决定性的作用。当 P 点的材料分布向量超出相邻 4 个节点的分布向量组成的椭圆区域时（图 7-16 中 A、B、C、D 等 4 个向量点所围成的区域），P 点的材料分布将在一定程度上影响周围节点的材料分布。图 7-18 所示的是 2 个较为极端的情况，图 7-18（a）为材料分布向量远超出该椭圆区域时的材料分布模拟图，意味着该点及其周围的材料分布将发生剧烈变化，多种材料间呈非连续性分布，出现明显的材料分层界面；图 7-18（b）为材料分布角度大于 $\pm 90°$时的模拟图，意味着该点及其周围的材料分布将呈连续性变化但各相材料的分布变化趋势将加剧，且呈非规律分布。

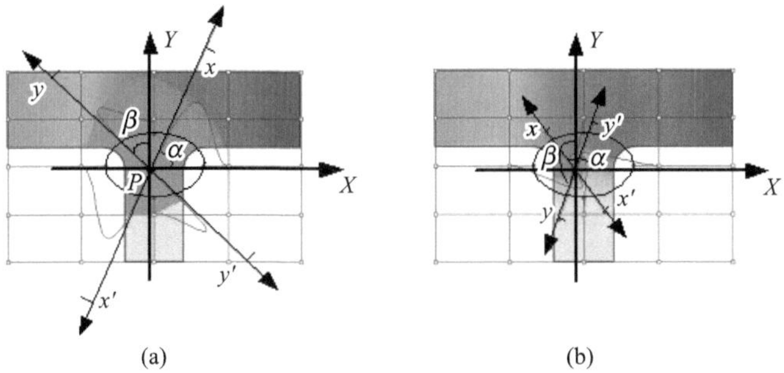

图 7-18　节点矢量（见彩图）

7.4.5　异质材料模型的设计和制造流程

目前针对多材料模型的成型方法的研究，开发系统都只适用于有限材料的相对简单的成型件的加工。基于在多材料模型材料信息与结构信息表示方面的研究成果，结合开发的多材料模型切片软件，这里介绍一种基于数字化微滴喷射技术和三维打印成型工艺的多材料装配体的制造方法，并开发多材料模型的三维打印成型系统。

该成型系统的成型原理是在数字信号驱动下，采用物理手段，使工作腔内的流体材料形成离散的微滴或者一段连续的射流，以一定的速率从微细喷头喷射至指定位置，按照一定的序列堆积形成三维实体零件。目前可用于微滴喷射技术上的材料有各种热塑性塑料、水、石蜡、生物医学材料、低熔点合金和能制成悬浮液的金属颗粒。

图 7-19 所示的是基于微滴喷射技术和三维打印技术的 HEO 设计与制造一体化流程本成型工艺的多材料模型的加工流程。其思路为：通过反求技术获得的扫描数据以及根据要求设计出的三维结构 CAD 实体模型，都可以以单色 STL 文件的形式导出。根据零件功能要求进行零件的几何拓扑形状（用单色 STL 面化模型数据表示）和材料组织结构（用色彩信息表示）的并行设计；对含有结构及材料信息的彩色 STL 模型进行切片分层，获得一系列彩色切片，并对每层的加工单元所对应的色彩信息和结构信息进行解析，使之与成型信息相对应；在成型过程中，计算机根据每一层的成型信息分别控制各机构做协调运动，采用微滴喷射技术和三维打印技术，将含有材料微粒的浓悬浮液、UV 光敏树脂或低熔点合金熔液，通过微细喷嘴实现数字化的分层微滴喷射，从而制得 HEO 原型件。具体而言，制作开始时，计算机把第一层加工信息发给打印喷头控制电路，打印喷头控制电路根据第一层的材料信息驱动打印喷头中的某个或某几个喷头按该层的形状喷射一种或几种液态材料，随后液态材料或挥发，或迅速固化，或迅速凝固，形成实体区域，在打印喷头中的某个或某几个喷头喷射液态材料的同时，打印喷头中的另一喷头喷射支撑材料填充该层未被喷射的区域，迅速凝固后形成支撑区域。随后，计算机把下一层的成型信息传给打印喷头控制电路喷射出液态材料和支撑材料。如此反复，一层层地打印，从而快速制作出多材料模型。

图 7-20 是研制的多材料模型三维打印成型系统结构简图，其中包括控制计算机、X 和 Y 扫描器、工作台和若干喷头等。喷头的个数可以根据加工所需的材料种类数而定。每个喷头内又包括若干个喷嘴。如上所述，假设某个模型由 s 种材料构成，并用一个一维材料数组 m 表示，则：

$$m=\{r\in[1,s]\mid m_1, m_2, \cdots, m_r, \cdots, m_s\} \tag{7-13}$$

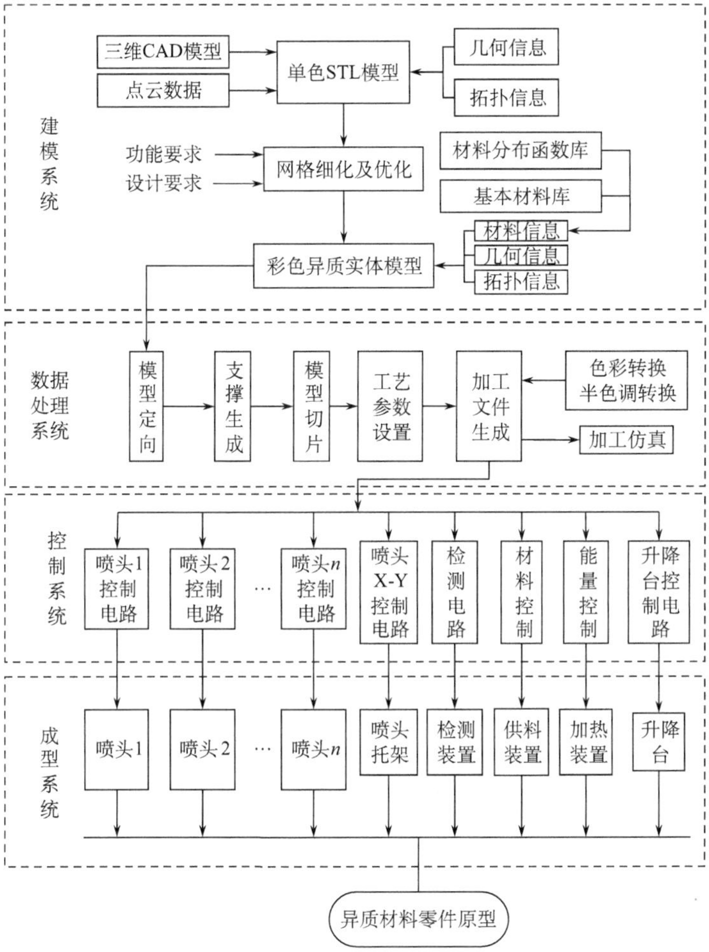

图 7-19　基于微滴喷射技术和三维打印技术的 HEO 设计与制造一体化流程

相应地，可以在彩色 STL 模型中用一维色彩数组 c 分别表示这 s 种材料：

$$c=\{r\in[1,\ s]\mid c_1,\ c_2,\ \cdots,\ c_r,\ \cdots,\ c_s\} \tag{7-14}$$

如用一维喷头数组 n 表示装有不同材料的各个喷头，则有

$$n=\{r\in[1,\ s]\mid n_1,\ n_2,\ \cdots,\ n_r,\ \cdots,\ n_s\} \tag{7-15}$$

式（7-13）、式（7-14）、式（7-15）则分别建立了三维零件的材料、CAD 模型的色彩与装有可喷射材料的喷头之间的对应关系。

如上所述，在计算机中，各切片上的每个像素都是用 24 位 RGB 表示，设备在加工各切片之前，计算机软件驱动程序要通过“色彩转换”和“半色调转换”这 2 个步骤把 RGB 模式转换成 4 位 CMYK 模式。由于这里考虑的是异质材料零

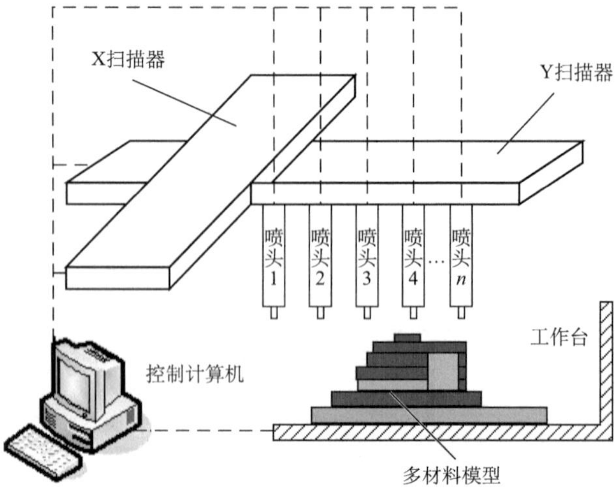

图 7-20　成型系统结构简图

件，所以成型件所有切片上各像素的灰度种数与成型件所需材料数相同。加工各切片时，驱动程序将该切片上各像素的灰度值转换成控制打印喷嘴的一系列开/关命令，控制这些喷嘴是否喷射。

假设某成型件共需要 s 种材料，并且被切出 t 个切片，每个切片被分割成 k 个像素，如果记喷射控制信号为1，不喷射控制信号为0，则在每个切片中针对各像素，每个喷嘴的控制信号对应着一个 $t\times k$ 矩阵。用 $\boldsymbol{P}_h$ 表示某个喷头中的第 h 个喷嘴在各切片层中的控制信号，则

$$\boldsymbol{P}_h=\begin{vmatrix} x_{111} & x_{112} & \cdots & x_{11k} \\ x_{121} & x_{122} & \cdots & x_{12k} \\ \cdots & \cdots & x_{1ij} & \cdots \\ x_{1t1} & x_{1t2} & \cdots & x_{1tk} \end{vmatrix} \tag{7-16}$$

式中，成型系统所用的每个喷头均含有304个微型喷嘴，因此，$h\in[1, 304]$；x_{hij} 表示第 h 个喷嘴在第 i 个切片中针对第 j 个像素的控制信号，$i\in[1, t]$，$j\in[1, k]$，且 $x_{1ij}=1$ 或 0。

根据式（7-16）就可实现每个喷嘴的开/关动作，配合成型件的结构信息即可快速地把零件加工出来。

利用该HEO一体化设计与制造方法，在HEO成型过程中，其零件中的任意一点 P 可由式（7-17）表示：

$$\begin{cases} \boldsymbol{P}=[S(z) \quad i \quad j \quad \boldsymbol{M}] \\ S(z)=[1 \quad 2 \quad \cdots \quad n] \cdot S_l \\ n=[Z/S_l] \\ z \in [S_l, \ Z] \end{cases} \tag{7-17}$$

式中，$S(z)$ 为 z 方向上的某一个切片层；i 与 j 表示该切片层的 CMY 模式图形中的第 i 行第 j 列个像素点（为该点的几何信息）；$\boldsymbol{M}$ 表示该点的材料分布矩阵（为该点的材料信息），S_l 表示切片厚度（此处为等层厚切片）；n 表示该模型的总切片数（取整）。

式（7-17）中的 $\boldsymbol{M}$ 矩阵由该点在建模过程中赋予的该点材料信息确定，以图 7-21（彩图 7-21）所示的含有 3 种材料的异质模型为例，其任意点 P 的材料分量可通过前述的色彩-材料映射关系、材料节点赋值、节点间材料插值计算等设计过程求得。图 7-21（a）表示点 P 的色彩分量及每个分量所占的材料比重，图 7-21（b）为便于后续的喷头数字化喷射而把每个材料比重转换为相应的二进制值，图7-21（c)为相应的喷头动作时序图。按照如此对应关系，一层层加工，利用图7-20所构建的成型系统快速制得图 7-11 所示的 CAD 模型的原型件，如图 7-22 所示。

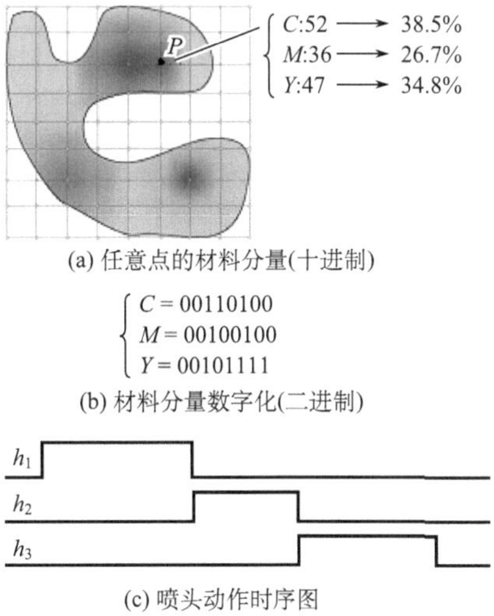

图 7-21　任意点的材料分量与喷头动作对应关系（见彩图）

图 7-22　异质材料模型彩色原型件（见彩图）

阐述了基于三维打印技术和数字化微滴喷射技术的异质材料零件一体化设计与制造方法，采用三维打印领域通用的数据格式 STL，并根据零件特征进行均匀性微四面体网格细化，通过逐层对异质零件实体进行分解，同时赋予网格节点材料信息，并以此为基础，构造网格表面和内部结构和材料信息，从而完成异质实体的结构和材料并行设计。利用开发的异质材料零件数据处理软件实现异质材料零件CAD模型的彩色切片处理、工艺参数设置等功能，并通过数字化微滴喷射技术和三维打印技术相结合的成型方法，实现异质材料模型的快速分层制造。此种集异质材料零件结构与材料的并行设计与制造方法，较其他方法具有如下优点：

(1) 通用性较强。STL 格式是三维打印领域的模型标准，具有极其广泛的代表性，为各类成型系统所接受。采用 STL 格式作为异质材料零件的设计文件格式，有利于与各类商用 CAD 系统（如 Pro-E、UG、Solidworks 等）和三维打印设备与工艺（如 3DP、FDM、LENS、UC 等）对接，为异质材料零件的 CAD 和 CAM 一体化提供数据保障。

(2) 材料分布可视化及数据有序存储。在传统单色 STL 格式的基础上，通过添加各面片的彩色信息（也即材料信息）形成彩色 STL 格式，并采用空间微四面体为基本单元的 HEO 模型，有利于记录和存储模型内部每个节点的材料分布及色彩表示；在渲染过程中，只需对异质材料零件位于表面的各 STL 面片进行色彩处理，而忽略零件内部各微四面体的显示处理，可以节省大量的色彩处理时间，采用可视化的彩色切片处理方法，获得每个层片内的结构和材料分布状况。

(3) 成型精度有所提高，成型材料范围有所扩大。采用数字化微滴喷射技术制造异质材料零件，每个微滴尺寸可控制在数十个微米。通过改变成型材料的喷射温度、降低液态材料黏度，可以制作含有多种不同材质的成型件。

此种成型方法可把高分子材料、低熔点合金材料、陶瓷微粒等不同有机和无机物质巧妙结合起来，为异质材料零件的数字化设计与快速精确制造的一体化提供一种新型模式。但该种集设计与制造为一体的异质材料零件成型方法目前尚处于完善阶段，未来的研究将集中于以下几个方面：未来的工作将集中于异质材料零件的混合建模方法、CAD 模型可视化、有限元分析、成型机理、异质材料零件 CAD/CAE/CAM 一体化等方面的研究等。上述问题的研究对于提升异质零件数字化设计与制造一体化，进一步理解和揭示异质零件在制造过程中产生的复杂物理现象和作用机理，提高异质实体成型质量等方面均具有重要的理论和实际指导意义。

未来的工作将集中于异质材料零件的混合建模方法、CAD 模型可视化、有限元分析、成型机理、异质材料零件 CAD/CAE/CAM 一体化等方面的研究。

1) 异质材料零件的混合建模方法研究

目前提出的异质材料零件的建模方法着眼于对异质材料结构的几何信息以及相应的材料分布等材料信息的表述和布尔操作，与结构设计分析有直接关系的材料性能及不同材料区域之间的结合性能等信息考虑较少。研究包含非均质复合材料结构的多项复杂属性特征信息的数字化模型的构建技术是该研究领域的一个发展趋势。

2）异质材料零件 CAD 模型的可视化方法研究

由于异质材料零件 CAD 模型可视化涉及多维场量信息，其可视化过程要消耗庞大内存资源，造成可视化效果差、难以实时显示等问题。为实现异质材料零件的 CAD 表面的各材料分布可视化，可借鉴二维彩色打印原理，构建材料与色彩的关系函数；针对异质材料零件的 CAD 模型中，由于材料分布较复杂或具有材料突变区域等情况时，会有不同程度的视觉突变效应，可采用边界曲面细分技术有效减小多种材料分布的突变视觉效应问题；对于异质材料零件的可视化中的可视效果差，难以实时显示，数据冗余等问题，将可采用冗余曲面滤除方法、数字点云渲染方法解决，并利用 XML 语言这一通用描述工具来实现异质材料零件的可视化。

3）异质材料零件 CAD 模型有限元分析（FEA）

当前各种有限元分析软件只能对单一材料零件或多材料零件进行仿真分析，尚无法对含有多相材料的异质材料零件进行直接分析（部分软件可通过中间软件或二次开发方法对特定异质零件进行仿真分析，但不具有普遍性）。采用当前的 ANSYS、COMSOL 等常用的有限元分析工具均不能直接评价 HEO 模型是否优化，以及实现对其优化。为实现异质材料零件的 CAD/CAE/CAM 一体化，必须要开发针对异质材料零件 CAD 模型和现有的有限元分析软件的中间件。COMSOL 由于具有较好的二次开发接口，因此，可选用国际通用的 STEP 数据格式描述零件结构信息，结合彩色 STL 模型中的材料信息，开发针对有限元分析软件 COMSOL 的中间件，实现异质材料零件的分析仿真。

4）异质材料零件的成型机理研究

研究异质材料零件的成型机理对于了解异质材料零件的微成型过程、掌握成型工艺、明确成型质量影响因素等具有基础性的意义，然而目前现有文献对该问题的研究尚不多见。针对此问题，可重点研究不同材料微滴内部及彼此之间的相互作用机理（即两相材料结合界面处熔积材料的溶质扩散过程）、异质材料零件层片间及层片内材料微结构变化与控制机理、层间应力分布及预防等。异质材料间的相互作用极大地影响成型件的性能和精度，对于此问题的研究有助于理解和揭示多相材料在快速制造过程中产生的复杂物理现象和作用机理。

5）异质材料零件的 CAD/CAE/CAM 一体化研究

当前的商用 CAD 软件和有限元分析软件几乎均是针对单一均质材料的 CAD 模型而开发的，对于异质材料零件 CAD 模型的可视化和有限元分析尚处于空白，这也是造成目前异质材料零件的 CAD/CAE/CAM 相互孤立的一个重要因素之一。结合上述对于 HEO 的 CAD 建模、模型可视化和有限元分析，以及基于微滴喷射工艺和三维打印工艺的 HEO 快速制造方法的研究，形成完善的 HEO CAD/CAE/CAM 一体化技术对于异质材料零件的集成设计与制造具有极为重要的学术价值和应用前景。

参考文献

[1] 新野正之，平井敏雄，渡边龙三. 倾斜机能材料—宇宙机用超耐热材料を目指して. 日本复合材料学会志，1987，(10)：1-8.

[2] 任莉. 理想材料零件的结构优化设计. 大连：大连理工大学，2008.

[3] Kumar V，Dutta D. An approach to modeling heterogeneous objects. ASME Journal of Mechanical Design，1998，120 (4)：659-667.

[4] Alexander P，Valery A. Heterogeneous objects modeling and applications. New York：Springer-Verlag Berlin Heudelberg，2008.

[5] 郭东明，贾振元，王晓明，等. 理想材料零件的数字化设计制造方法及内涵. 机械工程学报，2001，37 (5)：7-11.

[6] 朱玉芳，杨继全，王昌明. 基于空间微四面体的异质材料零件建模方法. 机械工程学报，2012，48 (1)：150.

[7] 朱玉芳，杨继全，岳东. 多材料模型的数字化喷射成型方法. 机械科学与技术，2009，28 (2)：200-204.

[8] 施建平，杨继全，李静波，等. 异质材料的建模与数字化微滴喷射技术研究. 南京师范大学学报：工程技术，2012，12 (1)：10.

[9] Kou X Y，Tan S T，Sze W S. Modeling complex heterogeneous objects with non-manifold heterogeneous cells. Computer-Aided Design，2006，(38)：457-474.

[10] Kou X Y，Tan S T. A hierarchical representation for heterogeneous object modeling. Computer-Aided Design，2005，(37)：307-319.

[11] Yang P H，Qian X P. A B-spline-based approach to heterogeneous objects design and analysis. Computer-Aided Design，2007，(39)：95-111.

[12] 寇欣宇，王以忠，彭一准. 基于非流形几何与特征树的异质材料实体可视化方法. 计算机辅助设计与图形学学报，2008，20 (4)：532-539.

[13] 吴晓军，刘伟军，王天然，等. 距离场定义下异质材料 CAD 信息建模方法. 计算机辅助设计与图形学学报，2005，17 (2)：313-318.

[14] Zhou H M，Liu Z G，Lu B H. Heterogeneous object modeling based on multi-color distance field. Materials and Design，2009，(30)：939-946.

[15] Hu Y，Blouin V Y，Fadel G M. Design for manufacturing of 3D heterogeneous objects with processing time consideration. Journal of Mechanical Design，2008，130 (3)：031701-031708.

[16] Hu Y，Blouin V Y，Fadel G M. Design for manufacturing of 3D heterogeneous objects with processing time considerations. Journal of Mechanical Design，2008，130 (3)：

031701-031709

[17] Huang J, Fadel G M, Blouin V Y, et al. Bi-objective optimization design of functionally gradient materials. Materials & Design, 2002, (23): 657 - 666.

[18] 周满元. 功能梯度材料快速成型中的数据表达与处理研究. 上海：上海交通大学，2004.

[19] Siu Y K, Tan S T. "Source-based" heterogeneous solid modeling. Computer-Aided Design, 2002, (34): 41-55.

[20] 吴晓军，刘伟军，王天然. 基于八叉树三维网格模型体素化方法. 工程图学学报，2005，(4): 1-7.

[21] Biswas A, Shapiro V, Tsukanov I. Heterogeneous material modeling with distance fields. Computer Aided Geometric Design. 2004, 21 (3): 215-242.

[22] Yakovleva A, Trunove E, Grevey D, et al. Laser-assisted direct manufacturing of functionally graded 3D objects. Surface& Coatings Technology, 2005, 190: 15-24.

[23] Lappo K, Ackson B, Wood K, et al. Discrete multiple material selective laser sin tering (M^2 SLS): experimental study of part processing. Solid Freeform Fabrication Symposium, Aust in, TX: The University of Texas, 2003: 109-119.

[24] Cho W, Emanuel M, Nicholas M, et al. Adithering a lgorithm for local composition control with three-dimensional printing. Computer-Aided Design, 2003, 35 (9): 851-867.

[25] Yang S F, Evans J R G. A multicomponent power dispensing system for three dimensional functional gradients. Material Science Engineering, 2004, 379 (1-2): 351-359.

[26] Bremnan R E, Turcus S, Hall A, et al. Fabrication of electroceramic components by layered manufacturing. Ferro-electrics, 2003, 293 (1): 3-17.

[27] YanyY N, et al. Layered manufacturing of tissue engineering scaffolds via multi-nozzle deposition. Material Letters, 2003, 57 (18): 2623-2628.

[28] Choi S H, Cheung H H. A topological hierarchy-based approach to toolpath planning for multimaterial layered manufacturing. Computer-Aided Design, 2006, 38: 143-156.

[29] 杨继全，徐国财. 快速成形技术. 北京：化学工业出版社，2006.

[30] 杨继全，侯丽雅. 光固化零件的变形理论研究. 机械科学与技术，2004，23 (6): 723-727.

第 8 章　三维实体微打印技术

8.1　概　　述

三维实体微打印是在快速成型技术的基础上发展而来。由于三维实体微打印制件尺寸较小，因此，对微打印材料、结构和表面精度等提出更高的要求。按照成型原理的不同，三维实体微打印可分为微立体光刻三维微打印和液滴微喷射三维微打印。其中，微立体光刻三维微打印按照原料物态的不同，又分为液料光固化和粉料热烧结 2 种。这两种微立体光刻是最常见的预置材料固化成型工艺，是以光敏树脂和固相粉末为原料，通过计算机控制紫外激光使其逐层固化成型。微立体光刻三维微打印方法能简捷、全自动地制造出表面质量和尺寸精度都较高，几何形状较复杂的原型。而液滴微喷射三维微打印是将液态材料以均匀离散微液滴的形式喷射沉积在基底上，通过逐层沉积的方式直接形成三维微小制件，因此，它属于一种非预置材料成型工艺。

本章将从基础理论、设备、应用等方面对三维实体微打印进行详细介绍，进而提出三维实体微打印技术的发展趋势。

8.2　三维实体微打印基础理论

8.2.1　微立体光刻三维实体微打印基础理论

液料光固化微立体光刻过程如图 8-1 所示，先利用切片软件对 STL 文件格式模型沿高度方向进行分层切片，得到模型各截面的二维数据群 S_n（$n=1$，2，3，…，n），然后，计算机从下层 S_1 开始按顺序将数据取出，通过控制紫外激光束，在液态光敏树脂表面扫描出第一层模型的截面形状。被紫外激光束扫描辐照的部分，由于光引发剂的作用，引发预聚体和活性单体发生聚合而固化，产生一层较薄的固化层。形成了第一层截面的固化层后，将基座下降一个设定的高度 d，在该固化层表面再涂覆上一层液态树脂，接着依上所述用第二层 S_2 截面的数据进行扫描曝光、固化。当切片分层的高度 d 小于树脂最小固化厚度时，上一层固化的树脂即可与下层固化的树脂黏结在一起，依次进行每一层的处理，最终形成一个立体的微小实体制件。

光固化树脂的固化是液料光固化微立体光刻微打印工艺的基本过程，因此有必要对该过程中在激光照射下树脂固化轨迹的深度、固化形状等特性进行深入探讨。

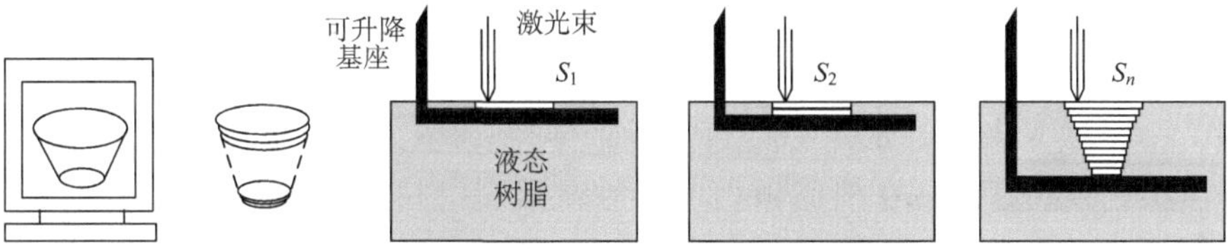

(a) CAD 三维造型　(b) 模型切片　(c) 第一层S_1固化　(d) 第二层S_2固化　(e) 最后一层S_n固化

图 8-1　液料光固化微立体光刻微打印工艺

1. 固化轨迹深度[1]

局部的聚合度和聚合率不仅取决于通过树脂的某一参与反应的横截面光子的数量，而且取决于起始反应物的潜在反应。当临界表面能增加时，大量的树脂与光子发生反应，使其从液态转变成固态。这个转化点称为凝胶点。首先树脂没有力学稳定性，只有在表面能增加，树脂充分聚合后才会引起力学变形。树脂中固体与液体的临界表面是由表面能恰好等于临界能的那个表面形成的。即：

$$E_{max}=\frac{P_L}{v_s h_s} \tag{8-1}$$

式中，E_{max}为表面上 $z=0$ 处的表面能；p_L 为平均激光性能；v_s 为激光束的速度；h_s 为扫描的宽度。

树脂吸收的能量遵循 Lambert-Beer 方程：

$$E_{(Z)}=E_{max}e^{-\frac{z}{D_p}} \tag{8-2}$$

式中，$E_{(z)}$为 z 方向的表面能；E_{max}为表面上 $z=0$ 处的表面能；D_p 为树脂的光学渗透深度。

当树脂的固化临界能为 Ec 时，固化深度 C_d，即已固化的树脂深度，由如下公式给出：

$$C_d=z(E_c)=D_p\ \ln\left(\frac{E_{max}}{E_c}\right) \tag{8-3}$$

根据激光性能和表面能的第一层关系，式（8-3）可化为：

$$C_d=D_P\ln\left(\frac{P_L}{v_s h_s E_c}\right) \tag{8-4}$$

由于 C_d 与 E_{max}的对数成比例，用对数坐标描图则是一条直线。这一关系曲线称之为固化曲线，该曲线因树脂的种类而不同。

2. 固化形状[2]

激光束光强度沿光斑半径方向的呈高斯分布状态，光束的中心部分光强度最高。光强度在 $x-y$ 平面的分布可用式（8-5）表示。

$$I(x,\ y)=(2P_t/\pi r_0^2)\cdot \mathrm{e}^{-\frac{2r^2}{r_0^2}} \tag{8-5}$$

式中，r_0 是激光束中心光强度值 $1/\mathrm{e}^2$ 处的半径；P_t 为激光全动率。

当激光束垂直照射在树脂液面时，激光强度沿树脂深度方向呈 z 分布，光强遵循 Lambert-Beer 法则，沿 z 方向衰减，即：

$$I(x,\ y,\ z)=(2P_t/\pi r_0^2)\mathrm{e}^{-\frac{2r^2}{r_0^2}}\mathrm{e}^{-\frac{z}{D_p}} \tag{8-6}$$

照射在树脂上的激光束处于静止状态时，该树脂上的表面能是时间的函数：

$$E(x,\ y,\ z)=I(x,\ y,\ z)\tau \tag{8-7}$$

此时光固化形状如图 8-2 所示，呈旋转抛物面状态。

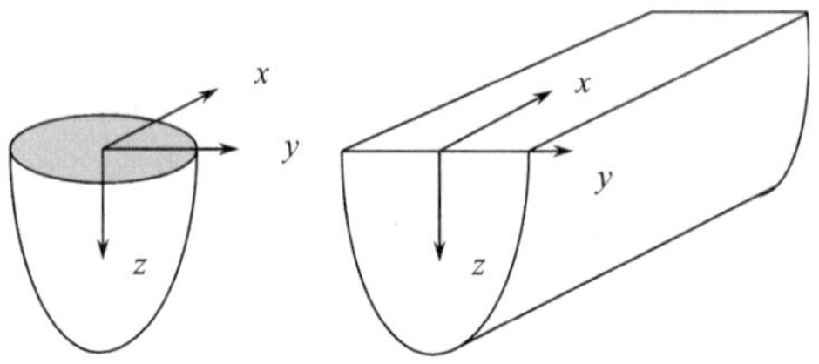

(a) 静止照射　　(b) 移动照射

图 8-2　激光束照射得到的树脂固化形状

光成形时激光束按一定速度扫描，当沿 x 方向以速度 V 扫描时，在某时刻 t，树脂中一点的光强度可表示为 I（$x-Vt$，y，z），当扫描范围在 $-\infty<x<+\infty$ 时，树脂各部分曝光量为：

$$E(x,\ y,\ x)=\left[\sqrt{2}P_t/(\pi r_0 V)\right]\mathrm{e}^{-\frac{y^2}{r_0^2}}\cdot \mathrm{e}^{-\frac{Z}{D_p}} \tag{8-8}$$

8.2.2 液滴微喷射三维实体微打印基础理论

1. 液滴微喷射原理

作为液滴微喷射三维微打印技术的核心，液滴微喷射技术是一种用外力迫使液体以微小液滴的形式从喷头容腔的小孔中喷射出的技术。所谓“微小液滴”是指喷射的液滴尺寸可精确控制至微米数量级水平的液滴，其体积可控制在微升（μL）、纳升（nL）、皮升（pL），甚至飞升（fL）数量级水平。自 19 世纪后期就已经开展液滴离散技术的研究，其中具有代表性的是 Rayleigh 计算出在连续流中射流破碎的模型[3]。1951 年，Siemens-Elema 公司注册了实际可用的连续流喷墨打印设备的专利[4]。19 世纪 60 年代，斯坦福大学的 Richard Sweet 博士完成了一种基于压力控制的连续式液滴发生器，通过控制加载在微喷嘴处的压力波形，能够使连续流按照设想的方式破碎成规整的液滴[5]。19 世纪 70 年代，IBM 公司利用 Richard Sweet 博士的研究成果生产出了商用喷墨打印机[6]。到了 19 世纪 70 年代末期，产生了按需式液滴喷射技术。近年来，液体微喷射技术发展迅速，出现了基于机械、电、声、磁、热等一种或几种组合驱动形式的液体微喷射技术[7]。

液体微喷射技术按照其实现的方式可以分为连续式[8]和按需式[9]。连续式主要是通过压力装置产生连续的微射流（一般射流直径在 50～80μm），基于 Rayleigh 破碎理论，利用微射流本身的不稳定性或者人为施加的扰动，生成单分散的微液滴，连续式产生的微液滴直径较大，一般为 50～300μm，液滴定位精度差，无法满足微打印技术中高液滴分辨率、高定位精度的要求。按需式相对于连续式省去压力装置，液滴微喷射响应于外部激励信号，按需喷射产生的液滴直径较小，一般为 10～100μm[10]。尽管连续式也能够在预先设定的位置，利用偏转或者捕获微喷射出单颗液滴，但是在液滴微喷射三维实体微打印中，由于按需式液滴微喷射技术具有液滴成形过程、成形时间、成形液滴大小和喷射方位的可控性好，大多数的研究还是倾向于按需式，为此这里着重讨论按需式液体微喷射技术。

按需式液体微喷射技术根据其微液滴发生的原理不同，可分为气动式、热气泡式、静电[11-12]、压电容积式、阀控式等。其中，气动式使用压缩空气直接或间接的作用于液体，提供液滴微喷射的驱动力，需要外接气源，喷射液滴直径通常大于 150μm，由于气体驱动的滞后性，导致液滴尺寸控制精度差，难以实现高频液滴微喷射[13-14]；静电式对喷射介质有带电性的特殊要求；阀控式的喷头结构复杂，且可控性差，难以实现液滴的高频微喷射，因此限制了其在微打印技术中的广泛应用。目前，在微打印技术中发展比较成熟且应用广泛的有热气泡式、压电容积式和气动式，因此这里将重点介绍基于上述 3 种原理的液滴微喷射方式，此外，还介绍近年来所出现的脉冲惯性式液滴微喷射技术。

热气泡式[15]（又称为热气泡致动式）液滴微喷射机理如图 8-3 所示。加热腔内的加热电阻施加短脉冲信号，使靠近电阻约 0.1mm 厚的液体薄层在 3μs 内急速加热到 300℃，汽化并形成蒸汽泡（最大压力可达 4.5Mpa），如图 8-3（a）所示。此气泡将加热电阻与其他液体隔离，避免喷头内全部液体都被加热。加热信号消失后，液体开始降温，但余热仍会促使气泡在 10μs 内迅速膨胀到最大，由此产生的压力迫使一定量的液体克服表面张力，以 5～12m/s 的速度快速从喷嘴挤出，如图 8-3（b）所示。随着温度继续下降，气泡开始呈收缩状态，原挤出于微喷嘴外的液体受到气泡破坏力量的牵引而形成分散液滴，并因液体的收缩使后端液体开始分离。气泡消失后液滴与喷头内的液体完全分开，液滴射出后，在电热元件降温和喷嘴毛细管虹吸效应的共同作用下，喷嘴从进液系统中吸入液体，补充微喷射出的液体，为下一次喷射做准备。

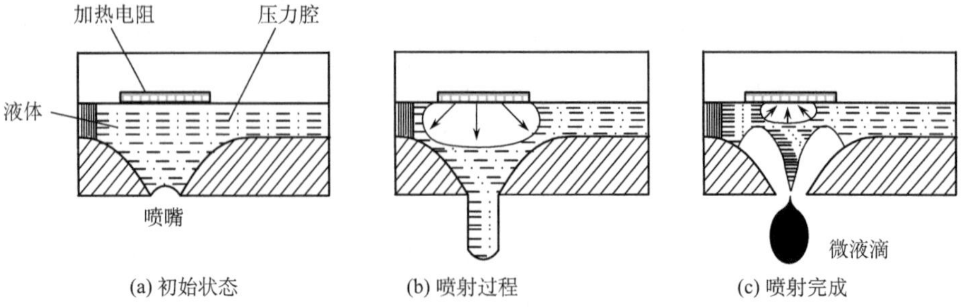

图 8-3　热气泡式液滴微喷射机理

热气泡式液滴微喷射技术已广泛用于喷墨打印设备，其优点是喷头结构和控制方法简单，缺点是只能用于喷射能被热量蒸发的液体，喷头中存在热应力，电极始终受电解和腐蚀的作用，在工作过程中，液体受热（加热温度通常需高达300℃），易发生化学或物理变化，因此一些热敏感液体的使用受到限制。例如，若用热气泡式喷头喷射纳米金属颗粒墨水时，由于金属颗粒较小，在受热过程中易烧结变性，另一方面，纳米金属颗粒烧结后易熔融并黏结在加热电阻上，当烧结在其上金属层达到一定厚度时，会使加热电阻的阻值下降，从而不能产生喷射液滴的足够温度。因此，在将热气泡式液滴微喷射方式应用于微打印技术时，需要特别注意微喷射介质的受热特性，以免影响微打印制件的性能。

压电容积式液滴微喷射关键组件是压电容积式喷头，该喷头主要由压电陶瓷片、隔膜、储液腔和微喷嘴组成。其中，压电陶瓷片固定于储液腔的侧壁，隔膜是一种能够发生弹性变形的振动片，固定于压电陶瓷片和储液腔侧壁之间。压电陶瓷片未施加驱动信号时，储液腔中液体的压力足够低（或为负压），液体因表面张力而保持在储液腔中。需要喷射时，在压电陶瓷片上施加一个脉冲电压，压电陶瓷片立即发生微米级变形，在此作用下，隔膜发生弹性变形，使与其相连的储液腔的体积迅速缩小，产生朝向喷嘴的压力波，此压力波克服液体在喷嘴中的压力损失和液体的表面张力，使微喷嘴处形成单个液滴，并从喷嘴喷出。此时，压电陶瓷片和隔膜回复原状，由于表面张力的作用，新的液体进入喷头的储液腔，为下一次喷射做准备。如图 8-4 所示，根据隔膜变形产生方式的不同，压电容积式液滴微喷射可分为以下 4 种类型：推挤型（push-mode）[16]、收缩型（squeeze-mode）[17]、弯曲型（bend-mode）[18]和剪切型（sheer-mode）[19]。压电容积式液滴微喷射的优点是对液体控制能力强，容易实现高精度的喷射，喷射频率高（可达 10～40kHz），可喷射液体黏度范围为 10～20cp，液滴直径可小至 25μm[20]。然而压电容积式液滴微喷射喷头结构比较复杂，多数采用金属材料经精密加工而成，成本较高，清洗不方便。

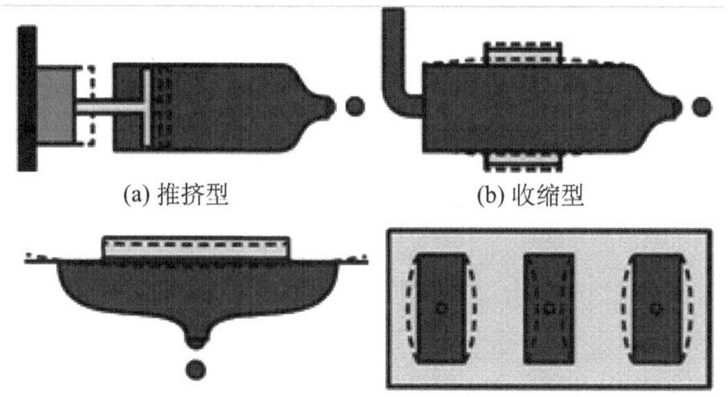

图 8-4　压电容积式液滴微喷射机理

气动式液滴微喷射技术由多伦多大学于 2002 年最先提出[21]，气动式液滴微喷射技术的工作原理示意图如图 8-5 所示，减压阀与电磁阀安装在与三通入口相连的供气管路上，三通的另外两路分别与泄气阀、坩埚腔体相连。通过电磁阀的打开和关闭产生脉冲压力，对坩埚腔体施加瞬时喷射压力，使液体通过坩埚底部的微小喷孔喷出形成射流。当电磁阀迅速关闭时，腔体内的气体从泄气阀中排除，坩埚腔体内形成负压，射流在负压作用下，一部分产生回缩，一部分断裂成均匀液滴。该技术获得均匀液滴的关键在于保证坩埚内液体每次受到的压力相等，作用时间和泄压时间不变。该喷射技术利用气体压力代替内部致动器把液体从喷嘴挤出，气体不受液体温度的影响，因此可以用于金属熔融液体等高熔点材料熔滴的喷射。同时，该喷射装置结构简单，控制方便，具有较好的应用前景。

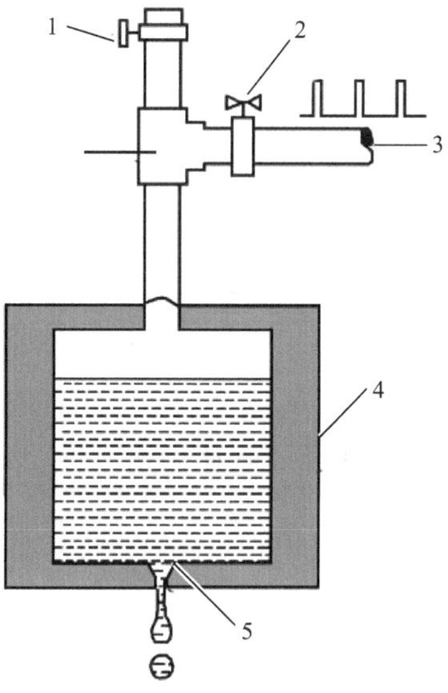

图 8-5　气动式液滴微喷射原理示意图
1—泄气阀；2—电磁阀；3—压力入口；4—坩埚；5—喷嘴

脉冲惯性式液滴微喷射是基于微流体脉冲驱动-控制技术（也称为微流体数字化技术）[22−23]的数字化液滴微喷射技术，微流体脉冲驱动-控制技术可人为产生和运用可预测、可控制的小幅间歇急变脉冲运动序列，解决微流体系统中的流动容易陷入不正常状态的问题，形成合理的间歇急变运动形态。如图 8-6 所示，实施上述方法的装置原理性系统由含有微流道的流路本体和整体致动器组成，整体致动器应有良好的动态响应特性，较大的驱动力，能使所述流路本体获得绝对值足够大的瞬时加速度。整体致动器安装在流路本体外部。这样就可以采用尺寸较大的整体致动器，获得足够的驱动力，为流路本体及其微流道固壁获得绝对值足够大的加速度提供有力保证[24]。目前，可用作致动器的器件主要包括压电致动器和电磁致动器，由上述 2 种致动器搭建的系统则分别称为压电式微流体脉冲驱动-控制系统和电磁式微流体脉冲驱动-控制系统。

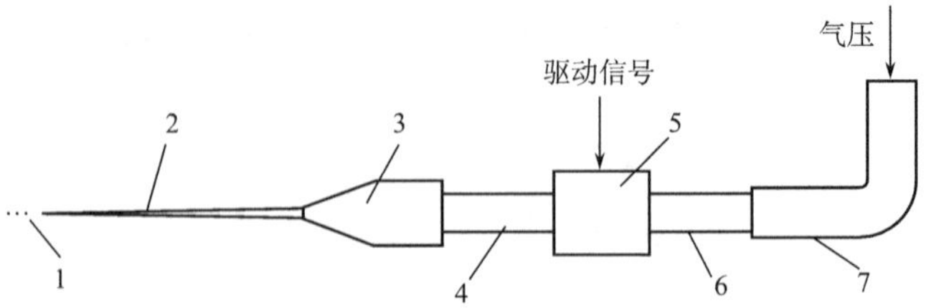

图 8-6　脉冲惯性式液滴微喷射原理示意图

1—液滴；2—微喷嘴（微流道）；3—夹持器；4—流路本体；5—致动器；6—储液腔；7—软管

2. 微液滴沉积成形机理

固体表面的润湿性，即表面对水分子的吸引力强弱或表面亲水或疏水的程度，通常用接触角度量。水滴滴在固体表面上，它将沿表面展开并与固体表面接触，如图 8-7 所示。当达到接触平衡时，三相接触线“湿润周边”不再移动，表明该周边上三相自由能已达到平衡，此时在湿润边界上任意一点处，自液-气界面经过液体内部到固-液界面的夹角为平衡接触角，简称接触角，用 ζ 表示。

图 8-7 中，气-液-固三相界面平衡时，界面张力的平衡方程为：

$$\gamma_{SG} = \gamma_{SL} + \gamma_{LG}\cos\zeta \tag{8-9}$$

式中，$\gamma_{SG}\gamma_{SL}\gamma_{LG}$ 分别表示固-气、固-液、液-气界面张力。

此式表明，接触角 ζ 是三相界面自由能的函数，它既与固体表面性质有关，也与液-气界面性质有关。

微液滴碰撞固体壁面是一个非常复杂的流体力学问题。液滴垂直碰撞固体壁面时，所发生的现象包括：扩散（spread）、回弹（recoil）、弹起（rebound）、溅起

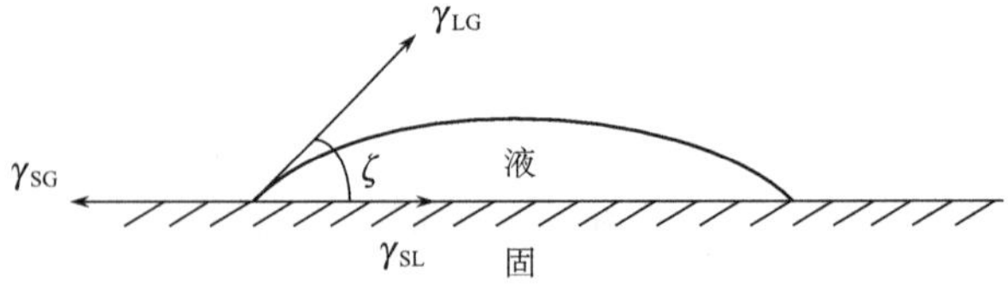

图 8-7　液滴静态接触角示意图

（splash）及附着（deposition）。碰撞后所发生的现象取决于液滴的碰撞能量，当碰撞动能较小时，液滴会扩散后附着在壁面上，而当碰撞能量较大时，液滴在与平板的碰撞过程中会出现扩散、溅起及回弹现象，甚至会溅起并分离出多颗小液滴，被称为二次液滴（secondary droplet）或卫星液滴（satellite droplet）[25]。

当液滴开始接触基底时，由于惯性力的作用，液滴会先变扁并以液态薄膜的形式沿壁面径向流动并向外扩展，其间受到重力、黏滞力、表面张力及壁面润湿效应的共同影响。随着薄膜与壁面接触面积的增大，黏滞力和表面张力迅速增强，液滴的初始动能也因克服黏滞阻力而逐渐消耗，由此使液膜前缘扩展速度逐渐减缓，当其扩展至最大直径（称为最大铺展直径）并形成圆盘形液膜后，液态薄膜向外扩张的速度将降低为零。若惯性力远大于表面张力，在液体薄膜的扩展的同时可能在其边缘处溅起二次液滴或卫星液滴。当液膜变形至最大位置短暂静止后，表面张力将促使液膜边缘向中心回缩，薄膜中心部分将沿碰撞线向上爬升，此时所产生的现象是液膜中心部分慢慢变厚并达到最大高度，若能量足够大，此后液滴会脱离基底平面发生反弹现象，反之，会出现液膜继续向外扩展、回缩的反复振荡现象。随着能量的损耗，振荡幅度将逐渐减弱，液滴将以最低的能量状态趋于稳定，液滴稳定时的直径称为液滴稳定铺展直径，简称铺展直径，在基底上处于稳定状态的液滴称之为斑点，斑点的稳定铺展直径则称为斑点直径。

综上所述，液膜的扩张由惯性力主导完成，回缩则由表面张力决定，造成液膜反复振荡的驱动力是重力和表面张力，从液滴与基板碰撞之初到最终达到稳定状态的整个过程中，液滴能量由于黏滞力的作用而消耗。此外，液滴碰撞过程与 4 个因素有关：①液体物理性质，黏度、密度、表面张力；②液滴运动状态，初始碰撞速度和液滴大小；③基底性质，几何轮廓、表面粗糙度；④液滴与基底的相互作用，静态与动态接触角。

图 8-8 所示为微液滴碰撞固壁表面示意图，液滴近似看成球体，其直径为 D_0，初始速度 υ_0 竖直向下。这里采用铺展因子 β 将液滴铺展直径进行无量纲化，当液滴达到最大铺展直径时，可以得到最大铺展因子 β_{max}，铺展因子和最大铺展因子的计算方法如式（8-10）和式（8-11）所示。

$$\beta = \frac{D(t)}{D_0} \tag{8-10}$$

$$\beta_{max} = \frac{D_{max}}{D_0} \tag{8-11}$$

液滴碰撞前的动能：

$$E_{K0} = \frac{1}{2} m_0 \upsilon_0^2 = \frac{1}{2} \times \frac{4}{3}\pi \left(\frac{D_0}{2}\right)^3 \rho\, \upsilon_0^2 = \frac{1}{12}\pi D_0^3 \rho\, \upsilon_0^2 \tag{8-12}$$

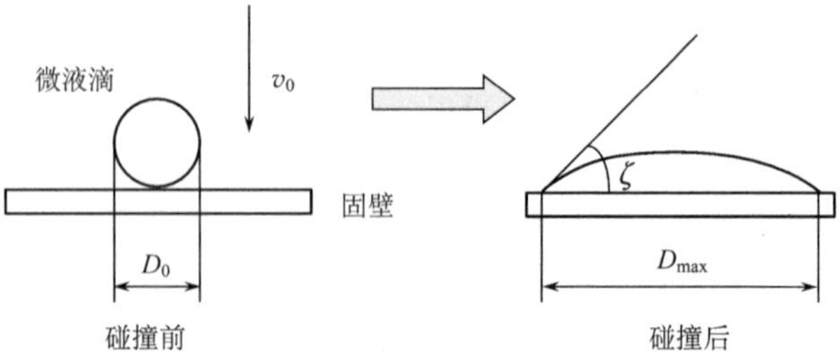

图 8-8 微液滴碰撞固体壁面示意图

式中，ρ 为液滴密度。

液滴碰撞前的表面能：

$$E_{S0}=4\pi\left(\frac{D_0}{2}\right)^2\sigma=\pi D_0^2\sigma \tag{8-13}$$

在考虑到接触角的情况下[26]，碰撞后液滴气液界面的表面能为：

$$E_{S1}=\left(\frac{1}{4}\pi D_{max}^2\right)\sigma(1-\cos\zeta) \tag{8-14}$$

碰撞过程中的黏性耗散能[27]：

$$W=\int_0^{t_c}\int_V\phi\,\mathrm{d}V\mathrm{d}t\approx\phi Vt_c \tag{8-15}$$

$$\phi=\mu\left(\frac{\partial v_i}{\partial x_j}+\frac{\partial v_j}{\partial x_i}\right)\frac{\partial v_i}{\partial x_j}\approx\mu\left(\frac{v_0}{h}\right)^2 \tag{8-16}$$

式中：ϕ 表示耗散系数；V 表示液滴体积；t_c 表示黏性耗散的特征时间；h 为液膜厚度。

$$t_c\approx\frac{D_0}{v_0} \tag{8-17}$$

若将碰撞后的液滴近似看成薄片状圆柱体，则碰撞后液滴的体积可近似表示为：

$$V=\frac{1}{4}\pi D_{max}^2h \tag{8-18}$$

由液滴碰撞前后体积守恒可知，

$$V=\frac{1}{4}\pi D_{max}^2h=\frac{4}{3}\pi\left(\frac{D_0}{2}\right)^3 \tag{8-19}$$

由此可得液滴碰撞后的液膜厚度为：

$$h=\frac{2}{3}\frac{D_0^3}{D_{max}^2} \tag{8-20}$$

将上式代入黏性耗散方程中有：

$$W \approx \frac{1}{4}\pi\mu\left(\frac{v_0}{h}\right)D_0 D_{\max}^2 \tag{8-21}$$

根据能量守恒公式

$$E_{K0} + E_{S0} = E_{S1} + W \tag{8-22}$$

可得：

$$\frac{1}{12}\pi D_0^3 \rho\, v_0^2 + \pi D_0^2 \sigma = \left(\frac{1}{4}\pi D_{\max}^2\right)\sigma(1-\cos\zeta) + \frac{1}{4}\pi\mu\left(\frac{v_0}{h}\right)D_0 D_{\max}^2 \tag{8-23}$$

考虑到，雷诺数和韦伯数分别为：

$$\mathrm{Re} = \frac{\rho v_0 l}{\mu};\quad \mathrm{We} = \frac{\rho v_0^2 l}{\sigma} \tag{8-24}$$

式（8-23）化简得：

$$\frac{3}{2}\,\frac{\mathrm{We}}{\mathrm{Re}}\beta_{\max}^4 + (1-\cos\zeta)\beta_{\max}^2 - \left(\frac{1}{3}\mathrm{We} + 4\right) \approx 0 \tag{8-25}$$

液滴微喷射式微打印技术所喷射的液体黏性力通常较小，因此，用来衡量惯性力与黏性力的雷诺数 Re 可近似看成趋近于无穷大，可得液滴碰撞后最大铺展直径计算公式如下：

$$\beta_{\max} \approx \left(\frac{\frac{1}{3}\mathrm{We} + 4}{1-\cos\zeta}\right)^{\frac{1}{2}} \tag{8-26}$$

上式表明，接触角 ζ 越小，流体韦伯数越大，液滴在固壁壁面的最大铺展直径越大。因此，在微喷射材料性质一定条件下，可通过以下 2 种途径调整液体在固体壁面上的最大铺展直径：①改变固体壁面表面性质，调整接触角大小；②改变液滴碰撞前初始速度，调整流体的韦伯数。

在液滴碰撞固体壁面的过程中还应避免以下情况发生：当液滴撞击速度过大时，一方面，易出现冠状溅射[28-29]，冠状溅射的出现是由于周围气体对液体铺展的阻滞作用，一部分液体会因此产生向上的运动，此时，溅射液滴的大小由液膜厚度决定，通常把该过程发生的诱因归结为 rayleigh-taylor 不稳定性；另一方面，当液滴为纳米颗粒悬浮液时，也会导致液滴在溶剂挥发过程中出现较明显的“咖啡环效应”[30]，影响挥发沉积物介质的各项同质性能。

由均匀微液滴形成形状规则的微液线是液滴微喷射三维微打印的基本过程之一，与基底上碰撞后处于稳定状态的微液滴称之为斑点，斑点的稳定铺展直径则称为斑点直径，相邻印制斑点之间的距离是影响微液线形状的最主要因素，用斑点重叠度 $Overlap$ 表示。

如图 8-9 所示，相邻斑点之间的重叠度是指相邻斑点之间重叠部分体积与单一斑点体积的比值。考虑到如下2个因素：①低黏度液滴形成的斑点可近似地看成薄片状圆柱体；②当单个斑点直径 D_b 一定（即单个斑点底面圆面积 S 一定）时，相邻两斑点重叠部分面积 S' 的大小唯一决定于重叠部分长度 L。因此，为了简便起见，使用式（8-27）间接表示重叠度的大小，即：斑点直径 D_b 一定时，可通过调整驱动频率 f_0 或微喷嘴相对运动速度 v_d 获得所需 $Overlap$ 值。通过实验来确定印制规则液线时需要的 $Overlap$ 值的大小，若 $Overlap$ 设置不合理将会导致图8-10所示的液线断裂或凸起等缺陷，从而影响最终打印物质量。另外，当 $Overlap$ 值较大时，相邻液滴之间的重叠部分液体在基底表面分子引力的作用下（固体表面的湿润性）具有向两侧运动的趋势，因此，通常情况下，液线宽度比液滴直径大，且 $Overlap$ 值越大，液线越宽。

$$(Overlap)^2 = \frac{S'}{S} = \left(\frac{L}{D_b}\right)^2 = \left(1 - \frac{1}{D_b} \times \frac{v_d}{f_0}\right)^2 \tag{8-27}$$

式中，S' 为相邻两斑点重叠部分面积，μm^2；S 为单个斑点面积，μm^2；L 为相邻两斑点重叠部分长度，μm；D_b 为单个斑点直径，μm；v_d 为微喷嘴相对运动速度，$\mu m/s$；f_0 为驱动频率，Hz。

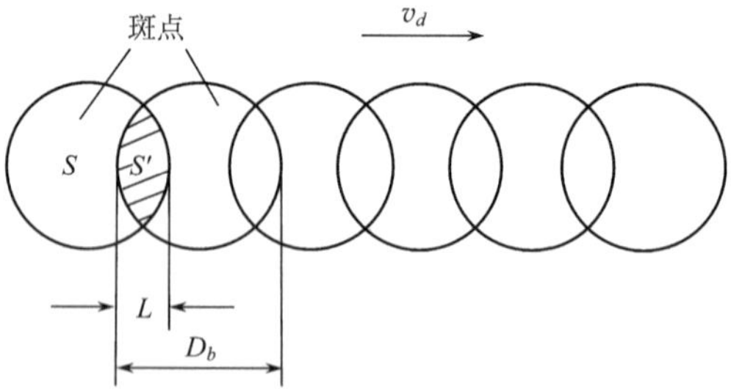

图8-9　微液线数字化喷射沉积成形示意图

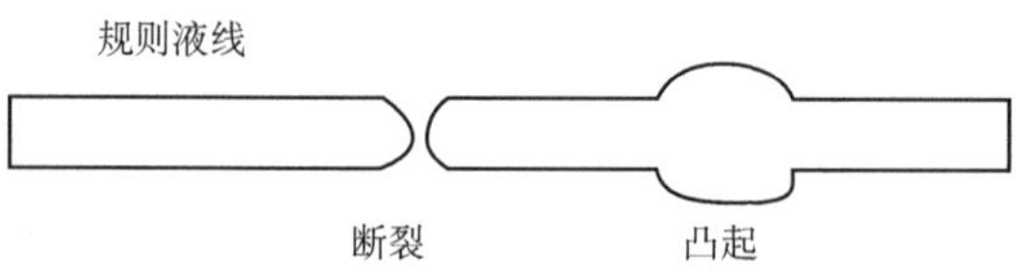

图8-10　微液线常见缺陷示意图

8.3　三维实体微打印成型设备

液滴微喷射三维微打印成型设备大多以热气泡式或压电容积式商用打印机为核心部件，这里不再赘述。而将重点阐述现有的微立体光刻三维微打印设备，其主要包括：液料光固化微立体光刻设备、粉料热烧结微立体光刻设备和激光微熔覆微成型设备。

8.3.1 液料光固化微立体光刻设备

按照制件成型方向的不同，液料光固化微立体光刻设备可分为立式和倒置式 2 种，按照制件层片成型方式的不同，液料光固化微立体光刻设备可分为线扫描微立体光刻（vector-by-vector microsteoreolithography，也称矢量扫面微立体光刻）和面投影微立体光刻（integral microsteoreolithography，也称整体微立体光刻）。

立式液料光固化微立体光刻是目前市场上主流光固化成型设备，其工艺的原理如图 8-11 所示。液槽中盛满液态光敏树脂，激光器发出的紫外激光束在控制设备的控制下按零件的各分层截面信息在光敏树脂表面进行驻点扫描，使被扫描区域的树脂薄层产生光聚合反应而固化，形成零件的一个薄层。一层固化完毕后，工作台下移动一个层厚的距离，以使在原先固化好的树脂表面再敷上一层新的液态树脂，刮板将黏度较大的树脂液面刮平，然后进行下一层的扫描加工，新固化的层牢固地黏结在前一层上，如此反复直到整个零件制造完成。

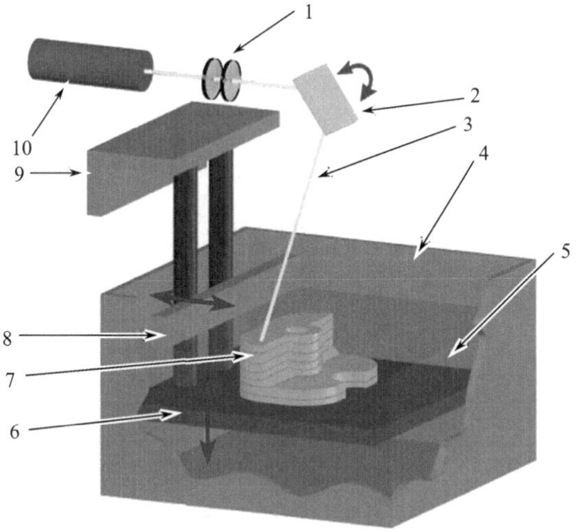

图 8-11　立式液料光固化微立体光刻工艺原理

1—透镜；2—反射镜；3—激光束；4—液槽；5—光固化树脂；6—托板；7—制件；8—刮板；9—升降台；10—激光发生器

如图 8-12 所示，与立式光固化成型设备不同的是，倒置式光固化成型设备托板是倒置的，激光束穿过透光玻璃由下向上照射光固化树脂，制件是自上而下逐层加工并黏结在托板的下表面，为了防止原型黏结在透光玻璃上，透光玻璃的

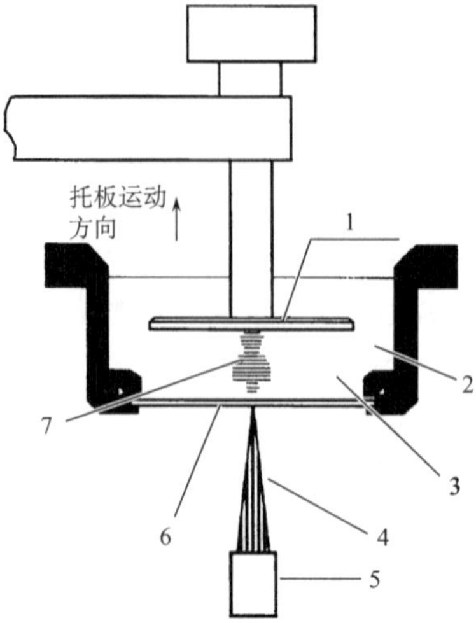

图 8-12　倒置式液料光固化成型工艺原理
1—托板；2—液槽；3—光固化树脂；4—激光发生器；5—激光束；6—透光玻璃；7—制件

上表面需贴上一层特氟龙（FEP）薄膜。倒置式光固化成型设备固化原型时是从液槽中树脂的最下层开始固化，因此，与立式相比，它具有如下2个优点：①能够消除立式设备中最上层光固化树脂因表面张力导致的表面不平整问题，在原型制作过程中无需使用刮板；②能够阻碍空气中的灰层等杂质进入原型内部。

日本 Unirapid 公司研发的 URM-HP301 和 URM—HP302 型快速成型机是一种倒置式液料光固化成型设备。URM-HP302 型倒置式液料光固化快速成型机如图 8-13 所示。激光发生器为氦-镉（He-Cd）激光器，输出波长为 325nm，功率为 2mW，原型最大加工尺寸为 3mm×3mm×30mm，工作台运动精度可达 1μm，激光束光斑直径最小为 7μm。

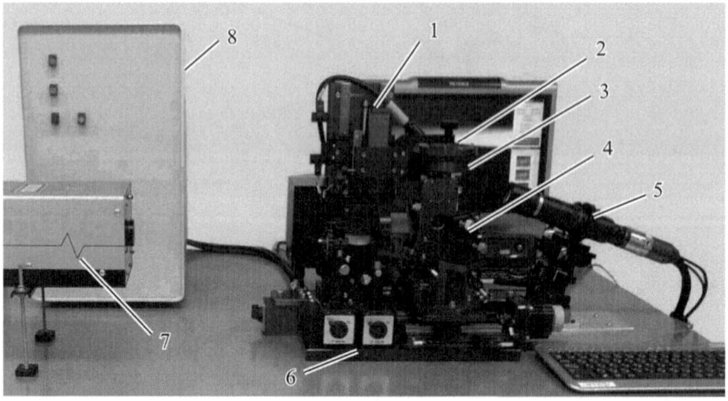

图 8-13　URM-HP302 型倒置式液料光固化快速成型机
1—升降机；2—托板；3—液槽；4—反射镜；5—摄像头；6—X-Y 工作台；7—激光发生器（325nm）；8—控制柜

上述立式和倒置式微立体光刻微打印设备均属于线扫描微立体光刻，即光束依照计算机切片的薄层数据逐点扫描完成一层的制造。而对于面投影微立体光刻，光束则经过动态掩膜装置整形以获得与待聚合层形状一致的光束，通过一次照射将光束投影于液态树脂表面完成一层的制造。

面投影微立体光刻不同于线扫描微立体光刻，在制造每一层时仅通过一次照射，使成型时间大幅减少，这对微立体光刻的商业化具有重要意义。由于该技术中要用动态掩膜装置进行动态掩膜，因此也称为动态掩膜面投影微立体光刻技术。面投影微立体光刻原理如图 8-14 所示，三维的 CAD 模型按照一定的厚度进行切片，每一层切片被转化为位图文件，每个位图文件输入到动态掩膜板上，这些掩膜图形显示在树脂液面用来固化对应的树脂层面。从光源射出的光线被掩膜图形整形后包含了固化层面的图像信息，被整形后的光束经过聚焦光学组件曝光到树脂槽中的树脂液面上，根据显示在掩膜板上的图形固化一个层面。当一个层面固化完后，已固化的层面随衬底向下运动浸入光敏树脂中，衬底在计算机的控制下将上升并定位在一定的位置，保证已固化层面上表面涂覆树脂的厚度恰好等于一个待加工的层厚。重复上述曝光过程，直至所有层面曝光完毕，将衬底与固化制件从树脂槽中取出，利用特殊的溶剂将未固化的树脂清洗掉，即可完成整个制件的微打印。

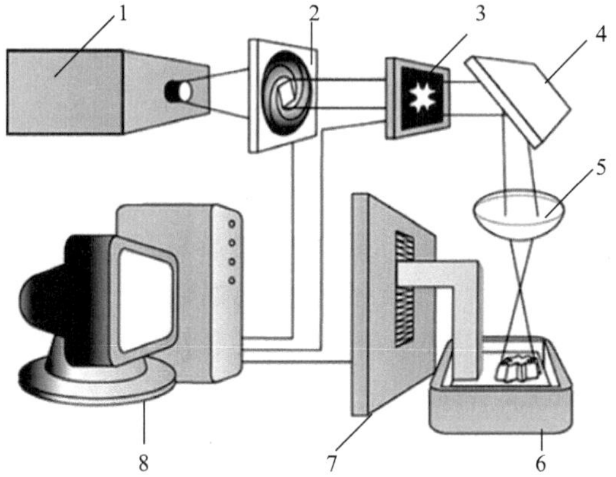

图 8-14　面投影微立体光刻技术工作原理

1—光源；2—光开关；3—动态掩膜；4—反射镜；5—聚焦光学系统；6—光反应器；7—Z 轴升降台；8—电脑

目前，微立体光刻掩膜技术根据动态掩膜方式的不同可分为液晶动态掩膜技术和数字微反射镜动态掩膜技术 2 种。液晶动态掩膜技术是以背投式液晶板作为掩膜产生装置，利用液晶显示像素的明场和暗场特性进行光束整形，从而制造具有复杂形状的模型或实体；而背投式液晶动态掩膜装置是根据 STL 文件中的每一薄层信息进行光束整形以获得与待聚合树脂层形状一致的光束，然后将光束投影于液态树脂表面逐层完成目标模型或实体的制造。通过该技术可获得一定焦深的高分辨率物体，并且很好地解决了线扫描技术中必须精确调制聚焦光束的问题。

液晶动态掩膜技术具有以下优点：

(1) 与线扫描技术相比，由于照射到树脂表面的光通量密度较低，因此可以有效控制聚合过程中的物理化学反应，如因光通量密度较高而衍生的热引发过程可以忽略；

(2) 每一层的制造时间与该层具体的形状无关，这与线扫描技术有本质区别。

数字微反射镜（digital micromirror device，DMD）器件是由美国 Texas Instruments 的 Hornbeck 于 1982 年发明[31]。由于该器件在数字投影显示（digital Projection display）中展现出来的优越性能，引起工业技术领域的广泛兴趣。

DMD 具有互补型金属氧化物半导体的记忆特性，通过内部存储单元控制光的反射，依靠静电引力实现微镜的翻转。DMD 主要由微镜片、随机存储器以及驱动电路组成。图 8-15 显示了 DMD 的单元结构，从上向下看，第一层是微镜片，镜片是正方形的铝制镜片，边长为 13.68μm，可以在两个不同方向反射入射到镜面上的光线。第二层是扭臂梁，扭臂梁通过铰链悬在两侧的支柱上。下面两层分别为金属层和 COMS 记忆层，第二层的寻址电极与这两层连接在一起，对于每一个微镜单元，一对寻址电极连接到其下方 SRAM 单元 CMOS 电路的电压互补端，所以每一个微镜单元都有 2 个导电通道。系统依靠 SRAM 单元对每一个微镜进行寻址，并使用 CMOS 电路提供的静电力驱动微镜绕固定轴转动。首先，根据 Memory 单元状态（1 或 0），产生一个弱的、非均匀的静电场来控制微镜的偏转方向，然后，一个大一点的偏置电压加在 DMD 的上半部（微镜、扭臂梁）和下半部（金属块、CMOS 存储器、微镜寻址电极、支柱）从而产生一个强的、均匀的静电场，使得微镜在静电力的作用下，被吸附到下面的扭臂梁寻址电极和微镜寻址电极上。然而，由于 DMD 单元上半部分（微镜，扭臂梁）平行于下面两层且很不稳定，当一旦加上偏置电压，微镜和扭臂梁就会快速偏离平衡位置。

微镜片在电压的驱动下可以在两个方向上实现偏转，分别为 $+12°$ 和 $-12°$。当位图文件输入到 DMD 上，位图文件上的每个像素控制并且只控制 DMD 上的一个反射微镜。如果位图文件上的像素点为白色，对应的反射镜处于“ON”状态，微镜翻转 $+12°$，当位图文件上某个像素点为黑色，DMD 上对应的反射镜就处于“OFF”状态，微镜翻转 $-12°$。调整入射光的角度，如图 8-16 所示，就可以使微镜翻转 $+12°$ 时，反射光垂直进到投影透镜中被会聚到树脂表面形成一个亮场，而微镜翻转 $-12°$ 时，反射光不能进入投影透镜中，在树脂表面对应像素位置形成一个暗场，从而使照射到树脂表面的光束含有待加工层面的信息，形成动态掩膜图形。

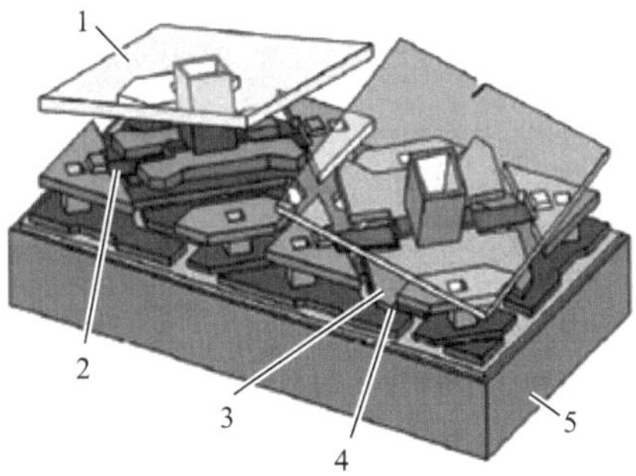

图 8-15　DMD 单元结构

1—微镜片；2—铰链；3—支柱；4—金属层；5—CMOS 基板

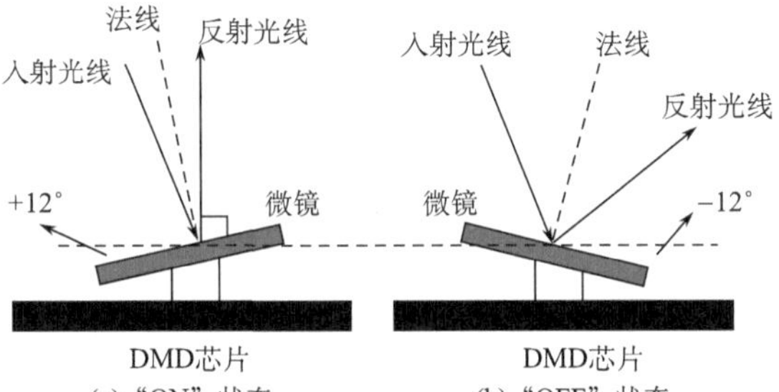

图 8-16　DMD 处于“ON”状态及“OFF”状态时的光路

图 8-17 所示为 2005 年，加州大学 Sun. C 等开发的一套高分辨率的 DMD 面投影微立体光刻系统[32]。使用紫外汞灯作为光源，中心波长为 365nm，在汞灯前放置一个 fly-eye 光学均匀器，保证从光源射出光线的均匀度变化不超过 5%，装置中 DMD 的像素 13.68μm×13.68μm。

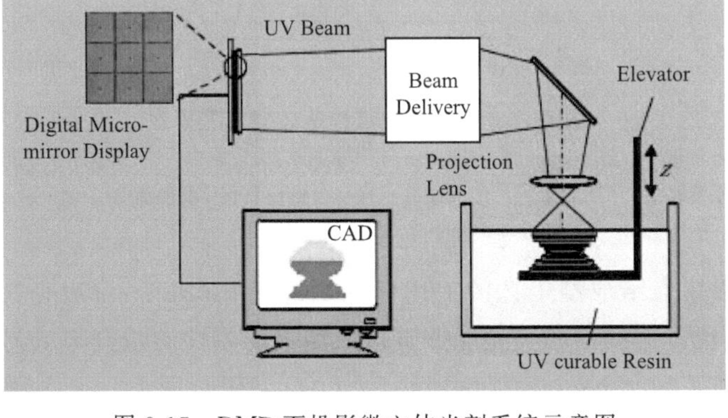

图 8-17　DMD 面投影微立体光刻系统示意图

8.3.2 粉末热烧结微立体光刻设备

最初是由美国德克萨斯大学奥斯汀分校的 Carl 于 1989 年在其硕士论文中提出的，稍后组建成 DTM 公司，并于 1992 年开发商业成型机（Sinterstation）。选区激光烧结工艺粉末热烧结（selective laser sitering，SLS）又称为选区激光烧结或粉末材料选择性激光烧结，该工艺是利用粉末材料（金属或非金属）在激光照射下烧结的原理，在计算机控制下层层堆积成型，原理与光固化成型十分相似，主要区别在于所使用的材料及其形状不同。使用粉末材料是选区激光烧结的主要优点之一，理论上任何可熔粉末都可以用来制造真实的原型制件。

粉末热烧结工艺的原理如图 8-18 所示，采用铺粉辊将一层粉末材料平铺在已成型零件的上表面，并加热至恰好低于该粉末烧结点的某一温度，控制系统控制激光束按照该层的截面轮廓在粉层上扫描，使粉末的温度升至熔化点进行烧结并与下面已成型的部分实现黏结。当一层截面烧结完成后，工作台下降一个层的厚度，铺粉辊又在上面铺上一层均匀密实的粉末，进行新一层截面的烧结，直到完成整个模型。

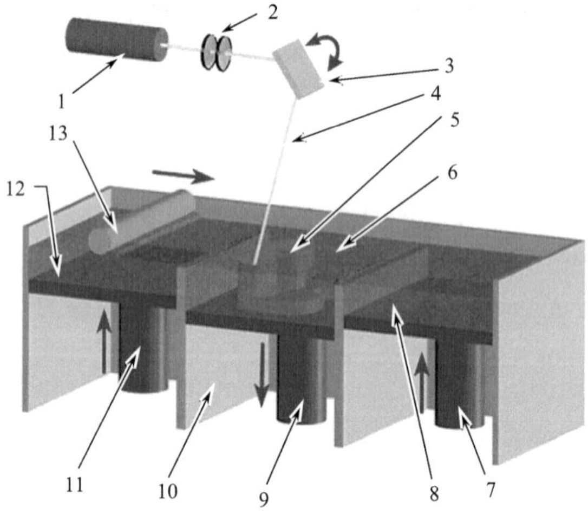

图 8-18 粉末热烧结快速成型工艺原理

1—激光发生器；2—透镜；3—反射镜；4—激光束；5—原型；6—粉床；7—供粉缸；8—待供粉末；9—工作缸；10—托板；11—供粉缸；12—待供粉末；13—铺粉棍

鉴于粉末热烧结成型工艺的上述优点，德国 Fraunhofer 激光技术研究所在 20 世纪 90 年代首次提出的一种能够直接成型金属零件的微打印工艺[33]，称之为选区激光熔化（selective laser melting，SLM）。在原理上，选区激光熔化与选区激光烧结相似，因为采用了较高的激光能量密度和更细小的光斑直径，成型件的力学性能、尺寸精度等均较好，只需简单后处理即可投入使用，并且成型所用原材料无需特别配制。为防止金属氧化，整个成型过程一般需要在惰性气体的保护下进行。

图 8-19 所示为法国 Phenix Systems 公司的 PM-100 SLM 快速成型机，该设备使用 IPG Photonics 公司的光纤激光器作为粉末烧结热源，激光器输出波长 325nm，功率可达 50W，光斑直径约 70μm，原型成型过程中最小烧结层厚可达 5μm，能够一次成型最大体积为底面直径和高度均为 100mm 的圆柱形原型，所用粉末主要包括需高温烧结的金属粉末和陶瓷粉末，可分别提供氮气、氦气和氩气 3 种保护气体。

(a) 整机外观　　(b) 内部结构

图 8-19　PM-100 SLM 快速成型机

8.3.3　激光微熔覆设备

激光熔覆技术是指以不同的填料方式在被涂覆基体表面上放置选择的涂层材料，经激光辐照使之和基体表面一薄层同时熔化，并快速凝固后形成稀释度极低并与基体材料成冶金结合的表面涂层，从而显著改善基体材料表面的耐磨、耐蚀、耐热、抗氧化及电器特性等的工艺方法。

南京理工大学侯丽雅教授等为解决激光金属粉体微熔覆沉积制造等微粉体的精确稳定输送问题，构建金属微粉体脉冲输送系统。图 8-20 所示为金属微粉体脉冲输送系统示意图和实物图，以角形铬粉（平均粒径 75μm）为实验材料，通过实验寻求驱动电压 U、频率 f、微喷嘴内径 d、输送角度 θ 等 4 种系统参量对铬粉脉冲输送微特性（粉体输送率和输送稳定性）的影响规律[34]，证明了微流体数字化技术可实现金属微粉体的脉冲精确稳定输送，论证了微流体数字化技术可实现金属微粉体的脉冲精确输送，且具有对输送材料的广适性，可输送不同材料、不同形状和颗粒度的粉体。金属微粉体的脉冲输送系统具有输送分辨率高、输送稳定性好等良好的粉体输送微特性。粉体脉冲输送稳定性（用变异系数表征）小于 7%，小于超声波粉末微输送技术[37]的 10%～15%；粉体输送率（体现粉体输送分辨率）可达每秒几十微克量级，小于超声波粉末微输送技术的每秒几百微克量级。

图 8-21 为电压幅值分别为 5、10、15、20V 的条件下的铬粉的微输送效果，表 8-1 所示为对应的铬粉线宽（L），粉体输送率最小为 0.028mg/s，最大为 0.057 mg/s。

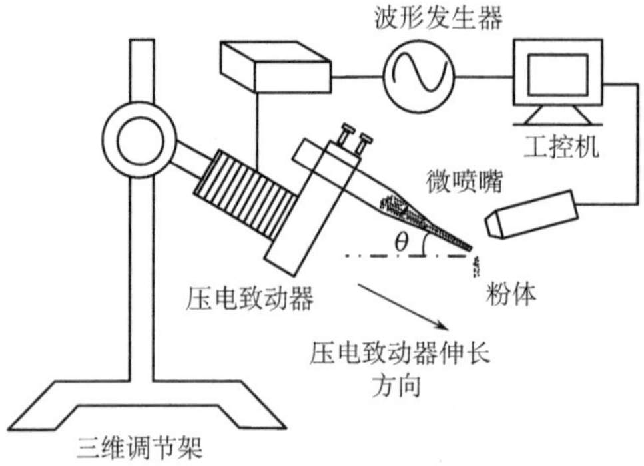

(a) 示意图

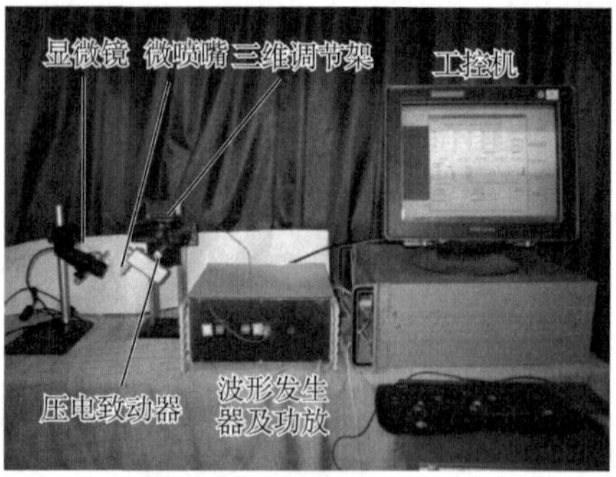

(b) 实物图

图 8-20　金属微粉脉冲输送系统示意图和实物图

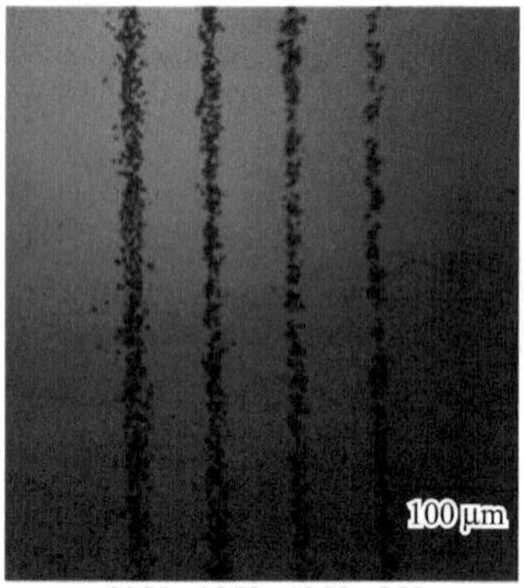

20 V　15 V　10 V　5 V

图 8-21　铬粉粉线显微照片

表 8-1　电压幅值与铬粉线宽和输送率

电压幅值 U/V	线宽 L/μm	输送率 Q/$\mu g \cdot s^{-1}$
20	225	57
15	200	43
10	175	35
5	150	28

清华大学林峰教授等[36-37]应用微纳米干粉体脉冲输送技术搭建了基于激光熔覆的金属零件数字化微打印实验装置，如图 8-22 所示。该系统主要包括：三维运动平台、IPG 公司的 YLR-200-AC 光纤激光器、压电式微流体脉冲驱动-控制系统、氩气保护系统。其工作原理是：首先构建被加工件的计算机三维模型，然后根据工艺要求，按照一定的规律将该模型离散为一系列有序的单元，把原三维模型变成一系列的层片的有序叠加；再根据每个层片的轮廓信息，输入加工参数，自动生成数控代码；控制激光与材料微喷嘴和数控机床之间的相对运动，成形时，用激光束照射到基材表面并使其局部熔化形成熔池，同时用送粉器将金属粉末喷入连续移动的冶金熔池内，快速熔凝后形成与基体金属冶金结合且稀释率很低的新金属层即熔覆层。这样，材料被逐点、逐线、逐面熔凝成形，逐层堆积，最后便可以得到任意形状的功能性金属实体零件[38]，其密度和性能与常规金属零件一致。由于激光熔覆的快速凝固特征，所制造出的金属零件具有优良的质量和强度。

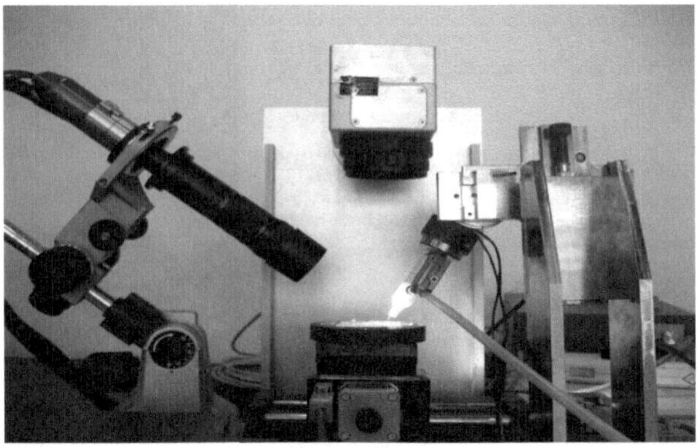

图 8-22　基于激光熔覆的金属零件数字化微打印实验系统

8.4　三维实体微打印应用

8.4.1　微立体光刻三维微打印应用

微立体光刻三维微打印技术目前主要应用于微尺寸原型、微系统部件和微流体装置的制造等方面。图 8-23 所示为美国 DTM 公司 Sinterstation 2000 型粉末热烧结快速成型设备制作的以尼龙为材料的叶轮、香水瓶、风扇等零件原型。

图 8-24 所示为 URM-HP302 型倒置式液料光固化快速成型机制作的典型原型，图 8-25 所示为 URM-HP302 型倒置式液料光固化快速成型机制作的光学微透镜，制作过程中激光强度 0.01mW，X、Y 轴运动速度为 2mm/s，单步 5μm，Z 方向共 20 层，单步 5μm，图中所示微透镜口径和矢高分别为 400μm 和 120μm，表面粗糙度小于 0.3μm。

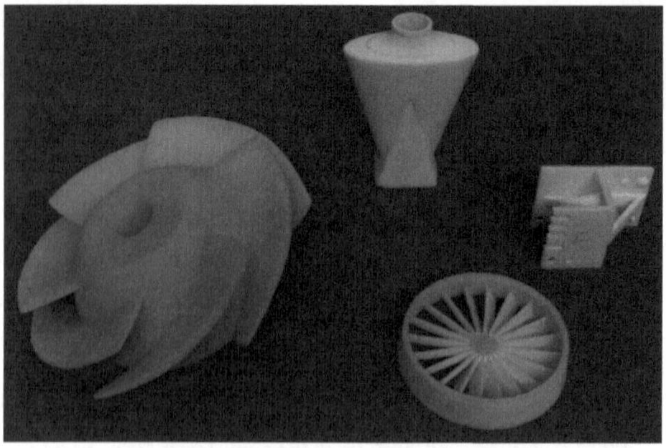

图 8-23　Sinterstation 2000 制作的 SLS 产品

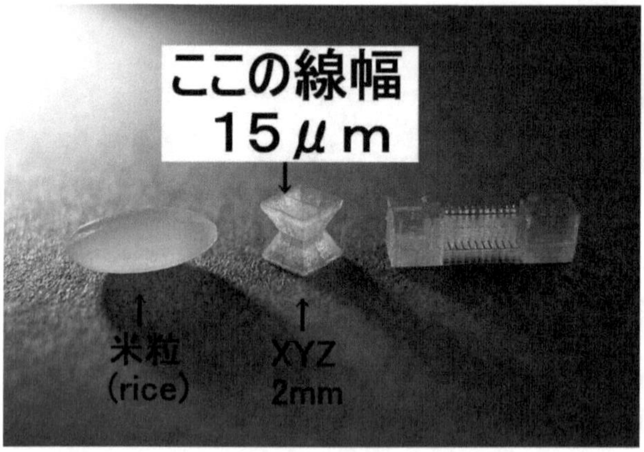

图 8-24　URM-HP302 型倒置式液料光固化快速成型机制作的典型原型

图 8-26 所示为加州大学 Sun 等在研发的 DMD 面投影微立体光刻系统上微打印的具有极高深宽比的微器件，如微矩阵、微弹簧、微柱阵列等，并制造出直径为 0.6μm 的细线。

图 8-27 所示为在 PM-100 SLM 微立体光刻设备上分别采用 316 不锈钢粉、904L 不锈钢粉和铬镍铁合金烧结成型的金属原型，在大多数（通常大于粉体总量的 95%）粉体尺寸小于 16μm 的条件下，制作成型的金属原型表面不平整度可小于 10μm，通过电解抛光或喷砂工艺可进一步提高原型的表面质量。

在使用铬镍铁合金粉末进行功能梯度原型烧结成型的过程中，激光扫描轨迹之间的距离分别为 60μm 和 120μm 时形成的单原型层显微照片如图 8-28 所示。由图中可以看出，即使激光扫描轨迹之间的距离为 60μm 时，样品层内部仍存在大量的“空洞”缺陷，为解决这一问题，Yadroitsev 等[41,42]采用双区域激光扫描的方法

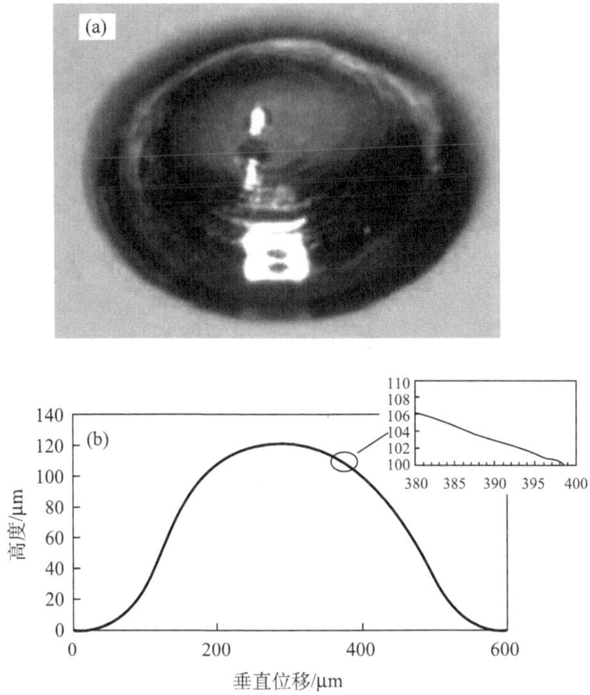

图 8-25 URM-HP302 型倒置式液料光固化快速成型机制作的光学微透镜（见彩图）

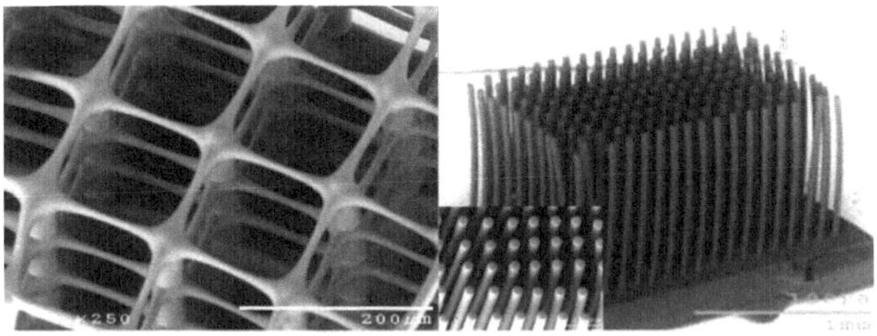

(a) 微矩阵结构，横梁直径 5 μm　　(b) 微棒阵列

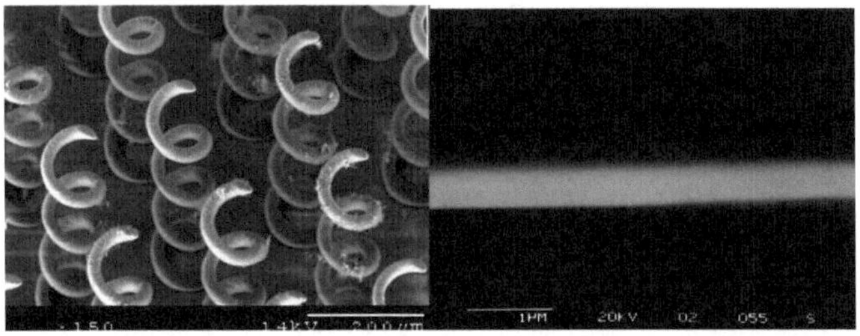

(c) 微弹簧阵列，弹簧直径 25 μm　　(d) 直径为 0.6 μm细棒

图 8-26 DMD 面投影微立体光刻制造的微结构

(a) 通风口原型　　(b) 涡轮机原型　　(c) 功能梯度样品

图 8-27　不锈钢和合金粉末烧结成型的金属原型

(a) 60 μm　　(b) 120 μm

图 8-28　激光扫描轨迹间距对单层样品显微形貌的影响

(two-zones technique)。双区域激光扫描的方法具体做法是：在原型的单层成型过程中，如图 8-28（b）所示，首先将激光扫描轨迹之间的距离设置为 120μm 进行扫描，然后，在相邻扫描轨迹之间再增加一次激光扫描，使两轨迹之间的金属再次熔融并成型，可以有效地降低样品层内部的“空洞”缺陷，采用双区域激光扫描的方法成型金属原型单层样品显微照片如图 8-29 所示，其孔隙度小于 1%，抗拉强度大于 1000MPa（铬镍铁合金锻造件为 930MPa），屈服强度大于 700 MPa（铬镍铁合金锻造件为 517MPa），延展率小于 10%（铬镍铁合金锻造件约 40%）。

图 8-30 所示为清华大学林峰教授等在应用微流体数字化技术搭建的基于激光熔覆的金属零件数字化微打印实验装置上微打印出的单道多层薄壁零件宏观形貌，其工艺参数为扫描速度 2mm/s、送粉频率 5Hz、激光功率 50W，层数为 20 层。从图 8-30（a）中可以看到薄壁试件的表面粗糙度比较低，边缘较为平整，没有未熔化颗粒粘接在试件表面，也没有夹渣、气孔或裂纹等缺陷。顶面光滑，如图 8-30（b）所示，可以看到正常熔化沉积表面典型的鱼鳞状波纹。如图 8-30（c）所示，侧面显示熔覆沉积层厚度从底端到顶端逐渐增厚，并最终趋于稳定。横截面图 8-30（d）显示沉积层的宽度由底端到顶端逐渐增宽。经测量，底端的宽度为 230μm，顶端的宽度为 388μm。

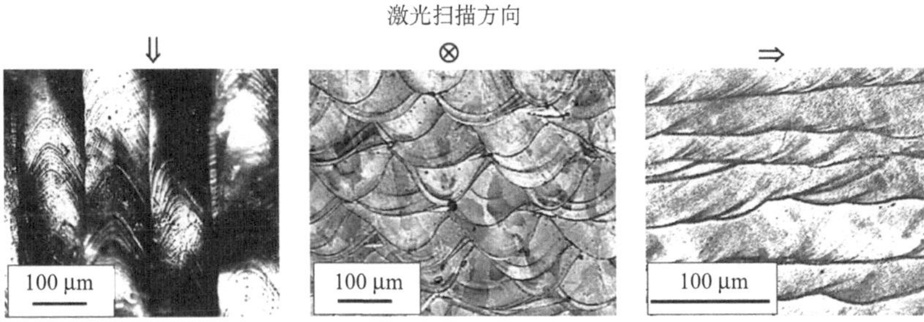

(a) 表面　(b) 横截面　(c) 纵截面

图 8-29　激光扫描轨迹间距对单层样品显微形貌的影响

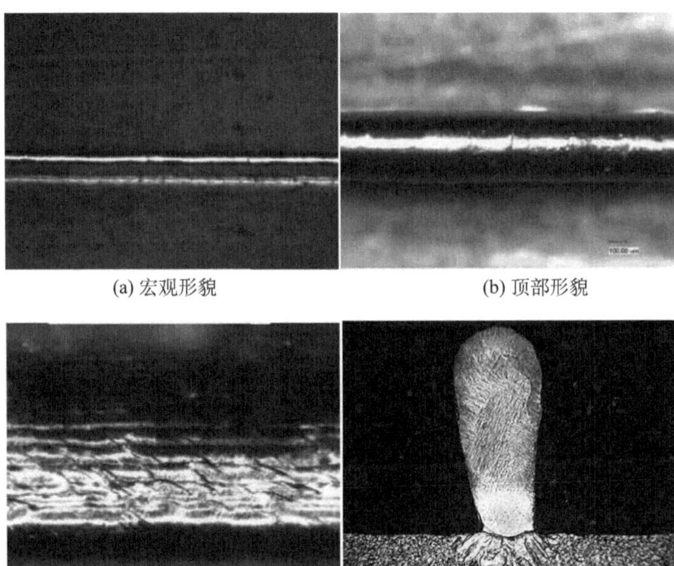

(a) 宏观形貌　(b) 顶部形貌

(c) 侧面形貌　(d) 横截面形貌

图 8-30　多层薄壁试件形貌（见彩图）

试件的外貌形态表明在所采用的工艺参数下，单道薄壁试件的熔覆沉积过程较平稳均匀，能获得表面形貌质量优良的薄壁零件。但由于沉积初期底部基板没有预热，基体温度较低，熔池温度低，尺寸较小，粉末沉积量也较少而层薄。随着沉积过程的反复加热，基体温度升高，通过基体散失的热量逐渐减少，熔池温度升高且尺寸增大，有更多粉末落入熔池，并被熔化而沉积下来，沉积层增厚、增宽。经过若干层后，热量输入和散失达到一个稳定状态，此后的沉积层形态亦基本稳定。由于熔池尺寸较小、沉积层厚度和宽度也较小，虽然在不同高度上薄壁宽度存在偏差，但整个试件在宏观上显示出较高的精度和较小的表面粗糙度。

8.4.2 液滴微喷射三维微打印应用

液滴微喷射三维微打印技术不仅可应用于微尺寸原型、微系统部件和微流体装置的制造等方面，而且还在微机电系统和生物组织工程等领域取得许多重大研究进展。

1. 微小机械

加州大学的 Orme 教授在实现连续金属液滴喷射的基础上，采用振幅调制技术控制液滴的尺寸、改变液滴间距，同时采用充电偏转技术控制液滴的飞行轨迹，制备了简单铝合金管件[41]，如图 8-31（a）所示，其性能（抗拉强度）高于铸件 30%；日本大阪大学采用气动喷射技术实现铝液滴的喷射，并对制备金属化合物制件的工艺进行研究。实验采用尺寸较大的石墨喷嘴进行喷射，因此液滴直径较大，成形制件的精度较差[42]，如图 8-31（b）所示。哈尔滨工业大学[43,44]开发了金属液滴喷射装置与充电偏转装置，并进行相关试验，但由于沉积的保护环境由氮气流提供，氮气流的流动导致射流喷射沉积过程中的不稳定，从而影响了金属液滴沉积制件精度。西北工业大学对压电连续和气动按需喷射技术进行了深入研究，自行研发了这 2 种喷射方式的实验装置，成功实现锡铅合金和铝合金液滴的喷射成形，图 8-31（c）和图 8-31（d）所示为金属均匀液滴喷射沉积的异形件。

(a) (b) (c) (d)

图 8-31 液滴微喷射微打印的金属制件

2. 微机电系统

1）微导电图形

导电图形薄膜微打印是指采用液滴微喷射的方法将导电墨水或纳米金属颗粒墨水喷印在基板（无铜箔）上形成导电线路和图形，再经过烧结等后处理工艺形成具有一定导电性能的微导电图形薄膜。与微米级尺寸的金属颗粒相比，纳米金属颗粒具有较大的比表面积，因此要达到同等导电性能的导电图形，纳米金属颗粒比微米级金属颗粒可节省约 50%的材料[45]。另一方面，纳米金属颗粒在较低的烧结温度下即可熔融，颗粒之间相互连接形成块状导电金属，这一特性使得将导电图形薄膜微打印在耐热性能较差的薄膜基底上成为可能[46]。台湾成功大学 Liu Yu-Feng 等[47]使用压电容积式喷头微打印采用化学还原法配制的纳米银墨水，形成了宽度约为 33μm 的纳米银悬浮液液线，但并未对薄膜的导电性能进行相关研究。图 8-32 所示为德国弗里堡大学 Henning Meier 等[48]使用压电容积式喷墨打印机在非结构化的聚酰亚胺基底上微打印了平均线宽约为 25μm 的纳米银导电图形薄膜，但存在着图形线宽不规则，边缘不清晰等缺点。

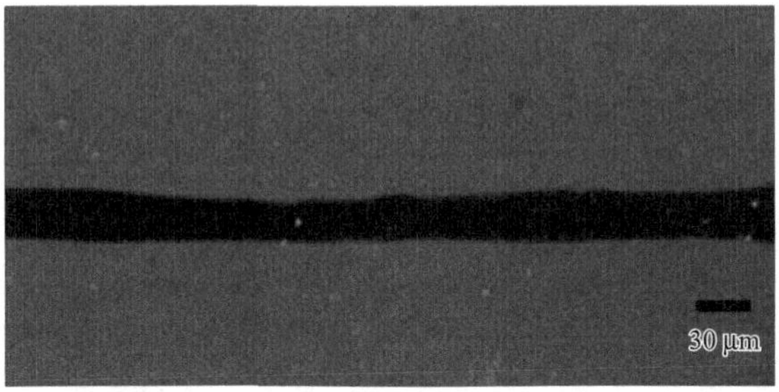

图 8-32　压电容积式喷墨打印机微打印出的纳米银导电图形薄膜

南京理工大学王洪成等[49]利用脉冲惯性式液滴微喷射技术可以微喷射高腐蚀电子材料的优势，使用在线合成的方法微打印出纳米银悬浮液液线，再经加热烧结法将悬浮液的溶剂蒸发并使离散的纳米银颗粒经烧结相互连接形成致密的具有一定导电性能的纳米银微导电图形薄膜，可避免导电油墨复杂的配置工艺，图 8-33所示为在不同斑点重叠度条件下微打印出的纳米银导电图形薄膜显微照片，薄膜厚度约 3μm，最小线宽约 20μm 且最小电阻率达 2.5μΩ · cm（相当于块状金属银电阻率的 1.6 倍）。

2）电子封装

美国 Microfab 公司在研究均匀液滴喷射沉积技术的基础上，提出独特的焊料喷射技术（solder jet technology），所生产的 JetLab 成型系统可打印微小电子

图 8-33　脉冲惯性式液滴微喷射技术微打印出的纳米银微导电图形薄膜（见彩图）

电路的焊点。Jetlab 4 是一台用于可控定向微分配、打印和材料沉积的多功能科研设备，可为研究可控定向喷射技术在印刷电子，生物医药，光学制作等多种领域的应用提供便捷的、高性价比的手段。图 8-34 所示为 Jetlab 成型系统微打印的金属图案形状，融化的焊料液滴直径大小为 25～126μm，每秒喷射 400 滴，温度最高可达 300℃，微滴直径为 60μm。图 8-35 所示为 Jetlab 成型系统微打印的 MEMS 电路封装[50]。

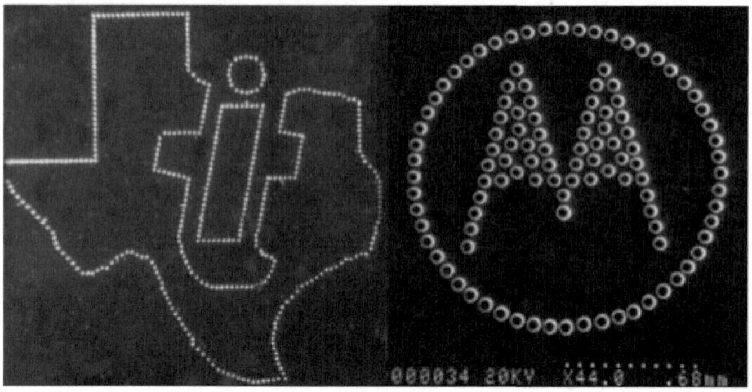

图 8-34　Jetlab 成型系统微打印的金属图案形状

3）半导体传感器

半导体传感器是利用半导体材料的各种物理、化学和生物学特性制成的传感器。所采用的半导体材料多数是硅以及Ⅲ-Ⅴ族和Ⅱ-Ⅵ族元素化合物，半导体传感器种类繁多，气敏感半导体传感器是半导体传感器的一个重要分支。微米尺度微热板（阵列）结构是目前半导体式气体传感器主要结构，具有体积小、功耗低、灵敏度高、重复性好，易进行批量生产、成本低、加工工艺稳定等优点，并

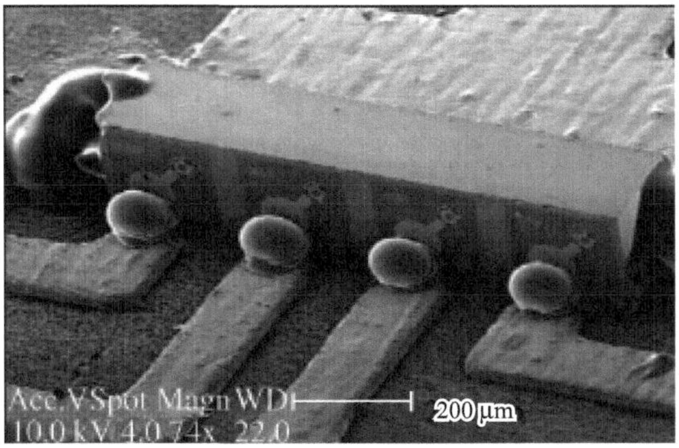

图 8-35 Jetlab 成型系统微打印的 MEMS 电路封装

且有利于气体传感器的集成化、智能化和功能化。有机化合物（volatile organic compounds，VOC）传感器和可燃气体传感器（pellistor）是两种比较典型的气体传感器。

Li Bo 等[51]使用蚀刻工艺制作出了 4×6 的 24 个敏感元件的阵列式 VOC 传感器，如图 8-36（a）所示。每个敏感元件的基底是通过蚀刻工艺制作的在 SiO_2 表面上嵌入直径为 4μm，间距为 3μm 的金材质的线圈微热板，微热板直径为 200μm，微打印敏感材料涂层前的微热板如图 8-36（b）所示。制作敏感元件的过程是使用液滴微喷射技术将 5 种不用结构的高分子聚合物微打印在微热板上，如图 8-36（c）所示，利用不同结构的高分子聚合物对不同 VOC 气体的电导率响应特性不同，检测 VOC 混合气体的种类和含量。上述敏感材料为无腐蚀作用的高分子聚合物。

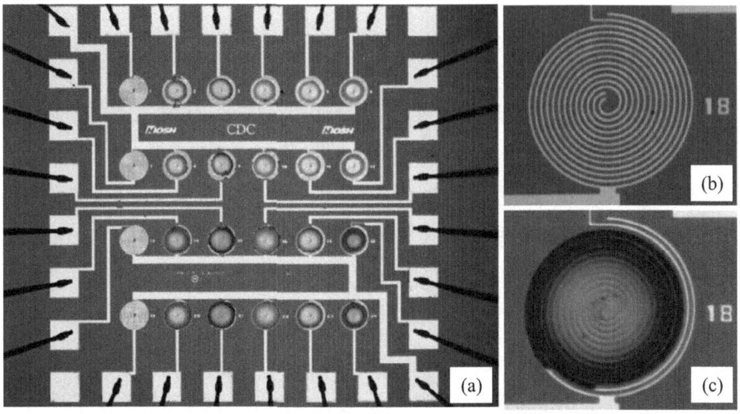

图 8-36 阵列式 VOC 传感器敏感材料涂层的微打印（见彩图）

微热板式催化燃烧气体传感器是利用可燃气体催化燃烧时的热效应原理制作的气体传感器，其敏感材料通常包括：纳米氧化铝悬浮液和铂钯催化剂，纳米氧化铝悬浮液的溶剂易挥发，在液滴微喷射过程中易堵塞微喷嘴，铂钯催化剂腐蚀性较强，不能使用压电容积式或热气泡式商用打印机作为敏感材料的液滴微喷射装置，因此，在小尺寸微热板上打印载体催化材料成为了微热板式催化燃烧气体传感器制作过程中的关键步骤和技术难点。南京理工大学微系统研究室和华瑞科学仪器（上海）有限公司应用脉冲惯性式液滴微喷射技术成功解决了上述溶剂易挥发或具有一定腐蚀作用的特殊电子材料的微打印问题。图 8-37 所示为脉冲惯性式液滴微喷射技术进行微热板式催化燃烧气体传感器敏感材料涂层的微打印过程[52]。

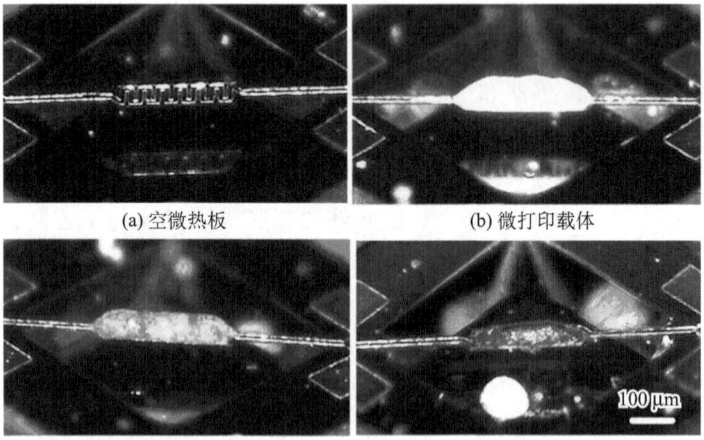

(a) 空微热板　(b) 微打印载体　(c) 微打印催化剂　(d) 敏感元件

图 8-37　微热板式催化燃烧气体传感器敏感材料涂层的微打印（见彩图）

4）微光学器件

近代光学和光电子技术的迅猛发展使光电子仪器及其元件发生了巨大的变化，微型化和智能化成为实现这一变化的主要发展方向，微电子学的发展使电路技术实现了微型化，这也促使光学器件的微型化发展趋势。微透镜阵列作为一种典型的微光学器件，被广泛地应用于光学信息处理、光束整形、光学器件互连、三维成像等领域。微透镜阵列常用的制造方法包括光刻胶热熔法、灰度掩膜光刻法、各向异性刻蚀法、激光直写、软模或硬模压印法和 LIGA 工艺等。但是大多数方法需要复杂、繁琐的工艺过程，从而使得制作成本相对较高。玻璃、硅、聚合物均可以用来制作微透镜阵列，其中通过微打印方法制成的聚合物微透镜具有制作工艺简单、力学性能优良、柔韧性好以及重量轻等优点。Joo 等[53-54]使用 ORMOCER 类混合聚合物在镀有疏水化薄膜的玻璃基板上微打印了一系列的微透镜阵列，并制作出在大型 2D VCSEL 阵列等方面具有较好应用的大数值孔径、小焦距的微透镜阵列，其中单个微透镜的直径为 53μm，矢高 18μm，如图 8-38 所示。

图 8-38　微透镜阵列 SEM 图

国内华中科技大学张鸿海等[55]使用气动膜片式按需液滴微喷射方法打印 UV 光固化胶制作了微透镜阵列，制作的微透镜阵列具有较好的几何性能（例如，几何一致性和表面粗糙度）与光学性能（焦距均匀性和成像质量等）。微透镜表面粗糙度不仅与微喷射的材料有关，也与液滴微喷射的方法以及液滴固化强度和时间有密切关系，可分别采用 AFM 显微镜与白光干涉仪测试所制作微透镜的表面数据。采用 AFM 显微镜测得 5μm×5μm 区域表面粗糙度：轮廓算术平均偏差可达 0.243nm；采用白光干涉仪测得 300μm×300μm 区域表面粗糙度：轮廓算术平均偏差可达 3μm，均满足微透镜制作要求。微透镜阵列的几何尺寸的一致性主要取决于液滴微喷射的液滴分配精度与基底表面的均匀性，采用随机抽样的方法抽取 50 个图 8-39 中制作的微透镜，统计其口径的大小，直径 333μm，其变异系数小于 1%，其表面粗糙度、焦距均匀性、成像质量均与液滴微喷射方法密切相关。

3. 生物组织器官

Boland 等[56]于 2003 年提出“细胞打印”技术的概念，在细胞打印过程中，细胞（或细胞聚集体）与溶液（水凝胶的前驱体）同时置于打印机的喷头中，由计算机控制含细胞液滴的沉积位置，在指定的位置逐点打印，在打印完一层的基础上继续打印另一层，层层叠加形成三维多细胞/凝胶体系。细胞打印技术是一种在体外构造具有生物活性的三维多细胞体系的先进技术，处于生命科学与快速

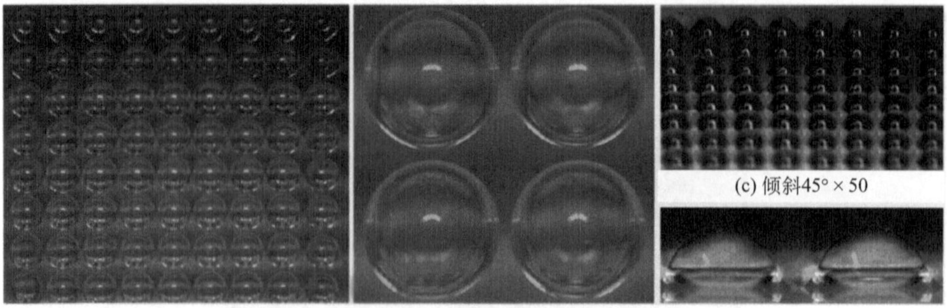

(a) 俯视×50　(b) 俯视×200　(c) 倾斜45°×50　(d) 侧视×200

图 8-39　气动膜片式按需液滴微喷射方法微打印出的微透镜阵列（见彩图）

成型技术、生物制造技术、生物科学和材料科学的交汇点，它为组织工程学突破二维研究的局限性，在三维尺度上精确控制与人体组织或器官相似的三维构造体方面的研究提供一种新的思路[57]。

Thomas 等[58]使用自行改造的惠普喷墨细胞打印设备微打印出如图 8-40 所示的藻酸盐管道，图 8-41 所示为微打印的纤维蛋白支架[59]。

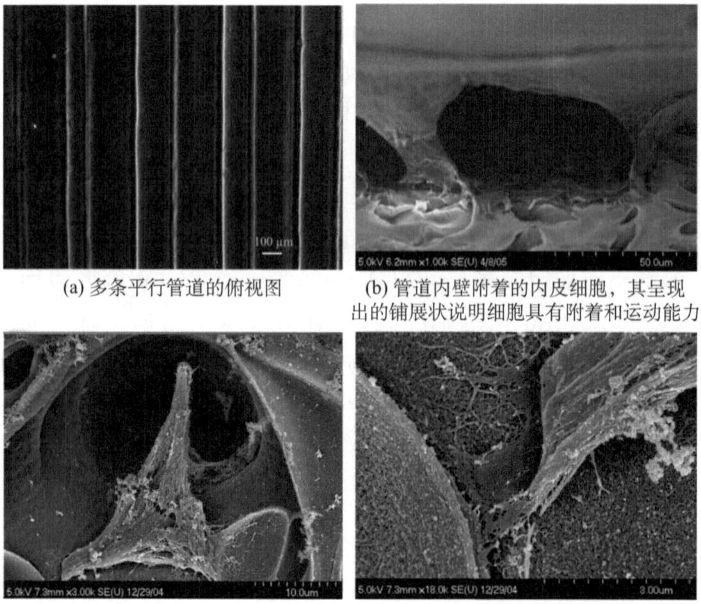

(a) 多条平行管道的俯视图　(b) 管道内壁附着的内皮细胞，其呈现出的铺展状说明细胞具有附着和运动能力

(c) 三条藻酸盐管道的横截面　(d) C图中的内皮细胞放大效果

图 8-40　细胞打印成型的藻酸盐管道的显微照片及 SEM 照片

图 8-42 所示为 Tao 等[60]利用液滴微喷射技术打印的由多细胞组成的三维“饼”状结构。图 8-42（a）和图 8-42（b）分别所示为白光和荧光下的三维

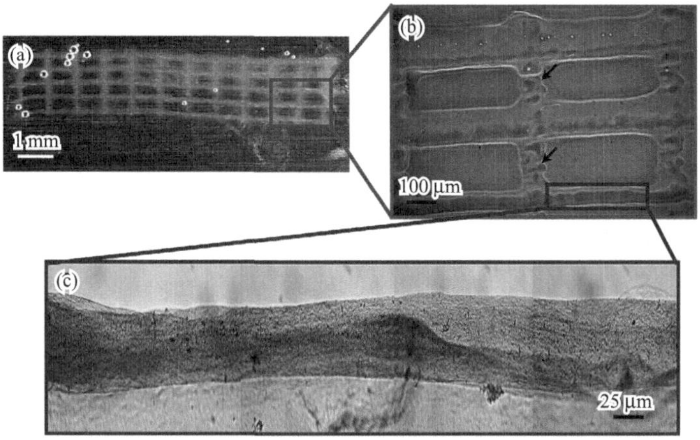

图 8-41　打印成型的纤维蛋白支架（见彩图）

“饼”状结构显微照片，呈现出绿色的是被标记 PKH26 的支气管上皮细胞，呈现出蓝色的是被标记 CMHC 的人源羊水干细胞，呈现出红色的是被标记 PKH67 的逼尿肌细胞。图 8-42（c）所示为“饼”中的微结构显微照片，图 8-42（d）所示为植入后 2 周的“饼”状结构，图 8-42（e）和图 8-42（f）所示为“饼”状植入物内逼尿肌细胞和支气管上皮细胞的荧光特性。

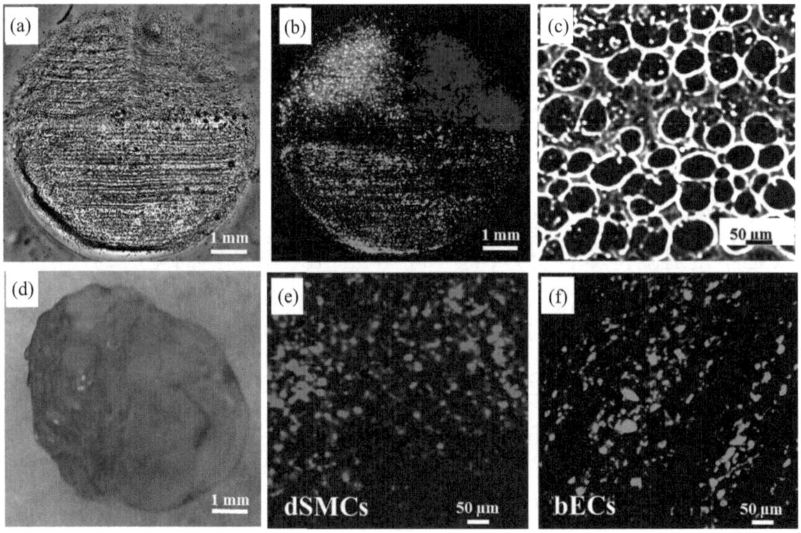

图 8-42　液滴微喷射技术打印的由多细胞组成的三维“饼”状结构（见彩图）

外伤的发生导致了神经组织的缺失，临床医生的唯一选择是从患者身体其他地方获取神经组织来替换重要的神经损伤。尽管可达 80%的成功率，但是自体神经的移植对患者造成了进一步的外伤。组织工程师认识到神经再生对人造组织的需求，并且将追求生物可降解神经导管作为解决方案。生物可降解神经导管的目的是通过一系列手段在创伤位置优化生长条件来促进神经再生。当外科手术移植了末梢神经导管时，近端和远端的神经残段被缝合到导管里。这需要导管作为物理引导路径供神经生长，也作为容器来隔绝近端神经残段里诱使子系轴突生长的重要生长因子。最后，建立生物可降解聚合物的导管，该导管可在一段时间内能降解到人体，因此不需要通过手术移除。图 8-43 所示为美国 MicroFab 公司生产的基于喷墨打印技术的 JetLab II 型生物打印机打印的神经导管分支，每段分支直径 1.8mm，总长 20mm，图 8-43（b）所示为具有加强环的神经导管。

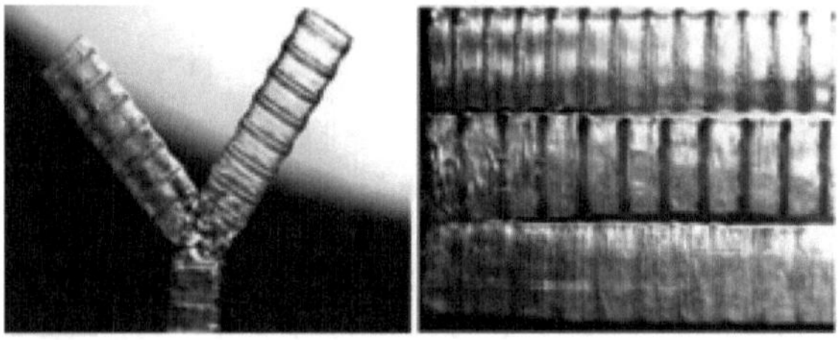

(a) (b)

图 8-43 JetLab II 微打印神经导管分支（见彩图）

8.5 三维实体微打印发展趋势

8.5.1 开发新型微打印材料

在微立体光刻微打印材料方面，目前液态光敏聚合物固化后的性能尚不如常用的工业塑料，呈现出较脆、易断裂以及不便进行切削加工等特性，且工作温度通常不能超过 100℃。有时液料光固化微立体光刻制件还会被湿气浸蚀，导致工件的膨胀，其抗化学腐蚀的能力也有限，在液态光敏聚合物的固化过程中会产生刺激性气体及污染物，因此在机器运作时，成型腔室应密闭。另一方面，目前大多数树脂从液态变成固态时易产生收缩，从而会引起制件中部残余应力的出现而发生变形。因此，研发价格低廉、收缩率小、无污染、在固化后具有所需力学性能、导电性能和耐腐蚀性能的微打印材料是今后液体光固化微立体光刻技术发展的主要方向之一，例如，具有特殊功能的复合材料、纳米材料、生物活性材料等全新的微打印材料。

在液滴微喷射微打印材料方面，材料的黏性、表面张力等直接影响着液滴微喷射过程和效果，材料的电学性能、化学性能和生物性能直接决定了成型实体的综合性能。例如，在微机电系统的微打印材料中，有机半导体材料的电荷迁移率需要进一步提高，至少要达到 $5\sim10cm^2\cdot V^{-1}\cdot s^{-1}$ 的水平才能拓展到背板驱动以外的更广泛的应用。虽然已有一些实验研究报道开发出高迁移率 N 型和 P 型有机半导体材料，但还没有达到商品化大批量的应用阶段。有机电子材料合成批次之间的稳定性与可重复性也需要改善。有机电子材料的合成应尽量减少非环境友好性溶剂的使用。有机电子材料本身的环境稳定性也必须大大改善，以增加有机电子器件的寿命和降低对封装技术的要求。与有机电子材料相比，无机纳米材料具有较高的电荷迁移率与环境稳定等先天优势，所面临的挑战是如何获得适于微打印的墨水形态，以降低后处理温度以适应柔性塑料基底材料。

8.5.2　开发新的成型能源

在微立体光刻微打印技术中均以激光作为能源，而激光系统（包括激光器、冷却器和外光路）的价格和维护成本昂贵，传输效率（输出激光能量/输入电能）较低，影响制件的成本，因此新成型能源的研究也是微立体光刻微打印技术的主要发展方向之一。

带有新型光学系统的新一代半导体激光器能大大改变许多现有的激光加工过程。铜蒸气激光器因其脉冲持续时间、脉冲频率、平均功率和波长之间容易实现协调搭配，所以它有可能占领 Nd：YAG 激光器的部分市场，尤其适于微成形加工和观测（由于大的放大倍数）。同步进行的激光系统由于 Nd：YAG 激光器和二氧化碳激光器（工作物质不同）的技术参数和成本之间有着良好的相互协调性，因而在未来一段时间里将仍然是市场上用于激光微成形加工的主流设备。准分子激光器不仅适于加工处理光敏介质（光聚合物），而且也适于生物组织的微成形，如皮肤、眼角膜等。

8.5.3　新型液滴微喷射方法的研究

相对于传统铸造、锻压、切削、注塑等压力加工方式，液滴喷射三维微打印结合断层扫描，能够实现密闭的球、蛇形管道、带微孔的骨骼等复杂构件的制造。纳升（nL）至皮升（fL）量级的液滴分配能力，结合电荷偏以及转激光引导空间定位措施，使得液滴喷射技术在微电子机械系统、半导体器件和生物医药方面具有广泛应用前景，但是液滴喷射技术应用的进展最终取决最小液滴分配过程中对表面张力影响的控制和克服能力，即喷射装置的设计和制造，但遗憾的是目前国内从事喷射仪器研制的课题组及单位尚不多，其喷射技术和应用水平都有待提高。例如，压电容积式液滴微喷射方法虽然可通过一些措施提高液滴分辨率，但其工作原理所固有的局限性决定该方法所喷射的液滴体积很难小于皮升级，因此很难满足微打印制件进一步高度集成化的需求，热气泡式液滴微喷射方法不适用于某些热敏感材料的微打印场合；此外，上述 2 种液滴微喷射技术对喷射介质的黏度要求都比较苛刻，通常要求喷射介质的黏度在 10～20cp 范围内，尚不能应用于更高黏度材料的微打印场合。另一方面，按需喷射技术主要为低熔点金属，高熔点金属的研究还较少。鉴于此，探索一种高分辨率、对喷射介质影响小且适用于较高黏度液体以及高熔点金属液体液滴微喷射方法是目前液滴微喷射微打印技术研究的热点和难点。

8.5.4 数据采集、处理和监控软件的研发

三维实体微打印技术目前基本仍是沿用快速成型技术中的软件系统。该软件系统是实现离散、层层堆积成型的关键内容，直接影响着微打印制件的成型速度、成型精度、零件表面质量等各个性能指标。如何建立适用于所有微打印工艺的、统一的数据接口文件格式，是当今微打印系统需要解决的主要问题之一。另外，当前三维实体微打印技术中所使用的相关软件所生成的层片文件属于后缀为 *.STL 等的二维文件格式，并且所切分的层厚都相同，因此，研制出厚度不等的三维层片文件格式，或在三维数字模型上任意截面与分层，以便对三维模型进行更精确、更简洁的数字描述，从而进一步提高微打印制件精度也是目前三维微打印技术研究的主要内容之一。

通过软件的创新能够突破传统制件的微打印模式，例如可通过照片、CT 或实物模型获取三维数据，快速地对三维数据进行层片化并微打印出一定比例的制件，从而有效地提高微打印速度并使远程和网络化微打印成为可能。

8.5.5 应用领域的拓展

在生物技术和生物医学、工程学方面，如何制造出复现生命体全部或部分功能的“生物零件”，或从无生物活性的假体，研制出具有再生功能的组织工程支架等都是目前微打印技术研究的重点努力方向。

参考文献

[1] 安德烈亚斯·格布哈特. 快速原型技术. 北京：北京化学工业出版社，2005.

[2] 莫健华. 快速成形及快速制模. 北京：电子工业出版社，2006.

[3] Rayleigh L. On the instability of jets. Proceedings of the London Mathematical Society, 1878, s1-10 (1): 4-13.

[4] Elmqvist R. Measuring instrument of the recording type. USP 2566443, 1951.

[5] Sweet R G. High frequency recording with electrostatically deflected ink jets. Review of Scientific Instruments, 1965, 36: 131-136.

[6] Buehner W L, Hill J D, Williams T H, et al. Application of ink-jet technology to a word processing output printer. IBM Journal of Research and Development, 1977, 21: 2-9.

[7] Ben P, Rone T W. Microdroplet generation in gaseous and liquid environments. microsystem technologies, 2010, 16: 333-356.

[8] Pimbley W T. Drop formation from a liquid jet: a linear one-dimensional analysis considered as a boundary value problem. IBM Journal of Research and Development, 1976, 20: 148-156.

[9] Adams R L, Roy J. A one-dimensional numerical model of a drop-on-demand ink jet. Journal of Applied Mechanics, 1986, 53: 193-197.

[10] Ulmke H, Wriedt T, Bauckhage K. Piezoelectric droplet generator for the calibration of particle-sizing instruments. Chemical Engineering & Technology, 2001, 24: 265-268.

[11] Umezu S, Kitajima T, Ohmoria H, et al. Fundamental characteristics of printed cell structures utilizing electrostatic inkjet phenomena. Sensors and Actuators A: Physical, 2011, 166: 251-255.

[12] Miettinen J, Pekkanen V, Kimmo K, et al. Inkjet printed System-in-Package design and manufacturing. Microelectronics Journal, 2008, 39: 1740 - 1750.

[13] Amirzadeh A, Chandra S. Small droplet formation in a pneumatic drop-on-demand generator: Experiments and analysis. Experimental Thermal and Fluid Science, 2010, 34: 1488-1497.

[14] Luo J, Qi L H, Zhou J M, et al. Modeling and characterization of metal droplets generation by using a pneumatic drop-on-demand generator. Journal of Materials Processing Technology, 2012, 212: 718-726.

[15] Broek D M, Elwenspoek M. Explosive micro-bubble actuator, Sensors and Actuators A: Physical, 2008, (145-146): 387-393.

[16] Kim K T, Park Y W. Feasibility of low-cost microarray printing with inkjet printer. international conference on control. Automation and Systems, 2008, 1932-1935.

[17] Li E Q, Xa Q, Sun J, et al. Design and fabrication of a PET/PTFE-based piezoelectric squeeze mode drop-on-demand inkjet printhead with interchangeable nozzle. Sensors and Actuators A: Physical, 2010, 163: 315-322.

[18] Fan K C, Chen J Y, Wang C H, et al. Development of a drop-on-demand droplet generator for one-drop-fill technology. Sensors and Actuators A: Physical, 2008, 147: 649-655.

[19] Brünahl J, Alex M. Piezoelectric shear mode drop-on demand inkjet actuator. Sensors and Actuators A: Physical, 2002, 101: 371-382.

[20] Shin P, Sung J, Lee M H. Control of droplet formation for low viscosity fluid by double waveforms applied to a piezoelectric inkjet nozzle. Microelectronics Reliability, 2011, 51: 797-804.

[21] Cheng X. Development of a molten metal droplet generator for rapid prototyping, Toronto: University of Toronto, 2002.

[22] 章维一，侯丽雅. 微流体数字化的科学与技术问题（I）：概念、方法和效果. 科技导报，2005，23（8）：4-9.

[23] 章维一，侯丽雅. 微流体数字化的科学与技术问题（II）：概念、方法和效果. 科技导报，2006，24（3）：41-47.

[24] 章维一，侯丽雅. 影响流体流动的方法及其装置和应用. 中国：ZL03152948. 8，2006.

[25] Rein M. Phenomena of liquid droplet imPact on solid and liquid surface. Fluid Dynamics Research，1993，12（2）：61-93.

[26] Chandra S，Avedisian C T. On the Collision of a Droplet with a Solid Surface. Proceedings. Mathematical and Physical Sciences，1884，432：13-41.

[27] Chen C H. Effect of viscous dissipation on heat transfer in a non-Newtonian liquid film over an unsteady stretching sheet. Journal of Non-Newdonian Fluid Mechanics，2006，135：128-135.

[28] Xu L. Liquid drop splashing on smooth，rough and textured surfaces. Physical Review E，2007，75（5）：056316.

[29] Xu L，Zhang W，Sidney R. Nagel. Drop Splashing on a Dry Smooth Surface. Physical Review Letters，2005，94（18）：184505.

[30] Robert D D，Bakajin O，Dupont T F，et al. Capillary flow as the cause of ring stains from dried liquid drops. Nature，1997，389：827-828.

[31] Stereolithography. http：//www. custompartnet. com/wu/stereolithography [2011-1-10].

[32] Unirapid. http：//unirapid. com/micro _ rp. htm # URM-302R [2013-6-16]

[33] Hornbeck，Larry J. 128 multiplied by 128 Deformable mirror device. Oi1 and Gas Journal，1982，24（2）：199.

[34] Sun C，Fang N，Wu D M，et al. Projection micro-stereolithography using digital micro-mirror dynamic mask. Sensors and Actuators A. 2005，121：113-120.

[35] Over C，Meiners W，Wissenbach K，et al. Selective laser melting：a new approach for the direct manufacturing of metal parts and tools. 1ST International Conference on Laser Assisted Net Shape Engineering，Germany：Frankfurt，2001.

[36] 侯丽雅，王振琪，章维一，等. 金属微粉体脉冲输送的微特性实验. 光学精密工程，2011，19（5）：1030-1038.

[37] Lu X S，Yang S F. Microfeeding with different ultrasonic nozzle designs. Ultrasonics，2009，（49）：514-521.

[38] 林峰，吴涛，齐海波，等. 基于粉末精确喷射的 TC4 粉末微熔覆沉积制造初步研究. 第13 届全国特种加工学术会议论文集，2009：546-552.

[39] 姚波，林峰，马旭龙，等. 激光微熔覆沉积工艺中 TC4 粉末精确喷射技术研究. 电加工与模具，2011，（4）：57-69.

[40] Ning G，Zhong M，Yang L，et al. Research about close-loop control system during laser direct manufacturing metallic components. Appl Laser，2002，22（2）：172-176.

[41] Yadroitsev I，Thivillon L，Smurov I，et al. Strategy of manufacturing components with designed internal structure by selective laser melting of metallic powder. Applied Surface Science，2007，254：980-983.

[42] Yadroitsev I，Thivillon L，Smurov I，et al. Strategy of manufacturing components with designed internal structure by selective laser melting of metallic powder. Applied Surface Science，2007，254：980-983.

[43] Orme M，Liu Q，Smith R. Molten aluminum micro-droplet formation and deposition for advanced manufacturing applications. Aluminum Transactions Journal，2000，3（1）：95-103.

[44] Wenbin C，Yoshinari M. Freeform fabrication of aluminum parts by direct deposition of molten aluminum. Journal of Materials Processing Technology，2006，173：209-212.

[45] 杨华清. 金属均匀液滴喷射飞行轨迹控制技术的研究. 哈尔滨：哈尔滨工业大学，2004.

[46] 高解放. 金属均匀液滴喷射打印位置控制技术的研究. 哈尔滨：哈尔滨工业大学，2005.

[47] Wang Y，Wei J. Curing process and conductive performance of UV curable conductive inkjet conductive inkjet printing. Journal of Functional materials and Devices，2009，15（5）：516-520.

[48] Jang S，Seo Y，Choi J，et al. Sintering of inkjet printed copper nanoparticles for flexible electronics. Scripta Materialia，2010，62：258-261.

[49] Liu Y F，Wang W S，Pai Y F，et al. Low temperature fabricated conductive lines on flexible substrate by inkjet printing. Microelectronics Reliability，2012，52：391-397.

[50] Meier H，Löffelmann U，Mager D，et al. Inkjet printed，conductive，25 μm wide silver tracks on unstructured polyimide. Physics Status solidi A. 2009，206（7）：1626-1630.

[51] 王洪成，侯丽雅，章维一. 纳米银导电图形薄膜的数字化微打印. 微纳电子技术，2013，50（4）：236-241.

[52] Wallace D B，Hayes D J. Solder jet technology update. International Journal of Microcircuits and Electronic Packaging，1998，21（1）：73-77.

[53] Li B，Santhanam S，Schultz L，et al. Inkjet printed chemical sensor array based on polythiophene conductive polymers. Sensors and Actuators B：Chemical，2007，123：651-660.

[54] Wang H C，Hou L Y，Zhang W Y. A drop-on-demand droplet generator for coating catalytic materials on microhotplates of micropellistor. Sensors and Actuators B：Chemical，2013，183：342-349.

[55] Kim J Y，Pfeiffer K，Voigt A，et al. Directly fabricated multi-scale microlens arrays on a hydrophobic flat surface by a simple ink-jet printing technique. J Mater Chem，2012，22：3053-3058.

[56] Voigt A，Ostrzinski U，Pfeiffer K，et al. New inks for the direct drop-on-demand fabrication of polymer lenses，Microelectronic Engineering，2011，88：2174-2179.

[57] Dan X，Honghai. Z，Xiayun. S，Junfeng. X，Fabrication of polymer micro-lens array with pneumatically diaphragm-driven drop-on-demand inkjet technology. Optics Express，2012，20 (14)：15186-15195.

[58] Wilson W C，Boland T. Cell and organ printing 1：Protein and cell printers. The Anatomical Record Part A，2003，272A：491-496.

[59] 周丽宏，陈自强，黄国友. 细胞打印技术及应用. 中国生物工程杂志，2010，30 (12)：95-104.

[60] Boland T，Xu T，Damon B. Application of inkjet printing to tissue engineering. Biotechnol J.，2006，(1)：910-917.

第 9 章　三维打印技术应用

随着三维打印技术的成熟与发展，其已经广泛用于家电、汽车、航空航天、船舶、工业设计、医疗等领域，而且艺术、建筑等领域的工作者也已开始使用三维打印设备。随着三维打印技术本身的发展和完善，其应用领域在不断拓展[1]。

本章主要介绍三维打印技术在快速模具制造、医疗工程、新产品开发、建筑模型、艺术创作等领域的应用。

9.1　三维打印技术在快速模具制造中的应用

在三维打印技术领域中，目前发展最迅速、产值增长最明显的应属快速模具技术。快速模具技术能够解决大量传统加工方法（如切削加工）难以解决甚至不能解决的问题，可以获得一般切削加工不能获得的复杂形状，可以根据 CAD 模型无需数控切削加工直接将型腔曲面制造出来[2]。这里主要介绍快速模具制造的材料及其工艺等。

9.1.1　快速模具制造技术的产生

以母模或样件为基础制造产品的模具有很多种方法或工艺，但母模的获取是这些方法或工艺的关键，特别是复杂形状的母模。用传统的机械加工方法制作母模，存在周期长、废品率高、成本高的缺点。在当前经济全球化的趋势下，产品的更新换代日益加快，小批量、多品种、个性化是许多产品的特征，传统铸造模具的方法已经很难适应这种对产品的特殊需求。而三维打印技术则为各种模具制造技术注入新的活力，很好地解决复杂母模的制造问题。

应用三维打印技术制作工具或模具的技术称为快速模具制造技术（rapid tooling，RT）。用三维打印技术实现模具的快速制造，减少模具成本和时间，也是 RT 之所以引起制造业重点关注的原因。

9.1.2　快速模具制造技术的应用

快速模具制造技术目前已成为三维打印技术领域的新的研究热点。

传统的模具制造方法很多，如数控铣削加工、成型磨削、电火花加工、线切割加工、铸造模具、电解加工、电铸加工、压力加工和照相腐蚀等。由于这些工艺复杂、加工周期长、费用高，因而影响了新产品对于市场的响应速度。而传统的快速模具（例如低熔点合金模具、电铸模、喷涂模具等）引起工艺粗糙、精度低、寿命短，很难完全满足用户的要求。因此，应用三维打印技术制造快速模具，在最终生产模具开模之前进行新产品试制与小批量生产，可以大大提高产品一次开发的成功率，有效缩短开发时间和节约开发费用，使快速模具具有很好的发展条件。由于市场需求旺盛，许多公司研制出快速模具新工艺、新设备，并取得良好的经济效益。由于这些技术中高新技术含量高，并且涉及许多科技领域，解决了以前难以解决甚至认为是无法解决的技术难题，所以获得广泛关注。

目前 RT 技术广泛应用于各种工业领域，如机械工业、电子工业、汽车制造、航天航空制造业、轻工业、军事、通讯等。

（1）在汽车工业中，汽车覆盖件一般材料薄，尺寸大，形状复杂，表面质量要求高，由覆盖件组成的车身最具个性和变化。而覆盖件模具，采用数控铣的机加工制造，投入大、风险大、成本高、周期长。快速模具制造技术还应用于汽车的内饰件、发动机、气缸头等方面。

（2）在航空航天中，如新型或火箭发动机泵壳原型件。该产品用传统机加工方法很难加工，必须通过模具成型。据估算，开模时间需要 8 个月，费用至少 30 万元。如果产品设计有误，整套模具就报废。如果用三维打印方法为该产品制作塑料样件，作为模具母模用于翻制硅胶模。一个合格的泵壳铸件在短短的 2 个月内制造出来，经过必要的机加工，即可装机运行，使整个试制周期比传统方法缩短了三分之二，费用节约了四分之三。

（3）在军事上，瓦片是热核武器的关键部件，过去采用传统的砂模铸造，毛坯质量难以保证，生产制造周期长，材料利用率低，非常不利于其改型设计和制造。由于核武器又不能像其他常规武器那样大批量生产，而且理论上的突破要求能够迅速的实现。所以采用快速模具制造技术来生产瓦片。基于瓦片光固化的快速模具制造流程大致可分为：①根据瓦片的快速原型翻制石墨电极研磨模具用的砂轮；②利用砂轮在石墨电极研磨机上研磨出瓦片的石墨电极；③利用瓦片的石墨电极加工瓦片精铸模具。

（4）在家电行业中，各种家电产品的外壳等大部分零部件也正逐步趋向于通过快速模具来生产。

9.1.3　快速模具制造在国内外的研究现状

国外的快速模具制造起步早，发展快。目前，国内外的许多公司和高校都已推出实用化和商品化的快速模具制造技术。快速模具已成为三维打印技术的重点发展方向，国外的各个大学、研究机构投入大量人力物力来开发新的模具制造工艺[3]。一些大企业配备了三维打印系统，服务于本企业的产品快速开发。

日本三菱公司推出的 MRM（mitisubishi rapid moulding）快速制模系统，

它能将原型直接转换成模具，尺寸精度高、制模成本低、制模速度快，所制作的模具主要用于塑料件加工。

美国 3D Systems 公司研制出 quick casting 制模法，福特汽车公司采用此技术已生产用于汽车制造的模具。

美国 Austin 大学的 Agarwala 等选用铜-锡（Cu-Sn）、镍-锡（Ni-Sn）混合粉末，利用低功率激光成型机对混合粉末进行激光烧结即可直接制作金属模具，用于批量较大的塑料零件和蜡模的生产。

美国依阿华州立大学提出一种利用三维打印技术快速制作模具的新工艺，利用三维打印快速制作出薄壁型腔，然后浇入熔融的蜡制成的实心模用来进行砂型铸造生产出异型铜电极，最后用该铜电极对金属坯料进行放电加工（electron discharge machining，EDM），从而生产出高强度钢模。

德国的 Electrolux RP 公司开发的 Eosint M 系统利用不同熔点的几种金属粉末，通过 SLS 工艺制作金属模具。

杜邦（Dupont）公司开发出一种高温下工作的光固化树脂，用 SL 工艺直接成型模具，用于注塑成型工艺。

Helisys 公司利用 LOM 工艺切割金属薄板并层压成金属零件。

9.1.4　快速模具的发展趋势

快速模具将向着以下几个方向发展：

（1）高精度。现代模具的精度要求比传统的模具精度至少要高一个数量级。多工位级进模、精冲模、精密塑料模的精度均在 3～5μm，甚至更高。

（2）金属模具的快速制模技术。快速软模及陶瓷等模具的使用范围受到限制，压铸、注塑、冲压等主导模具的金属模具快速制造是三维打印技术技术努力的目标。另外，金属模具的快速制模技术与高速铣削加工相比，在表面带精细复杂形状和电火花加工难以省去的金属模具制造方面占有优势。

（3）新成型工艺。研究新成型工艺以提高快速模具的质量，如陶瓷型精密铸造模具工艺、熔模精密铸造模具工艺、采用 RP 原型制作 EDM 电极用于模具加工、金属熔射喷涂制造模具工艺、用化学黏结陶瓷制作模具工艺等。

（4）集成度高。快速模具的制造将与其他学科与技术相结合，使模具材料的选择与组合、模具的结构设计等趋于优化，产品的品质与生产率更高。如与计算机辅助工程（computer aided engineering，CAE）、虚拟制造技术相结合，将能进行模具性能分析与非常复杂的工艺计算、优化，更深刻地认识材料在流动、固化过程中的特性与结构变形的相互作用。如对于注塑与熔模铸造工艺，在模具充满过程中，耦合的流体流动与热转换的模拟计算，以便指导快速模具的结构设计，正确选择有关参数，控制模温，使模具工作面能保持几乎一致的温度，并加速热量的转移与工件的冷却，从而减少成形过程中的工件翘曲变形与残余应力，缩短工艺循环周期，降低成本。虚拟快速成型是CAE的必然扩展，它能创造一个虚拟现实环境，使得能在开发物理原型与制作快速模具之前，更方便、更准确地用计算机模拟材料的成形过程，预测模具的性能与工件的品质，为快速模具的优化与发展提供强有力的手段[3]。

9.1.5 快速模具制造的分类

RT技术是用高新技术改造传统技术的成功范例，快速原型＋快速模具技术提供了一条从模具的CAD模型直接制造模具的新的概念和方法。它将模具的概念设计和加工工艺集成在一个CAD/CAM系统内，为并行工程的应用创造良好的条件。快速模具技术采用快速信息反馈的设计与制造方法，结合各种计算机模拟与分析手段，形成了一整套全新模具设计与制造系统，技术比传统的数控加工制造模具，周期缩短为1/3～1/10，费用降低为1/3～1/5。使模具制造在提高质量，缩短研制周期，提高柔性等方面取得了明显效果。

利用三维打印技术，制造快速模具可以分直接模具制造（direct rapid tooling，DRT）和间接模具制造（indirect rapid tooling，IRT）两大类[4]。

1. 直接快速模具制造

直接快速模具制造指的是利用不同的三维打印工艺直接制造出模具本身，然后进行一些必要的后处理和机加工以获得模具所要求的机械性能、尺寸精度和表面粗糙度。直接快速模具制造环节简单，能够较充分地发挥三维打印技术的优势，快速完成模具制造，对于那些需要复杂形状的内流道冷却的注塑模具，采用直接RT可以简化制造步骤，缩短生产时间，降低成本[5]，有着其他方法不能替代的独特优势。图9-1为快速加工出的模具。

目前几种较常用的三维打印工艺都可进行直接快速模具制造。

（1）通过SL或SLS工艺，直接用树脂、粉末塑料（如ABS）等制成凸、凹模，可以做成薄板的简易冲模、汽车覆盖件成型模等。用硅橡胶、金属粉、环氧树脂粉、低熔点合金等方法将三维原型准确复制成模具，这些简易模具的寿命是50～1000件，适用于产品试制阶段。采用SL工艺可直接将CAD模型（虚拟模型）转换为具有一定的机械性能的非金属原型（物理模型），在许多场合下可作为软模具使用，用于小批量塑料零件的生产。美国3D Systems公司开发出一种可直接用于发泡工艺的环氧树脂模具，称为ACES（accurate clear epoxy solid），其寿命可达1000件。如以ACES为原型，喷涂Ni的注塑模具，其寿命将更高。

（2）用FDM工艺直接制成金属模。将不锈钢粉末用FDM工艺制成的金属原型后，经过烧结、渗铜等工艺制成具有复杂冷却液道的注塑模，如图9-2所示。

图 9-1　Mydea Technologies 公司提供的 Eden333 快速加工出的模具

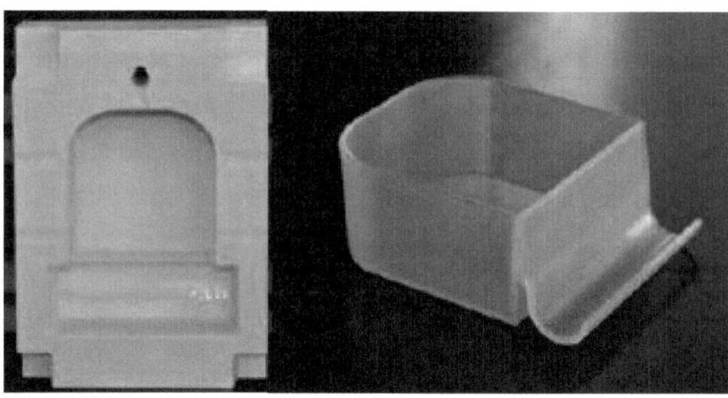

图 9-2　用 FDM（左边）技术制作的模具腔及其生成的注塑部件（右边）

（3）采用 LOM 工艺直接制成的模具，坚如硬木，可耐 200℃高温，可用作低熔点合金模、试制用注塑模以及精密铸造用的蜡模，还可以代替砂型铸造用的木模。LOM 制成的纸基模具，其性能接近木模，经表面处理后可直接用于砂型铸造，适合复杂形状的中小批量铸件生产。

尽管三维打印可直接制造出模具，但直接成型的模具在精度和性能控制方面比较困难，特殊的后处理设备与工艺使成本提高较大，模具的尺寸也受到较大的限制，所以，目前间接模具制造也是一个重要的发展方向。

2. 间接模具制造

间接模具制造是指通过三维打印技术与传统的模具翻制技术相结合制造模具的方法，即用三维打印成型零件作母模或过渡模具，再通过传统方法制造模具。它用快速原型制母模，浇注蜡、硅橡胶、环氧树脂、聚氨脂等软材料构成软模具。例如，金属与环氧树脂的混合材料在室温下成胶体状，能在室温下浇注和固化，因此特别适合用来复制模具。用这种合成材料制造的注射模，其模具使用寿命可达 50～5000 件。与直接制模相比，间接快速模具制造，由于间接制模的翻制技术的多样性，可以根据不同的应用要求，使用不同复杂程度和成本的工艺，一方面可以较好的控制模具的精度，表面质量，机械性能与使用寿命，另一方面也可以满足经济性的要求。

常用的间接快速模具制造技术有以下几种：

1）喷涂模具制造技术

在三维打印制作的母模外喷涂一层雾化了的熔化金属（厚约 2mm），待液态金属固化后形成金属表面。受喷涂设备和母模耐温强度限制，通常所用金属材料是低熔点金属，如铅锡合金、锌合金和镍等，常用的喷涂方法是电弧喷涂。如果母模能够耐受高温，也可以喷涂高熔点金属如不锈钢。此种模具用于注射成型的寿命可达到 2500 件左右，与纯金属模具相比不能用太大的夹持力，且因塑料类母模的导热性能不好而使注塑成型周期延长。研究成果表明，若在母模表面喷涂镍可进一步提高模具使用寿命，因其具有较高表面硬度（HV5400）和耐磨性，抗腐蚀性好，开模后注射成型件容易取出。这类模具的使用温度不能超过 300℃。解决的办法就是喷涂了一层低熔点金属后，把塑料模型取走，并向型腔喷涂较高熔点金属，此过程可以进行多次，只是次数越多，成本越高，精度损失越多。表面喷涂金属的模具寿命为 1000～5000 件。

2）电弧喷涂材料

用于电弧喷涂的材料在满足低熔点，低收缩率的同时应尽可能有较好的力学性能和致密的涂层组织。选择电弧喷涂材料时，既要考虑所得到的涂层具有足够高的硬度，良好的抗压、抗弯力学性能，可以在实际中应用，又要兼顾涂层材料的熔点不要太高，因为对于铁、铜等高性能、高熔点的材料，喷涂过程中，由于热收缩作用金属涂层与模型界面之间存在很大的切应力，一方面会使模型发生塑性变形，影响电弧喷涂模具的精度，另一方面，削弱金属涂层与模型表面的抗剪强度，使金属涂层剥落。涂层与模型表面之间的抗剪强度与模型的表面粗糙度有关，模型表面粗糙度较低，这涂层与模型之间的抗剪强度较低。实验发现，巨大的内应力致使模型表面根本无法形成厚涂层。采用高熔点金属还有一大缺点，即容易烧损模型表面，影响模具表面粗糙度。

3）消失模铸造技术

采用 SL 原型，应用不同的消失模铸造工艺都可获得金属模具，主要有 EPC（expendable pattern casting）法和 quick casting 法。quick casting 法是美国 3D Systems 公司的技术，美国福特公司采用此技术已生产用于汽车制造的模具，目前存在的主要问题是烧掉原型时发热量大，模具变形较大。

4）电铸模具技术

电铸模是一种结合快速原型和传统电铸的快速模具技术。其基本过程为：首先对三维原型表面进行必要的处理，如打磨、抛光、涂敷导电层等，然后置入电铸槽中，通过常温电铸获得金属壳层，该壳层的内表面精确地复制出三维原型的外面，通过中高温烧结去除金属壳内的原型，最后在模具框和金属壳外侧之间浇铸低熔点合金或铝粉-树脂混合材料背衬，即可得到电铸模[6]。

5）铝颗粒增强环氧树脂模具[7]

铝颗粒增强环氧树脂模具采用环氧树脂作为模具主要材料，以三维原型为母模，在原型表面涂一层环氧树脂，再在后面填充混有铝粒（或者全部为金属颗粒）的环氧树脂作为背衬，脱模得到铝基环氧树脂模。它主要用作注塑模，其寿命一般为 500～2000 件。工艺步骤为：制作母模；画出分型线；设计制造套装夹具（通常为木制）；固定三维原型，木制夹具被切割成几块（固定复杂的原型要切割成 10～15 块）；将石蜡灌注到切割间隙或裂缝中；然后将 35％的环氧树脂和 65％的增强铝颗粒混合后涂抹于原型的表面上；固化后进行修整制成铝颗粒增强环氧树脂模具。

6）硅橡胶模具制造技术

硅橡胶模具的制备方法是将液体硅橡胶按照母模的分型线依次浇注，待硅胶固化后，再将母模脱去，形成一副硅橡胶模具。

9.2　三维打印技术在医疗工程中的应用

三维打印技术在医疗领域的应用主要在于医疗诊断和外科手术策划，可以制造医疗产品、样机设备、生物模型、解剖模型、可植入人体的植入物或用于生物组织的支架等[5]，能有效地提高诊断和手术水平、缩短时间、节省费用。

9.2.1　三维打印医学模型的作用

三维打印医学模型的应用主要体现在以下几个方面：

（1）为诊断、治疗和教学提供直观、能触摸的信息记录，利于深入研究，从而使手术操作者之间、内射和外科医生之间、医生和患者之间的交流更方便；

（2）用于复杂外科手术的策划，这些手术往往需要在三维模型上进行操练，例如，对于复杂的额面外科手术，术前需要用患者头颅同样大小的模型进行手术演练，以便进行手术前的各项策划，显著增强医生的信心、减少操练时间；

（3）用于手术前制作移植物的阴模或母模。

用三维打印技术制造的医学模型如图 9-3 所示。

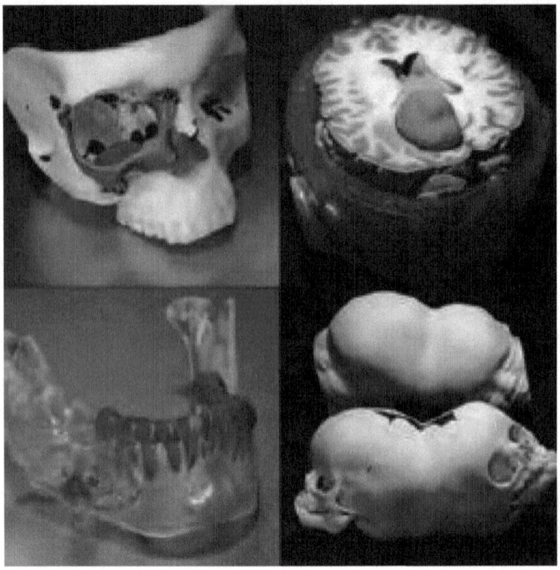

图 9-3　三维打印医学模型

9.2.2　用 3DP 工艺制作释放药物系统[8,9]

传统的药物一般采用口服或静脉注射的方式，但是许多药物，尤其是蛋白质类药物，通常会在口服后迅速分解，难以有效地进入血液。而静脉注射会导致药物在血液中的浓度过高，毒副作用大，并且只有很少量的药物到达需治疗区域，药物浪费大，副作用大。此外，很多患者忘记或不情愿用药。

而采用可控释放药物将是解决以上问题的有效手段。目前可控释放药物是采用生物可以降解的聚合物膜或聚合物控制释放骨架将药物密封，或是将药物与聚合物混合在一起，随着聚合物的分解，药物在体内逐渐地慢慢释放出来，以连续补充体内的药量。这种释放可以根据需求进行控制和调整，能够使药物维持在希望的治疗浓度，有效减少副作用，减少用药量，优化治疗，提高患者的舒适度，因此，具有良好的应用前景。

采用传统方法生产药片时，通常将所有制药原材料放在一个容器内混合，进行烘干，然后高速将其挤压成型。这种方法需要不少的添加成分，将药物有效成分“黏和”在一起，最终形成成型的药片。用这种方法很难制造出具有复杂内部孔穴和薄壁部分可控释放药物。3DP 技术采用分层制造的思想，对生成具有复杂型腔的药物结构具有很大的优势。特别是 3DP 工艺不产生热，能够生成药物所需要的多孔结构，在可控释放药物的制作上有着独特的优势[10]。MIT 的 3DP 实验室采用多喷嘴 3DP 工艺，将几种用量相当精确的药打印入生物相融的、可水解的聚合物基层中，实现可控释放药物的制作。

用 3DP 工艺制造可控释放药物的原理如图 9-4 所示。将普通喷墨打印机墨盒中的墨水换成药原液，按照可控释放药丸三维 CAD 模型，在计算机的控制下，用气泡法（或晶体振荡法）将药滴精确地喷射到需要的位置。MIT 所使用的 3DP 工艺可以精确地控制药剂的含量，其药剂偏差量小于 1%，而采用当前制药方法所生产的药物，其药剂含量的偏差大约为标签含量的 15%。

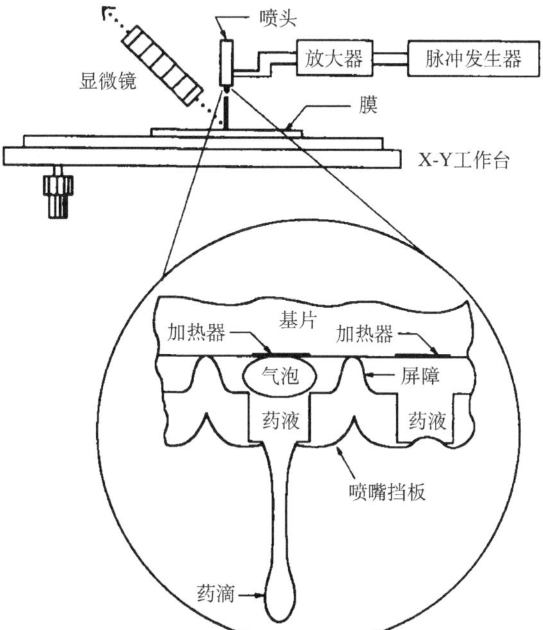

图 9-4　3DP 成形技术用于可控释放药物

采用 3DP 工艺制造可控释放药物相对于传统的高速挤压药物制造方式具有以下优点：可以实现多种材料精确成形和局部微细控制；能够快速成型；设备结构简单、价格便宜等。此外，3DP 工艺应用于制药工程有着其他工艺无法竞争的独特优势：3DP 工艺在制作过程中用喷嘴有选择地喷射药液，避免了采用激光成型这种产生大量热的方式，对保证有机物的活性具有重要的意义；3DP 工艺采用粉末材料的黏结成型，可以方便地实现医学应用中常需要的多孔结构，这对于药物的释放有着重要的意义。

可控释放的药物采用可降解聚合物生物性材料，已经过较长时间的临床验证，既可以口服，也可以进行移植，技术发展较成熟，但是它也存在难以精确控制药物的释放和体内环境的变化对聚合物有较大影响等不足，科学家们仍然在探索新的供药模式。

9.2.3 用三维打印技术制作人工骨

1. 三维打印制作人工骨的意义

我国是一个拥有巨大人口的发展中国家，仅肢体不自由的患者就有 1 千多万，其中大部分是残疾。过去由于缺乏重建手术，已有 300 多万人被截肢；全国每年的骨缺损、骨损失近 300 万；北方数百万人是大骨节病患者；因为车祸和战争造成的创伤更是不计其数。所以，研究用人工骨进行骨移植手术具有巨大的市场潜力。

在医学临床方面，制作人工骨的材料目前主要还是金属及其合金，此种材料制作的人工骨存在显著的缺陷[11]：

(1) 金属材料与骨组织的机械相容性不好，这种机械性能的不匹配将导致植入体的松动或脱位，从而又容易出现二次骨折。

(2) 金属内固定板的生物相容性不好，如钛和钛合金长期处于人体环境中，有可能产生磨损粉粒或金属离子溶出，目前在矫形外科领域应用最为广泛的 Ti-6Al-4V 合金中含有有毒元素钒（V）、铝（Al）。V 具有很高的细胞毒性，而 Al 会导致老年痴呆症。

(3) 需二次手术取出。

为解决以上问题，目前用三维打印技术制作人工骨已成为很多科技及医学工作者的共识。这就引发了一个新的研究领域——生物制造。生物制造是基于离散/堆积原理，根据器官解剖学数字模型，将生物相容性高分子材料、蛋白质和细胞等微滴甚至分子单元，通过受控组装完成仿生产品和人体器官修复件的人工制造的科学与技术。

2. 人工骨的材料

在三维打印技术的发展中，采用可降解高聚物作为基体的复合材料制作人工骨已为人们所重视[12-15]。

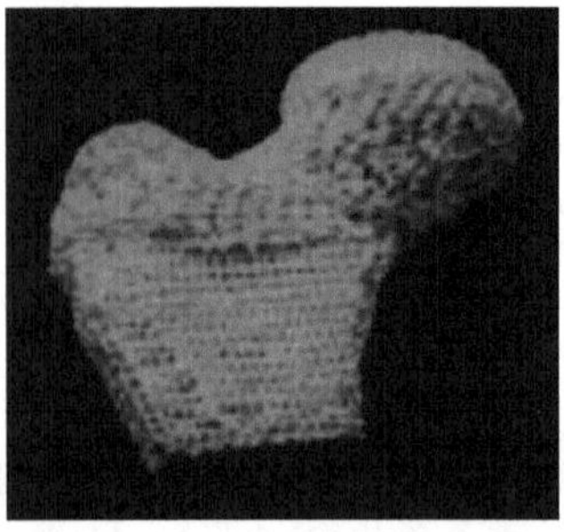

图 9-5　股骨头外观的载体材料

目前，生物制造采用的材料种类较多，按材料结构与性能大致可分为 2 类：无机材料和有机材料；按其来源可分为人工合成的高分子材料和天然生物材料。

用三维打印技术制作人工骨的框架载体材料的优点在于制作的人工骨孔隙规范一致，孔隙率及孔隙大小可控。通过控制浆料丝的间距可以控制孔隙的大小，通过控制喷嘴的大小可以控制浆料丝的直径，从而控制孔隙率和材料的强度。文献［15］制作的人工骨，如图 9-5 和图 9-6 所示。图中使用的框架材料的间隙大小与松质骨的孔隙大小相似，松质骨的孔隙直径一般在 0.1～0.5mm，框架载体材料的孔隙约为 0.4mm×0.4mm，并且框架材料具有很高的孔隙率，达到 89.6%。在强度方面，框架载体材料的强度比松质骨略强，基本能适应临床对植骨材料的需求。

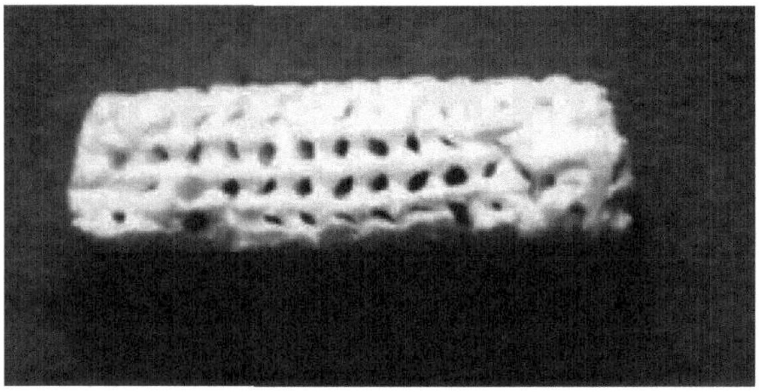

图 9-6　用于兔桡骨缺损的柱状植骨材料

图 9-7 是植入兔体内的人工骨在手术后 24 周内的变化情况，从图中可看出，断端逐渐硬化、封闭。

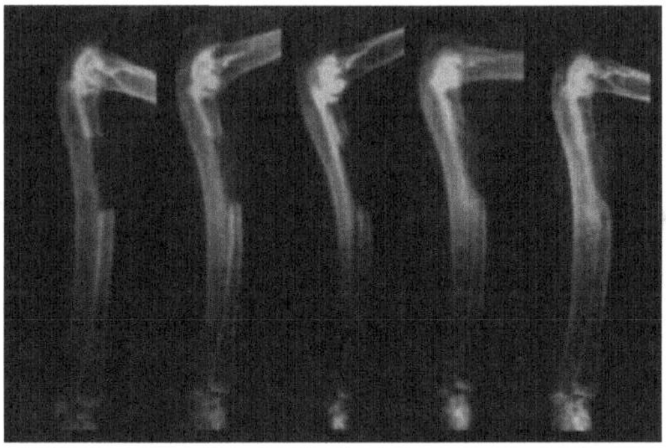

图 9-7　植入兔体内的人工骨在手术后 24 周内的变化情况

3. 三维打印制作的人工骨内部微细结构特征

人体骨骼的外形及其内部结构是生物长期进化的结构。它不仅使人体适应外部环境，而且又很好地满足人体生理发展的需要。如果人工骨模型的内部结构与人体内活体骨结构一致或相近，将为细胞提供有利于细胞生长和繁殖的环境，以保证人工骨向活体骨的顺利转变。

基于以上要求，人工活性骨应具有以下特点[16]：

（1）人工活性骨内部结构中含有新形成的骨组织，因而具有部分生物组织的特性；

(2) 人工活性骨又不完全是人体活体骨，正处于向人体的活体骨转变的过程之中；

(3) 人工活性骨要担负起被替代骨所承担的生物力学功能，如支撑、负荷以及保护人体内部的软组织器官等；

(4) 人工活性骨需具有生物活性细胞能够进行新陈代谢生理活动的基本条件，即一个进行养分和代谢物的运输和交换的网状管道结构，遍布人工骨内部的各个地方。

由此可见，这种人工骨之所以区别于其他人工骨就在于它具有生物活性，在于它是具有部分生命的人工骨或者说是不完全的活体骨。

4. 三维打印人工骨

文献 [17] 提出并实现了根据患者健侧外耳 CT 数据重构其患侧外耳数字模型，以此驱动 FDM 设备，选择具有优良生物相容性和生物力学性能的高分子材料，加工出可植入人体内的耳软骨支架，替代肋软骨雕刻耳软骨支架，达到修复畸形小耳重建耳郭的治疗目的。

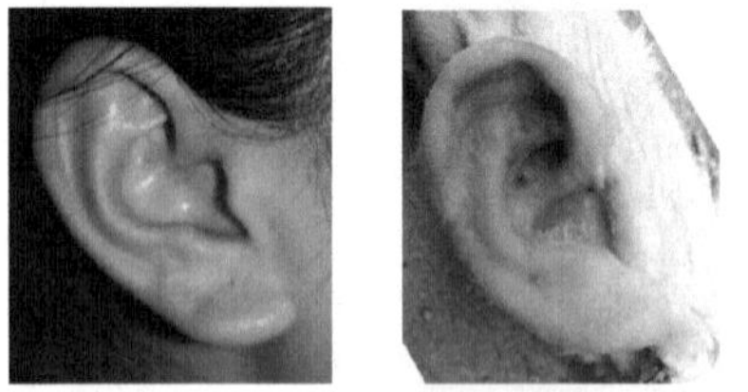

(a) 健康人耳　(b) 植入鼠背的人工耳

图 9-8　再造耳郭与健康人耳郭对比

其制作的人工耳如图 9-8 所示，其中图 9-8 (a) 为健康人耳郭，制作人工耳软骨支架所需的 CT 数据即来自该耳郭，图 9-8 (b)为植入鼠背 4 周获得的人工耳郭。对比健康耳郭图 9-8 (a) 和人工耳郭图 9-8 (b) 可以看出，人工耳郭造型准确、细节逼真，不仅耳轮准确清晰，其他解剖学结构如耳舟、对耳轮、三角窝等均得到准确的再现。

9.2.4　三维打印医学模型的有效性考查

表 9-1、表 9-2、表 9-3、表 9-4 等是比利时的 katholieke Universiteit Leuven 在对于 48 位患者的多个三维打印医学模型的有效性调查的基础上，做出的统计结果[18]。

表 9-1　采用三维打印医学模型的理由

调查项目	调查结果/%
手术策划	36
手术模拟	11
移植	7
形象化	46

表 9-2　三维打印模型与假三维图像在医学应用上的区别

调查项目	调查样本数/个	调查结果/%				
		较好	相同	较差	独一无二	好得多
在病理探查方面	46	52	9	6	33	
在病变定域方面	46	61	13	6	20	
在病变扩散估计方面	46	65	15	6	14	
在鉴别诊断方面	48	33	61	6	0	
在评估骨移植物的尺寸方面	17	35	18	6		41
在评估骨移植物的形状方面	16	12	25	0		63
在评估骨移植物的定位方面	15	27	27	0		46

在采用三维打印模型后，从而改变假三维图像的结论的情况见表 9-3。

表 9-3　采用三维打印模型后改变三维图像的结论情况

项目	成像分析	手术顺序	骨结合装置的植入部位	是否需要手术	皮肤切口	医生队伍的构成	手术定位
改变病例数/个	16	16	13	11	8	6	3

表 9-4　三维打印模型对确定截骨的部位、方向、数量和截骨延长术的影响

调查项目	调查样本数/个	调查结果/%			
		好得多	较好	相同	较差
对确定截骨部位的影响	24	46	29	21	4
对确定截骨方向的影响	24	42	42	12	4
对确定截骨数量的影响	24	21	17	58	4
对截骨延长术的影响	25	36	32	28	4

表 9-5　三维打印模型对改善医生、患者之间的交流的作用

调查项目	调查样本数/个	调查结果/%			
		好得多	较好	相同	未利用
对改善医生与患者间交流的作用	44	52	20	14	14
对改善医生之间交流的作用	44	50	25	5	20
对改善医生自信心的作用	45	42	27	9	22

表 9-6 三维打印模型对手术数量及时间的影响

调查项目	调查样本数/个	调查结果（%）			
		减少	不变	增加	未利用
对外科手术数量的影响	45	31	56	13	
对手术操练时间的影响	45	40	16	0	44

表 9-7 医学模型制作时对三维打印模型的要求

所选项目	所占比例/%	所选项目	所占比例/%
价格	25	透明	3
不透明	8	耐热性	8
镜像模型	12	交货期	6
刚度	3	毒性	2
颜色	16	其他	14
大小	3		

表 9-8 使用三维打印医学模型的总评价

评价	所占比例/%
有用	31
很有用	42
必不可少	20
未用	7

9.2.5 三维打印技术在医学应用方面的发展趋势[5]

近年来，在医学方面，三维打印技术的发展主要在于继续发展医疗成像技术、开发虚拟外科手术规划工具、生产针对特殊患者的仪器以及生产可以直接植入人体的金属植入物等。

发展医疗成像技术最初主要体现在牙科专业，如牙周病、口腔、口腔外壳、口腔正畸学等。小型室内锥形光束 CT（CBCT）扫描仪可以快速获得与三维打印技术相关的先进医疗技术所需要的高质量的立体成像结果。例如，在过去的几年中若要创建一个颚骨模型，患者需要支付 800～1200 美元的费用，现在，利用 CBCT 技术，患者可能只需支付 150～300 美元就可以进行 CT 扫描。随着为科技买单，价格大幅度下降，这一新的市场将迎来全面的发展期。

另一个非常重要的趋势是对外科手术可以利用虚拟工具进行数字性的规划。

在三维的虚拟空间里规划截骨手术和解剖手术的动作，或者使用患者特定的仪器来指导切除手术，这样使得头部和颈部整形、美容以及骨科手术的手术时间和术前预约等待时间大大减少。

在众多的商业化的金属直接铸造过程中，已经发现了几种可以用于制造人体金属植入物的材料如不锈钢、纯钛、钛合金和钴铬合金等，并开发相应的技术：Arcam 的电子束熔炼（EBM）和 EOS 的直接金属激光烧结（DMLS）。EBM 已经过渡到植入物的生产过程，而 DMLS 已开始为外科手术广泛生产手术器械。EMB 方式能被接受是因为在与监管机构的初期工作中，欧洲通过 CE 认证的对植入物进行净化清洗设备。DMLS 也“清洗”欧洲牙科顶盖（冠桥），以及牙科植入物。

2011 年，EOS 开始更广泛推广 PEEK（聚醚醚酮）和 PEKK（聚醚酮酮）材料，虽然想让这些材料的植入物尽快投入商业使用，但近期还无法实现，也许有一天非金属材料烧结的产品会植入人体。一些有远见的公司，如曼彻斯特（Oxford Performance）正在推动 LS 技术，是结合 PEEK/PEKK 在外科手术中的应用。

下面将详细介绍一些三维打印技术在医疗方面的新发展。

1）解剖用与手术用模型

用三维打印技术制造的解剖模型是经过对特定患者使用医疗成像的数据研究而得到的数据，主要成像方式是计算机断层扫描（CT）或锥形束计算机层析成像（CBCT）。患者的骨内或软组织结构的物理副本有利于外科医生规划一些复杂的手术程序或决定最佳的动作方针。

通常情况下，使用模型来计划骨整形手术包括：神经外科、口腔颌面外科、脊柱外科、整形外科、耳鼻喉科（耳、鼻、喉手术）的外科医生。模型最常见的用途包括弯曲金属板的固定、创建自定义的植入物和测量或拟合复杂设备旨在延长或缩短骨段，如腿或颌骨。这些模型的骨解剖报告的好处包括：①缩短手术，因为先进的规划；②能保证更好效果的基础上，优化骨重建；③可定制适合患者的独特解剖。图 9-9 为此类模型的实例。

2）医疗图像处理

如果没有质量良好的医疗图像数据基础，由三维打印技术制造的产品结果将很不理想。现在外科医生和其他人会试图使用复制骨骼结构，以及计算机断层扫描成像的方法；牙科领域为获得图像数据还会使用一种方法 CBCT；最受欢迎的第三种成像技术是磁共振成像（MR 或 MRI），虽然这一技术少用于骨骼显像，但可以用于软组织肿块和或软骨的成像。

（1）计算机 X 射线断层扫描。CT 是利用透视 X 射线预测对象，通过计算重建横断面图像。在传统的实现过程中，由 X 射线源产生一个狭窄的准直光束，

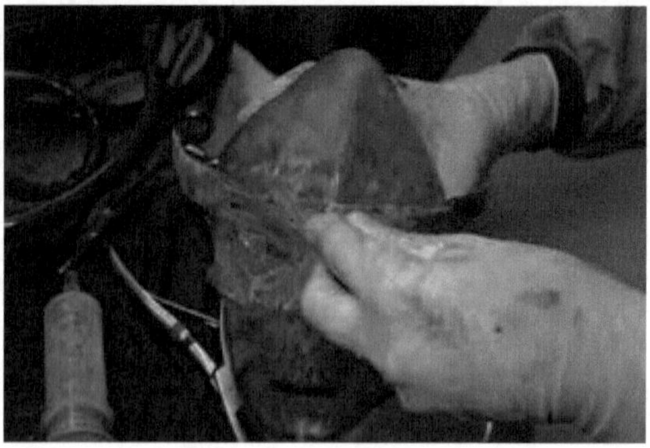

图 9-9 医用模型

使光束直接通过主体映射到一个相对的探测器上。X 射线源和探测器相配合去旋转对象，使得 X 射线光束穿过对象投射到单一的平面上，然后由控制方向的系统检测。CT 是在需要骨结构的显像或具有硬组织结构的医疗模型如骨骼的生产时的成像方式选择。成像图形如图 9-10 所示。

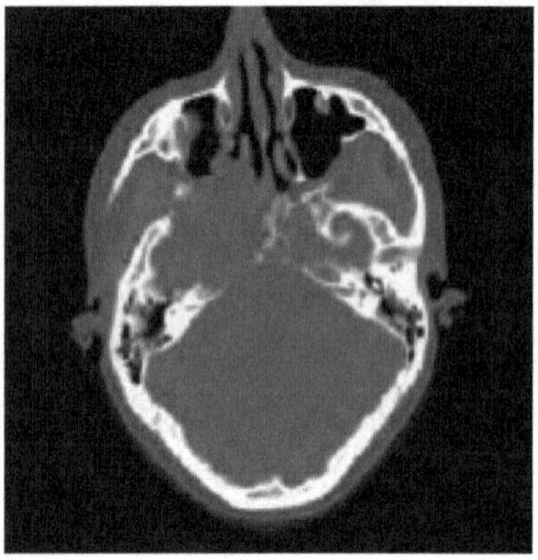

图 9-10 CT 成像

（2）锥形束计算机断层扫描。CBCT 的工作原理与传统 CT 相同。然而，不同于 CT 的单一、较细的 X 射线束一层旋转一次，CBCT 使用的是一个较大、扩散性的 X 射线（锥束）以及较大的二维探测器。这样，CBCT 就有可能在一次 X 射线源-探测器旋转配对中获得一张图像数据集。这带来许多好处：便于扫描，并减少辐射曝光量，应用更方便等。然而，与传统的扫描相比，其对比度分辨率较差，分割也有些困难，不过，CBCT 仍在临床使用，特别是在牙科以及耳、鼻、喉方面越来越普及，也被用于患者放射治疗和手术的调整。CBCT 成像图形如图 9-11 所示。

（3）磁共振成像。MRI 是基于磁共振原理，它是利用磁场与射频脉冲使人体组织内进动的氢核（即 H^+）发生振动产生射频信号，经计算机处理而成像的。原子核在进动中，吸收与原子核进动频率相同的射频脉冲，即外加交变磁场的频率等于拉莫频率，原子核就发生共振吸收，去掉射频脉冲之后，原子核磁矩又把所吸收的能量中的一部分以电磁波的形式发射出来，称为共振发射。因为人体的约 70％是由水组成的，MRI 即依赖水中氢原子。当把物体放置在磁场中，

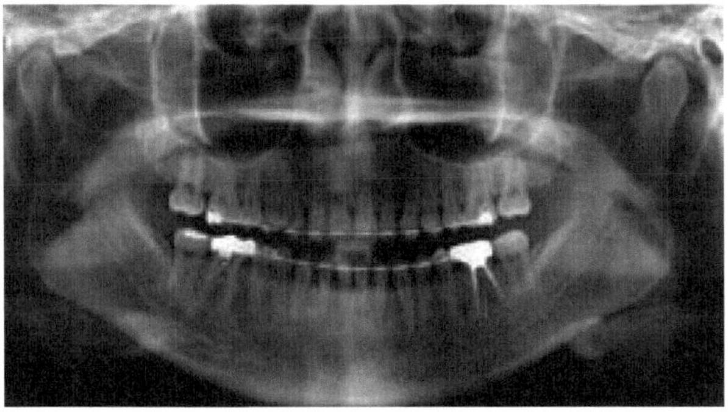

图 9-11　CBCT 成像

用适当的电磁波照射使之共振，然后分析它释放的电磁波，就可以得知构成这一物体的原子核的位置和种类，据此可以绘制成物体内部的精确立体图像。MRI 成像图形如图 9-12 所示。

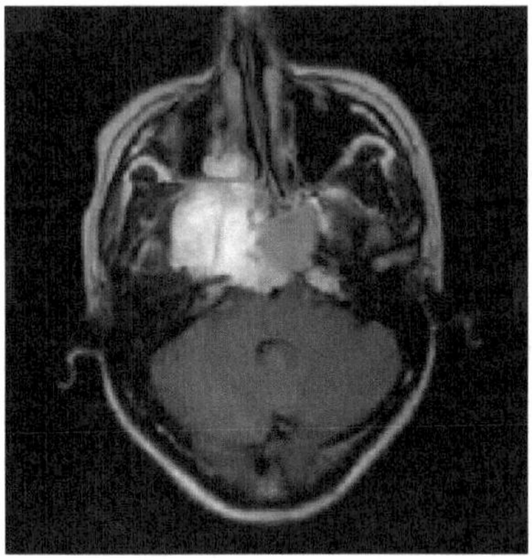

图 9-12　MRI 成像

9.3　三维打印技术在建筑行业的应用[5]

三维打印技术在建筑行业有着广泛的应用，包括概念设计、客户交流、模型展示等。使用物理模型是一种能够被广泛接受的，用于沟通设计理念的方法。这在建筑行业得到良好的体现。三维打印技术使得建筑师和土木工程师能够方便地在一起修改模型和展示自己的设计理念而不必担心图纸和二维图形令人费解。

建筑师、土木及结构工程师和开发人员使用模型学习或表现自己的设计已有上百年的历史。无论是记忆或是历史档案中，传统的模型都是通过手工辛苦搭建起来的。建筑业近几年的严重衰退推动了很多建筑公司开始重审他们表现与设计的方式。很多公司正在处理工艺上的技术障碍，这些技术障碍曾在历史上阻碍了三维打印技术的广泛应用。

最重要的是，尽管 2D CAD 早先版本的后续部分在过去 10 年获得普遍认可，但 3D CAD 在架构建模方面仍鲜有人使用。然而，自 2010 年以来，参数和数据库驱动的 CAD 在建筑、工程和建造（A/E/C）产业能够进行工业建筑信息建模（BIM）已广为人知，并迅速地被广泛采用。在美国，对 Autodesk Revit 的应用使其过渡到 BIM。除了美国，还有 Bentley MicroStation 和 Vectorworks Nemetschek 这些世界级公司。骨干 CAD 套件还辅以非参数的 CAD 产品，如 Rhino，Google SketchUp，FormZ，Bonzai。Goodle SketchUp 和 Goodle Earth 联盟提供了一个意义非凡的、革命性的方法来把之前难以直接理解信息以 3D 的形式表现在设计师的桌面上。图 9-13 为三维打印的零件模型。

图 9-13　三维打印的零件模型

由于这个 CAD 转换方式渐渐地可以把 3D 几何形状提供给三维打印技术，从本质上降低了与 3D 打印相关的成本，缩短了交货期。合适的 CAD 软件，加上影响极大的三维打印产品的公开展示，导致许多架构师开始专门要求 3D 打印的模型。当被问及建筑公司的销售额时，主要设备制造商报告 2011 年已经超过了预期水平。做早期概念性建模的服务提供商也开始呈现出上升趋势，但目前还没有达到建筑业衰退前的水平。

在建筑设计上，美学和工程是两个需要考虑的主要问题，模型设计和制造是建筑设计中不可或缺的环节。实体模型除了可令客户更了解建筑物的具体设计外，更可用作各方面的测试，如光线测试、可承受风力测试等。以往建筑工程师在设计完成后，便要考虑如何把设计实体化。但有了三维打印技术后，不论他们的设计有多复杂，也可很快被制造出来。图 9-14 所示的模型是用三维打印技术制作出的建筑模型。

图 9-14　三维打印技术制作的建筑模型

由于三维打印技术大大减少了制造模型所花费的时间，这使得企业可以方便快捷地为他们的客户针对不同用途制造各种规格的模型。Blast Deflectors Inc (BDI) 为世界各地机场的飞机喷射发动机的场地测试制造飞机围场。BDI 为迪拜的一架飞机制造了一个大型彩色模型。它是由用 Object 公司和 Zprinter 系列三维打印机打印出的零件组成的，并在组装之后上色，如图 9-15[20] 所示。

图 9-15　飞机引擎场地测试模型

除了乐观的前景，在建筑模型方面的应用与三维打印技术在其他领域的应用完全不同，依旧存在着不少严峻的挑战。在 A/E/C 行业里，外观远比机械性能来得重要。建筑模型是一种规模的重现，未来发展趋向是越来越大，而传统的大小是 500mm×1000mm（19 英寸×39 英寸）。建筑并不是唯一得益于三维打印工作流程的产品。

相对体积较大的高耗材模型，让架构师们更加倾向于能够包括较大的构建卷和较低运营成本的系统，例如 Z 公司（现在是 3D Systems 公司的一部分）一直是建筑造型的一个主要玩家，其机器在概念设计阶段探索创新形式的同时特别有用他们已经带领企业包括 Morphosis 和 Forster 使用好多年。

2011 年，在国际服务提供商，例如 QuickArch（QuivkParts）和 RedEye Arch 两家建筑公司都在经历重组的同时其三维打印技术服务提供商也被迫倒闭。和许多工业领域一样，车库起家（许多硅谷的大公司早期都在创业者的车库起家的）的时代已经过去，资本、行业知识和市场营销变得越来越重要，我们希望能看到三维打印产业的发展将与对建筑方面全面发展资金的投入相对称。

9.4 三维打印技术在其他领域中的应用

9.4.1 新产品开发

新产品开发过程中，需要做多个产品模型作为测试之用，如造型设计评估、功能测试、组装测试及安全测试等，三维打印在这些方面的优势非常明显。因此设计工程师只需在三维 CAD 图上做出修改，便能及时制造出样品，进一步测试。三维打印的样品及其模具如图 9-16 所示。

图 9-16 外包装里层的垫层（左）和生产该垫层的模具（右，用 FDM 制作）

手机制造制造商 Nokia 发布了一个 3D 打印开发工具箱，包含 3D 模板、设计思想、推荐使用的材料和一个为其智能手机 Lumia 820 设计手机保护套的最佳实践指导教程。Nokia 是第一个公布设计师为其产品 3D 打印而修改的数据的手机制造商。图 9-17 为设计好的 Lumia 820 手机保护套，这正是三维打印的商业化表现[20]。

图 9-17　Lumia 820 手机保护套

三维打印制作的原型在新产品开发中的应用主要体现在以下几个方面[19]：

(1) 外形设计。很多产品特别是家电、汽车等对外形的美观和新颖性要求极高。一般检验外形的方法是将产品图像显示于计算机终端，但经常发生“画出来好看但做出来不好看”的现象。采用三维打印技术可以很快的制作出原型，供设计人员和用户审查，使得外形设计及检验更直观、有效、快捷。

(2) 检查设计质量。以模具制造为例，传统的方法是根据几何造型在数控机床上开模，这对于一个价值数十万乃至数百万元的复杂模具来说风险太大，设计上如有任何不慎，反映到模具上就是不可挽回的损失。三维打印技术可在开模前真实而准确地制造出零件原型，设计上的各种细微问题和错误就能在原型上一目了然地显现出来，因而可大大减小开模风险。

(3) 功能检测。设计者可以利用原型，快速进行功能测试，再进行优化设计。如风扇、风鼓等的设计可获得最佳的扇叶曲面、最低噪声的结构等。

(4) 手感。通过原型，人们能触摸和感受实体，这对照相机、手握电动工具的外形设计极为重要，这一点在人机工程应用方面具有广泛意义。

(5) 装配干涉检验。在有限空间内的复杂系统，对其进行装配干涉校验是极为重要的，如导弹、卫星系统。三维打印原型可以用来装配模拟，观察工件之间是如何配合，如何相互影响。如汽车发动机上的排气管，由于安装关系极其复杂，通过原型装配模拟可以一次成功地完成设计。

(6) 供货询价及用户评价。由于能及时提供产品模型给用户评价，大大增加了产品的竞争力。

(7) 反求工程。对实物进行三维测量获得的数据，通过反求重构其三维 CAD 模型，用三维打印技术可以快速制造出物理原型，并通过快速模具可以方便地对现有产品进行复制、分析和修改，从而有效地提高新产品开发的效率和质量。

9.4.2 艺术创作

艺术品是根据设计者的灵感、构思设计加工出来的。随着计算机技术的发展，新一代的艺术家及设计师，不一定整天埋头于工作间，亲手造出艺术作品来。他们现在可以安坐家中，用 CAD 软件创造出心目中的艺术品，然后再以三维打印技术把艺术品一次性制作出来，可以极大地简化艺术创作和制造过程，降低成本，更快地推出新作品。图 9-18 所示的几个模型是用三维打印技术制作的艺术品。甚至时尚界也掀起了一股三维打印的热潮，图 9-19 为三维打印出的披肩和裙子[20]，图 9-20 为三维打印制造的鞋子，融合了时尚和科技的元素使得其更具有吸引力。

图 9-18　三维打印技术制作的艺术品

9.4.3 原型设计

原型设计是三维打印技术的应用中最早的一个而且是产品开发最有用的工具之一。当材料性能、表面光洁度和尺寸精度已经有所提高时，三维打印的模型已经逐渐被用于功能性的原型设计和安装与装配测试，也被部分用作模具制造和金属的加工处理[20]。

如果一张图画表达的含义相当于一千个单词的描述，那么毫无疑问一个物理模型的展现能力相当于一千张图画的表示。一个以交流为目的而设计的有形模型是叠加制造工艺最成功的部分之一[20]。

图 9-19　三维打印制造的衣服

图 9-20　三维打印制造的女鞋

当需要提交一个产品报价单时，把一个零件模型包含在其中是一个很好的主意。一个模型可以帮助阐明任何在工程制图和设计说明书中无法表明的不明确因素，反过来说，这也许会能使得报价更低。这正是三维打印技术所能带来的经济效益之一[5]。

皮克斯动画工作室生产了一系列《玩具总动员 3》的雕刻工艺品。人物 Lotso 的模型展现了 3D Systems 公司的 ZPrinters 打印机的制造性能。借助于这样一个模型，在设计阶段动画任务的性格发展可以直观地展现出来[5]，如图 9-21所示。

图 9-21　《玩具总动员 3》中“人物”作品 Lotso

当城市设计师和建筑师需要能准确传达地形信息的地形模型时，三维打印技术能够快速地提供准确的模型。图9-22是日本的 Trust System Crop 公司为其客户提供的易于理解的三维地形模型[20]。

原型设计是一个工业设计师最关键

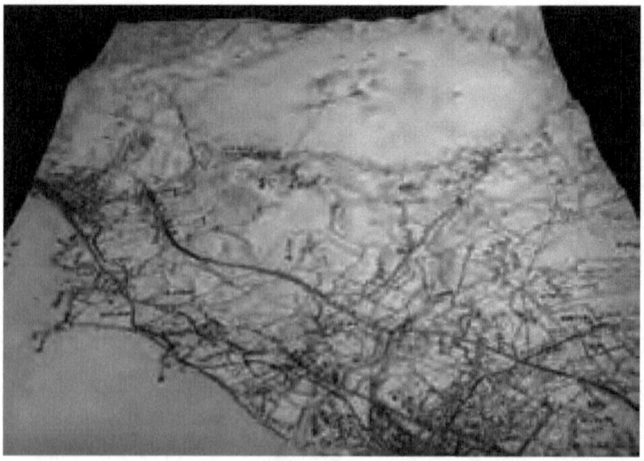

图 9-22　多彩 3D 打印的日本有珠火山模型

的设计工具，也是学生实践训练中尤其关键的阶段。让学生们利用一批现有的机器去动手实践，对他们理解复杂外形与装配设计和实际材料的性能与应用是至关重要的。图 9-23 为学生自主设计并制造的小车模型[20]。

图 9-23　学生设计的交通工具

总而言之，三维打印技术的应用领域极其广泛，包括原型设计、模具制造、金属铸造、建筑设计、医疗、牙科、直接零件制造等诸多领域，世界各国也都十分重视三维打印行业的发展，三维打印领域的年度权威报告《Wohlers Report 2013》介绍了三维打印产业较为发达的一些国家的发展应用概况，在此不再赘述。

参考文献

[1] 肖来利，毛进勤，刘同银. 快速成型技术的现状及应用概述. 中国矿业，2012，21：645.

[2] Rosochowski A，Matuszak A. Rapid tooling thc statc of the art. Journal of Material Processing Technology，2000，(106).

[3] 王云赣. 快速模具制造及其应用. 机械与电子，2004，(2)：55-56，80.

[4] 张人佶，卢清萍，等. 基于 CAD/CAM/RPM 的快速模具制造技术. CAD/CAM，2000，4：8-9.

[5] Terry W. Wohlers Report 2012. Additive Manufacturing and 3D Printing State of the Industry Annual Worldwide Progress Report. Annual worldwide progress report. Wohlers Associates，Inc. 2012.

[6] 张人佶，颜永年. 基于激光快速成形技术的电铸模具制造. 第四届全国激光加工学术会议论文集. 北京：冶金工业出版社，1997：1-7.

[7] 颜永年，张人佶. 快速模具技术的最新进展及其发展趋势. 航空制造技术，2002，(4)：17-21，30.

[8] 李晓燕，张曙. 三维打印成形技术在制药工程中的应用. 中国制造业信息化，2004，33 (4)：105-107.

[9] 余灯广，杨祥良，徐辉碧，等. 三维打印技术在药剂学中的应用. 中国新药杂志，2005，14 (7)：844-847.

[10] Sachs E，Cima M，Williams P，et al. Three dimemional printing：rapid tooling and prototypes directly from a CAD model. Journal of Engineering for Industry，1992，114 (4)：481-488.

[11] 许晓东. 面向快速成型技术高分子生物医学材料的研究. 成都：四川大学，2004.

[12] 卢秉恒，李涤尘. 将在 21 世纪崛起的生物制造工程. 中国机械工程，2000，11 (1-2)：149-153.

[13] 颜永年，崔福斋. 组织工程材料的大段骨快速成形制造. 材料导报，2000，14 (2)：11-13.

[14] Kalitaa S J，Susmita B，et al. Development of controlled porosity polymer-ceramic composite scaffolds via fused deposition modeling. Materials Science and Engineering，2003，(C 23)：611 - 620.

[15] 徐建强. 充填型及大段型活性人工植骨材料的研制和相关研究. 西安：第四军医大学，2002.

[16] 朱晓龙. 人工活性骨内部微细结构建模方法研究. 西安：西安科技大学，2003.

[17] 史廷春. 人工耳软骨支架快速成形研究. 北京：清华大学. 2003.

[18] 王运赣. 快速成形技术. 武汉：华中理工大学出版社，1999.

[19] 卢清萍. 快速原型制造技术. 北京：高等教育出版社. 2001.

[20] Terry W. Wohlers Report 2013. Additive Manufacturing and 3D Printing State of the Industry Annual Worldwide Progress Report Annual worldwide progress report. Wohlers Associates，Inc. 2013.

附　　录

缩略词表

3DS：three dimensional studio，Autodesk公司定义的模型数据表示格式

3DP：three dimensional printing，三维印刷成型或三维打印制造

ABS：acrylonitrile butadiene styrene copolymers，丙烯腈-丁二烯-苯乙烯共聚物

ACES：accurate clear epoxy solid，直接用于发泡工艺的环氧树脂模具

ACSS：automatic cross section scanning，自动断层扫描仪

AM：additive manufacturing，叠加制造

AMS：aerospace material specification，航空材料的技术规格

API：application programming interface，应用编程界面

ASCII：American standard code for information interchange，美国信息交换标准码

BP：benzophenone，二苯甲酮

BP：back propagation，反向传播

BPA：ball pivoting algorithm，球旋转算法

BPM：ballistic particle manufacure，弹射颗粒成型

B-Rep：boundary representation，边界描述法

CAD：computer aided design，计算机辅助设计

CAE：computer aided engineering，计算机辅助工程

CAID：computer aided Industrial design，计算机辅助工业设计

CAM：computer aided manufacturing，计算机辅助制造

CAPP：computer aided process planning，计算机辅助工艺设计

CATIA：computer-graphics aided three dimesional interractive apptication，计算机辅助三维交互设计应用

CBCT：cone beam computed tomography，锥束计算机断层扫描

CCD：charge coupled devices，图像传感器

CCD：charge-coupled device，电荷耦合器件

CD：electroless chemical deposition，无电化学沉积，又称无电电镀

CIM：computer integrated manufacturing，计算机集成制造

CIMS：computer integrated manufacturing system，计算机集成制造系统

CMM：coordinate measure machine，三坐标测量机

CNC：computer numerical control，计算机数字控制

COM：common object mode，通用对象模式

COM：component object model，组件对象模型

CSG：constructive solid geometry，构造实体造型

CSG：computed structure geometry，构造实体几何法

CT：computerized tomography，计算机 X 射线断层造影术，又称计算机断层扫描

CVD：chemical vapor deposition，化学气相沉积

DBRB：delaunay-based region-growing algorithm，基于三角网格的区域增长算法

DDT：digital distance transform，数字距离变换

DMD：direct metal deposition，直接金属成型

DMD™：digital micromirror device，数字微反射镜

DMLS：direct metal laser sintering，直接金属激光烧结

DRT：direct rapid tooling，直接模具制造

DXF：(Drawing Excharge format) 用于 AutoCAD 与其他软件之间进行 CAD 数据交换的 CAD 数据文件格式

EA：epoxy acrylate，环氧丙烯酸酯

EB：electron beam，电子束

EBM：electron beam belting，电子束熔融

ECD：electro chemical beposition，电化学沉积，又称电镀

EDM：electron discharge machining，放电加工

EPC：expendable pattern casting，真空实型铸造

FDC：fused deposition of ceramics，陶瓷熔融沉积制造

FDM：fused deposition modeling，熔融沉积制造

FEA：finite element analysis，有限元分析

FGM：functionally graded materials，梯度功能材料

EBF3：electron beam free form fabrication，电子束自由成形制造

HMP：heterogeneous material parts，异质零件

HEO：heterogeneous objects，异质实体

HFT：heterogeneous feature tree，异质特征树

HRR：洛氏硬度标尺的一种

ICP：iterative closet point，迭代最近邻点

IGES：initial Graphics exchange specification，基本图形转换规范

IPN：interpenetrating polymer network，互穿聚合物网络

IRT：indirect rapid tooling，间接模具制造

ISO：international organization for standardization，国际标准化组织

LOM：laminated object manufacturing，叠层实体制造

LSC：laser cladding，激光熔覆

LTP：liquid thermal polymerization，树脂热固化成型

MDM：more nozzle deposition manufacturing，多喷头沉积制造

MEMS：micro electro mechanical systems，微机电系统

Mimics：materialise's interactive medical contour system，医学图像处理软件

MK：Michler's ketone，米蚩酮

MRI：magnetic resonance imaging，磁共振成像
MRM：Mitisubishi rapid moulding，三菱快速成型
NC：numerical control，数字控制
NURBS：non-uniform rational B spline，非均匀有理B样条
OBJ：一种标准3D模型文件格式，很适合用于3D软件模型之间的互导
OCS：orthogonal cross section，正交截面
OLE：object linking and embedding，对象链接及嵌入
PBMA：poly-n-butyl methacrylate，聚甲基丙烯酸丁酯
PA：polyamide，尼龙
PA：polyester acrylates，聚酯丙烯酸酯
PA：polyether acrylates，聚醚丙烯酸酯
PC：polycarbonate，聚碳酸酯
PC：personal computer，个人电脑
PCVD：physical and chemical vapor deposition，物理化学气相沉积法
PD：polygonal data，多边形
PE：polyethylene，聚乙烯
PEA：polyester acrylate，聚酯丙烯酸酯
PEEK：Polyetheretherketone，聚醚醚酮
PEKK：poly ether ketone ketone，聚醚酮酮
PII：primary irritation index，皮肤刺激指数
PM：powder metallurgic，粉末冶金
PMMA：polymethyl methacrylate，聚甲基丙烯酸甲酯
PP：polypropylene，聚丙烯
PS：polystyrene，聚苯乙烯
PS：plasma spraying，等离子体喷涂
PSD：Position sensitive detector，位置敏感器
PTC：phenylthiocarbamide，苯基硫脲
PUA：polyurethane acrylates，聚氨酯丙烯酸酯
PVC：polrvinyl chloride，聚氯乙烯
PVD：physical vapour deposition，物理蒸发沉积
RAC：radial alignment constraint，径向一致约束
RBF：radial basis function，隐式曲面
RE：reverse engineering，三维反求，也称为反求工程
RP：rapid protyping，快速成型
RT：rapid tooling，快速模具制造技术
SDM：shape deposition manufacturing，形状沉积制造
SF：spatial forming，空间成型
SFP：solid foil polymerisation，实体薄片成型

SG：structured grid，结构化栅格

SGC：solid ground curing，实体掩模成型

SHS：self-propagating high-temperature synthesis，自蔓延高温合成法

SLA（SL）：stereolithography apparatus，立体光造型或光固化成型

SLM：selective laser melting，选择性激光熔化

SLS：selective laser sintering，选择性激光烧结

SP：structured point，结构化点

STEP：standard for exchange of product model，产品模型数据交换标准

STL：stereo lithography，一种将三维模型近似成小三角形平面的文件格式

USG：unstructured grid，非结构化栅格

USP：unstructured point，非结构化点

VOC：volatile organic compounds，有机化合物

彩　　图

(a) 铺纸

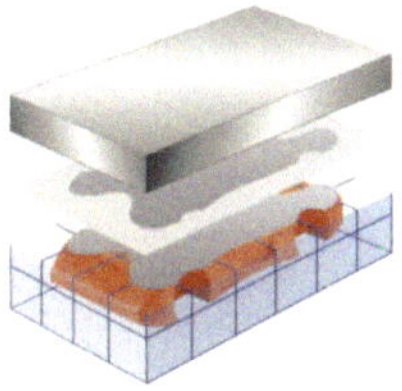

(b) 压紧黏合

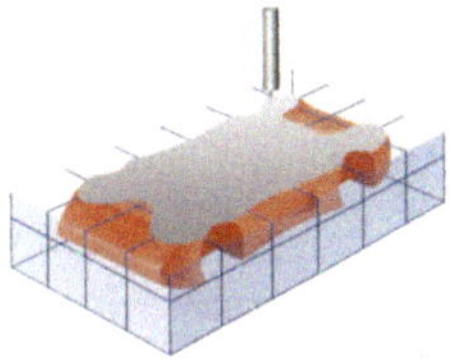

(c) 切割轮廓线

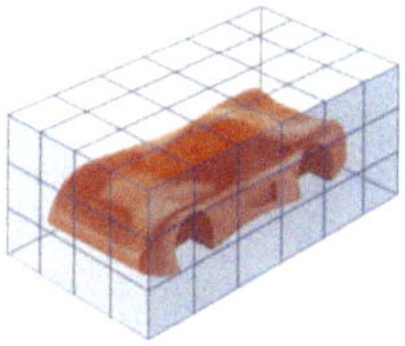

(d) 切割完成

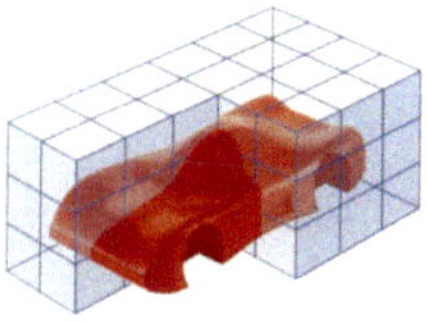

(e) 剥离

(f) 完成

图1-11　LOM工艺成型过程

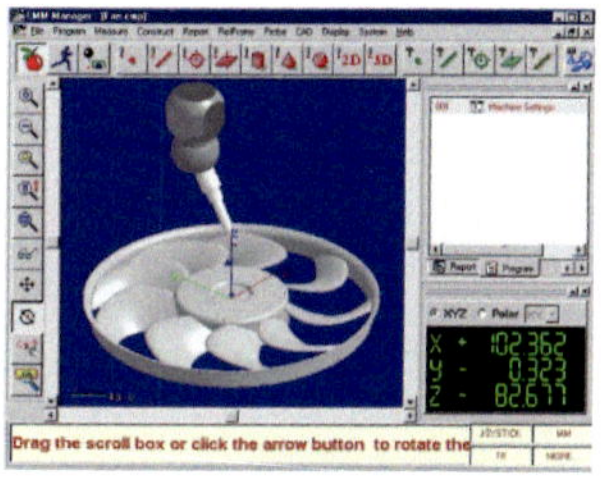

(a) 三坐标测量模拟图

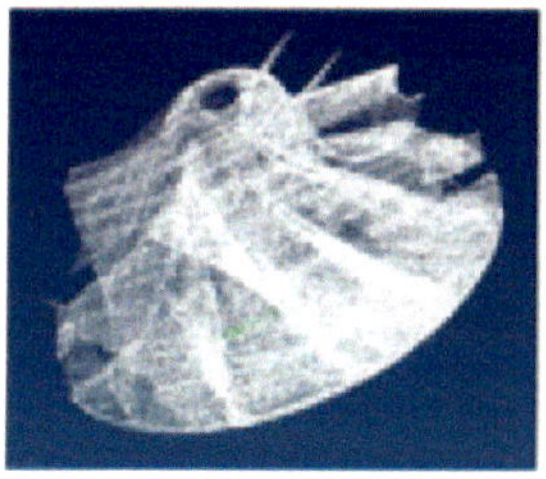

(b) 测量点云数据

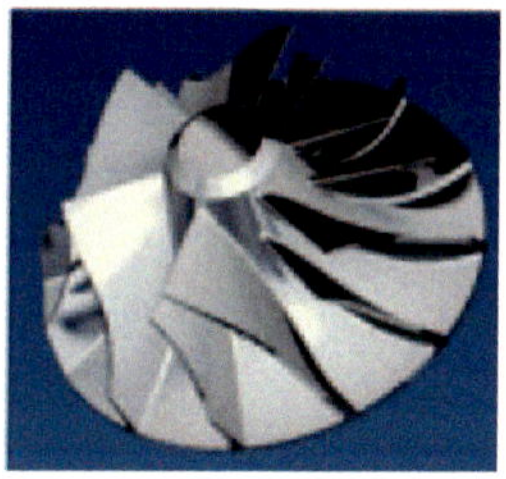

(c) 测量曲面数据

图5-10　三坐标测量

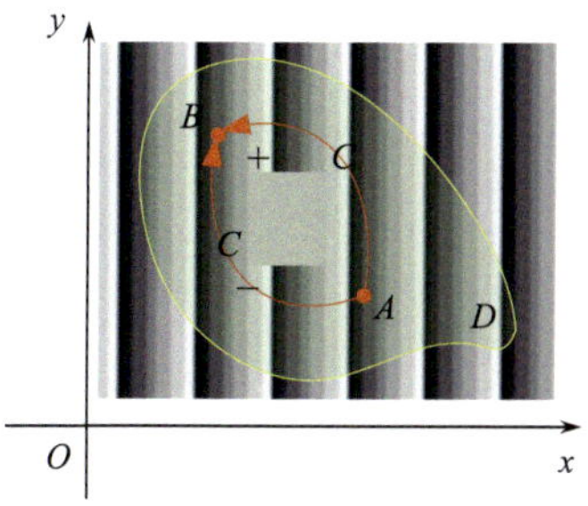

图5-19　相位展开的数学积分模型图

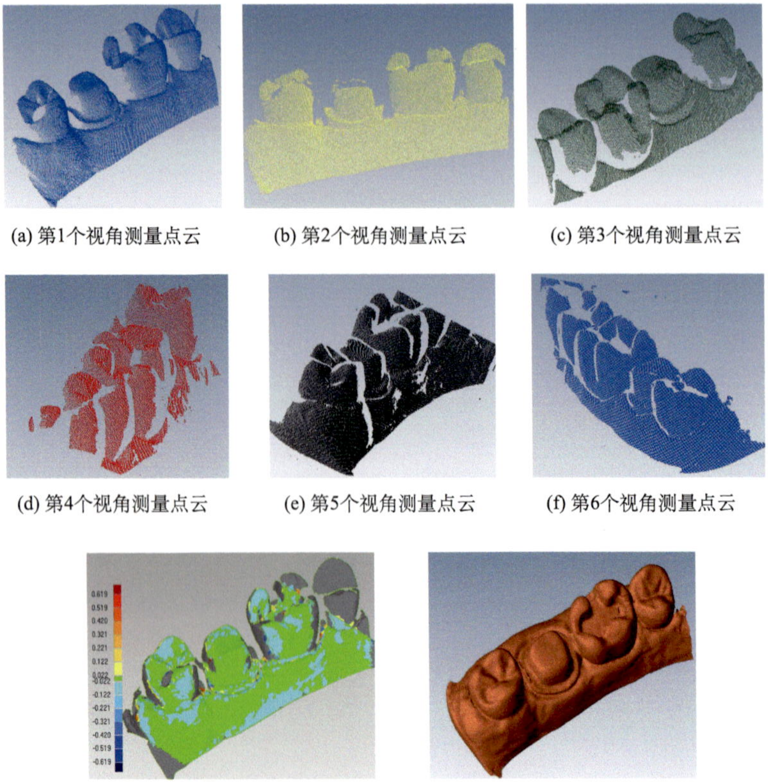

(a) 第1个视角测量点云　(b) 第2个视角测量点云　(c) 第3个视角测量点云

(d) 第4个视角测量点云　(e) 第5个视角测量点云　(f) 第6个视角测量点云

(g) 两视角测量数据拼接精度　(h) 多视角测量数据曲面模型

图5-22　牙模测量拼接精度验证

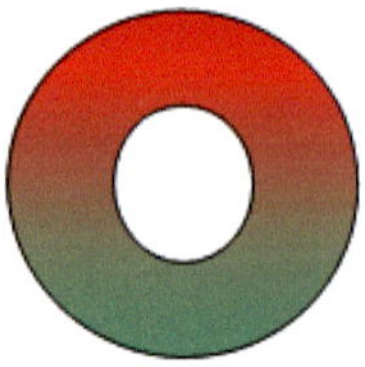

图7-2　静态型HEO

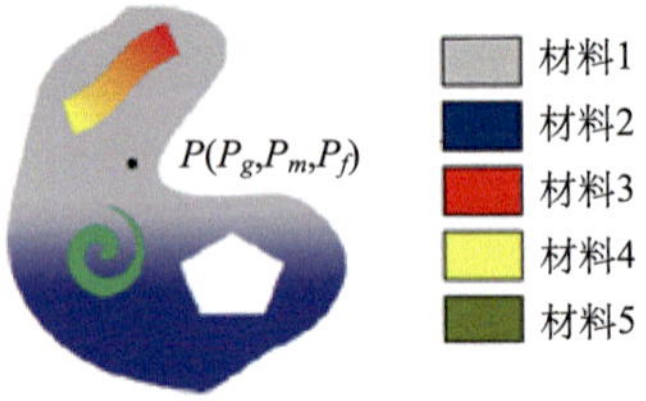

图7-3　动态型HEO

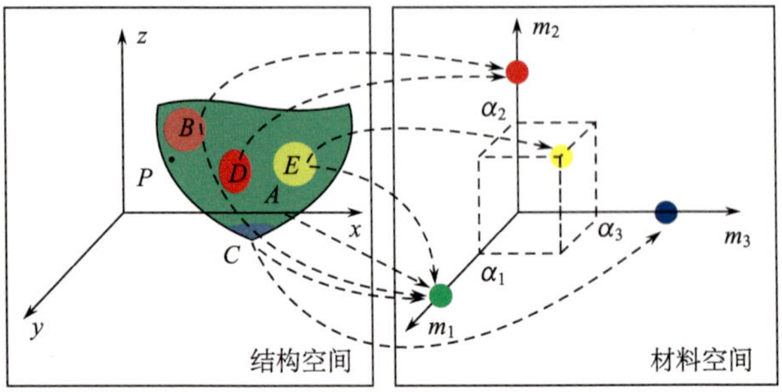

图7-4　HEO三维结构与材料空间对应关系空间

(a) 六齿模型

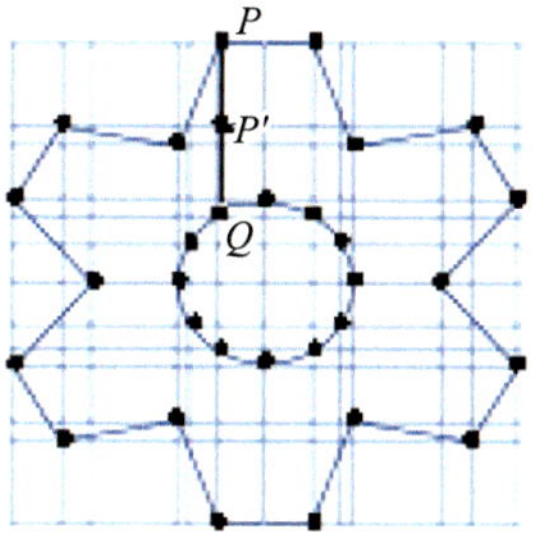

(b) 切片内特征节点

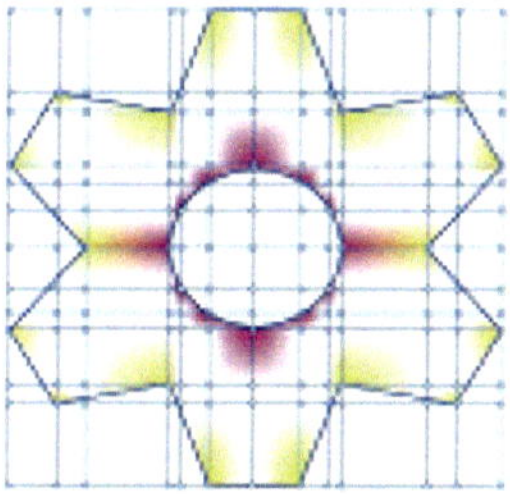

(c) 切片内特征节点材料定义

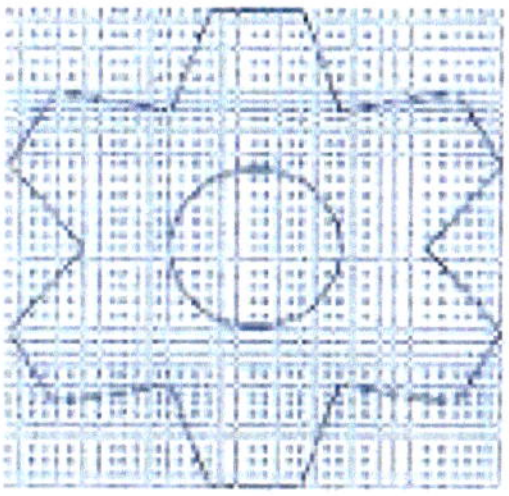

(d) 空间点云数据集至
二维切片内的映射节点

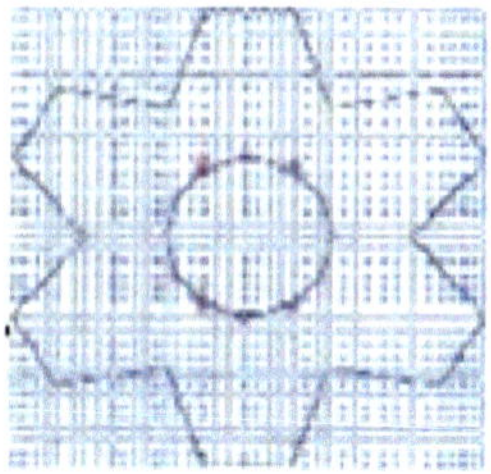

(e) 特征节点材料
分布映射

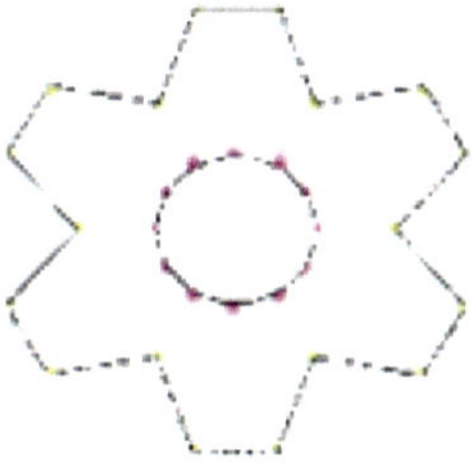

(f) 特征节点材料
分布渲染图

图7-8　材料切片内特征节点材料定义

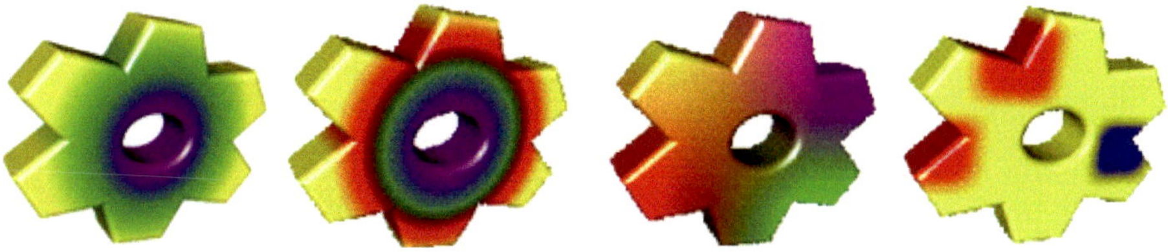

(a) 3种材料规则分布　(b) 4种材料规则分布　(c) 多种材料梯度分布　(d) 多种材料非规则分布

图7-9　含有多种材料的六齿模型材料分布渲染图

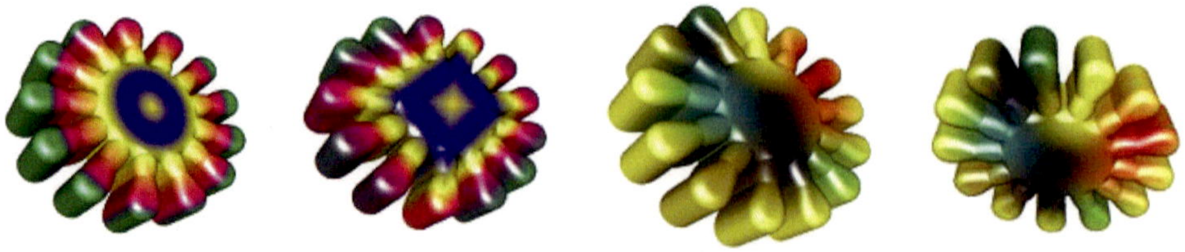

(a) 多种材质呈规则梯度分布　(b) 多种材质呈非规则梯度分布　(c) 多种材质非规则梯度分布视图1　(d) 多种材质非规则梯度分布视图2

图7-10　多种材质分布的异质模型

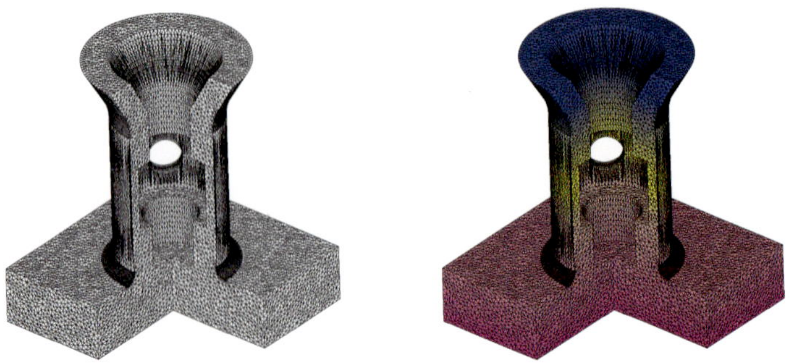

(a) 单色STL模型　(b) 彩色STL模型

图7-11　单色STL模型转变成彩色STL模型

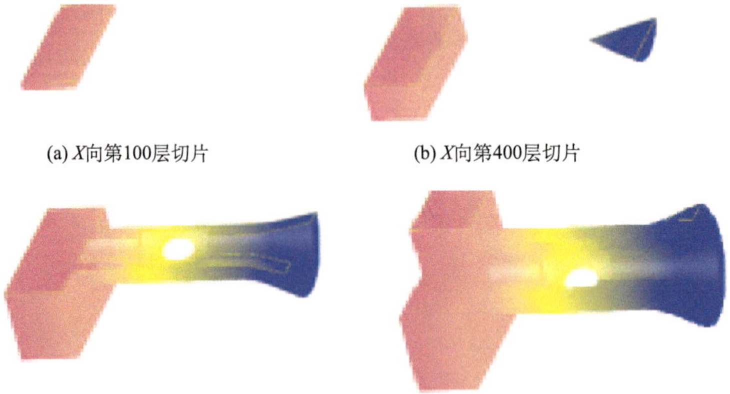

(a) *X*向第100层切片　(b) *X*向第400层切片

(c) *X*向第800层切片　(d) *X*向第1600层切片

图7-12　HEO模型*X*向切片(等层切片厚度0.1mm)

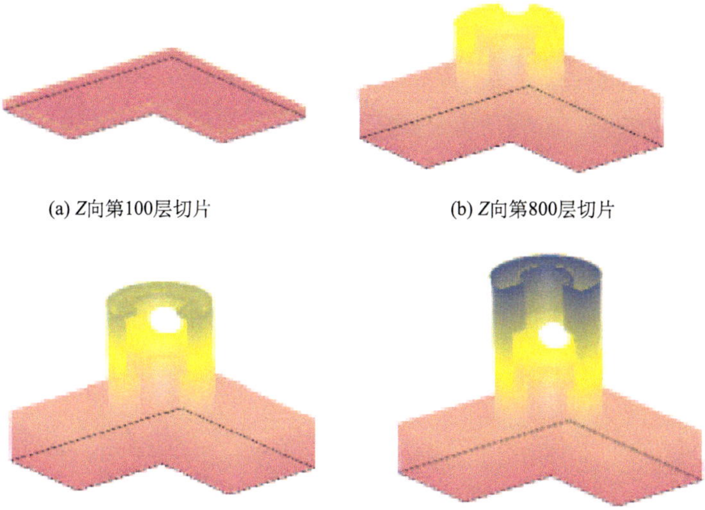

(a) Z向第100层切片　　(b) Z向第800层切片

(c) Z向第1600层切片　　(d) Z向第2000层切片

图7-13　HEO模型Z向切片(等层切片厚度0.1mm)

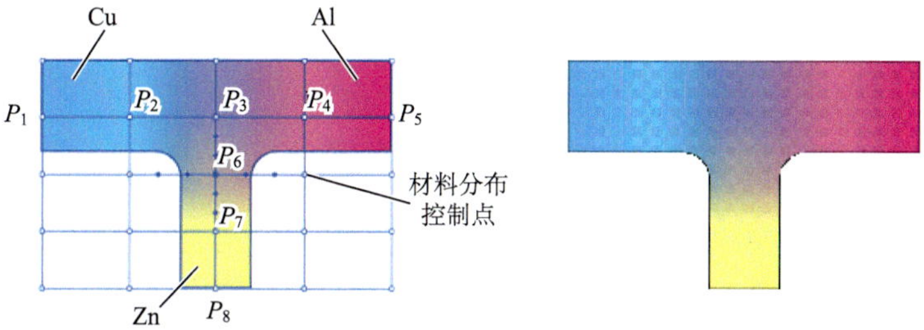

(a) 材料分布控制点定义　　(b) 材料分布渲染图

图7-14　材料分布定义

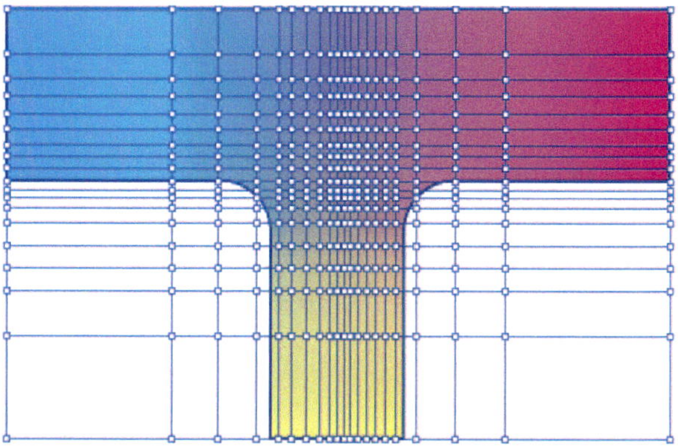

图7-15　材料定义网格细分

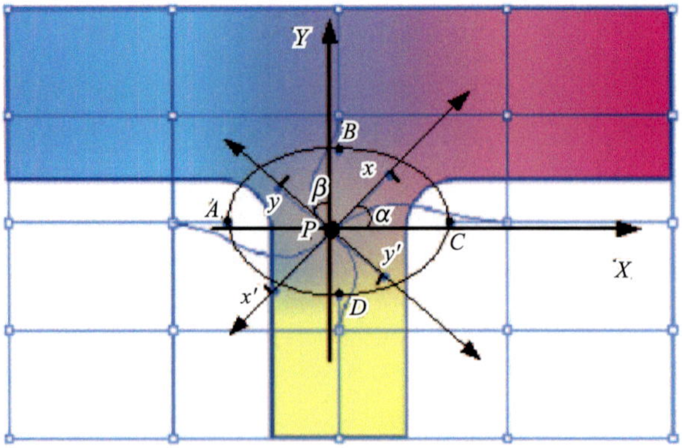

图7-16　材料分布控制点的曲率

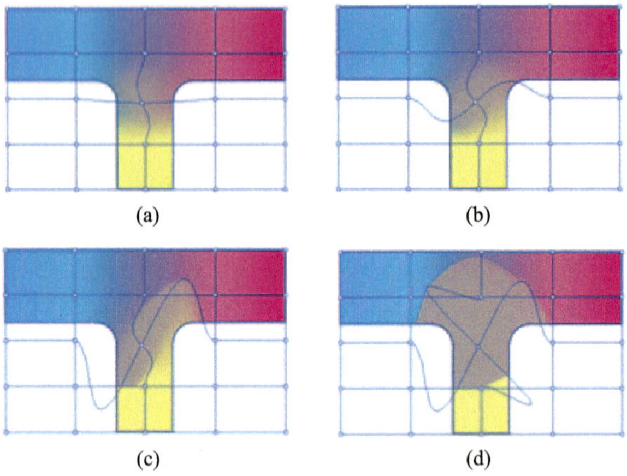

图7-17　空间节点材料分布变化趋势

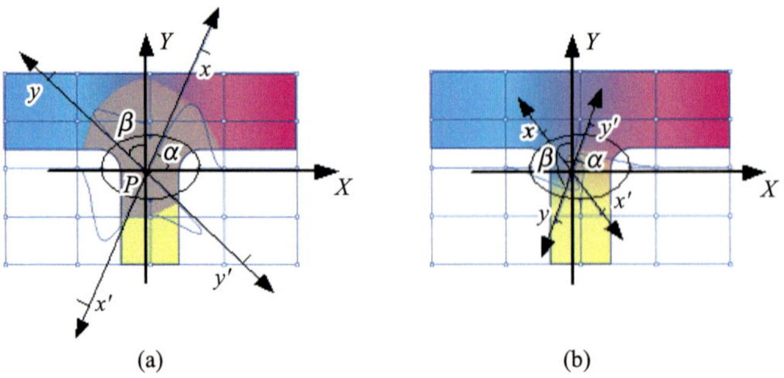

图7-18　节点矢量

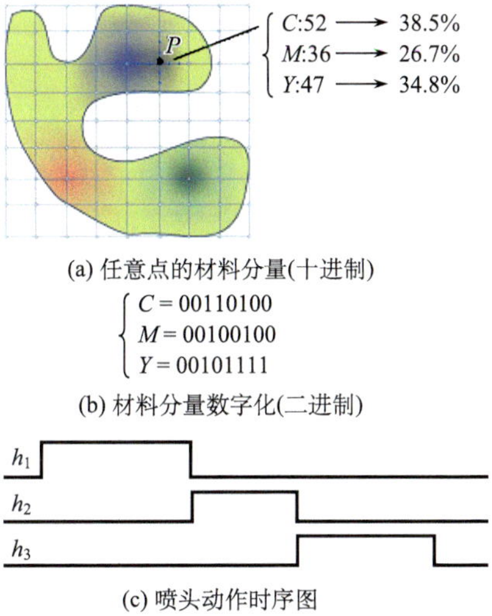

图7-21　任意点的材料分量与喷头动作对应关系

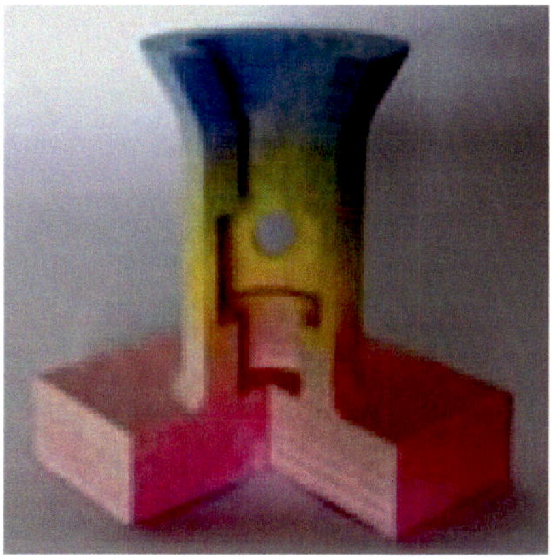

图7-22　异质材料模型彩色原型件

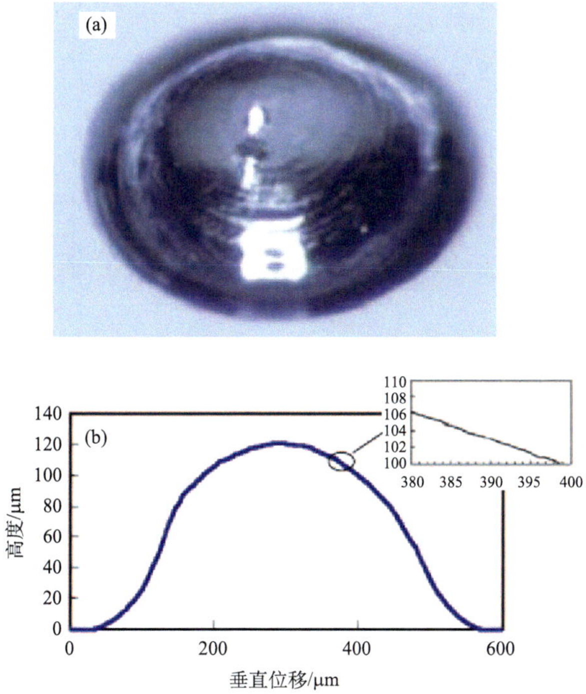

图8-25　URM-HP302型倒置式液料光固化快速成型机制作的光学微透镜

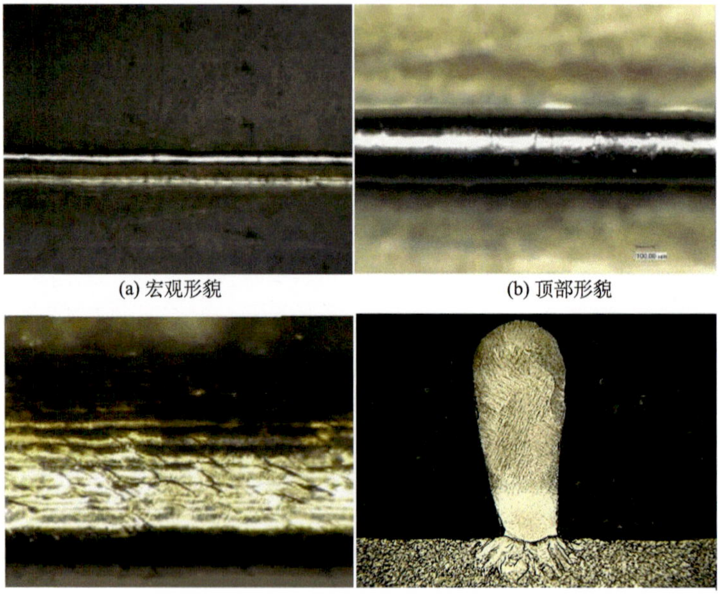

(a) 宏观形貌　(b) 顶部形貌

(c) 侧面形貌　(d) 横截面形貌

图8-30　多层薄壁试件形貌

图8-33　脉冲惯性式液滴微喷射技术微打印出的纳米银微导电图形薄膜

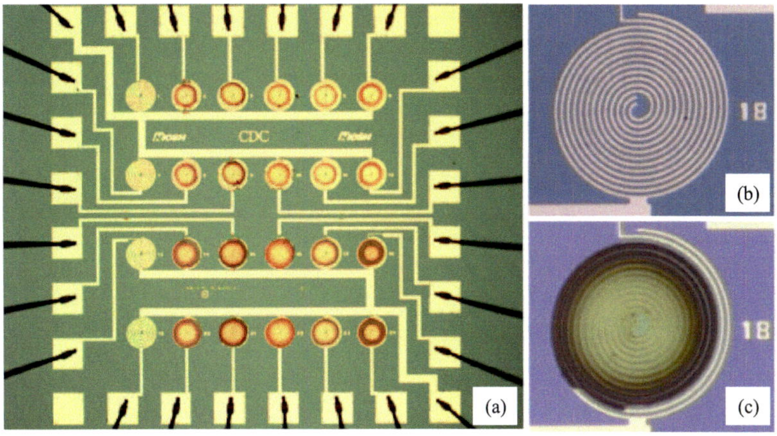

图8-36　阵列式VOC传感器敏感材料涂层的微打印

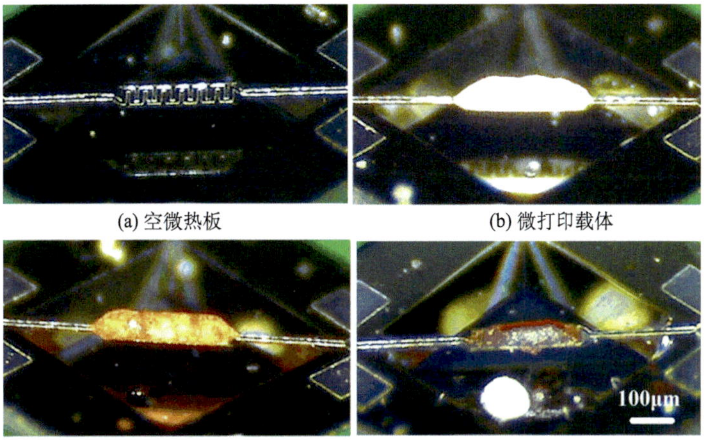

(a) 空微热板　　(b) 微打印载体

(c) 微打印催化剂　　(d) 敏感元件

图8-37　微热板式催化燃烧气体传感器敏感材料涂层的微打印

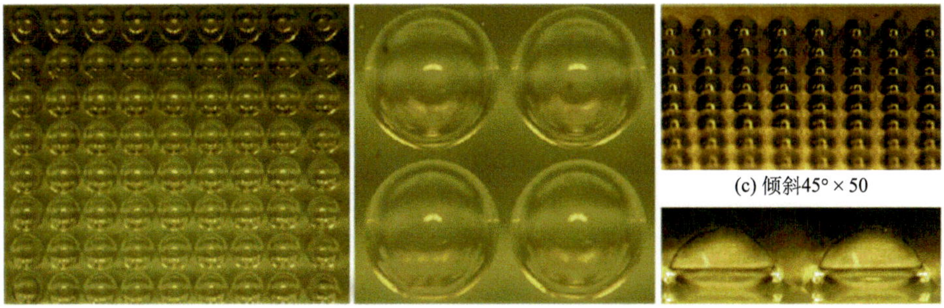

(c) 倾斜45°×50

(a) 俯视×50　　(b) 俯视×200　　(d) 侧视×200

图8-39　气动膜片式按需液滴微喷射方法微打印出的微透镜阵列

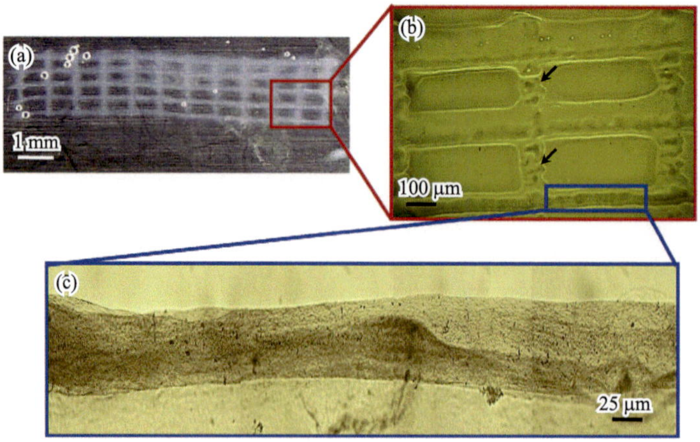

图8-41　打印成型的纤维蛋白支架

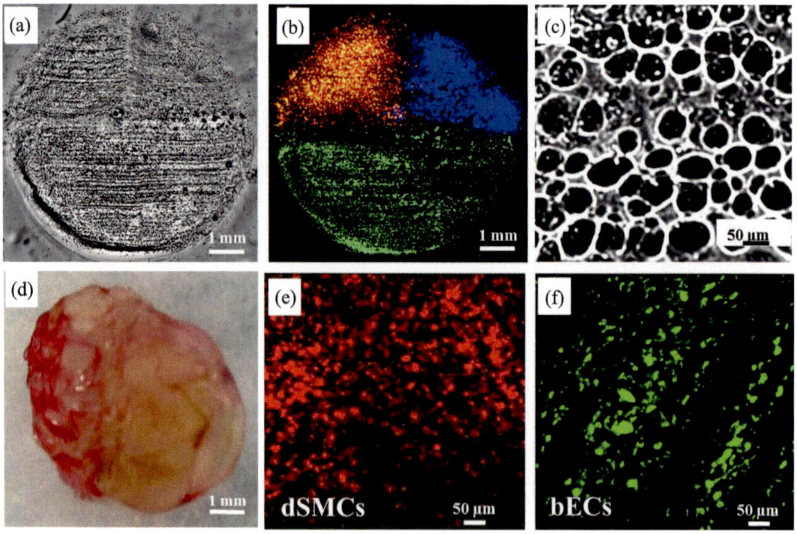

图8-42　液滴微喷射技术打印的由多细胞组成的三维“饼”状结构

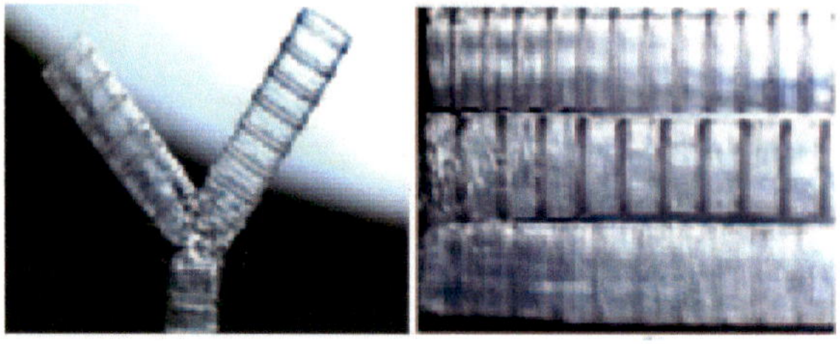

图8-43　JetLab II微打印神经导管分支